교육과정과 중학교 교직수학의 탐구

서 보 억 지음

Investigatio
on Middle Schoo
Mathematics an
Curriculum for Teacher

KYOWOOSA 教友社

머리말

우리나라의 교육과정은 지금까지 많은 변화를 겪어 왔다. 교수요목기를 제외하더라도 제1차 교육과정부터 2009개정 교육과정까지 9차례의 교육과정 발표가 있었다. 게다가 최근에는 수시개정 체제로 인해 더 자주 바뀌는 경향이 있다. 이러한 교육과정의 잦은 개정 발표에도 불구하고 수학교사들 사이의 인식은 큰 차이가 없다는 것이 일반적이다. 실제로 수학과 교육과정의 수학 내용적인 측면에서만 보면 제3차 교육과정 이후 큰 틀의 변화가 있었다고 보기 어렵다. 단지 학습 내용의 적정화라는 큰 흐름에 따라 학습내용의 삭제나 축소가 지속적으로 진행되는 것이 가장 큰 변화라고 할 수 있을 정도이다. 이러한 교육과정의 개정 속에서도 일관되게 유지되고 있는 수학교과의 내용들을 체계적으로 살펴보기 위해 교육과정에 대한 체계적인 고찰을 본 교재를 통해 살펴보았다.

교육과정에 대한 고찰의 최종적인 목적은 수학과 교육과정 속에 담긴 수학 학습내용을 체계적으로 정리하는 것이다. 이러한 정리를 위해 수학내용을 다섯 개의 하위 영역 즉, 수와 연산, 문자와 식, 함수, 확률과 통계, 기하로 세분화하였다. 각 영역별로 지금까지 우리나라 교육과정에서 다루어졌던 내용들을 내용 위계순서로 재배치하였고, 이러한 재배치를 통해 학교에서 가르칠 수 있고, 교사와 학생들이 독자적으로 수학 탐구활동을 진행할 수 있는 교직수학의 내용을 추출하였다.

수학교사, 예비수학교사, 중학생, 수학에 관심이 있는 일반인들이 수학을 독창적이고 창의적으로 탐구하는 것은 지금 현실에서는 쉽지 않다. 여러 가지 이유가 있겠지만 가장 큰 이유는 그렇게 해 본 경험이 없기 때문이고, 그렇게 탐구활동을 진행한 사례를 주변에서 보지 못했기 때문일 것이다. 그래서 본 교재에서는 중학교 교직수학 탐구의 개관을 통해 교직수학 탐구를 위한 전개의 방향과 구체적인 탐구의 방향을 체계적으로 제시하려고 노력하였다. 또한 실제적인 탐구의 구체적인 사례를 최대한 자세히 기록하였다. 그리고 각각의 내용 영역별로 이십 여개의 탐구활동 내용을 간략하게 제시하였다. 이러한 노력을 통해 수학교사, 예비수학교사, 중학교 학생, 일반인 모두가 아마츄어 수학자의 입장에서 수학을 탐구할 수 있는 기회를 제공하는데 주력하였다.

끝으로 이 책의 출판을 허락해 주신 교우사 사장님께 감사의 인사를 드린다.

2013년 5월

효성캠퍼스에서 저자

차례

1장 수학과 교육과정의 이해 / 1

1. 수학과 교육과정 ··· 2
2. 수학과 교육과정의 변천 ··· 23
3. 내용 영역별 교육과정의 변화 ··· 57

2장 중학교 교직수학 탐구의 개관 / 101

1. 중학교 교직수학 탐구의 필요성과 목적 ··· 102
2. 중학교 교직수학의 전개 방향 ··· 106
3. 중학교 교직수학의 탐구 방법 및 사례 ··· 107

3장 중학교 교직수학의 탐구 / 151

1. 대수(1): 수와 연산 ··· 152
2. 대수(2): 문자와 식 ··· 211

3. 함수 ········ 244
4. 확률과 통계 ········ 266
5. 기하 ········ 286

- 참고문헌 / 382
- 찾아보기 / 384

제 1 장

수학과 교육과정의 이해

1.1 수학과 교육과정

1.2 수학과 교육과정의 변천

1.3 내용 영역별 교육과정의 변화

1. 수학과 교육과정

1.1 교육과정이란 무엇인가?

학교를 문자 그대로 받아들여 보자. 학(學)은 배운다는 의미가 있고, 교(校)는 구부러진 나무를 엇걸어서 바로잡는다는 의미가 있다. 따라서 학교의 정체성을 확립하기 위해서는 두 가지 요소를 고려해야 한다. 하나는 배움에 대한 것, 다른 하나는 바로 잡는다는 것이다. 후자는 정서, 감정, 태도와 같은 정의적 영역에 해당한다고 한다면, 전자는 구체적인 내용인 인지적 영역에 해당할 것이다. 그렇다면 학교에서 무엇을 바로잡고, 무엇을 배울 것인가에 대한 질문이 우리에게 던져질 수 있다. 이 질문에 대한 답을 해 주는 것이 교육과정이다.

교육과정의 의미를 가장 전통적으로 제시하면 '공부의 과목(course of study)'이라고 말해진다. 이것은 배워야 하는 구체적인 대상, 학습의 내용이 무엇인지를 구체적으로 명시되어진 것이 교육과정임을 암시하고 있다. 또한 프랭크린 보비트(Franklin Bobitt, 1918)는 '학생들이 도달해야하는 경험의 나열들 혹은 경험의 대상들'이라고 정의하였으며, 죤슨(Johnson, 1967)은 '의도되어진 학습의 결과들'이라고 정의하였다. 특히, 테일러(Tyler, 1950)는 '교육과정 이론, 개발방향, 실행방법, 평가방향 등의 분야를 모두 포함한 것'이라고 정의하였는데, 이 정의를 통해 볼 때 교육과정은 단순한 대상들의 나열만이 아님을 알 수 있다.

교육과정 즉, 커리큘럼(curriculum)에 대한 언어학적인 유래를 찾아보면 더 명확하게 교육과정의 의미를 파악할 수 있다. 커리큘럼은 라틴어의 꾸레레(curere)에서 유래하였다. 꾸레레는 경마 경주로에서 말이 뛰는 길(course of race)을 의미하는 것으로, 정해진 행로에 따라 계획대로 진행하여 나아간다는 의미를 내포하고 있다. 따라서 교육과정은 '학습의 절차' 혹은 '학습이 나아가야 할 방향'으로 볼 수 있다.

지금까지의 의견을 종합하면 교육과정은 두 가지의 큰 의미를 내포하고 있어야 한다. 첫째는 학습이 나아가야 할 방향을 제시할 수 있어야 하고, 둘째, 배워야 할 내용에 대한 나열과 더불어 교육이론, 실행방법, 평가 등과 같은 구체적이고 실천적인 내용을 담고 있어야 한다. 따라서 교육과정이란 학교의 교육목표를 설정하고 설정된 목표를 달성하기 위해서 학습해야 할 내용을 결정하고, 내용들을 조직하여 어떤 방법으로 가르치고 평가할 것인지를 종합적으로 묶은 교육의 전체 계획이다.

따라서 수학과 교육과정은 학교에서 수학을 가르치는 목표를 설정하며, 수학과 교육목표를 달성하기 위해 가르쳐야 할 수학내용을 결정하고 조직하여, 어떤 방법으로 수학교수학습을 진행하고, 평가할 것인지를 결정한 교육계획이다.

1.2 중학교 수학과 교육과정의 개관

우리나라의 교육과정은 1차 교육과정에서 7차 교육과정까지 처럼 정해진 시기에 교육과정을 개정하지는 않는다. 국가의 필요에 의해서 수시로 개정할 수 있는 체제를 갖추고 있다. 이에 따라 최근에 발표된 교육과정은 지난 2011년 8월 9일 2009 개정교육과정에 따른 수학과 교육과정이다. 현재의 체제라면 언제든지 교육과정이 변경될 수 있는 상황에 놓여 있다는 뜻이다. 본 절에서는 수학과 교육과정의 큰 틀의 구성 체제에 대해서 간단히 살펴보기로 하겠다.

우리나라 중학교 수학과 교육과정의 구성 체제를 보면, <그림 1-1>과 같이 총 6단계로 구분할 수 있다.

6단계	수학 평가 방법 제시
5단계	수학 교수 학습 방법 제시
4단계	수학 내용의 영역과 기준 제시
3단계	중학교 수학과 교과목표 제시
2단계	중학교 교육목표 제시
1단계	추구하는 인간상의 제시

<그림 1-1> 수학과 교육과정의 구성 체제

1단계와 2단계는 일반교육목표에 기반한 내용을 제시하고 있는 것으로 개별 교과목표의 기저가 되는 교육철학과 교육목표의 이상을 제시하고 있다. 3단계와 4단계는 일반교육목표와 이상에 비추어 수학과에서 설정한 교과목표 및 이 목표를 실현하기 위한 교과내용을 구체적으로 제시하고 있다. 5단계와 6단계는 구체적인 실행 방법과 방향을 교수학습 및 평가로 구분하여 제시하고 있다.

1.3 중학교 수학과 교육과정의 이해

본 절에서는 앞 절에서 제시한 절차에 따라 중학교 수학교육과정의 구체적인 모습을 제시한다(교육과학기술부, 2011). 각 단계별로 교육과학기술부에서 발표한 교육과정을 기반으로 서술하였으며, 필요에 따라서는 구체적인 해설을 첨가하였다.

1단계	추구하는 인간상의 제시

우리나라의 교육은 홍익인간의 이념 아래 모든 국민으로 하여금 인격을 도야하고, 자주적 생활 능력과 민주 시민으로서 필요한 자질을 갖추게 하여 인간다운 삶을 영위하게 하고, 민주 국가의 발전과 인류 공영의 이상을 실현하는 데 이바지하게 함을 목적으로 하고 있다. 이러한 교육 이념을 바탕으로, 이 교육과정이 추구하는 인간상은 다음 네 가지로 제시한다.

첫째, 전인적 성장의 기반 위에 개성의 발달과 진로를 개척하는 사람을 양성한다.

둘째, 기초 능력의 바탕 위에 새로운 발상과 도전으로 창의성을 발휘하는 사람을 양성한다.

셋째, 문화적 소양과 다원적 가치에 대한 이해를 바탕으로 품격 있는 삶을 영위하는 사람을 양성한다.

넷째, 세계와 소통하는 시민으로서 배려와 나눔의 정신으로 공동체 발전에 참여하는 사람을 양성한다.

2단계	중학교 교육목표 제시

중학교의 교육은 초등학교 교육의 성과를 바탕으로, 학생의 학습과 일상생활에 필요한 기본 능력을 배양하며, 다원적인 가치를 수용하고 존중하는 민주 시민의 자질 함양에 중점을 둔다. 구체적인 교육목표는 다음 네 가지로 제시한다.

첫째, 심신의 건강하고 조화로운 발달을 추구하며, 다양한 분야의 경험과 지식을 익혀 적극적으로 진로를 탐색한다.

둘째, 학습과 생활에 필요한 기초 능력과 문제 해결력을 바탕으로 창의적 사고력을 기른다.

셋째, 자신을 둘러싼 세계에 대한 경험을 토대로 다양한 문화와 가치에 대한 이해를 넓힌다.

넷째, 다양한 소통능력을 기르고 민주 시민으로서의 자질과 태도를 갖춘다.

3단계 중학교 수학과 교과목표 제시

수학과는 수학의 개념, 원리, 법칙을 이해하고 기능을 습득하여 주변의 여러 가지 현상을 수학적으로 관찰하고 해석하는 능력을 기르며, 수학적 문제 상황을 수리·논리적 사고를 통하여 합리적으로 해결하는 능력과 태도를 기르는 교과이다. 복잡하고 전문화되어가는 미래 사회에서 사회 구성원에게 필요한 핵심 역량은 창의적 사고 능력, 문제 해결 능력, 정보처리 능력, 의사소통 능력 등으로, 이는 주로 수학적 추론, 수학적 문제 해결, 수학적 의사소통과 같은 수학적 과정의 교수·학습을 통하여 증진된다. 수학적 과정을 통해 길러진 핵심 역량은 타 교과의 성공적인 학습에 기반이 될 뿐 아니라, 나아가 개인의 전문적 능력의 증진과 창의·인성 중심의 21세기 지식 기반 사회의 민주 시민에게 필요한 소양과 경쟁력을 갖추는 데에도 토대가 된다. 한편, 학교 수학에서는 인지적 능력의 증진은 물론 수학에 대한 흥미와 호기심, 수학학습에 대한 자신감과 긍정적인 태도 등 정의적 영역의 개선과 더불어 상대방을 이해하고 배려하는 바람직한 인성을 길러야 한다. 수학은 개인차가 크게 나타나는 교과이므로 학생의 인지 발달 단계, 학습 수준, 학습 특성 등을 고려하여 적절한 교수·학습 방법을 적용해야 한다. 중학교 수학은 '수와 연산', '문자와 식', '함수', '확률과 통계', '기하'로 구성된다. '수와 연산' 영역에서는 정수, 유리수, 실수의 개념과 사칙계산을, '문자와 식' 영역에서는 다항식의 개념과 사칙계산, 일차방정식과 일차부등식, 연립일차방정식과 연립일차부등식, 이차방정식을, '함수' 영역에서는 함수의 개념, 일차함수와 그 그래프, 이차함수와 그 그래프를, '확률과 통계' 영역에서는 도수분포의 개념과 활용, 확률의 기본 성질, 대푯값과 산포도를, '기하' 영역에서는 기본 도형의 성질, 피타고라스 정리, 삼각비, 원의 성질과 활용을 다룬다.

이러한 수학과의 교과내용과 성격에 비추어 수학 과목의 목표는 '수학적 개념, 원리, 법칙을 이해하고, 수학적으로 사고하고 의사소통하는 능력을 길러, 여러 가지 현상과 문제를 수학적으로 고찰함으로써 합리적이고 창의적으로 해결하며, 수학 학습자로서 바람직한 인성과 태도를 기른다' 로 설정한다. 이러한 목표를 구체적으로 이루기 위한 하위목표는 다음 세 가지로 제시한다.

첫째, 생활 주변이나 사회 및 자연 현상을 수학적으로 관찰, 분석, 조직, 표현하는 경험을 통하여 수학의 기본적인 기능과 개념, 원리, 법칙과 이들 사이의 관계를 이해하는 능력을 기른다.

둘째, 수학적으로 사고하고 의사소통하는 능력을 길러, 생활 주변이나 사회 및 자연의 수학적 현상에서 파악된 문제를 합리적이고 창의적으로 해결하는 능력을 기른다.

셋째, 수학에 대하여 관심과 흥미를 가지고, 수학의 가치를 이해하며, 수학 학습자로서 바람직한 인성과 태도를 기른다.

4단계 수학 내용의 영역과 기준 제시

내용의 영역과 기준은 크게 네 가지의 하위 내용으로 구성되어져 있다.

첫째, 내용 체계가 제시되어져 있다. 내용 체계는 각 학년군에 따른 내용 영역별 학습내용의 큰 제목을 표로 제시한 것이다. <표 1-1>은 2009개정 교육과정에 따른 중학교 수학과 교육과정에서의 내용 체계이다.

둘째, 학년군별 성취 기준을 제시하였다. 중학교에서 학습해야하는 내용을 크게 5가지로 구분하여 성취기준을 제시하였다.

셋째, 영역 성취 기준을 제시하였다. 수와 연산, 문자와 식, 함수, 확률과 통계, 기하 영역으로 구분하여 학생들이 도달해야하는 성취기준을 제시하였다.

넷째, 학습내용 성취 기준을 제시하였다. 각 내용 영역별로 구분하여 상세하고 구체적인 내용을 제시하였다. 제시되는 내용은 크게 수학학습 내용, 용어와 기호, 교수·학습상의 유의점 세 가지로 구분된다.

먼저, 내용 체계를 제시하면 다음과 같다.

<표 1-1> 중학교 수학과 교육과정의 내용 체제

	학교급	중학교		
영역	학년군	1~3학년군		
수와 연산		• 소인수분해 • 최대공약수, 최소공배수 • 정수와 유리수의 개념, 대소 관계, 사칙계산	• 순환소수 • 유리수와 순환소수의 관계	• 제곱근의 뜻과 성질 • 무리수 • 실수의 대소 관계 • 근호를 포함한 식의 사칙계산

문자와 식	• 문자의 사용 • 식의 값 • 일차식의 덧셈과 뺄셈 • 일차방정식	• 지수법칙 • 다항식의 덧셈과 뺄셈 • 다항식의 곱셈과 곱셈 공식 • 다항식의 나눗셈 • 등식의 변형 • 연립일차방정식 • 부등식의 성질과 일차 부등식 • 연립일차부등식	• 인수분해 • 이차방정식
함수	• 함수의 개념 • 순서쌍과 좌표 • 함수의 그래프	• 일차함수의 의미와 그래프 • 일차함수의 활용 • 일차함수와 일차방정식의 관계	• 이차함수의 의미 • 이차함수의 그래프의 성질
확률과 통계	• 줄기와 잎 그림, 도수분포표, 히스토그램, 도수분포다각형 • 도수분포표에서의 평균 • 상대도수의 분포	• 경우의 수 • 확률의 뜻과 기본 성질 • 확률의 계산	• 중앙값, 최빈값, 평균 • 분산, 표준편차
기하	• 점, 선, 면, 각 • 점, 직선, 평면 사이의 위치관계 • 평행선의 성질 • 삼각형의 작도 • 삼각형의 합동 조건 • 다각형의 성질 • 부채꼴에서 중심각과 호의 관계 • 부채꼴에서 호의 길이와 넓이 • 다면체, 회전체의 성질 • 입체도형의 겉넓이와 부피	• 이등변삼각형의 성질 • 삼각형의 외심, 내심 • 사각형의 성질 • 닮은 도형의 성질 • 삼각형의 닮음조건 • 평행선 사이에 있는 선분의 길이와 비 • 닮은 도형의 성질 활용	• 피타고라스 정리 • 삼각비 • 원의 현, 접선에 대한 성질 • 원주각의 성질

학년군(학교급)별 성취 기준을 제시하면 다음과 같다. 중학교는 1~3학년군으로 묶어 제시하였다.

(1) 자연수, 정수, 유리수, 무리수, 실수를 이해하고 사칙계산을 할 수 있다.
(2) 다항식의 사칙계산을 하고 일차방정식, 일차부등식, 연립일차방정식, 연립일차부등식, 이차방정식을 풀 수 있다.
(3) 함수의 개념을 이해하고, 일차함수와 그 그래프의 성질, 이차함수와 그 그래프의 성질을 이해한다.
(4) 줄기와 잎 그림, 도수분포표, 히스토그램, 도수분포다각형, 상대도수를 이해하고, 확률을 계산하며, 대푯값과 산포도를 구할 수 있다.
(5) 기본도형, 다각형, 다면체, 회전체의 성질을 이해하고, 삼각형과 사각형의 성질을 이해하고 설명하며, 피타고라스 정리, 삼각비, 원의 성질을 이해한다.

영역 성취 기준을 제시하면 다음과 같다.

(가) 수와 연산 영역에 대한 성취 기준은 다음과 같다.
① 자연수를 소인수분해하고, 이를 이용하여 최대공약수와 최소공배수의 성질을 이해하고 활용할 수 있다.
② 정수와 유리수의 개념, 대소 관계, 사칙계산의 원리를 이해하고 그 계산을 할 수 있다.
③ 유리수와 순환소수의 관계를 이해한다.
④ 무리수의 개념, 실수의 대소 관계를 이해하고, 근호를 포함한 식의 사칙계산을 할 수 있다.

(나) 문자와 식 영역에 대한 성취 기준은 다음과 같다.
① 다양한 상황을 문자를 사용한 식으로 간단히 나타내고, 다항식의 사칙계산을 할 수 있다.
② 일차방정식, 일차부등식, 연립일차방정식, 연립일차부등식, 이차방정식을 풀고, 이를 활용하여 여러 가지 문제를 해결할 수 있다.

(다) 함수 영역에 대한 성취 기준은 다음과 같다.
① 함수의 개념을 이해하고, 함수를 그래프로 나타내며, 여러 가지 문제를 해결할 수 있다.

② 일차함수의 의미와 그 그래프의 성질을 이해하고, 여러 가지 문제를 해결할 수 있다.

③ 이차함수의 의미와 그 그래프의 성질을 이해한다.

(라) 확률과 통계 영역에 대한 성취 기준은 다음과 같다.

① 줄기와 잎 그림, 도수분포표, 히스토그램, 도수분포다각형, 상대도수를 이해한다.

② 확률의 의미를 이해하고, 그 계산을 할 수 있다.

③ 중앙값, 최빈값, 평균, 분산, 표준편차의 의미를 이해하고, 이를 구할 수 있다.

(마) 기하 영역에 대한 성취 기준은 다음과 같다.

① 평면도형과 입체도형의 성질을 이해한다.

② 이등변삼각형의 성질, 삼각형의 외심과 내심의 성질, 사각형의 성질을 이해하고 설명할 수 있다.

③ 도형의 닮음의 성질을 이해하고, 이를 활용하여 여러 가지 문제를 해결할 수 있다.

④ 피타고라스 정리, 삼각비, 원의 성질을 이해하고, 이를 활용하여 여러 가지 문제를 해결할 수 있다.

학습내용 성취 기준은 중학교에서 학습해야 하는 내용을 각 내용 영역별로 구분하여 나열하고 있다. 여기에서는 각 내용 영역별 교수·학습상의 유의점만 제시하도록 하겠다.

(가) 수와 연산 교수·학습상의 유의점

① 약수와 배수는 자연수의 범위에서만 다룬다.

② 유한소수를 순환소수로 나타내는 것은 다루지 않는다.

③ 순환소수를 분수로 고치는 것은 순환소수가 유리수임을 이해할 수 있는 정도로만 다룬다.

④ 다양한 상황을 이용하여 음수와 무리수의 필요성을 인식하게 한다.

⑤ 수의 계산에서 자신의 풀이 방법을 설명하게 한다.

(나) 문자와 식 교수·학습상의 유의점

① 다양한 상황을 이용하여 문자의 필요성을 알게 한다.

② 일차방정식으로 나타낼 수 있는 실생활 문제를 찾아 해결하게 한다.

③ 지수법칙은 지수가 자연수인 범위에서 단항식의 곱셈과 나눗셈을 하는 데 필요한 정도로 다룬다.

④ 곱셈공식은 다음의 경우만 다룬다.

$(a+b)^2 = a^2 + 2ab + b^2$, $(a-b)^2 = a^2 - 2ab + b^2$

$(a+b)(a-b) = a^2 - b^2$

$(x+a)(x+b) = x^2 + (a+b)x + ab$,

$(ax+b)(cx+d) = acx^2 + (ad+bc)x + bd$

⑤ 다항식의 나눗셈에서는 다항식을 단항식으로 나누어 그 몫이 다항식이 되는 경우만 다룬다.

⑥ 방정식과 부등식의 의미는 다양한 상황을 통해 도입한다.

⑦ 방정식과 부등식의 해가 문제의 의도에 맞는지 확인하게 한다.

⑧ 방정식과 부등식에서 자신의 풀이 방법을 설명할 수 있게 한다.

⑨ 인수분해는 이차방정식의 해를 구하는 데 필요한 정도로 다룬다.

$ma + mb = m(a+b)$, $a^2 + 2ab + b^2 = (a+b)^2$

$a^2 - 2ab + b^2 = (a-b)^2$, $a^2 - b^2 = (a+b)(a-b)$

$x^2 + (a+b)x + ab = (x+a)(x+b)$

$acx^2 + (ad+bc)x + bd = (ax+b)(cx+d)$

⑩ 이차방정식은 해가 실수인 경우만 다룬다.

⑪ 식의 값, 좌변, 우변, 양변, 이차식, 전개식, 소거, 가감법, 대입법 용어는 교수・학습 상황에서 다루어질 수 있다.

(다) 함수 교수・학습상의 유의점

① 함수를 도입할 때 정비례와 반비례 이외의 상황을 다룰 수 있다.

② 함수의 개념은 다양한 상황에서 한 양이 변함에 따라 다른 양이 하나씩 정해지는 두 양 사이의 대응 관계를 이용하여 도입한다.

③ 다양한 상황을 표, 식, 그래프로 나타내고, 설명하게 한다.

④ 다양한 상황을 이용하여 일차함수와 이차함수의 의미를 다룬다.

⑤ 이차함수에서 최댓값과 최솟값은 값의 범위가 실수 전체인 경우만 다룬다.

⑥ 공학적 도구를 활용하여, 함수의 그래프를 그리고 다양한 상황을 해석할 수 있게 한다.

(라) 확률과 통계 교수・학습상의 유의점

① 다양한 상황에서 자료를 수집하게 하고, 수집한 자료가 적절한지 판단하는 활동을 하게 한다.

② 다양한 상황의 자료를 표나 그래프로 나타내고, 그 분포의 특성을 설명할 수 있게 한다.

③ 눈금 등을 잘못 사용하여 자료를 부정확하게 나타낸 표나 그래프에서 오류를 찾는 활동을 하게 한다.

④ 상대도수는 도수의 총합이 다른 두 집단의 분포를 비교하는 상황에서 다룬다.

⑤ 경우의 수는 두 경우의 수를 합하거나 곱하는 경우 정도로만 다룬다.

⑥ 확률은 실험이나 관찰 상황에서 구한 상대도수로서의 의미와 경우의 수의 비율로서의 의미를 연결하여 이해하게 한다.

⑦ 경우의 수의 비율로 확률을 다룰 때, 각 경우가 발생할 가능성이 동등하다는 것을 가정한다는 점에 유의한다.

⑧ 확률의 계산에서는 경우의 수를 활용하는 것을 다룬다.

⑨ 자료의 특성에 따라 적절한 대푯값을 선택하여 구할 수 있게 한다.

⑩ 공학적 도구를 활용하여, 표와 그래프를 그리고 대푯값과 산포도를 구할 수 있게 한다.

⑪ 경우의 수 용어는 교수・학습 상황에서 다루어질 수 있다.

(마) 기하 교수・학습상의 유의점

① 점, 선, 면, 각과 관련된 용어의 뜻을 직관적으로 이해하고, 이를 토대로 여러 가지 도형의 성질을 추론할 수 있게 한다.

② 주어진 삼각형과 합동인 삼각형을 작도할 수 있게 한다.

③ 작도를 이용하여 삼각형의 합동 조건을 이해하게 한다.

④ 다각형의 성질에서는 대각선의 개수, 내각과 외각의 크기의 합을 다룬다.

⑤ 다각형과 다면체는 그 모양이 볼록인 경우만 다룬다.

⑥ 사각형의 성질은 대각선에 관한 성질을 위주로 다룬다.

⑦ 닮은 도형의 성질을 추론할 수 있게 한다.

⑧ 피타고라스 정리의 역은 직관적으로 이해하게 한다.

⑨ 삼각비 사이의 관계는 다루지 않는다.

⑩ 삼각비의 값은 0°에서 90°까지의 각도에 대한 것만 다룬다.

⑪ 공학적 도구나 다양한 교구를 활용하여 도형의 성질을 추론할 수 있게 한다.
⑫ 도형의 성질을 이해하고 설명하는 활동은 학생의 수준에 따라 달리할 수 있다.
⑬ 접선의 길이 용어는 교수·학습 상황에서 다루어질 수 있다.

5단계 수학 교수 학습 방법 제시

수학과 교육과정에서는 구체적인 교수학습 방법을 제안하고 있다. 교육과정에 따라 약간의 차이는 있지만 대체적으로 그 시대의 정신을 반영하여 수학교육철학, 수학교과교육이론, 수학학습심리학 등을 기초로 하여 다양한 방법이 서술되어져 있다. 최근의 수학과 교육과정의 정신에 비추어 볼 때, 수학과 교육과정의 교수・학습은 학습자의 개인차를 고려한 수준별 학습, 학습 방법의 다양화, 학습자의 능동적 학습 활동 강조, 학습자의 수학 학습에 대한 흥미와 관심의 유발, 학습자의 실제 경험과 관련된 문제해결 강조 등을 강조하고 있다. 교수・학습과 관련하여 교육과정에서 제시하고 있는 내용을 살펴보면 다음과 같다.

첫째, 교육과정의 성취 기준은 학생의 특성, 내용의 연계성, 지역성 및 현실성을 고려하여 지도한다(교육과학기술부, 2011). 교수・학습에 대한 이러한 제안은 어느 특정 학생들을 위한 학습이 아니라 모든 학생들을 위한 학습이어야 함을 강조한 것이다. 모든 학생이 수학 내용을 익힐 수 있도록 수학교과의 위계적이고 누적적이고 계통적 특성을 감안하고, 학생의 특성, 내용의 연속적인 연계성, 지역성 및 현실성을 고려하여 교수・학습이 이루어져야 한다(교육과학기술부, 2008). 예를 들어 보자. 학생이 각각 15명, 40명이 있는 두 학급이 있다고 하자. 이 두 학급에서 수학수업을 진행하는 방법이 동일할 수는 없다. 학급의 인원수라는 지역적, 현실적 상황을 고려한 교수・학습 진행이 필요하다.

둘째, 학년군별 내용의 배열 순서가 반드시 교수・학습의 순서를 의미하는 것은 아니므로, 교수・학습 계획을 수립하거나 학습 자료를 개발할 때에는 내용의 특성과 난이도, 학교 여건, 학생의 수준 등을 고려하여 내용, 순서 등을 재구성할 수 있다(교육과학기술부, 2011). 교수・학습에 대한 이러한 제안은 학년별 내용의 배열 순서가 반드시 교수·학습의 순서를 의미하는 것은 아니므로, 교수·학습 계획을 수립하거나 학습 자료를 개발할 때에는 수업 상황에 알맞게 편성하여야 한다(교육과학기술부, 2008). 예를 들어 보자. 교과서의 구성방식은 종합적 방식을 취하고 있고, 실제 학생들의 지식의 획득 과정은 분석적 방식에 가깝다. 따라서 교사는 주어져 있는 교과서의 구성 순서와 방식 그대로 가르치는 것이 아니라, 주어진 학습 내용을 재구성하여 가르치는 것이 타당하다.

셋째, 교육과정에 제시된 내용을 지도한 후 학습 결손이 있는 학생에게는 보충 학습, 우수한 학생에게는 심화 학습의 기회를 추가로 제공할 수 있다(교육과학기술부, 2011). 교수・학습에 대한 이러한 제안은 수학과 교육과정에서는 기본적인 내용만 제시되어 있기 때문에, 기본적인 내용을 지도한 후에도 학습 목표에 도달하지 못한 학생들에게는 보충 학습, 우수한 학생들에게는 심화 학습의 기회를 제공할 수 있음을 의미한다. 보충 학습을 받아야 할 학생들의 수준이나 상태가 다양하므로 그 기준을 일률적으로 정하기가 어렵기 때문에 수학 교사들이 해당 학생의 수준이나 상태에 따라 그 내용과 방법을 결정해야 한다. 심화 학습도 교육과정상 명시되어 있지는 않지만, 이미 학습한 내용에 대한 이해와 적용의 폭을 넓히거나 내용을 상세화 할 수 있다. 단, 심화 학습이 해당 학년 내용의 범위나 수준을 벗어나거나 난이도가 어려운 경우는 피한다(교육과학기술부, 2008).

넷째, 수학과 수업에서는 교육 내용과 학생의 특성을 고려하여 발견 학습, 탐구 학습, 협동 학습, 개별 학습, 설명식 교수 등 다양한 교수・학습 방법을 활용할 수 있다(교육과학기술부, 2011). 교수・학습에 대한 이러한 제안은 다양한 학습 방법을 찾고, 구현할 수 있는 노력을 교사가 기울여야함을 의미한다. 교사는 설명식 수업을 지양하고, 해당 내용의 성격이나 학습자의 심리적 상태 등을 고려하여 학습자 중심 수업을 실현할 수 있도록 한다. 특히 학습자 중심 수업의 실현을 위해 학습자의 능동적인 조작 활동을 통한 학습, 교사와 학생이 같이 학습 활동을 전개하는 학습 등 활동주의 학습 원리를 적용한 수업이 학습 효과를 높일 수 있는 한 방법이 된다(교육과학기술부, 2008). 학습 내용이 무엇이냐에 따라 최적의 교수・학습 방법이 달라질 수 있다. 수학수업이 한 가지 수업방법으로 모든 학습 내용을 효과적으로 제시할 수 없다. 따라서 교사는 학습 내용의 성격, 개념의 형성과정 등을 충분히 고려하여 학습내용에 따른 적절한 교수・학습 방법을 고안할 필요가 있다.

다섯째, 수학의 개념, 원리, 법칙, 기능의 교수・학습에서는 다음 사항에 유의한다.

(1) 생활 주변 현상, 사회 현상, 자연 현상 등의 여러 가지 현상을 학습 소재로 하여 수학의 개념, 원리, 법칙을 도입한다.
(2) 구체적 조작 활동과 탐구 활동을 통하여 학생 스스로 개념, 원리, 법칙을 발견하고 이를 정당화하게 한다.
(3) 문제를 해결할 때 수학의 기본적인 개념, 원리, 법칙, 기능을 이용할 수 있게 한다(교육과학기술부, 2011).

교수・학습에 대한 위와 같은 제안은 수학의 개념, 원리, 법칙의 지도 시 친숙한 생활환경이나 장면 또는 상황을 설정하여 이와 관련된 수학 학습 내용에 대한 학습이 효과적으로 이루어질 수 있게 준비하여야 함을 의미한다. 일반적으로 학생에게 수학 과목은 재미없을 뿐만 아니라 어렵게만 인식되는 경향이 있으므로 수학 내용을 최종적인 형태로 요구하기 보다는 초기의 발생 형태로 제시하는 것이 훨씬 효과적이다. 따라서 여러 가지 구체적 조작활동과 탐구 활동을 통하여 학생 스스로 개념, 원리, 법칙을 발견해 가는 수학적 활동을 조장해주어야 한다(교육과학기술부, 2008). 프로이덴탈(Freudenthal)의 현상학적 교수학에 비추어 볼 때, 수학 학습의 출발은 현상 즉, 실제이다. 이 현상으로부터 시작된 수학학습이 수학화 과정을 거쳐 학습 내용에 대한 개념 획득이 이루어진다.

여섯째, 의미 있는 발문을 하기 위하여 교수・학습에서 다음 사항에 유의한다.

(1) 발문을 할 때는 학생의 인지 발달과 경험을 고려하며, 발문에 대한 학생들의 반응을 의미 있게 처리한다.
(2) 학생의 사고를 촉진시키기 위해 가능하면 열린 형태의 발문을 통해 하나의 문제를 여러 가지 방법으로 해결하게 하고 다양한 방법을 비교하여 설명해 보게 한다(교육과학기술부, 2011).

교수・학습에 대한 위와 같은 제안은 수업은 대화로 이루어지며, 학생들의 사고를 촉진하기 위한 교사의 체계적인 발문이 중요함을 의미한다. 발문은 교수・학습 활동 과정에서 그 역할이나 목적이 다양하며, 발문의 의도에 따라 발문의 방식이 다양하게 변화될 수 있다. 특히 발문이 필요한 상황은 교사와 학생간의 상호 연결 및 교감이 일어나는 학습 심리적 상황이므로 발문은 학습자의 심리적인 상태를 충분히 파악한 후에 이루어져야 한다. 또한 발문은 학습자의 독창적 생각을 마음껏 내놓을 수 있는 분위기에서 이루어져야 하며, 단순히 교사가 질문을 하고 '네, 아니오' 의 닫힌 방식이 되어서는 안 된다. 따라서 교사가 발문을 성공적으로 진행하기 위해서는 사전에 철저한 준비과정이 필요하다(교육과학기술부, 2008).

일곱째, 수학적 창의력을 신장을 위해 교수・학습에서 다음 사항에 유의한다.

(1) 수학적 창의력의 신장이 이루어지도록 수학적 문제 해결력, 추론 능력, 의사소통 능력을 강조한다.

(2) 다양한 아이디어를 산출할 수 있는 수학적 과제를 통해 학생들의 확산적 사고를 촉진시킨다.
(3) 하나의 수학 문제를 여러 가지 방법으로 해결한 후 그 해결 방법을 비교해 보고, 더 높은 차원으로 확장해서 사고할 수 있게 한다.
(4) 수학 개념이나 용어의 정의를 직접적으로 제시하기보다 학생 스스로 개념과 용어의 필요성을 인식하고 정의해 보게 한다(교육과학기술부, 2011).

교수・학습에 대한 위와 같은 제안은 수학적 문제해결력의 신장, 추론 능력 및 의사소통 능력의 향상을 수학적 창의력을 길러내는 발판으로 삼아야 한다는 것을 의미한다. 기계적이고 자동적인 수학 학습이 아니라, 다양한 문제상황에서 획득한 수학적 사고력을 적용할 수 있는 교수・학습이 필요하고, 학습자 스스로 독창적인 사고를 할 수 있도록 유도해야 한다.

여덟째, 수학적 문제 해결력을 신장시키기 위하여 교수・학습에서 다음 사항에 유의한다.

(1) 문제 해결은 전 영역에서 지속적으로 지도한다.
(2) 학생 스스로 문제 상황을 탐색하고 수학적 지식과 사고 방법을 토대로 해결방법을 적절히 활용하여 문제를 해결하게 한다.
(3) 문제 해결의 결과 뿐만 아니라 문제 해결 방법과 과정, 문제를 만들어 보는 활동도 중시한다.
(4) 생활 주변 현상, 사회 현상, 자연 현상 등의 여러 가지 현상에서 파악된 문제를 해결하면서 수학적 개념, 원리, 법칙을 탐구하고, 이를 일반화하게 한다(교육과학기술부, 2011).

교수・학습에 대한 위와 같은 제안은 제4차 교육과정 이래로 강조하고 있는 문제해결 능력 신장을 위해 수학 교과가 지속적으로 노력해야함을 의미한다. 문제해결 교육의 목적은 이미 배운 수학적 사실이나 알고리즘에 단순히 적용하는 것이 아니라 학습자가 주체적으로 수학학습을 하도록 하는 것이다. 문제해결은 특정 단원이 아니라 전 학년, 전 단원에서 지속적으로 지도되어야 한다(교육과학기술부, 2008).

아홉째, 수학적 추론 능력을 신장시키기 위하여 교수・학습에서 다음 사항에 유의한다.

(1) 귀납, 유추 등을 통해 학생 스스로 수학적 사실을 추측하고, 이를 정당화할 수 있게 한다.

(2) 수학적 사실이나 명제를 분석하고, 수학적 관계를 조직하고 종합하며, 학생 자신의 사고 과정을 반성하게 한다.
(3) 수학적 추론을 통해 합리적으로 사고하는 능력을 키우고, 일상생활에서 자신의 의견을 정당화할 때 적절한 근거에 기초하여 논지를 전개할 수 있게 한다(교육과학기술부, 2011).

교수・학습에 대한 위와 같은 제안은 학생들에게 수학을 지도할 때 학생의 수학적 사고와 추론 능력, 분석력 및 종합력의 개발에 교수・학습의 노력을 기울여야 함을 의미한다. 수학 활동에서 논리 정연한 추론 과정 및 정당화 과정은 추론 훈련을 통하여 얻을 수 있는 주요 정신 능력이다. 따라서 학습자 스스로 귀납, 유추 등을 통해 수학적 사실을 추측해 보고, 그 결과를 판단하고, 정당화하게 함으로써 수학적 사고와 추론 능력을 발전시킬 수 있다. 이러한 학습자의 자발적인 학습은 학생들의 능동적이고 창의적인 학습능력의 향상에 중요하다(교육과학기술부, 2008).

열째, 수학적 의사소통 능력을 신장시키기 위하여 교수・학습에서 다음 사항에 유의한다.

(1) 수학 용어, 기호, 표, 그래프 등의 수학적 표현을 이해하고 정확히 사용하게 한다.
(2) 수학적 아이디어를 말과 글로 설명하거나 시각적으로 표현하여 다른 사람과 효율적으로 의사소통할 수 있게 한다.
(3) 수학적 아이디어를 표현하고 토론하며 다른 사람의 수학적 아이디어와 사고를 이해하는 과정을 통해 의사소통의 중요성을 인식하게 한다(교육과학기술부, 2011).

교수・학습에 대한 위와 같은 제안은 자신의 사고를 정확하게 표현할 수 있고, 이를 통해 미래를 살아가는 학생들에게 합리적으로 사고하고 이를 합리적으로 표현함으로써 삶에 필요한 수학적 소양을 길러주는 것을 의미한다. 수학적 의사소통 능력을 신장시키기 위하여 수학 용어(언어), 표, 그래프, 기호 등의 수학적 표현을 이해하고 정확히 사용할 수 있어야 한다. 또한 수학적 아이디어를 말과 글로 설명하고 시각적으로 표현하여 다른 사람과 효율적으로 의사소통할 수 있을 뿐만 아니라, 개인별로 문제를 푸는 활동을 포함하여, 말하기, 듣기, 읽기, 쓰기와 같은 다양한 방법을 활용하여야 한다. 이러한 과정을 통하여 수학을 표현하고 토론하면서 자신의 사고를 명확히 하고 반성함으로써 실생활에서 수학적 의사소통이 수학을 학습하고 활용하는 데 중요함을 인식하게 해야 한다(교육과학기술부, 2008).

열한째, 학생들의 인성을 함양시키기 위하여 교수·학습에서 다음 사항에 유의한다.

(1) 다른 학습자의 풀이 방법과 의견을 존중하며, 이를 통해 타인을 배려하는 성품을 기르게 한다.
(2) 자신의 수학적 아이디어를 설득력 있게 논리적으로 표현하여 그 타당성을 입증하고 이에 기초하여 합리적으로 결론을 내리는 과정을 통해 민주 시민의 소양을 기르게 한다.
(3) 수학 문제를 해결함에 있어 결과에 이르는 과정이 중요함을 인식하게 한다(교육과학기술부, 2011).

교수·학습에 대한 위와 같은 제안은 수학 학습이 정의적인 영역과 매우 밀접하며, 학생들의 긍정적인 생각과 감정을 가질 수 있도록 수학 수업이 진행되어야함을 의미한다. 그 동안 수학은 두려움과 패배감을 느끼게 하는 이른바 수포(수학포기자)를 대량 양성하였다. 이제는 수학 학습이 학습자의 요구에 부합될 뿐 아니라 학습자의 성품과 민주시민으로서의 소양, 과정의 중요성을 일깨워주는 인성 함양의 도구로 사용되어야 한다.

열두째, 수학에 대한 긍정적 태도를 신장시키기 위하여 교수·학습에서 다음 사항에 유의한다.

(1) 생활 주변 현상, 사회 현상, 자연 현상 등의 여러 가지 현상과 관련지어 수학을 배움으로써, 수학에 대한 가치를 인식하고 수학의 필요성을 알게 한다.
(2) 수학에 대한 흥미, 관심, 자신감을 갖도록 학습 동기와 의욕을 유발한다(교육과학기술부, 2011).

교수·학습에 대한 위와 같은 제안은 수학에 관심과 흥미를 갖고 수학의 유용성과 가치를 인식하며 수학 학습의 필요성을 인식하는 것은 수학 학습을 성공적으로 수행하여 수학에서 높은 성취를 이루는 데에 중요한 역할을 하며, 수학 교수·학습 활동에 활력을 주어야함을 의미한다. 이를 위하여 학생들에게 친숙한 생활 주변의 현상, 사회 현상, 자연 현상 등을 학습 소재로 적극적으로 활용하고, 수학이 실생활의 여러 가지 문제를 해결하거나 타 교과 학습에 중요한 역할을 함을 알려주는 다양한 사례를 접하게 하여, 수학의 가치와 유용성, 수학의 중요성과 필요성을 인식하게 한다. 또한 학생들이 수학 학습에 대한 성공적인 경험을 통해 수학에 관심과 흥미, 학습에 대한 자신감을 가질 수 있도록 한다

(교육과학기술부, 2008).

열셋째, 수학 교수・학습 과정에서 교육기자재 및 수학 교과 교실의 활용은 다음 사항에 유의한다.

(1) 교수・학습의 전 과정을 통하여 적절하고 다양한 교육 기자재를 활용하여 수학 학습의 효과를 높이도록 한다.
(2) 계산 능력 배양을 목표로 하지 않는 경우의 복잡한 계산 수행, 수학의 개념, 원리, 법칙의 이해, 문제 해결력 향상 등을 위하여 계산기, 컴퓨터, 교육용 소프트웨어 등의 공학적 도구와 다양한 교구를 활용한다.
(3) 구체적인 조작과 탐구 활동을 통해 수학의 개념과 원리를 이해하고 수학 주제에 대해 모둠으로 토론함으로써 수학 학습의 효율을 높일 수 있도록 수학 교과 교실을 구축하여 활용한다(교육과학기술부, 2011).

교수・학습에 대한 위와 같은 제안은 수학교실에서 다양한 교육용 기자재와 첨단 멀티미디어가 폭넓게 활용되어야함을 의미한다. 중학생의 인지 발달은 구체적 조작물 보다는 반구체물이나 상징적 도구를 활용한 활동을 통하여 이루어진다는 점을 감안할 때, 다양한 도구를 활용하는 것이 바람직하다. 또한, 같은 기자재일지라도 그 사용 방식에 따라 얻을 수 있는 효과가 다양할 수 있으므로 사용 효과를 다양화, 극대화시키기 위한 준비 작업에 정성을 기울일 필요가 있다. 예를 들어, 도형 모형, 조립 교구와 더불어 계산기, 컴퓨터 및 다양한 소프트웨어의 활용이 필요하다(교육과학기술부, 2008).

열넷째, 수학 학습 시 학생 스스로 학습 목표를 설정하고 학습을 수행하며 학습 결과를 스스로 평가하는 자기 주도적 학습 능력을 신장시킨다. 교수・학습에 대한 이러한 제안은 학습자 중심 수업의 구현을 의미한다. 학습자 스스로 자신이 공부해야할 목표를 설정하고 이 목표를 달성하기 위해 필요한 학습내용을 찾을 때, 가장 적극적이고 활동적인 학습자가 된다는 사실을 잊어서는 안 된다. 교사가 안내하는 학습자에 의해 출발하는 자기 주도적인 학습이 일어날 수 있는 다양한 기회를 폭넓게 제공해야 한다.

열다섯째, 학교에서 수준별 수업을 운영할 때에는 다음 사항에 유의한다.

(1) 수준별 수업을 위해 집단을 편성할 때에는 학생 개인의 학습 능력과 수준, 적성과 희망 등을 감안하고, 교사 수급과 유휴 교실 등 학교 상황을 고려한다.

(2) 수준별 수업은 내용 요소를 차별화하기 보다는 내용의 깊이나 접근 방법에 차이를 두어 진행한다(교육과학기술부, 2011).

교수・학습에 대한 위와 같은 제안은 개인차를 고려한 개별화된 수학교육의 실현을 의미한다. 이를 위해 수준별 이동 수업이 학교의 상황에 맞게 실행될 필요가 있다. 실제로 수학이 개인차가 큰 교과임을 생각할 때, 개인의 수준에 적합한 수준별 수업을 운영하는 것이 바람직하다. 이러한 수준별 수업을 위해서 학생 개인의 학습 능력과 수준과 더불어 학교별 학습 환경의 차이도 반영하여 지도가 이루어지도록 한다. 여기서 꼭 명심할 것은 수준별 수업은 내용 요소를 차별화하기 보다는 내용의 깊이나 접근 방법에 차이를 두어 운영해야 한다(교육과학기술부, 2008).

6단계	수학 평가 방법 제시

수학과 교육과정에서는 구체적인 평가 방법을 제시하고 있다. 평가에서 중요한 두 가지는 학습자 개인의 성취정도를 평가하는 것, 평가 결과를 통한 교수・학습 개선을 위한 피드백이다. 따라서 좋은 평가는 교수・학습 개선을 위한 피드백을 제공하기 때문에 의미있는 수학 학습을 뒷받침할 수 있다. 평가는 교사가 교수학적 결정을 내릴 때 정보를 주고 안내하는 교수 활동의 필수적인 부분이어야 한다. 또한 평가는 단순히 학생들에게 실시되는 것이어서는 안 되며 오히려 학생들을 위해 실시됨으로써 학생들의 학습을 안내하고 향상시킬 수 있어야 한다. 이러한 평가를 위해 교육과정에서 제시하고 있는 구체적인 제안은 다음과 같다.

첫째, 수학 학습의 평가는 학생의 인지적 영역과 정의적 영역에 대한 유용한 정보를 제공하고, 학생 개개인의 수학 학습과 전인적인 성장을 돕고 교사의 수업 방법을 개선하는 데 활용되어야 한다(교육과학기술부, 2011). 평가에 대한 이러한 제안은 평가의 목적이 교사와 학생 모두에게 유용한 정보를 제공함으로써 교수・학습 개선에 기여하는 데에 있음을 의미한다. 평가를 통해 학생의 성취 정도는 학생이 이미 학습한 수학 내용을 어느 정도 이해하고 있는가를 확인하는 데에 도움을 준다. 또한 교사는 평가 결과를 토대로 자신의 교수 방식을 개선할 수 있다. 그리고 교사는 평가를 통해, 학생들이 학습의 결과로 실제로 가지고 있는 지식과 교사가 교수의 결과로 학생들이 가지고 있을 것으로 예상하는 지식 사이에 어느 정도의 거리가 존재하는지를 확인할 수 있다. 이와 같이 평가 결과를 교사 자신의 교수 과정에 반영하는 것은 매우 중요하다(교육과학기술부, 2008).

둘째, 수학 학습의 평가에서는 학생의 인지 발달 단계를 고려하고, 교육과정에 제시된 내용의 수준과 범위를 준수한다(교육과학기술부, 2011). 평가에 대한 이러한 제안은 아무리 훌륭한 평가 방식이라고 하더라도 학생의 인지 발달 수준과 교육과정의 수준을 고려하지 않는다면 그 타당성은 확보할 수 없다는 것을 의미한다. 학생의 인지 발달 수준을 고려한 평가를 시행하기 위해서는 이미 학생들의 인지 발달 수준을 고려하여 제시한 교육과정의 내용의 수준과 범위를 준수하는 것이 중요하다(교육과학기술부, 2008).

셋째, 수업의 전개 국면에 따라 진단평가, 형성평가, 총괄평가 등을 적절히 실시하되, 지속적인 평가를 통하여 다양한 정보를 수집하고 수업에 활용한다(교육과학기술부, 2011). 평가에 대한 이러한 제안은 평가 시기가 수업 시작 전, 수업 마지막, 학기의 마지막 등 학습의 전 과정에서 활용되어야 함을 의미한다. 진단평가는 학생의 선행 학습 내용을 확인하는 데에, 형성평가는 교수・학습을 안내하는 데에, 그리고 총괄평가는 학생의 발전 상태를 확인하는 데에 그 목적이 있다. 따라서 각각의 평가의 목적에 부합되도록 다양한 평가시기를 결정해야 한다(교육과학기술부, 2008).

넷째, 수학 학습의 평가에서는 선택형 위주의 평가를 지양하고 서술형 평가, 관찰, 면담, 자기평가 등의 다양한 평가 방법을 활용하여 수학 학습에 대한 종합적인 평가가 이루어질 수 있게 한다(교육과학기술부, 2011). 평가에 대한 이러한 제안은 평가 방법이 다양해야 함을 의미한다. 지필평가는 학교 현장에서 가장 많이 활용되는 방법으로서, 교사가 종이에 평가 문항을 제시하고 학생들이 제시된 문항을 해결하는 방법이다. 지필평가는 학생들의 수학적 사고 과정과 결과를 확인할 수 있는 방향으로 유도하여 충분히 의미 있는 평가가 되도록 개선할 필요가 있다. 또한 지필평가와 함께 관찰, 면담, 자기평가 등의 다양한 평가 방법을 활용함으로써 교수・학습과 관련된 다양한 정보를 얻는 것이 중요하다(교육과학기술부, 2008). 관찰법은 평가자가 수학적으로 사고하고 있는 개별 학생, 소집단의 학생, 또는 학급전체 학생에 대하여 관찰하면서 기록하는 방법이고, 면담법은 학생들을 직접 면담함으로써 학생들의 수학적 사고 과정에 대한 정보를 얻는 방법이다. 관찰 및 면담의 기록 방법으로는 일화기록법, 체크리스트법 등이 있는데, 일화기록법은 한 개인을 대상으로 구체적인 행동 사례를 간략하게 기술하는 방법이고, 체크리스트는 관찰이나 면담하려는 행동 단위를 미리 분류하고 이것을 기초로 그러한 행동이 나타났을 때 표시하는 방법을 말한다. 다음으로 자기평가는 학생이 수학을 학습하는 과정에서 자신의 발전 상황을 스스로 감독하고, 자신의 수학적 지식과 태도를 평가하는 과정이다. 자기평가의 방법으로는 '학생 자신과의 대화'와 '학생 자신에게 질문하기' 등이 있는데, 전자는 자신을 쉽게 표현하는 쓰기 활동의 일종으로, 매시간 자신의 수학 지식의 이해도 및 수학에 대한 태도를 짧게 기록하여 제출하는 개인일지의 일종이며, 후자는 수학 문제를 해결하는 동안 자기 자신에게 질문을 함으로써 자기를 감독하는 방법이다(교육과학기술부, 2008).

다섯째, 인지적 영역에 대한 평가에서는 학생의 수학적 사고력 신장을 위하여 결과 뿐만 아니라 과정도 중시하여 평가하되, 수학의 교수・학습에서 전반적으로 요구되는 다음 사항을 강조한다(교육과학기술부, 2011).

(1) 수학의 기본적인 개념, 원리, 법칙을 이해하고 적용하는 능력
(2) 수학의 용어와 기호를 정확하게 사용하고 표현하는 능력
(3) 수학적 지식과 기능을 활용하여 추론하는 능력
(4) 다양한 상황에서 발생하는 여러 가지 문제를 수학적으로 사고하여 해결하는 능력
(5) 생활 주변 현상, 사회 현상, 자연 현상 등의 여러 가지 현상을 수학적으로 관찰, 분석, 조직하는 능력
(6) 수학적 사고 과정과 결과를 합리적으로 의사소통하는 능력
(7) 수학적 지식과 기능을 바탕으로 창의적으로 사고하는 능력

평가에 대한 위와 같은 제안은 인지적 영역의 평가는 수학적 지식 및 수학적 사고방식과 관련된 지적인 특성을 대상으로 한다는 것을 의미한다. 구체적으로 살펴보자. 수학의 기본적인 개념, 원리, 법칙을 이해하고 적용하는 능력의 평가에서는, 학생들이 수학적 사실이나 수학적 절차 등을 의미 충실하게 이해하고 있는지에 중점을 두어야 한다. 수학의 용어와 기호를 정확하게 사용하고 표현하는 능력의 평가에서는, 수학적 아이디어를 조직하고 기록하며 의사소통하기 위해서 표현을 만들고 활용할 수 있는지, 문제를 해결하기 위해서 수학적 표현을 선택하고 적용하며 변환할 수 있는지 등에 중점을 두어야 한다. 수학적 지식과 기능을 활용하여 추론하는 능력의 평가에서는 귀납과 유추에 의해 수학적 법칙과 문제의 해법을 발견할 수 있는지, 수학적 추측을 만들고 조사할 수 있는지, 수학적 논쟁 능력을 개발하고 평가할 수 있는지, 다양한 유형의 추론 방법을 선택하고 사용할 수 있는지 등에 중점을 두어야 한다. 다양한 상황에서 발생하는 여러 가지 문제를 수학적으로 사고하여 해결하는 능력의 평가에서는 수학과 다른 교과 상황에서 나타나는 문제를 해결할 수 있는지, 문제를 해결하기 위하여 다양하고 적절한 전략을 적용하고 채택할 수

있는지, 수학 문제해결 과정을 관찰하고 반성할 수 있는지, 문제해결을 통해 새로운 수학적 지식을 만들어낼 수 있는지 등에 중점을 두어야 한다. 생활 주변 현상, 사회 현상, 자연현상 등의 여러 가지 현상을 수학적으로 관찰, 분석, 조직하는 능력의 평가에서는 생활주변의 현상을 포함한 다양한 현상을 모델링하고 해석하기 위해서 수학을 활용할 수 있는지에 중점을 두어야 한다. 학생들은 다양한 현상을 수학적으로 관찰, 분석, 조직하는 경험을 통해, 수학과 다른 학문과의 연결성을 인식할 수 있다. 수학적 사고 과정과 결과를 합리적으로 의사소통하는 능력의 평가에서는 의사소통을 통하여 학생 자신의 수학적 사고나 문제해결 과정을 조직하고 확고히 할 수 있는지, 학생 자신의 수학적 사고나 문제해결 과정을 학급 친구, 교사, 다른 사람들에게 일관적이고 명확하게 의사소통할 수 있는지, 다른 사람의 수학적 사고와 전략을 분석하고 평가할 수 있는지, 수학적 아이디어를 정확하게 표현하기 위하여 수학의 언어들을 사용할 수 있는지 등에 중점을 두어야 한다(교육과학기술부, 2008). 수학적 지식과 기능을 바탕으로 창의적으로 사고하는 능력의 평가에서는 수학문제해결력, 추론능력, 의사소통능력을 통해 수학적 창의력이 신장되었는지, 수학적 과제수행을 통해 확산적 사고가 촉진되었는지, 하나의 수학문제를 다양한 방법으로 해결할 수 있는지, 수학 개념이나 용어를 학생 스스로 인식하고 정의할 수 있는지 등에 중점을 두어야 한다.

여섯째, 정의적 영역에 대한 평가에서는 학생의 수학에 대한 긍정적 태도를 신장시키기 위하여 수학 및 수학 학습에 대한 관심, 흥미, 자신감, 가치 인식 등의 정도를 파악한다(교육과학기술부, 2011). 평가에 대한 이러한 제안은 인지적 영역에 대한 평가뿐 아니라 정의적 영역에 대한 평가도 중요하게 간주해야함을 의미한다. 인지적 영역이 수학적 지식 및 수학적 사고방식과 관련된 지적인 특성을 대상으로 한다면, 정의적 영역은 수학에 대한 전형적인 태도 및 감정 표현의 방식과 관련된 특성을 대상으로 한다. 실제로 수학에 대한 긍정적 태도나 가치관은 성공적인 수학학습과 더불어 활기가 넘치는 수학학습의 진행이 가능하도록 한다. 따라서 이에 대한 평가는 수학학습에서 매우 중요하다. 정의적 영역에 대한 평가 척도는 '전혀 그렇지 않다', '그렇지 않다', '보통이다', '그렇다', '매우 그렇다'와 같이 설정할 수 있으며, 목적에 맞게 다양한 척도의 사용이 가능하다(교육과학기술부, 2008).

일곱째, 수학 학습의 평가에서는 평가하는 학습 내용과 방법에 따라 학생에게 계산기, 컴퓨터, 교육용 소프트웨어 등의 공학적 도구와 다양한 교구를 이용할 수 있는 기회를 제공한다(교육과학기술부, 2011). 평가에 대한 이러한 제안은 계산기, 컴퓨터와 같은 공학적 도구 및 교구가 평가 방법을 개선하는데 큰 기여를 할 수 있음을 의미한다. 현재 교실 수업에서는 해결 과정이 간단하거나 답이 간단한 수치로 나오는 문제 위주로 다루어왔는데, 점차 그 적용 범위를 넓히는 것이 필요하다.

결론적으로 수학 학습의 평가에서는 선택형 위주의 평가를 지양하고 서술형 평가, 관찰, 면담, 자기평가 등의 다양한 평가 방법을 활용하여 수학 학습에 대한 종합적인 평가가 이루어질 수 있게 한다. 또한 평가하는 학습 내용과 방법에 따라 학생에게 계산기, 컴퓨터, 교육용 소프트웨어 등의 공학적 도구와 다양한 교구를 이용할 수 있는 기회를 제공하여야 하고, 정의적 영역에 대한 평가에서는 학생의 수학에 대한 긍정적 태도를 신장시키기 위하여 수학 및 수학 학습에 대한 관심, 흥미, 자신감, 가치 인식 등의 정도를 파악하도록 한다.

2. 수학과 교육과정의 변천

우리나라 근대 교육의 시작은 조선말, 대한제국 시대로 거슬러 올라 갈 수 있다. 고종이 1876년 일본과 강화도 조약, 1882년과 1883년 미국, 영국 등과 수호조약을 체결함으로써 개화와 더불어 신교육이 시작되었다. 하지만 이 시기의 수학교육과정은 일본의 영향을 절대적으로 받았다고 박한식(1991)은 지적하고 있다. 실제로 일본 소학교 교과서의 대부분을 그대로 가져온 것으로 보인다. 게다가 경술국치 이후는 일본의 교육제도를 그대로 가져왔으므로 제대로 된 우리나라의 수학교육을 찾을 수는 없다. 따라서 광복 이후부터 우리나라의 수학교육과정을 살펴보는 것이 타당하다고 생각된다. 1945년 이후 우리나라 중학교 수학과 교육과정의 변천 과정을 간략하게 표로 정리하면 <표 1-2>와 같다. 수학과 교육과정의 변천은 박한식(1991)의 '한국수학교육사'와 교육부(1992, 1997, 2000), 교육인적자원부(2007), 교육과학기술부(2011)에서 발표한 수학과 교육과정 자료를 요약 정리하여 제시한다.

〈표 1-2〉 중학교 수학과 교육과정의 변천 과정

명칭	공포(고시)	중학교 수학과 교육과정의 특징
교수요목	1946. 3.	• 일본 강점기 시대의 교육과정의 지속 • 내용이 난해하고 다소 많음 • 가르칠 내용을 나열하는 수준

명칭	공포(고시)	중학교 수학과 교육과정의 특징
제1차 교육과정	1955. 8.	• 생활단원학습기 • 우리나라 최초의 교육과정으로 교과과정이라 부름 • 생활 중심 수학교육 • 수학 용어의 한글화
제2차 교육과정	1963. 2.	• 수학의 계통성 중시 • 경험 중심의 교육과정 • 수학의 개념, 원리, 법칙의 이해를 강조
제3차 교육과정	1973. 2.	• 수학적 구조의 강조 • 학문 중심 교육과정 • 수학교육 현대화 운동의 대폭 반영 • 집합 개념을 토대로 수학의 전개 • 수학의 구조와 엄밀성 강조
제4차 교육과정	1981.12.	• 새수학 운동의 반성 • '기초로 돌아가기' 정신의 반영 • 학습 부담 경감을 위한 학습 내용 축소 • 문제해결 학습의 중요성 인식
제5차 교육과정	1987. 3.	• 학습 부담 경감을 위한 학습 내용 축소 • 문제해결력의 강조
제6차 교육과정	1992. 6.	• 학습 부담 경감을 위한 학습 내용 축소 • 계산기와 컴퓨터 활용의 강조 • 수학적 사고력과 문제해결력의 강조 • 다양한 평가 방법 권장
제7차 교육과정	1997.12.	• 학습자 중심 교육과정 • 수준별 교육 과정(단계형과 과목 선택형) • 학습 부담 경감을 위한 학습 내용 축소 • '수학적 힘'의 신장 도모
2007개정 교육과정	2007. 8.	• 현실적합한 수준별 수업 방안 제시 • 교육 내용의 적정화 • 수학적 사고력 및 의사소통 능력 신장 강조 • 수학의 가치 제고와 정의적 측면 강조
2009개정 교육과정	2011. 8.	• 국민공통기본교육과정의 축소(중3까지) • 교과별 수업시수 20%증감 허용 • 학년군, 교과군 도입을 통한 집중이수 • 교육 내용의 적정화 • 수학적 창의력 신장의 강조 • 수학을 통한 학생들의 인성 함양의 강조

2.1 교수요목기(1946~1954)

광복과 함께 우리나라는 미군정이 시작된다. 미군정청 학무국은 1945년 9월 28일 중등학교 이상의 학교에서 수업을 시작하도록 지시하였다. 이 지시에 따라 해방 이전에 사용하였던 교과서를 이용하여 교육활동이 시작되었다. 학교 교육을 체계적으로 실시하기 위해 1945년 조선교육위원회를 구성하여 이듬해 3월 군정청에 의해 교수요목을 제정 발표하였다. 이 때 제정한 교수요목의 특징에 대해 박한식(1991)은 다음과 같이 제시하고 있다. 첫째, 교과의 지도 내용을 상세히 표시하고, 기초 능력을 배양하는 데 중점을 두었다. 둘째, 교과는 분과주의를 채택하고, 체계적인 지도와 지력의 배양에 중점을 두었다. 셋째, 우리나라의 교육 목표인 '홍익인간'의 정신에 입각하여 애국 애족의 교육을 강조하였으며, 일제의 잔재를 정신면에서나 생활면에서 시급히 제거하는 데 각별한 노력을 하였다. 그러나 미군정청이 발표한 교수요목은 충분한 시간적 여유 없이 성급하게 제정되었기 때문에 가르칠 수학 내용의 주제를 열거하는 수준에 머물렀다. 한국전쟁의 영향으로 1955년 제1차 교육과정이 공포될 때까지 약 10 년 동안 적용되었다.

2.2 제1차 교육과정기(1954~1963)

교수요목기가 10년 동안이나 지속된 이유는 한국전쟁이 가장 큰 원인이었다. 1950년 6월 2일 '교수요목심의위원회 규정'을 작성하였지만 전쟁으로 인해 제대로 된 위원회를 운영하지 못하였기 때문이다. 이러던 중 미국의 '미국교육사절단'의 세 차례 방문을 통해 생활단원학습에 대한 이해를 바탕으로 최초의 교육과정을 발표하게 된다. 제1차 교육과정기는 1955년 8월 문교부령 제45호의 공포를 바탕으로 시작되었고, 1963년 제2차 교육과정이 공포될 때까지 지속되었다.

1) 수학과의 목표 및 개관

제1차 교육과정에 제시된 수학과의 목표를 요약하면 다음과 같다.

■ 수학과의 일반목표

중학교 수학과는 국민 학교 산수과의 목표를 이어받아서 더욱 발전시켜 가는데 그 목표가 있다. 그러므로 여기에서는 생활상의 문제를 수학을 통해서 해결하여 가는 능력과 태도를 길러야 할 것이며, 이것을 하는 데 필요한 수학적인 개념이나 원작을 이해하고 이것을 잘 적용하여 가는 기능을 기르는 데 있다. 구체적인 목표는 다음과 같다.

■ **내용별 세부목표**

(1) 수(數)와 평이(平易)한 식의 뜻을 이해하고, 또 식으로 표시하는 능력을 기르며, 이것이 간단하고 능률적이라는 것을 알게 한다.
(2) 수량적인 사고를 하는 데 필요한 용어나 기호를 이해시킨다.
(3) 계산을 정확하고도 능률 있게 하는 능력을 기른다.
(4) 측정의 의미와 방법을 이해하고 측정을 정확하고도 능률 있게 잘 하는 능력을 기른다.
(5) 신뢰할 수 있는 어림수나 근삿값을 잡아 보는 태도, 제시된 자료에 대하여 오차(誤差)를 알아보는 능력을 기른다.
(6) 수량적인 자료를 표나 그림표로써 실제적이고도 간명하게 표현하고, 표시된 것을 이해하는 능력을 기른다.
(7) 방정식의 뜻을 이해하고 평이한 방정식을 푸는 능력을 기른다.
(8) 간단한 기하도형의 성질을 이해하고 이것을 구체적인 곳에 적용하는 능력을 기른다.
(9) 구해진 결과를 여러 가지 방식으로 검증하는 능력을 기른다.
(10) 장래를 예측하는 데에 수량적인 판단이 유효하다는 것을 알린다.
(11) 일반적인 실무에 대하여 수량적인 처리를 하는 데 필요한 용어나 기본적인 개념을 이해시킨다.
(12) 생활상에 일어나는 문제나 경험하는 상황을 분석하고, 종합하는 등의 방법으로 연구하고, 수량적으로 처리하는 능력을 기른다.
(13) 개인적 또는 사회적인 문제를 처리하는 데 필요한 신뢰할 수 있는 자료를 조사하고, 이용하는 능력과 태도를 기른다.
(14) 문제를 통해서 수량적인 관계를 처리하는 적절한 방법을 정한다든지 결과를 잡아본다든지 하는 능력과, 이것에 따라 문제를 해결짓는 능력을 기른다.
(15) 정확하고 능률적으로 수량적인 처리를 한다는 것이 곧 우리 생활에 큰 공헌을 하는 것이며, 이것은 또 과학이나 기타 부문에서도 기본이 된다는 것을 알린다.

수학과의 목표를 보면, 생활단원 및 실제 경험을 강조한 교육과정임을 알 수 있다. 수학과의 목표 제시를 학년별로 제시하지 않고, 중학교 전체 목표를 제시하고 각 하위 학습내용에 대한 구체적인 목표를 제시하였다는 것이 특징이다. 이로 인해 실제로 학생들이 할 수 있는 능력에 초점을 두고 목표를 서술하였음을 알 수 있다. 현재의 교육과정에 비추어 볼 때, 대단원 학습목표 혹은 중단원 학습목표에 더 부합된 모습을 하고 있었다.

2) 교육과정의 체제

제1차 교육과정의 구성 체제는 다음 4단계로 이루어졌다.

4단계	수학의 지도 내용
3단계	중학교 수학의 목표
2단계	지도상의 유의점
1단계	수학과의 성격

〈그림 1-2〉 제1차 교육과정의 체제

위의 <그림 1-2>에서 볼 수 있듯이 교육과정의 내용이 교과과정에 가깝게 서술되어져 있다. 수학과의 성격을 명시한 다음, 수학과 학습 내용을 지도에 있어서 유의점을 먼저 제시하고 있다. 그 다음 중학교 수학과의 목표를 제시하고, 각 학년별로 구체적으로 다루어지는 학습내용을 대단원별로 상세히 나열하는 수준에서 교육과정을 제시하였다.

중학교에서 수학의 수업시수는 1학년의 경우 주당 4시간, 2학년과 3학년은 3시간으로 결정되었다. 이는 기존의 5시간보다 부분적으로 축소된 것이다. 또한 중학교 수학과의 목표를 달성하기 위해 실제적인 생활 경험을 통하여서 그의 성과를 거둘 수 있다고 명시하고 있다. 여기서 생활 경험이라는 것은 환경에 따라 다르고 또 수학이 응용되는 범위는 대단히 넓어서, 수학은 학생들이 이러한 여러 가지 문제에 부딪칠 때에 그들 자신으로 하여금 스스로 해결하고 활용 할 수 있는 능력을 기르는 데 중점을 두었다. 따라서 학생의 발달 정도를 고려하여 일반화된 수학에 대한 이해, 지식, 능력, 태도, 습관에까지 발전시켜야 했다.

결과적으로 제1차 교육과정은 교수요목에 비해 많은 내용을 약화, 삭제하여 학습내용의 적정수준을 유지하였음을 알 수 있다. 또한 '이율, 할인 요금 등의 계산', '요금과 저축', '주식, 배당, 채권', '야아드, 파운드법, 계량 단위' 등의 내용으로 볼 때, 수학과 일상생활의 관련성을 중시하였으며, '점맞섬', '선맞섬' 등 일본의 잔재에서 벗어나 수학 용어를 한글화하려는 시도가 있다. 또한 지도상의 유의점 12가지를 제시하였지만 구체적이지 않아서 실제적인 도움을 받기 어려웠다.

2.3 제2차 교육과정기(1963~1973)

제1차 교육과정은 정확한 정보의 수집과 전쟁 후 사회적인 혼란으로 인해 여러 가지 문제점을 내포하고 있었다. 점차 사회가 안정되어지고 교육과정에 대한 새로운 시각이 생김에 따라 교육과정의 개정의 필요성이 인식되었다. 경제의 재건과 사회의 발전을 위해 보다 적극적이고 강력한 학습 체제를 갖추기 위한 과학 기술 교육 및 직업 능력의 육성에 박차를 가하게 되었다. 1961년 새롭게 구성된 정부도 이러한 정신을 이어받아 1963년 2월 문교부령 제120호를 공포하였고, 이때부터 1973년 제3차 교육과정이 공포될 때까지를 제2차 교육과정기라고 한다.

1) 수학과의 목표 및 개관

제2차 교육과정에 제시된 수학과의 목표를 요약하면 다음과 같다.

수학과의 교과목표는 다음과 같다.

■ 수학과의 일반목표

1. 생활 경험을 통하여 수학의 기초적인 개념, 원리, 법칙을 이해하도록 한다.
2. 사고를 올바르게 하고 문제를 능률적으로 해결하는 능력을 기르도록 한다.
3. 수학에 관한 기초적인 지식과 기능을 바탕으로 일상생활에서 일어나는 모든 일을 자주적으로 올바르게 판단 처리하고, 과학적으로 규명하는 습관을 가지도록 한다.

■ 중학교 각 학년별 목표

• 1학년

1. 수를 양수, 음수로 확장하여 국민 학교에서 이미 학습한 정수, 소수, 분수와 함께 수의 기본 개념의 이해를 깊게 한다.
2. 문자를 사용하여 복잡한 관계나 법칙을 수식화하여 문제를 능률적으로 해결할 수 있도록 한다.
3. 비례 관계에 관한 이해를 깊게 하고, 수량적인 취급을 능률적으로 할 수 있는 능력을 길러 생활 문제 해결에 활용하도록 한다.
4. 측정의 의의나 방법과 미터 단위계의 조직에 관한 이해를 깊이 하여, 실제로 길이, 넓이, 부피 등을 측정하고, 믿을 만한 근삿값을 구할 수 있도록 한다.

5. 표나 그림표가 수량적인 자료를 표시하는 데 간결하고 능률적임을 알게 하여 이를 활용하도록 한다.
6. 기본적인 도형의 성질과 상호 관계의 이해를 깊이 하여, 도형의 직관적 관념을 풍부히 하고 도형의 표시를 정확하게 하도록 한다.

• 2학년

1. 양수, 음수의 사칙을 익숙하게 하고, 수를 통일적으로 종합하여 수의 개념을 깊게 한다.
2. 식의 기초적인 조직, 처리를 능숙하게 하고, 수량적인 관계를 일반적으로 수식화하여 문제를 간결히 해결하도록 한다.
3. 좌표의 개념을 이해하여 비례나 1차의 함수 관계를 식이나 그림표로 표시하고, 식과 그림표와의 대응 관계의 이해를 깊게 하여 수량적인 관계를 능률적으로 처리하도록 한다.
4. 도형의 닮음의 성질을 활용하여 간접 측량의 이해를 깊게 하고, 능률적인 측정 방법을 연구 활용하도록 한다.
5. 통계적인 자료를 수집하여 표나 그림표로 표시하여 자료의 이해와 처리를 합리적으로 하도록 한다.
6. 합동이나 닮음의 개념을 명백히 하여, 도형의 기초적인 성질의 직관적인 고찰과 동시에 논증적으로 연구하여 합리화하고 구적의 능력을 기른다.

• 3학년

1. 수를 무리수까지 확장하여 수의 이해를 깊게 한다.
2. 곱셈 공식, 인수분해 등을 사용하여 식의 취급을 더욱 익숙하게 하고, 방정식의 유용성을 알아, 생활 문제를 능률적으로 해결할 수 있도록 한다.
3. 2차함수를 이해하여 그 그림표에 관한 성질을 규명하며, 방정식과의 관계를 이해하도록 한다.
4. 삼각비와 피타고라스 정리에 관한 이해를 깊게 하여 이를 실제 측량에 활용하도록 한다.
5. 자료의 상관관계를 이해하고 경향을 파악하여 통계 자료를 합리적으로 처리할 수 있도록 한다.
6. 도형에 관한 논리적 사고를 깊게 하며, 공간도형의 표현 능력을 기르도록 한다.

수학과의 목표를 보면, 수학과의 전체 목표와 각 학년별 세부목표를 구분하여 제시하였다. 제1차 교육과정에 비해서 수학과의 목표제시가 보다 체계화 되었음을 알 수 있다. 수학과의 목표를 생활 경험을 통해 개념, 원리, 법칙을 이해할 수 있다고 규정함으로써 경험을 중시하고 있음을 엿볼 수 있다. 더불어 수학적인 사고 능력과 일상생활에서 수학적 사고를 적용하는 능력의 향상을 추구하고 있었다. 반면, 학년별 목표가 제1차 교육과정에서처럼 대단원 학습목표 혹은 중단원 학습목표에 더 부합된 모습을 하고 있었다.

2) 교육과정의 체제

제2차 교육과정의 구성 체제는 다음 4단계로 이루어졌다.

4단계	지도상의 유의점
3단계	학년별 지도 내용
2단계	학년별 목표
1단계	수학과의 목표

〈그림 1-3〉 제2차 교육과정의 체제

위의 <그림 1-3>에서 볼 수 있듯이 교과과정에서 벗어나 점차 오늘날의 교육과정에 접근하고 있음을 알 수 있다. 먼저 수학과의 전체 목표를 제시한 다음, 각 학년별 하위목표를 설정하였다. 이를 바탕으로 각 학년별로 학습해야할 내용을 서술하였고, 그 다음 구체적인 내용 지도에서 유의할 점을 구체적으로 제시하고 있다.

중학교에서 수학의 수업시수는 1학년의 경우 주당 4시간, 2학년과 3학년은 3시간으로 제1차 교육과정과 동일하였다. 제1차 교육과정은 학생의 생활 경험을 중심으로 수학 학습 내용을 중시하였기 때문에 학생들이 쉽게 이해할 수 있는 장점이 있었으나 학문으로서의 계통성에 충실하기 어려웠다. 반면 제2차 교육과정은 이런 단점을 해소하기 위하여 수학의 계통성을 중시하는 방향으로 전환되었다. 또한 과학교육의 강조에 따라 기초 학력 배양 및 수학의 기본적인 개념, 원리, 법칙을 이해하여 수리적인 사고 방법과 처리 기능을 얻도록 하는 데 주안점을 두었다.

결과적으로 제2차 교육과정은 제1차 교육과정에 비해 생활중심이 약화되고, 그 대신 경험을 중시하고 수학의 계통성을 중시하는 방향으로 수학교육의 기조가 변경되었다. 즉, 수학의 체계와 지도 내용 수준의 향상, 논증적 사고의 강화 등을 표방하고 있었고, 이로 인해 이 시기를 '계통 학습기'라고 부르게 되었다.

구체적으로 제1차 교육과정과 비교해서 변화된 내용을 살펴보면 다음 <표 1-3>과 같다. 전반적으로 내용이 생활단원학습의 범주에서 벗어나려는 경향이 많았고, 기초학력의 향상을 위하여 내용면에서 계통의 재구성을 시도하고 있었다. 여러 가지 사칙계산 등을 삭제하여 초등학교와 불필요한 중복을 피하려고 하였다.

〈표 1-3〉 제2차 교육과정의 첨삭 내용

삭제된 내용	첨가된 내용
• 사칙의 이해와 문제해결	• 수의 성질
• 소수의 사칙과 문제 해결	• 계산 법칙(교환법칙, 결합법칙, 분배법칙)
• 실무적인 문제해결, 할인, 요금 계산	• 제곱 비례, 제곱 비례 관계의 그래프
• 아름다운 도형의 발견, 검토의 태도	• 평판측량(양각, 부각 등)
• 산수의 복습, 근삿값의 이해	• 3원1차 연립방정식
• 구적(求積)에서 등고선과 기울기	• 2차함수, 2차함수의 그림표(꼭짓점, 오목, 볼록)
• 계산의 수련, 경제적 사항의 이해 활용	• 자료의 경향, 상관관계, 상관표, 상관그림표
	• 투영도

2.4 제3차 교육과정기(1973~1981)

제3차 교육과정은 1950년대 중반에 미국에서 시작된 수학교육의 현대화 운동(새수학운동, New Math)의 반영을 기본정신으로 한다. 비록 우리나라에 새수학운동이 알려진 것은 1960년대 초였지만, 그 내용을 구체적으로 파악하지 못한 상태에서 제2차 교육과정을 개편하였다. 이러한 상황에서 SMSG와 같은 새수학운동의 구체적인 내용이 국내에 알려지자 1973년 2월 제3차 교육과정에 적극적으로 반영하였다. 이때부터 1981년 제4차 교육과정이 공포될 때까지를 제3차 교육과정기라고 한다.

1) 수학과의 목표 및 개관

제3차 교육과정에 제시된 수학과의 목표를 요약하면 다음과 같다.

■ 수학과의 일반목표

(가) 수학의 기초적인 개념, 원리, 법칙을 파악하게 하여, 수학의 체계를 이해시키고, 논리적으로 사고하는 태도와 능력을 기른다.

(나) 수학의 용어와 기호 사용에 대한 뜻을 이해하여, 수학적인 사실을 간결하고 명확하게 표현하는 능력을 기른다.

(다) 수학의 기초적인 지식과 기능을 습득시키고, 이를 능률적으로 활용하여 창의적으로 문제를 해결할 수 있는 능력을 기른다.

■ 중학교 각 학년별 목표

• 1학년

(가) 국민 학교에서 형성된 집합 개념을 바탕으로 집합의 뜻을 보다 명확하게 하고, 집합 사이의 여러 가지 관계를 이해하며, 집합적인 고찰에 의하여 개념을 파악 할 수 있는 능력을 기른다.

(나) 유리수의 범위에서 수 체계의 대수적 구조를 규명하여 수 개념의 이해를 깊게 하고, 또 문자를 사용하여 복잡한 관계나 법칙을 간결하고 명확하게 수식화하여 처리할 수 있는 기초 능력을 기른다.

(다) 문장의 참, 거짓을 판별시키고 등식과 부등식의 성질을 이해시켜, 일원일차방정식과 부등식을 풀 수 있게 하여, 문제 해결에 활용하는 능력을 기른다.

(라) 집합 사이의 대응 관계의 고찰을 통하여 함수 관계의 개념을 이해하고, 이를 활용할 수 있는 능력을 기른다.

(마) 간단한 경우의 수를 통하여 확률의 뜻을 이해하고, 이를 활용할 수 있는 바탕을 기른다.

(바) 직관적인 고찰을 통하여 기본 도형의 구성과 그 성질을 파악하게 하여, 도형 고찰의 기초 능력을 기른다.

• 2학년

(가) 명제의 뜻을 명확하게 하고, 논증의 필요성과 논증 방법을 이해하게 하여, 논리적으로 사고할 수 있는 능력을 기른다.

(나) 수의 제곱근을 통하여 무리수의 개념을 이해시키고, 또 문자식에 관한 계산 능력을 기른다.

(다) 이원일차연립방정식과 일원일차연립방정식을 풀 수 있게 하여, 문제 해결에 활용하는 능력을 기른다.
(라) 일차함수와 그 그래프에 관한 성질을 파악하게 하여, 그래프와 일차방정식과의 관계를 이해시키고, 이를 활용할 수 있는 능력을 기른다.
(마) 여러 가지 자료를 통계적으로 처리할 수 있는 기초 능력을 기른다.
(바) 합동이나 닮음의 개념을 통하여 도형의 성질을 체계적으로 파악하게 하며, 변환개념으로 도형의 성질을 보다 깊이 이해시킨다.

• 3학년
(가) 실수의 범위에서 수집합의 구조를 규명하게 하여, 이항연산을 이해시키고, 또 곱셈 공식, 인수분해를 통하여 식을 능률적으로 다루는 기능을 기른다.
(나) 이차방정식을 풀 수 있게 하여, 문제 해결에 활용할 수 있는 능력을 기른다.
(다) 이차함수와 그 그래프에 관한 성질을 파악하게 하여, 그래프와 이차방정식과의 관계를 이해시키고, 이를 활용할 수 있는 능력을 기른다.
(라) 통계 자료의 여러 가지 경향을 파악하는 방법을 이해시킨다.
(마) 원에 관한 성질을 체계적으로 규명하게 하여 피타고라스 정리와 삼각비의 성질을 이해시키고, 이를 활용하여 능률적으로 문제를 해결할 수 있는 능력을 기르고 또 간단한 도형의 고찰을 통하여 도형의 위상적 성질을 이해시킨다.

수학과의 목표를 보면, 수학과의 전체 목표와 각 학년별 세부목표를 구분하여 제시하였다. 단지 제2차 교육과정에서는 수학과의 목표 앞에 서문이 있었지만, 제3차 교육과정에서는 제시하지 않았다. 수학과의 목표를 통해 볼 때, 현대 수학을 엄밀히 지도하여 수학에 대한 정확한 이해를 강조하고 있음을 알 수 있다. 현대 수학의 내용을 조기에 도입하고 엄밀한 논리에 따라 구조적으로 전개하는 수학과의 지도목표를 분명하게 제시하고 있는 것으로 보인다. 이는 수학교육의 현대화의 정신과 정확히 일치하는 것이다. 이러한 제3차 교육과정에서의 기본적인 정신은 현재 지금의 교육과정에서도 동일하게 이어지고 있다는 측면에서 매우 중요한 의의를 지닌다고 하겠다.

2) 교육과정의 체제

제3차 교육과정의 구성 체제는 제2차 교육과정과 동일한 4단계로 이루어졌다.

4단계	지도상의 유의점
3단계	학년별 지도 내용
2단계	학년별 목표
1단계	수학과의 목표

〈그림 1-4〉 제3차 교육과정의 체제

중학교에서 수학의 수업시수는 1학년, 2학년, 3학년 모두 주당 4시간을 배정하여 제2차 교육과정보다 1시간 증가하였다. 수학과의 교육내용을 6개의 영역 즉, 집합, 수와 연산, 방정식과 부등식, 함수 관계, 통계, 도형으로 구분하였다. 수학내용 및 학습방법의 구조화가 가능하도록 수학적 구조를 강조하였고, 수학적 합리적 사고력의 배양을 위하여 이론적 전개과정을 매우 중시하였으며, 정확한 개념 형성, 구조 규명, 수학적 사고 등을 위한 수학적 무기인 집합을 매우 강조하였다. 특별히 학습내용의 계열성을 중시하면서 나선형 교육과정을 택할 수 있도록 규정하고 있다. 또한 교육과정에서 처음으로 학교에서 다루어야 하는 수학 '용어와 기호'에 대해 제시하고 있다.

결과적으로 제3차 교육과정은 제2차 교육과정에 비해 수학의 구조가 중시되는 교육과정으로 변경되었다. 즉, 수학교육의 현대화 운동의 영향으로 수학적 구조중심의 접근이 강조되어 생활중심, 계통중심을 넘어 학문중심의 교육과정으로 개편된 것이다.

구체적으로 제2차 교육과정과 비교해서 변화된 내용을 살펴보면 다음 <표 1-4>와 같다. 전반적으로 새로운 학습내용이 많이 들어오게 되었고, 새로운 기호를 많이 사용하게 되었다. 측량과 같은 실제적인 내용은 많이 삭제된 반면, 현대 수학의 기초적인 내용은 많은 부분에서 첨가되었다.

〈표 1-4〉 제3차 교육과정의 첨삭 내용

삭제된 내용	첨가된 내용
• 비와 비례관계(초등학교 이동) • 계량단위(초등학교 이동) • 통계 그래프(초등학교 이동) • 제곱비례	• 집합 사이의 포함관계 • 기수법 • 수집합의 대수적 구조 • 곱집합과 함수

• 분수식의 사칙계산 • 분수방정식 • 삼원일차연립방정식 • 비례부분법 • 투영도	• 경우의 수와 확률 • 명제 • 유리수의 소수표현 • 연립부등식 • 대푯값, 산포도(표준편차, 분산) • 도형의 변환 • 실수 집합의 대수적 구조 • 이항연산, 잉여류 • 이차방정식과 이차함수와의 관계 • 표본조사 • 도형의 위상적 성질

2.5 제4차 교육과정기(1981～1987)

제4차 교육과정은 우리나라에서 제3차 교육과정을 심의하고 있을 때에 외국에서 이미 진행되고 있었던 새수학운동의 비판 즉, '기초로 돌아가자(back to basic)'의 정신을 반영한 것이다. 제3차 교육과정의 가장 큰 문제점 중의 하나가 교과내용의 분량이 지나치게 많고, 형식적이라는 점이다. 따라서 기본적으로는 수학교육의 현대화운동의 정신을 유지하면서 시행과정에서 나타난 여러 문제점을 수정 보완하여 학생들의 인지적인 수준에 부합하도록 학습내용을 재조직한 교육과정으로 볼 수 있다. 1981년 12월 공포되어 이때부터 1987년 제5차 교육과정이 공포될 때까지를 제4차 교육과정기라고 한다.

1) 수학과의 목표 및 개관

제4차 교육과정에 제시된 수학과의 목표를 요약하면 다음과 같다.

■ 수학과의 일반목표

수학의 기초적인 지식을 바탕으로 사물의 현상을 수리적으로 사고하는 능력을 길러, 이를 생활에 적용할 수 있게 한다.

(1) 수학의 기초적인 개념, 원리, 법칙을 이해하게 한다.

(2) 수학의 용어와 기호를 정확하게 사용하고, 생활 주변에서 일어나는 여러 현상을 수

리적으로 사고하는 능력을 가지게 한다.

(3) 수학의 지식과 기능을 활용하여 합리적으로 문제를 해결하는 태도를 가지게 한다.

■ 중학교 각 학년별 목표

• 1학년

(가) 유리수의 범위에서 수 개념을 깊이 이해하게 하고, 계산의 기능을 기르며, 문자를 사용하여 사물의 수리적 관계나 법칙을 수식화하여 처리할 수 있는 기초능력을 가지게 한다.

(나) 등식과 부등식의 개념과 성질을 이해시켜, 일원일차방정식과 일원일차부등식을 풀 수 있게 하여, 문제 해결에 활용할 수 있게 한다.

(다) 함수의 개념을 이해하게 하며, 이를 활용할 수 있는 능력을 가지게 한다.

(라) 수집된 여러 가지 자료를 통계적으로 정리할 수 있는 능력을 가지게 한다.

(마) 직관적인 관찰을 통하여 기본 도형의 구성과 그 성질을 파악하게 한다.

• 2학년

(가) 수의 제곱근을 통하여 무리수의 개념을 이해하게 하고, 문자식에 관한 기본적인 계산 능력을 가지게 한다.

(나) 이원일차연립방정식을 풀 수 있게 하고, 이를 문제 해결에 활용할 수 있게 한다.

(다) 일차함수와 그 그래프의 성질을 이해하고, 이를 활용할 수 있게 한다.

(라) 여러 가지 자료의 통계적 경향을 파악하는 방법을 이해하게 한다.

(마) 논증의 필요성과 그 방법을 이해하게 하고, 이를 바탕으로 합동이나 닮음의 개념을 이용하여 도형의 성질을 체계적으로 파악하게 한다.

• 3학년

(가) 실수의 범위에서 연산의 성질을 이해하게 하고, 곱셈 공식과 인수분해를 통하여 식을 능률적으로 다루는 기능을 가지게 한다.

(나) 이차방정식의 해법을 익혀 문제 해결에 활용할 수 있게 한다.

(다) 이차함수와 그 그래프에 관한 성질 및 이차함수의 그래프와 이차방정식과의 관계를 이해하고, 이를 활용할 수 있게 한다.

(라) 간단한 경우의 수를 통하여 확률의 뜻을 이해하게 하고, 간단한 확률을 구할 수 있게 한다.

(마) 피타고라스 정리 및 삼각비의 성질을 이해하게 하고, 원에 관한 성질을 체계적으로 규명하게 하여, 능률적으로 문제를 해결할 수 있게 한다.

수학과의 목표를 보면, 수학과의 전체 목표와 각 학년별 세부목표를 구분하여 제시하였다. 또한 수학과의 목표를 제시할 때, 수학의 기초 지식이 논리적 사고 능력으로, 다시 논리적 사고 능력이 창의적 문제 해결 능력의 순으로 포괄적으로 명시하고 있었다.

2) 교육과정의 체제

제4차 교육과정의 구성 체제는 제3차 교육과정보다 한 단계 추가된 5단계로 이루어졌다. 교육과정에서는 지도 및 평가상의 유의점으로 함께 묶어서 큰 제목을 붙였지만, 하위 제목으로 지도상의 유의점과 평가상의 유의점을 구분하였기 때문에 실제로는 5단계로 보아야 한다.

5단계	평가상의 유의점
4단계	지도상의 유의점
3단계	학년별 지도 내용
2단계	학년별 목표
1단계	수학과의 목표

〈그림 1-5〉 제4차 교육과정의 체제

중학교에서 수학과의 수업시수는 제3차 교육과정과 같이 1학년, 2학년, 3학년 모두 주당 4시간으로 배정되었다. 수학과의 교육내용을 5개의 내용 영역 즉, 수와 연산, 방정식과 부등식, 함수, 통계, 도형으로 구분하였는데, 이는 집합을 수와 연산 영역에 포함시킴으로써 제3차 교육과정과 차별화하였다. 수학의 기초적인 개념과 기능을 강조하였고, 수학적 구조나 논리의 엄밀성을 무리하게 강조하는 것을 지양하였으며, 지도 내용의 양을 적정 수준으로 줄이려 하였다. 또한 학습자의 발달 수준에 맞게 내용 수준을 고려하였고, 문헌상으로나마 최초로 문제해결력을 강조하였다. 특히 기초적인 지식과 기능의 강조와 더불어 문제해결력의 강화는 두드러진 특징으로 보인다.

결과적으로 제4차 교육과정은 제3차 교육과정에서 지나치게 강조한 구조에 대한 반성이 있었고 학문 중심에서 인간 중심의 교육과정으로 변경되었다. 결국 학문 위주의 수학교육에 종래의 생활중심 수학교육을 폭넓게 가미하려는 경향이 나타난 것으로 볼 수 있다. 이를 통해 새수학의 결점을 보완하려 하였다.

구체적으로 제3차 교육과정과 비교해서 변화된 내용을 살펴보면 다음 <표 1-5>와 같다. 새수학운동에 대한 반성으로 인해 전반적으로 많은 내용이 삭제, 약화, 이동되었다. 이로 인해 학생들의 부담감 감소와 논리의 엄밀성 및 수학적 구조의 강조에 따른 계산능력의 약화라는 문제점이 어느 정도 해소되었다.

〈표 1-5〉 제4차 교육과정의 첨삭 내용

삭제된 내용	첨가된 내용
• 이진법, 오진법끼리의 덧셈, 뺄셈 • 연산법칙과 그 성질 • 두 집합 사이의 관계(곱집합) • 연립부등식 • 도형의 변환 • 이항연산과 잉여류 • 표본조사	• 지수의 확장(정수 범위)

2.6 제5차 교육과정기(1987~1992)

제5차 교육과정은 지식의 급격한 팽창과 과학의 발달로 오는 산업화, 정보화 시대에 능동적으로 대처하고 제4차 교육과정의 운영으로 나타난 문제점을 수정 보완할 필요성에 의해 공포되었다. 교육과정의 내용을 적정화하고, 교육과정을 내실화하며 과학기술 시대에 대비하기 위한 제5차 교육과정은 1987년 3월 공포되었고, 제4차 교육과정이 공포된 1992년 6월까지를 제5차 교육과정기라 한다.

1) 수학과의 목표 및 개관

제5차 교육과정에 제시된 수학과의 목표를 요약하면 다음과 같다.

■ 중학교 수학과의 일반목표

수학의 기초적인 지식을 가지게 하고, 수학적으로 사고하는 능력을 기르게 하며, 이를 활용하여 합리적으로 문제를 해결할 수 있게 한다.

(1) 여러 가지 사물의 현상을 수학적으로 고찰하는 경험을 통하여 수학의 기초적인 개념, 원리, 법칙을 이해하게 한다.
(2) 수학의 용어와 기호를 정확하게 사용하게 하고, 생활 주변에서 일어나는 여러 현상을 수학적으로 사고하는 능력을 기르게 하며, 이를 생활에 적용할 수 있게 한다.
(3) 수학에 대한 흥미와 관심을 지속적으로 가지게 하고, 지식과 기능을 활용하여, 합리적으로 문제를 해결하는 태도를 가지게 한다.

■ 중학교 각 학년별 목표

• 1학년

(가) 정수 및 유리수 범위에서 수 개념을 이해하게 하고, 계산 기능을 기르게 하며, 수량적인 관계나 법칙을 간결하게 표현하는 능력을 가지게 한다.
(나) 방정식의 의미를 이해하게 하고, 일차방정식을 풀 수 있게 하며, 이를 문제 해결에 활용할 수 있게 한다.
(다) 함수의 개념을 이해하게 하고, 이를 표현할 수 있는 능력을 가지게 한다.
(라) 수집된 자료를 정리하게 하고, 이를 읽을 수 있는 능력을 가지게 한다.
(마) 기본 도형과 그의 성질을 직관적으로 이해하게 하여, 도형을 고찰하는 능력을 가지게 한다.

• 2학년

(가) 유리수의 소수 표현을 통하여 수 개념을 깊이 이해하게 하고, 문자식의 기본적인 계산 기능을 기르게 하며, 등식을 변형하는 능력을 가지게 한다.
(나) 일차부등식과 연립방정식을 풀 수 있게 하며, 이를 문제 해결에 활용할 수 있게 한다.
(다) 일차함수와 그 그래프의 성질을 이해하게 하고, 이를 활용할 수 있게 한다.
(라) 확률의 의미를 이해하게 하고, 이를 활용할 수 있게 한다.
(마) 삼각형의 합동과 닮음을 이해하게 하고, 평면도형의 성질을 추론하게 하여, 그 내용을 논리적으로 표현하는 능력을 가지게 한다.

• 3학년

(가) 수를 실수까지 확장하여 수 개념을 이해하게 하고, 식을 능률적으로 다룰 수 있게 한다.

(나) 이차방정식을 풀 수 있게 하고, 이를 문제 해결에 활용할 수 있게 한다.

(다) 이차함수와 그 그래프의 성질을 이해하게 하고, 이를 활용할 수 있게 한다.

(라) 수집된 자료의 통계적 경향을 파악하고, 처리하는 방법을 이해하게 한다.

(마) 직각삼각형과 원의 성질을 추론하게 하여, 그 내용을 논리적으로 표현하는 능력을 가지게 한다.

수학과의 목표를 보면, 이전의 교육과정과 거의 동일하며 그 체제도 유사하다. 단지 주목할 것은 수학의 기초적인 지식과 사고 능력으로부터 수학적 문제해결력에 주안점을 두고 있다는 것, 그리고 수학에서 흥미와 관심과 같은 정의적 영역에 대해 구체적으로 언급한 부분이다.

2) 교육과정의 체제

제5차 교육과정의 구성 체제는 제4차 교육과정과 동일하다. 중학교에서 수학의 수업시수는 1학년, 2학년은 4시간, 3학년은 주당 5시간으로 제4차 교육과정보다 1시간 증가하였다. 수학과의 교육내용은 제4차 교육과정과 동일하게 5개의 내용 영역 즉, 수와 연산, 방정식과 부등식, 함수, 통계, 도형으로 구분하였다.

결과적으로 제5차 교육과정은 정의적 목표의 강조, 우수한 학생을 위한 수학교육이 아닌 대다수 학생을 위한 최소의 필수 기본 지식 및 기능의 정선을 통한 수학교육, 학교 수학의 유용성과 적용 가능성의 강조 및 문제해결력의 강조, 수학적 활동 경험의 중시로 요약될 수 있다.

구체적으로 제4차 교육과정과 비교해서 변화된 내용을 살펴보면 다음 <표 1-6>과 같다. 전반적으로 제4차 교육과정처럼 삭제된 내용이 새로 추가된 내용보다 더 많은 것으로 나타났다. 특히, 항등원, 역원과 같은 엄밀한 내용의 삭제가 지속적으로 이루어지고 있다. 특이한 것은 과학교육의 중요성과 더불어 근삿값의 표현이 추가되었다. 또한 제4차에서 삭제되었던 진법끼리의 연산이 다시 첨가되었다.

〈표 1-6〉 제5차 교육과정의 첨삭 내용

삭제된 내용	첨가된 내용
• 집합의 상등 • 오일러의 공식 • 지수법칙(정수범위) • 증명의 방법 • 항등원, 역원	• 이진법, 오진법끼리의 덧셈, 뺄셈 • 근삿값의 표현, 측정값

2.7 제6차 교육과정기(1992~1997)

제6차 교육과정은 5년 주기의 교육과정 개정의 일환으로 1992년 6월 교육부 고시 제 1992-11호로 시작하여 1997년 제7차 교육과정이 공포될 때까지 지속된다. 제6차 교육과정은 범국민적 기초 소양으로서의 수학교육, 수학적 사고력을 신장하는 수학교육, 문제 해결력을 신장하는 수학교육, 수학의 실용성을 강조하는 수학교육, 계산기나 컴퓨터를 수학적 도구로 활용하는 수학교육, 학생의 적성과 능력 및 진로 등에 적합한 학습의 기회를 제공하는 수학교육, 다양한 교수학습 방법과 평가 방법이 이용되는 수학교육을 기본 방향으로 표방하였다.

1) 수학과의 목표 및 개관

제6차 교육과정에 제시된 수학과의 목표를 요약하면 다음과 같다.

■ 수학과의 일반목표

수학의 기초적인 지식을 가지게 하고, 수학적으로 사고하는 능력을 기르게 하며, 이를 활용하여 합리적으로 문제를 해결할 수 있게 한다.

(1) 여러 가지 사물의 현상을 수학적으로 고찰하는 경험을 통하여 수학의 기초적인 개념, 원리, 법칙을 이해하게 한다.

(2) 수학의 용어와 기호를 정확하게 사용하게 하고, 생활 주변에서 일어나는 여러 문제를 수학적으로 사고하는 능력을 기르게 하며, 이를 생활에 적용할 수 있게 한다.

(3) 수학에 대한 흥미와 관심을 지속적으로 가지게 하고, 수학적 지식과 기능을 활용하여, 합리적으로 문제를 해결하는 태도를 가지게 한다.

수학과의 목표를 보면, 중학교 수학과의 전체 목표만 제시하였고 각 학년별 세부목표는 제시하지 않았다. 제5차 교육과정과 유사하게 수학의 기초지식을 강조하고, 수학적 사고능력을 길러 궁극적으로 수학문제해결력의 신장을 최종목표로 선언하고 있다. 구체적으로는 실제적인 경험을 기초로 하여 개념, 원리, 법칙을 이해하도록 규정하였고, 획득한 수학 지식을 생활 주변에 적용하고 실생활 상황에서 활용할 수 있는 능력을 강조하였고, 제6차 교육과정에서부터 강조해 온 수학에 대한 흥미와 관심을 지속적으로 수학교육목표로 제시하고 있다.

2) 교육과정의 체제

제6차 교육과정의 구성 체제는 제5차 교육과정과 같이 5단계로 이루어졌다. 수학과의 '성격'이라는 항목을 신설하여 교과목표, 교과의 특성, 수학교육의 방법 등을 통해 수학의 성격을 포괄적으로 설명하였다. 또한 제5차 교육과정까지 있었던 '지도 및 평가상의 유의점'에서 '방법', '평가'라는 독립항목으로 다루면서 더 상세해졌다. 하지만 '방법'에서는 교수・학습 방법이 아니라, 대단원, 중단원, 소단원 수준에서 수학학습 내용을 지도함에 있어서 유의할 점을 제시하고 있다.

5단계	평가
4단계	방법
3단계	학년별 지도 내용
2단계	중학교 수학 목표
1단계	수학과의 성격

〈그림 1-6〉 제6차 교육과정의 체제

중학교에서 수학의 수업시수는 1학년, 2학년, 3학년 모두 주당 4시간을 배정하여 제5차 교육과정보다 1시간 감소하였다. 수학과의 교육내용을 5개의 내용 영역 즉, 수와 식, 방정식과 부등식, 함수, 통계, 도형으로 구분하였다. 제6차 교육과정 역시 제4차, 제5차 교육과정처럼 학습 내용의 정선을 통해 학생들의 학습 부담의 경감이라는 기조를 유지하였다. 특히 수학적 사고력과 문제해결력의 강조와 더불어, 수학적 연결성 및 학생의 정의적 측면의 강조, 계산기와 컴퓨터의 활용을 권장하였다. 평가 요소의 명시화와 평가 영역별 중점 사항 제시와 함께 다양한 평가 방법의 활용과 평가 결과의 적극적인 활용 등을 중요한 특징으로 한다.

구체적으로 제5차 교육과정과 비교해서 변화된 내용을 살펴보면 다음 <표 1-7>과 같다. 새로 첨가된 내용은 거의 없고 일부의 내용들이 삭제 및 약화되었다. 특히 이차함수의 경우 제한된 영역에서의 최댓값과 최솟값을 구하는 내용이 삭제되었고, 이차함수를 이용하여 이차방정식의 해를 구하는 내용도 삭제되었다.

〈표 1-7〉 제6차 교육과정의 첨삭 내용

삭제된 내용	첨가된 내용
• 동치, 상수, 변역 • 도형의 내부, 외부 • 수형도 • 이차함수의 최대와 최소(폐구간) • 이차함수의 활용 • 이차함수와 이차방정식의 관계 • 완전제곱수	

2.8 제7차 교육과정기(1997~2007)

제7차 교육과정은 5년 주기의 교육과정 개정의 일환으로 1997년 12월 교육부 고시 제1997-151호로 시작하여 2007년 2007개정 교육과정이 공포될 때까지 지속된다. 제7차 교육과정은 학생의 건전한 인성발달을 도모하고 다양한 능력과 적성을 존중하며 창의적인 능력을 기르고자 하는 학습자 중심 교육과정을 기본 방향으로 설정하였다. 학생 개개인의 능력 수준에 맞는 학습이 가능하도록 수준별 교육과정을 도입하고, 단위 학교의 교육과정 운영의 효율성을 확대하기 위해 국가수준, 지역수준, 학교수준 교육과정으로 구분하고자 하였다.

1) 수학과의 목표 및 개관

제7차 교육과정에 제시된 수학과의 목표를 요약하면 다음과 같다.

■ 중학교 수학과의 일반목표

수학의 기본적인 지식과 기능을 습득하고, 수학적으로 사고하는 능력을 길러, 실생활의 여러 가지 문제를 합리적으로 해결할 수 있는 능력과 태도를 기른다.

(1) 여러 가지 사물의 현상을 수학적으로 고찰하는 경험을 통하여 수학의 기초적인 개념, 원리, 법칙과 이들 사이의 관계를 이해할 수 있다.
(2) 수학적 지식과 기능을 활용하여 생활 주변에서 일어나는 여러 가지 문제를 수학적으로 관찰, 분석, 조직, 사고하여 해결할 수 있다.
(3) 수학에 대한 흥미와 관심을 지속적으로 가지고, 수학적 지식과 기능을 활용하여 여러 가지 문제를 합리적으로 해결하는 태도를 기른다.

■ 중학교 각 단계별 목표

〈7-가 단계〉 목표

(가) 집합의 개념을 이해하고, 집합의 연산을 할 수 있다.
(나) 정수와 유리수의 개념을 이해하고, 정수와 유리수의 사칙계산을 할 수 있다.
(다) 문자를 사용하여 식을 간결하게 나타낼 수 있고, 일차방정식을 풀 수 있다.
(라) 함수의 뜻과 그에 관련된 기본 개념을 알 수 있다.

〈7-나 단계〉 목표

(가) 간단한 통계 자료를 조사, 정리하여 표나 그래프로 나타내고, 평균을 구할 수 있다.
(나) 기본도형의 개념을 이해하고, 간단한 평면도형과 입체도형의 성질을 알 수 있다.
(다) 다각형의 각의 크기, 간단한 입체도형의 겉넓이와 부피를 구할 수 있다.

〈8-가 단계〉 목표

(가) 유리수를 소수로 표현할 수 있고, 이들 사이의 관계를 알 수 있다.
(나) 근삿값의 기본 개념을 이해하고, 근삿값의 덧셈과 뺄셈을 할 수 있다.
(다) 연립일차방정식과 일차부등식의 해를 구할 수 있고, 이를 활용할 수 있다.
(라) 일차함수와 그 그래프의 성질을 이해하고 이를 활용할 수 있다.

〈8-나 단계〉 목표

(가) 확률의 뜻과 기본 성질을 이해하고 간단한 확률을 구할 수 있다.

(나) 삼각형의 합동조건, 닮음조건을 이용하여 간단한 도형의 성질을 증명할 수 있다.

〈9-가 단계〉 목표

(가) 제곱근의 뜻을 알고, 근호를 포함한 식의 계산을 할 수 있다.

(나) 다항식의 곱셈과 인수분해를 할 수 있고, 이차방정식을 풀 수 있다.

(다) 이차함수의 기본 개념을 이해하고, 이차함수의 그래프를 그릴 수 있다.

〈9-나 단계〉 목표

(가) 상관도와 상관표를 알고, 두 변량 사이의 상관관계를 알 수 있다.

(나) 피타고라스 정리를 알고, 이를 활용할 수 있다.

(다) 원에 관한 여러 가지 성질을 이해하고, 이를 활용할 수 있다.

(라) 삼각비의 기본 개념을 이해하고, 이를 활용할 수 있다.

수학과의 목표를 보면, 제6차 교육과정과 달리 중학교 수학과의 전체 목표와 더불어 각 단계별 세부목표는 제시하였다. 제7차 교육과정의 수학과의 일반목표는 제5차, 제6차 교육과정과 같은 구조로 되어 있으며, 여러 가지 생활 현상을 수학적으로 고찰하는 경험을 통해 수학적인 개념, 원리, 법칙과 이들 사이의 관계를 이해하게 하고, 수학의 기본적인 지식과 기능을 활용하여 생활 주변의 여러 가지 문제를 관찰, 분석, 조직, 사고하여 합리적으로 해결하는 능력과 태도를 강조하고 있다.

2) 교육과정의 체제

제7차 교육과정의 구성 체제는 제6차 교육과정보다 한 단계가 추가된 6단계로 이루어졌다. 수학과의 '성격'이라는 항목에서는 수학의 성격을 포괄적으로 설명하였고, 중학교 수학목표와 더불어 각 단계별 세부목표를 제시하고 있다. 또한 단계별 학습내용의 제시에서는 기존과 큰 차이를 보이고 있다. 제6차 교육과정까지 '방법'에서 다루었던 상당부분의 내용이 단계별 학습 내용 안의 '학습상의 유의점'에 포함시켜 제시하였고, 수준별 교육과정의 정신에 따라 '심화과정' 학습 내용을 제시하고 있다. 또한 교수・학습 방법에서는 기존의 '방법'이라는 제목에서 제한적으로 제시하였던 기술 방식을 탈피하여, 실제적인 수업방법을 제시하고 안내함으로써 분명하고 구체적인 도움을 제공하고 있다.

6단계	평가
5단계	교수 · 학습 방법
4단계	단계별 학습 내용: 학습상의 유의점, 심화
3단계	단계별 하위 목표
2단계	중학교 수학 목표
1단계	수학과의 성격

〈그림 1-7〉 제7차 교육과정의 체제

중학교에서 수학의 수업시수는 1학년, 2학년은 4시간, 3학년은 주당 3시간을 배정하여 제6차 교육과정보다 1시간 감소하였다. 수학과의 교육영역은 제6차 교육과정까지 5개이었던 것을 6개의 내용영역 즉, 수와 연산, 문자와 식, 규칙성과 함수, 확률과 통계, 도형, 측정으로 세분화 하였다. 지금까지 없었던 측정 영역을 추가하여 제시하였다. 제7차 교육과정의 특징을 보면, 첫째, 단계형 수준별 교육과정으로 구성하여 개인의 능력과 수준, 적성 등을 고려한 수학교육을 도모하였고, 둘째, 중학교와는 관계가 없지만, 고등학교에서는 선택 중심 교육 과정을 도입하여 다양한 선택 과목을 제시하고, 학생들은 자신의 능력, 진로, 적성에 부합되는 과목을 선택하여 학습할 수 있도록 하였고, 셋째, 수학 학습 내용의 적정화를 기하여 수학의 기본 지식을 가지게 하는 수학교육을 추구하였고, 넷째, 학습자의 활동을 중시하는 수학교육을 강조하였고, 다섯째, 수학 학습에 흥미와 자신감을 가지게 하는 수학교육이 되도록 하였고, 여섯째, 계산기, 컴퓨터 및 구체적 조작물을 학습 도구로 활용하는 수학교육을 권장하였고, 일곱째, 다양한 교수 · 학습 방법과 평가 방법의 활용을 제안하였다.

구체적으로 제6차 교육과정과 비교해서 변화된 내용을 살펴보면 다음 <표 1-8>과 같다. 새로 첨가된 내용은 거의 없고 일부의 내용들이 삭제 및 약화되었다. 특히 뫼비우스의 띠, 한붓그리기와 관련이 있는 단원인 '도형의 관찰' 전체 내용을 삭제하였다. 이로 인해 중등학교에서 위상수학과 관련된 내용이 완전히 사라지게 되었다. 또한 기댓값, 산포도, 표준편차가 중학교에서 삭제되었다.

〈표 1-8〉 제7차 교육과정의 첨삭 내용

삭제된 내용	첨가된 내용
• 도형의 관찰 단원 전체 삭제 • 근삿값의 곱셈, 나눗셈 • 기댓값 • 산포도, 표준편차	

2.9 2007개정 교육과정기(2007~2011)

2007개정 교육과정은 5년 주기의 교육과정 개정의 틀을 깨고 10년만에 개정된 교육과정이다. 2011년 8월 '2009개정교육과정에 따른 수학과 교육과정'이 공포될 때까지 지속된다. 2007개정 교육과정은 단계형 수준별 교육과정의 개선에 대한 강한 사회적 요구, 수학 교육 내용의 적정화에 대한 실현, 수학적 사고력 신장 강조 및 정의적 영역 인식 제고라는 개정의 필요성에 의해 개정되었다. 이러한 필요성에 의해 첫째, 기본적인 체제는 7차 교육과정을 유지하고, 둘째, 수준별 수업의 편성과 운영 권한은 학교 자율에 맡기고, 셋째, 학생의 진로와 연계한 수학학습이 되도록 개선하고, 넷째, 수학과 교육 내용의 적정화를 추진하고, 다섯째, 수학적 사고력 신장 및 정의적 태도 개선을 기본 방향으로 설정하였다.

1) 수학과의 목표 및 개관

2007개정 교육과정에 제시된 수학과의 목표를 요약하면 다음과 같다.

■ 중학교 수학과의 일반목표

기본적인 수학적 지식과 기능을 습득하고 수학적으로 사고하고 의사소통하는 능력을 길러, 사회나 자연의 현상과 문제를 수학적으로 고찰하고 합리적으로 해결하는 능력을 기르며, 수학에 대한 긍정적 태도를 기른다.

(1) 사회 현상이나 자연 현상을 수학적으로 관찰, 분석, 조직하는 경험을 통하여 수학의 기본적인 개념, 원리, 법칙과 이들 사이의 관계를 이해하는 능력을 기른다.

(2) 수학적으로 사고하고 의사소통하는 능력을 길러, 사회 현상이나 자연 현상의 문제를 합리적으로 해결하는 능력을 기른다.

(3) 수학에 대한 관심과 흥미를 지속적으로 가지고, 수학의 가치를 이해하며, 수학에 대한 긍정적 태도를 기른다.

수학과의 목표를 보면, 제7차 교육과정과 달리 중학교 수학과의 전체 목표만 제시하고 각 학년별 세부목표는 제시하지 않았다. 2007개정 교육과정의 목표는 제5차, 제6차, 제7차 교육과정과 같은 구조로 되어 있으며, 여러 가지 생활 현상을 수학적으로 고찰하는 경험을 통해 수학적인 개념, 원리, 법칙과 이들 사이의 관계를 이해하는 능력을 기르고, 수학적으로 사고하고 의사소통하는 능력을 길러 문제 해결하는 능력을 기르며, 수학에 대한 관심과 흥미를 통해 수학의 가치를 이해하고 수학에 대한 긍정적인 태도를 강조하고 있다. 각 학년별 하위목표는 제시하지 않았지만, 내용 영역별 지도의 의의를 구체적으로 제시한 것이 특징이다.

2) 교육과정의 체제

2007개정 교육과정의 구성 체제는 제7차 교육과정과 거의 유사하지만 세부적인 측면에서 약간의 차이가 있다. 수학과의 '성격'이라는 항목에서는 수학의 성격을 포괄적으로 설명하였고, 중학교 수학목표를 제시하였지만, 각 학년별 세부목표 대신에 내용 영역별 지도 의의를 제시하고 있다. 학년별 학습내용의 제시에서 제7차 교육과정에서는 '학습상의 유의점'으로 다루었던 것을 확장하여 '교수・학습상의 유의점'으로 수정하였다. 교수・학습 방법과 평가 부분은 제7차 교육과정과 같이 실제적인 수업방법 및 평가방법을 제시하여 안내함으로써 구체적인 도움을 제공하고 있다.

6단계	평가
5단계	교수・학습 방법
4단계	단계별 학습 내용: 교수・학습상의 유의점
3단계	내용 영역별 지도의 의의와 내용
2단계	중학교 수학 목표
1단계	수학과의 성격

〈그림 1-8〉 2007개정 교육과정의 체제

중학교에서 수학의 수업시수는 1학년, 2학년은 4시간, 3학년은 주당 3시간을 배정하여 제7차 교육과정과 동일하다. 수학과의 내용영역은 제7차 교육과정의 6개에서 한 영역을 축소하여 5개의 내용영역 즉, 수와 연산, 문자와 식, 함수, 확률과 통계, 기하로 구성하였다. 측정 영역을 삭제하였고, 규칙성과 함수를 함수로 수정하였으며, 도형은 처음으로 기하로 명명하였다. 2007개정 교육과정의 특징을 보면, 첫째, 현실 적합한 수준별 수업 방안을 제시하고자 하였다. 제7차 단계형 수준별 교육과정이 우리나라 학교 상황에서는 현실적으로 운영이 곤란하기 때문에 2007개정 교육과정을 통해 우리나라 학교 상황에서 운영 가능한 수준별 수업을 운영할 수 있도록 지원하는 방식으로 전환되었다. 둘째, 교육 내용의 적정화를 지속적으로 시도하고 있다. 수학과 교육 내용을 학생들의 미래 생활이나 학습에서의 필요성, 학습량의 적정성, 난이 수준의 적절성, 학년 간, 학교급 간, 교과 간 연계성 측면에서 적정화하려고 하였고 많은 학습 내용을 축소 약화시켰다. 셋째, 중학교와 조금은 거리가 있지만 진로 및 효율적 운영을 고려한 선택 과목을 개설하였다. 넷째, 수학적 사고력 및 의사소통 능력 신장을 강조하였다. 수학적 사고력 신장은 학교 수학 교육의 핵심 목표이므로 2007개정 교육과정에서도 지속적으로 강조하였으며, 특히 수학적 의사소통 능력을 강조하는 세계적 경향을 반영하여 수학과 교육 목표 뿐만 아니라 내용, 교수・학습 방법, 평가 등에서도 수학적 의사소통 능력의 신장을 강조하고 있다. 이를 위해 교수・학습 방법에서는 수학 용어, 기호, 표, 그래프 등의 수학적 표현을 이해하고 정확히 사용하게 하고, 수학적 아이디어를 말과 글로 설명하고 시각적으로 표현하여 다른 사람과 효율적으로 의사소통할 수 있게 하며, 수학을 표현하고 토론하는 것을 통해 자신의 사고를 명확히 하고 반성하도록 제안하였다. 다섯째, 수학의 가치 제고와 정의적 측면을 강조하였다. 우리나라 학생들은 학업성취도에 비해 수학에 대한 관심과 흥미가 적고 수학에 대한 자신감이 부족하며 수학에 대한 부정적인 태도가 매우 높게 나타났다. 이러한 현실을 개선하기 위해 여러 가지 개선의 노력을 제안하고 있다.

구체적으로 제7차 교육과정과 비교해서 변화된 내용을 살펴보면 다음 <표 1-9>와 같다. 새로 첨가된 내용은 거의 없고 일부의 내용들이 삭제 및 약화되었다. 새로 첨가된 내용은 학교급간 내용 조정으로 인해 고등학교에서 이동해온 것이고, 이진법의 덧셈과 뺄셈, 근삿값의 덧셈과 뺄셈, 상관도와 상관표는 완전히 삭제되었으며, 일부 내용은 초등학교로 이전하였다.

〈표 1-9〉 2007개정 교육과정의 첨삭 내용

삭제된 내용	첨가된 내용
• 이진법의 덧셈, 뺄셈 • 정비례, 반비례 • 근삿값의 덧셈과 뺄셈 • 무한소수를 이용한 무리수 도입 • 상관도와 상관표	• 두 원의 위치관계 • 중앙값, 최빈값, 분산과 표준편차

교육과학기술부(2008)는 2007개정 교육과정 학습내용의 첨삭에 대해 다음과 같이 요약하고 있다. 첫째, 수학교육 내용을 적정화하였다. 실생활에 널리 활용되고 국제적으로 널리 지도되고 있는 수학적 개념을 보강하였다. 예를 들어, '최빈값, 중앙값'을 고등학교에서 중학교로 이동시켰다. 한편 이것으로 인해 중학교 수학과 교육과정이 더 어려웠다고 주장하는 일부의 주장은 근거없는 주장임이 분명하다. 또한 중학교 2학년의 '기하' 영역에 기호 '$p \rightarrow q$'를 추가하였는데, 이를 통해 명제와 명제의 역을 이해시킬 때 편리하게 사용할 수 있도록 하였다. 여기서 주의할 것은 중학교는 기호만 사용할 뿐 명제 $p \rightarrow q$의 참, 거짓은 고등학교 1학년에서 학습한다. 둘째, 학습량과 난이 수준을 적정화하였다. 중학교 3학년이 주당 3시간의 수업을 하기 때문에 수업시수에 비해 학습량이 과다하다는 지적이 지속적으로 제기되었는데, 이를 해속하기 위해 '다항식의 곱셈'을 중학교 2학년으로 이동시켰다. 또한 중학교 1학년의 학습 내용인 '이진법의 덧셈과 뺄셈'과 2학년 내용인 '근삿값의 덧셈과 뺄셈'을 삭제함으로써 학습량을 감축하였다. 중학교 3학년의 '상관도와 상관표'도 중학생에게 가르치기에 난해하여 삭제하였다. 또한 그다지 사용되지 않는 기호인 $\angle$R을 삭제하였다. 셋째, 학년 간, 학교급 간, 교과 간의 연계성을 강화하고 연관된 내용은 밀접하게 관련지어 학습할 수 있도록 하였다. 예를 들어, 고등학교 1학년의 '분산과 표준편차'를 중학교 3학년으로 이동시켰다. 이를 통해, 중학교 3학년의 평균, 최빈값, 중앙값 개념과 분산 및 표준편차 개념은 서로 통합적으로 가르칠 수 있게 하였다. 또한, 제7차 교육과정에서는 미지수나 변수를 문자로 나타내는 것을 중학교 1학년에서 처음 학습하였지만, 미지수 x를 초등학교 6학년에서 다루도록 하였다. 그리고 실생활과 과학 교과에서 필요로 하는 정비례와 반비례 개념을 중학교 1학년에서 초등학교 6학년으로 이동시켜 지도하도록 함으로써 타교과 학습과 수학 간의 연계성을 강화하였다(교육과학기술부, 2008).

2.10 2009개정 교육과정(2011년)

2009개정 교육과정은 수시 개정 체제의 정신을 살리고, 2009년 발표된 총론의 교육이념을 구현하기 위해 2011년 8월 9일 공포되었다. 구체적인 내용은 앞 절에서 제시하였다. 여기서는 2007개정 교육과정과 비교해서 변화된 내용을 중심으로 살펴본다.

먼저 수와 연산 영역에 대한 비교 결과는 <표 1-10>과 같다. 수와 연산 영역의 변화는 크게 세 가지로 요약할 수 있다.

첫째, 집합 단원이 중학교에서 삭제되고 고등학교 수학 Ⅱ로 이동하였다. 중학교에서는 집합과 관련된 용어를 사용할 수 없게 되어, 타 영역의 학습에서도 적지 않은 영향을 끼치고 있다. 특히, 함수 영역에서 정의역, 공역, 치역과 같은 용어도 사용할 수 없다.

둘째, 진법과 관련된 내용이 삭제되었다. 이로 인해 십진법, 이진법 용어의 사용이 사라지게 되었다.

셋째, 근삿값과 관련된 중단원 전체가 삭제되었다. 따라서 근삿값, 오차, 참값의 범위, 근삿값의 표현방법을 다루지 않는다.

〈표 1-10〉 2009개정과 2007개정 교육과정의 비교: 수와 연산

2009개정	2007개정	비고
1 소인수분해 ① 거듭제곱의 뜻 ② 소인수분해의 뜻, 자연수의 소인수분해 ③ 최대공약수와 최소공배수의 성질 ④ 최대공약수와 최소공배수의 활용	1 집합 ① 집합의 개념, 집합의 표현 ② 두 집합 사이의 포함 관계 ③ 집합의 연산 2 자연수의 성질 ① 거듭제곱의 뜻 ② 소인수분해의 뜻, 자연수의 소인수분해 ③ 최대공약수와 최소공배수의 성질 ④ 최대공약수와 최소공배수의 활용 ⑤ 십진법과 이진법의 전개식 ⑥ 십진법과 이진법 사이의 관계	◦ 집합 삭제(고등) ◦ 십진법, 이진법 삭제

2009개정	2007개정	비고
2 정수와 유리수 ① 정수와 유리수의 개념 ② 정수와 유리수의 대소 관계 ③ 정수와 유리수의 사칙계산	3 정수 ① 정수의 개념 ② 정수의 대소 관계 ③ 정수의 사칙계산 4 유리수 ① 유리수의 개념 ② 유리수의 대소 관계 ③ 유리수의 사칙계산	
3 유리수와 순환소수 ① 순환소수의 의미 ② 유리수와 순환소수의 관계	5 유리수와 순환소수 ① 순환소수의 의미 ② 유리수와 순환소수의 관계 6 근삿값 ① 근삿값과 오차, 근삿값에 대한 참값의 범위 ② 근삿값의 표현 방법	◦ 근삿값 중단원 전체 삭제
4 제곱근과 실수 ① 제곱근의 뜻과 그 성질 ② 무리수의 개념 ③ 실수의 대소 관계	7 제곱근과 실수 ① 제곱근의 뜻과 그 성질 ② 무리수의 개념 ③ 수직선에서 실수의 대소 관계	
5 근호를 포함한 식의 계산 ① 근호를 포함한 식의 사칙계산	8 근호를 포함한 식의 계산 ① 근호를 포함한 식의 사칙계산	

문자와 식 영역에 대한 비교 결과는 <표 1-11>과 같다. 문자와 식 영역의 변화는 크게 두 가지로 요약할 수 있다.

첫째, 일차방정식과 일차방정식의 활용, 연립방정식과 연립방정식의 활용, 부등식과 부등식의 활용 부분이 서로 통합되었다.

둘째, 일부의 용어를 삭제하여 학습 부담감을 감소시켰다.

〈표 1-11〉 2009개정과 2007개정 교육과정의 비교: 문자와 식

2009개정	2007개정	비고
1 문자의 사용과 식의 계산 ① 다양한 상황을 문자식으로 표현 ② 식의 값 ③ 일차식의 덧셈과 뺄셈의 원리와 그 계산	1 문자의 사용과 식의 계산 ① 문자를 사용한 식의 표현 ② 식의 값 ③ 일차식의 덧셈과 뺄셈의 원리와 계산	

2009개정	2007개정	비고
[2] 일차방정식 ① 다양한 상황을 이용한 일차방정식과 해 ② 등식의 성질과 일차방정식 ③ 일차방정식을 활용한 실생활 문제 해결	[2] 일차방정식 ① 일차방정식과 해 ② 등식의 성질과 활용 ③ 일차방정식 [3] 일차방정식의 활용 ① 일차방정식을 활용한 여러 가지 문제 해결	
[3] 식의 계산 ① 이차식의 덧셈과 뺄셈의 원리와 계산 ② 지수법칙 ③ 다항식의 곱셈의 원리와 곱셈 공식 ④ 다항식의 나눗셈의 원리와 계산	[4] 식의 계산 ① 이차식의 덧셈과 뺄셈의 원리와 계산 ② 지수법칙 ③ 다항식의 곱셈의 원리와 곱셈 공식 ④ 다항식의 나눗셈의 원리와 계산 ⑤ 간단한 등식의 변형	○ 이차식, 전개식 용어 삭제
[4] 미지수가 2개인 연립일차방정식 ① 미지수가 2개인 일차방정식과 그 해 ② 미지수가 2개인 연립일차방정식과 풀이 ③ 미지수가 2개인 연립일차방정식의 활용과 다양한 실생활 문제 해결	[5] 미지수가 2개인 연립일차방정식 ① 미지수가 2개인 일차방정식의 의미 ② 미지수가 2개인 연립일차방정식과 그 해 ③ 미지수가 2개인 연립일차방정식 [6] 연립일차방정식의 활용 ① 미지수가 2개인 연립일차방정식의 활용과 여러 가지 문제 해결	○ 소거법, 가감법, 대입법 용어 삭제 (필요시 사용은 가능)
[5] 일차부등식과 연립일차부등식 ① 다양한 상황을 이용한 일차부등식과 그 해 ② 부등식의 기본 성질을 이용한 일차부등식 ③ 연립일차부등식과 그 해와 풀이 ④ 일차부등식 또는 연립일차부등식을 활용한 다양한 실생활 문제 해결	[7] 일차부등식과 연립일차부등식 ① 부등식과 그 해의 의미 ② 부등식의 기본 성질 ③ 일차부등식과 그 해의 의미와 풀이 ④ 연립일차부등식과 그 해의 의미와 풀이 [8] 일차부등식과 연립일차부등식의 활용 ① 일차부등식 또는 연립일차부등식을 활용한 여러 가지 문제 해결	
[6] 다항식의 인수분해 ① 인수분해의 뜻과 인수분해	[9] 다항식의 인수분해 ① 인수분해의 뜻과 인수분해	
[7] 이차방정식 ① 이차방정식과 그 해의 의미와 풀이 ② 이차방정식을 활용한 여러 가지 문제 해결	[10] 이차방정식 ① 이차방정식과 그 해의 의미와 풀이 [11] 이차방정식의 활용 ① 이차방정식을 활용한 여러 가지 문제 해결	

함수 영역에 대한 비교 결과는 <표 1-12>와 같다. 함수 영역의 변화는 단 한 가지로 요약할 수 있다. 함수의 정의역, 공역, 치역의 용어가 삭제되어, 함수 개념에 대한 설명에 큰 변화가 생겼다. 함수 개념에서 집합 개념을 사용할 수 없음으로 인해 대응이 아닌 양의 변화를 이용하여 함수 개념을 도입한다.

〈표 1-12〉 2009개정과 2007개정 교육과정의 비교: 함수

2009개정	2007개정	비고
[1] 함수와 그래프 ① 다양한 상황을 표와 식으로 나타내기, 함수의 개념 ② 순서쌍과 좌표 ③ 함수의 그래프 ④ 함수를 활용하여 여러 가지 문제 해결	[1] 함수와 그래프 ① 함수의 개념 ② 순서쌍과 좌표 ③ 함수를 표, 식, 그래프로 나타내기 [2] 함수와 그래프 ① 다양한 상황을 표와 식으로 나타내기 [3] 함수의 활용 ① 함수를 활용하여 실생활 문제 해결	○ 정의역, 공역, 치역 용어 삭제(고등)
[2] 일차함수와 그래프 ① 일차함수의 의미와 그 그래프 ② 일차함수의 그래프의 성질 ③ 일차함수를 활용한 여러 가지 문제 해결	[4] 일차함수와 그래프 ① 일차함수의 의미와 그 그래프 ② 일차함수의 그래프의 성질	
[3] 일차함수와 일차방정식의 관계 ① 일차함수와 미지수가 2개인 일차방정식의 관계 ② 두 일차함수의 그래프를 이용한 연립일차방정식의 해	[5] 일차함수의 활용 ① 일차함수와 미지수가 2개인 일차방정식의 관계 ② 두 일차함수의 그래프를 이용한 연립일차방정식의 해 ③ 일차함수를 활용한 여러 가지 문제 해결	
[4] 이차함수와 그래프 ① 이차함수의 의미와 그 그래프 ② 이차함수의 그래프의 성질	[6] 이차함수와 그래프 ① 이차함수의 의미와 그 그래프 ② 이차함수의 그래프의 성질	

〈표 1-13〉 2009개정과 2007개정 교육과정의 비교: 확률과 통계

2009개정	2007개정	비고
1 도수분포와 그래프 ① 줄기와 잎 그림, 도수분포표, 히스토그램, 도수분포다각형 ② 도수분포표와 주어진 자료의 평균 ③ 상대도수와 그 그래프, 상대도수의 분포	1 도수분포와 그래프 ① 도수분포표, 히스토그램, 도수분포다각형 ② 주어진 자료를 표나 그래프로 나타내기 ③ 도수분포표와 평균 2 상대도수의 분포와 누적도수의 분포 ① 상대도수의 분포와 누적도수의 분포 및 이들의 그래프	○ 줄기와 잎 그림 추가(초등) ○ 누적도수의 분포 삭제 ○ 누적도수 용어 삭제
2 확률과 그 기본 성질 ① 경우의 수 ② 확률의 의미와 그 기본 성질 ③ 확률의 계산	3 확률과 그 기본 성질 ① 경우의 수 ② 확률의 뜻과 그 기본 성질 ③ 간단한 확률의 계산	
3 대푯값과 산포도 ① 중앙값, 최빈값, 평균 ② 분산과 표준편차	4 대푯값과 산포도 ① 중앙값, 최빈값, 평균 ② 분산과 표준편차의 의미	

〈표 1-14〉 2009개정과 2007개정 교육과정의 비교: 기하

2009개정	2007개정	비고
1 기본 도형 ① 점, 선, 면, 각 및 점, 직선, 평면의 위치관계 ② 평행선에서 동위각과 엇각의 성질	1 기본도형 ① 점, 선, 면, 각의 성질 ② 점, 직선, 평면의 위치 관계 ③ 평행선의 성질	
2 작도와 합동 ① 삼각형 작도 ② 삼각형의 합동 조건	2 작도와 합동 ① 간단한 도형의 작도 ② 합동인 도형의 성질 ③ 삼각형의 결정조건과 합동조건	○ 삼각형의 결정조건 삭제
3 평면도형의 성질 ① 다각형의 성질 ② 부채꼴의 중심각과 호의 관계, 부채꼴의 넓이와 호의 길이	3 평면도형의 성질 ① 다각형의 성질 ② 다각형의 외각과 내각의 크기 ③ 부채꼴의 중심각과 호의 관계 ④ 부채꼴의 넓이와 호의 길이 ⑤ 원과 직선의 위치 관계 ⑥ 두 원의 위치 관계	○ 원과 직선의 위치 관계, 두 원의 위치관계 삭제

2009개정	2007개정	비고
④ 입체도형의 성질 ① 다면체의 뜻과 그 성질 ② 회전체의 뜻과 그 성질 ③ 입체도형의 겉넓이와 부피	④ 입체도형의 성질 ① 다면체의 뜻과 그 성질 ② 회전체의 뜻과 그 성질 ③ 입체도형의 겉넓이와 부피	
⑤ 삼각형과 사각형의 성질 ① 이등변삼각형의 성질 ② 삼각형의 외심과 내심의 성질 ③ 사각형의 성질	⑤ 삼각형과 사각형의 성질 ① 명제의 뜻과 증명의 의미 ② 삼각형의 합동조건을 이용한 삼각형과 사각형의 성질 증명	○ 명제, 증명 삭제(고등)
⑥ 도형의 닮음 ① 도형의 닮음 ② 닮은 도형의 성질 ③ 삼각형의 닮음조건과 활용	⑥ 도형의 닮음 ① 도형의 닮음의 뜻 ② 닮은 도형의 성질 ③ 삼각형의 닮음조건	○ 닮음의 중심, 닮음의 위치 용어 삭제
⑦ 닮음의 활용 ① 평행선 사이의 선분의 길이의 비 ② 닮은 도형의 성질을 활용한 문제 해결	⑦ 닮음의 활용 ① 평행선 사이에 있는 선분의 길이의 비와 활용 ② 삼각형의 중점연결정리와 그 활용 ③ 닮음비를 이용한 닮은 도형의 넓이와 부피	
⑧ 피타고라스 정리 ① 피타고라스 정리 ② 피타고라스 정리를 활용한 여러 문제 해결	⑧ 피타고라스 정리 ① 피타고라스 정리와 그 증명 ② 피타고라스 정리의 활용	
⑨ 삼각비 ① 삼각비의 뜻, 간단한 삼각비의 값 ② 삼각비를 활용하여 다양한 실생활 문제 해결	⑨ 삼각비 ① 삼각비의 뜻, 간단한 삼각비의 값 ② 삼각비를 활용하여 실생활 문제 해결	
⑩ 원의 성질 ① 원의 현에 관한 성질과 접선에 관한 성질 ② 원주각의 성질과 이를 활용한 문제 해결	⑩ 원과 직선 ① 원에서 현에 관한 성질 ② 원의 접선에 대한 성질 ⑪ 원주각 ① 원주각의 성질과 활용 ② 원에 내접하는 사각형의 성질과 활용 ③ 원과 비례에 관한 성질	○ 원에 내접하는 사각형, 원과 비례부분의 삭제

확률과 통계 영역에 대한 비교 결과는 <표 1-13>과 같다. 확률과 통계 영역은 큰 틀의 변화는 없었다. 다만 초등학교에서 다루던 줄기와 잎그림이 중학교로 이동하여 추가되었고, 누적도수라는 용어를 삭제하였다.

기하 영역에 대한 비교 결과는 <표 1-14>와 같다. 기하 영역 변화는 크게 네 가지로 요약할 수 있다.

첫째, 삼각형의 결정조건, 원과 직선의 위치관계, 두 원의 위치관계가 삭제되었다. 삼각형의 결정조건의 경우, 초등학교에서는 작도를 이용한 경험적인 방법으로 다루었고, 중학교에서는 심화하여 다루었는데 이 모든 것이 삭제되었다.

둘째, 명제, 증명이 삭제되었다. 명제에 대한 용어는 고등학교로 이동되었고, 증명이라는 용어는 사용하지 않고, 정당화 내지 타당화라는 관점에서 다루어지게 되었다.

셋째, 닮음의 위치, 닮음의 중심과 같은 일부 용어가 사라지게 되었다.

넷째, 원의 성질 부분이 대폭 축소되었다. 제7차 교육과정까지 원의 성질에 대한 내용이 원과 현, 원주각, 원과 비례 크게 세 중단원으로 다루어지던 것이 점차 축소, 삭제되어 이제는 한 개의 중단원 정도만 남게 되었다. 특히 원과 비례는 별도의 학습 목표 없이 간단한 활용 문제 정도로만 다루게 된다.

3. 내용 영역별 교육과정의 변화

지금까지 우리나라는 교수요목기부터 2009개정 교육과정까지 총 10번의 교육과정이 존재한다. 교육과정의 변천과정에 비추어보거나 현재 교육과정의 내용 구조 및 체제면에서 볼 때, 교육과정에 가장 큰 영향을 미치고 있는 교육과정은 제3차 교육과정이다. 제4차 교육과정 이후 점차 그 영향력에서 벗어나려고 조금씩 변화를 보이고 있지만 큰 틀의 내용 구성은 여전히 제3차 교육과정의 모양새를 유지하고 있는 것으로 보인다. 따라서 이번 절에서는 제3차 교육과정 이후 각 내용 영역별 교육과정이 어떻게 변화되어져 왔는지 살펴보기로 한다. 이러한 고찰을 바탕으로 3장에서는 구체적인 중학교 교직수학 내용을 다루게 된다.

3.1 대수(1) 영역 교육과정의 변천 : 수와 연산

먼저 대수 영역 중에서 수와 연산에 대한 학습내용의 변천과정에 대해 살펴보자. 제3차 교육과정부터 2009개정 교육과정까지의 수학학습내용 중에서 수와 연산 관련 내용을 요약 정리하면 다음과 같다. 교육과정의 변천과정 속에서 집합 영역, 측정 영역으로 제기된 내용도 일부 있지만, 현재 교육과정 기준으로 재분류하였다.

■ 3차 교육과정

1. 집합을 통한 집합의 이해
   - 집합의 뜻
   - 집합의 표현
   - 원소의 개수
2. 두 집합 사이의 포함 관계
   - 부분집합, 진부분집합
   - 집합의 상등
3. 집합에 관한 기본 연산
   - 합집합과 교집합
   - 전체집합에 대한 여집합
   - 차집합
4. 여러 가지 진법의 수의 표현 방법과 연산
   - 수의 자리잡기의 원리
   - 10진법, 5진법, 2진법
   - 진법 사이의 관계
   - 덧셈, 뺄셈
5. 자연수의 소인수분해와 약수, 배수의 성질
   - 소인수분해
   - 약수, 배수
6. 정수와 그 연산, 연산의 기본성질
   - 정수와 그 사칙연산
   - 연산에 관하여 닫혀 있는 성질
   - 교환법칙, 결합법칙, 배분법칙
   - 항등원, 역원
   - 대소 관계와 수직선
7. 유리수의 개념과 그 연산, 연산의 기본성질
   - 유리수와 그 사칙연산
   - 연산에 관하여 닫혀 있는 성질
   - 교환법칙, 결합법칙, 배분법칙
   - 항등원, 역원

- 대소 관계와 수직선

8. 근삿값, 오차 및 근삿값의 사칙연산
   - 근삿값, 참값, 오차
   - 유효숫자
   - 오차의 한계
   - 사칙연산

9. 제곱과 제곱근의 뜻, 유리수가 아닌 수의 존재
   - 제곱과 제곱근
   - 무리수
   - 제곱과 제곱근표
   - 제곱근을 포함한 간단한 식의 계산

10. 실수의 소수 표현 및 순환소수, 무리수의 이해
    - 유리수의 소수 표현
    - 유한소수, 순환소수
    - 무한소수, 무리수

11. 실수와 그 연산, 실수 연산의 기본 성질
    - 실수와 그 연산
    - 연산에 관하여 닫혀 있는 성질
    - 교환법칙, 결합법칙, 배분법칙
    - 항등원, 역원
    - 실수의 대소 관계와 수직선

12. 여러 가지 집합에서의 이항연산
    - 실수와 부분집합으로서 연산에 관하여 닫혀 있는 것($a+b\sqrt{2}$의 집합)
    - 일차식 $ax+b$의 집합(a,b는 정수 또는 유리수)
    - 잉여류와 그 연산
    - 일반 이항연산

■ **4차 교육과정**

1. 수 집합을 통한 집합의 뜻, 집합의 표시 방법, 집합사이의 연산
   - 집합의 뜻과 표현
   - 유한집합의 원소의 개수
   - 집합의 상등
   - 집합의 연산

2. 자연수에서 오진법, 이진법
   - 십진법과 오진법 사이의 관계
   - 십진법과 이진법 사이의 관계

3. 자연수에서 약수, 배수, 소인수분해의 성질
   - 약수, 배수
   - 소인수분해

4. 정수의 사칙연산
   - 양의 정수, 0, 음의 정수
   - 정수의 사칙연산
   - 대소 관계와 수직선

5. 유리수의 개념과 그 사칙연산
   - 유리수(양수, 0, 음수)
   - 유리수의 사칙연산
   - 대소 관계와 수직선

6. 유효숫자와 근삿값의 사칙연산
   - 유효숫자
   - 근삿값의 계산

7. 제곱과 제곱근, 유리수가 아닌 수의 존재, 제곱근을 포함한 식의 계산
   - 소수(유한소수, 무한소수)
   - 제곱과 제곱근
   - 제곱표와 제곱근표
   - 제곱근을 포함한 식의 계산

8. 실수의 개념과 연산의 기본 성질
   - 실수의 집합과 사칙연산
   - 실수의 집합과 수직선
   - 연산의 성질

■ **5차 교육과정**

1. 집합의 개념, 두 집합 사이의 포함 관계와 집합에 관한 연산
   - 집합의 뜻과 표현
   - 집합의 원소의 개수
   - 부분집합
   - 합집합, 교집합, 여집합, 차집합

2. 자연수에서 약수, 배수, 소인수분해의 성질
   - 약수, 배수
   - 소인수분해
   - 공약수, 공배수

3. 자리잡기의 원리와 진법, 진법의 계산
   - 십진법, 오진법, 이진법
   - 십진법과 이진법 사이의 관계
   - 십진법과 오진법 사이의 관계
   - 덧셈과 뺄셈

4. 정수의 개념과 사칙계산
   - 대소 관계와 수직선
   - 정수와 그 사칙계산

5. 유리수의 개념과 그 사칙계산
   - 대소 관계와 수직선
   - 유리수와 그 사칙계산

6. 유리수의 소수 표현
   - 유리수와 유한소수
   - 유리수와 순환소수

7. 근삿값과 그 활용
   - 근삿값과 오차
   - 근삿값의 표현

8. 제곱근의 뜻, 유리수가 아닌 수의 존재, 근호를 포함한 식의 계산
   - 제곱근과 그 성질
   - 무리수
   - 무리수와 무한소수
   - 실수의 대소 관계와 수직선
   - 근호를 포함한 식의 계산

■ 6차 교육과정

1. 집합
   - 집합의 뜻과 표현
   - 집합의 포함 관계
   - 집합의 연산

2. 자연수
   - 약수, 배수
   - 소인수 분해
   - 공약수, 공배수
   - 십진법, 오진법, 이진법
   - 정수와 유리수의 개념과 사칙연산

3. 유리수
   - 유리수의 소수 표현
   - 근삿값의 오차
   - 근삿값의 표현
   - 근삿값의 사칙 계산

4. 제곱근과 그 성질
   - 제곱근의 뜻
   - 제곱근과 근호
   - 제곱과 제곱근과의 관계

5. 무리수
   - 무리수
   - 제곱근의 대소

- 무리수와 무한소수

6. 수의 대소 관계와 수직선
   - 유리수의 조밀성
   - 무리수와 수직선
   - 수직선과 실수
   - 두 실수의 대소관계

7. 근호를 포함한 식의 계산
   - 제곱근의 곱셈, 나눗셈
   - 제곱근의 덧셈, 뺄셈
   - 제곱근의 근삿값

■ **7차 교육과정**

1. 집합
   - 집합의 뜻과 표현
   - 두 집합 사이의 포함 관계
   - 집합의 연산

2. 자연수의 성질
   - 소인수분해 방법 및 자연수의 소인수분해
   - 최대공약수와 최소공배수 구하기

3. 십진법과 이진법
   - 십진법과 이진법의 뜻 및 자리잡기의 원리 이해
   - 자연수를 십진법과 이진법의 전개식으로 표현
   - 십진법과 이진법 사이의 관계
   - 이진법으로 나타낸 수의 덧셈과 뺄셈

4. 정수와 유리수
   - 정수와 유리수의 개념 이해
   - 정수와 유리수의 대소 관계 이해
   - 정수와 유리수의 사칙계산의 원리 이해 및 사칙계산 사용

5. 유리수와 소수
   - 유리수를 소수로 표현

6. 유리수와 순환소수
   - 유리수와 순환소수의 관계

7. 근삿값과 오차
   - 근삿값과 오차
   - 근삿값에 대한 참값의 범위
   - 근삿값의 표현

8. 근삿값의 덧셈과 뺄셈
   - 근삿값의 덧셈과 뺄셈

9. 제곱근과 실수
   - 제곱근의 뜻 및 그 성질
   - 무리수의 개념
   - 수직선에서 실수의 대소 관계

10. 근호를 포함한 식의 계산
   - 근호를 포함한 식의 곱셈과 나눗셈
   - 근호를 포함한 식의 덧셈과 뺄셈

■ 2007개정 교육과정

1. 집합
   - 집합의 개념, 집합의 표현
   - 두 집합 사이의 포함 관계
   - 집합의 연산

2. 자연수의 성질
   - 거듭제곱의 뜻
   - 소인수분해의 뜻, 자연수의 소인수분해
   - 최대공약수와 최소공배수의 성질
   - 최대공약수와 최소공배수를 활용
   - 십진법과 이진법의 전개식으로 표현
   - 십진법과 이진법 사이의 관계

3. 정수
   - 정수의 개념
   - 정수의 대소 관계
   - 정수의 사칙계산의 원리와 계산

4. 유리수
- 유리수의 개념
- 유리수의 대소 관계
- 유리수의 사칙계산의 원리와 계산

5. 유리수와 순환소수
- 순환소수의 의미
- 유리수와 순환소수의 관계

6. 근삿값
- 근삿값과 오차, 근삿값에 대한 참값의 범위
- 근삿값의 표현 방법

7. 제곱근과 실수
- 제곱근의 뜻 및 그 성질
- 무리수의 개념
- 수직선에서 실수의 대소 관계

8. 근호를 포함한 식의 계산
- 근호를 포함한 식의 사칙계산

■ 2009개정 교육과정

1. 소인수분해
- 거듭제곱의 뜻
- 소인수분해의 뜻, 자연수의 소인수분해
- 최대공약수와 최소공배수의 성질
- 최대공약수와 최소공배수의 활용

2. 정수와 유리수
- 정수와 유리수의 개념
- 정수와 유리수의 대소 관계
- 정수와 유리수의 사칙 연산

3. 유리수와 순환소수
- 순환소수
- 유리수와 순환소수의 관계

4. 제곱근과 실수
- 제곱근의 뜻과 그 성질
- 무리수의 개념

- 실수의 대소 관계

5. 근호를 포함한 식의 계산
- 근호를 포함한 식의 사칙계산

지금까지 제시된 내용을 학습 내용 주제별로 분류하여 고찰해 보자.

첫째, 집합 단원이다. 집합의 개념이 제3차 교육과정에서 도입된 이래로 집합 단원의 구조적인 틀은 단 한 차례의 변화도 겪지 않고 유지되었다. 내용이나 기호 등의 첨삭은 있었지만 집합의 기초, 집합사이의 포함관계, 집합의 연산의 기본적인 순서는 동일하였다. 하지만, 2009개정 교육과정에서는 완전히 삭제되었다. 이는 집합이 수학학습을 위한 수단이자 도구로 가르쳐지기 보다는 집합 그 자체를 목적으로 간주하여 학습을 진행한 결과로 보인다. 집합 자체를 강조하지 않고 집합이 가진 내적인 의미에 충실한 학습이 이루어지는 수준에서 중학교 수학과 교육과정이 재정립될 필요가 있다. 우리나라 교육과정 변천과정을 통해 볼 때, 집합 단원의 교직수학 내용을 정리하면 다음과 같다.

1.1 집합

1) 집합의 기초
   ① 집합의 뜻　　　② 집합의 표현
2) 집합 사이의 포함 관계
   ① 부분집합, 진부분집합　　　② 집합의 상등
3) 집합의 연산
   ① 합집합과 교집합　　　② 전체집합에 대한 여집합
   ③ 차집합　　　④ 원소의 개수

둘째, 자연수의 성질 단원이다. 자연수의 성질과 관련된 학습 내용은 제3차 교육과정에서 도입된 이래로 자연수의 여러 가지 진법 표현, 자연수의 소인수분해와 약수와 배수라는 구조적인 틀은 단 한 차례의 변화도 겪지 않고 유지되었다. 먼저, 진법의 경우부터 살펴보자. 진법 학습의 시작은 십진법, 오진법, 이진법 및 진법 사이의 관계, 진법의 연산을 주요학습으로 하였지만, 교육과정이 개정되면서 조금씩 약화되어져 갔다. 그러는 과정에서도 진법의 중요성으로 진법의 개념은 그대로 남아 있었다. 하지만, 2009개정 교육과정에서는 진법 부분이 완전히 삭제되었다. 이는 집합처럼 진법이 수를 표현하는 수단에 불구함에도 불구하고 그 자체가 목적으로 간주되면서 학습내용의 적정화 과정에서 삭제된 것으로 보인다. 진법의 경우, 이후의 학습내용과 관련성이 없기 때문에 가장 손쉽게 없앨 수 있는 소재였다. 다음은, 자연수의 성질부분이다. 이 부분은 제3차 교육과정 이후 지금까지 기본적인 틀의 변화 없이 그대로 유지되고 있다. 우리나라 교육과정 변천과정을 통해 볼 때, 자연수의 성질 단원의 교직수학 내용을 정리하면 다음과 같다.

1.2 자연수의 성질

1) 자연수의 표현과 진법
   ① 십진법, 오진법, 이진법의 전개식
   ② 진법 사이의 관계
   ③ 진법의 연산
2) 자연수의 성질
   ① 거듭제곱의 뜻 ② 소인수분해
   ③ 약수와 배수, 최대공약수와 최소공배수

셋째, 정수, 유리수, 실수 단원이다. 정수, 유리수, 실수의 성질과 관련된 학습 내용은 제3차 교육과정에서 도입된 이래로 상당히 많은 변화가 있었다. 제3차 교육과정에서의 학습 순서는 정수와 정수의 성질, 유리수와 유리수의 성질, 근삿값과 오차, 제곱근와 무리수, 실수의 소수표현과 순환소수, 실수와 실수의 성질, 이항연산과 잉여류의 순이었다. 변화는 크게 다음 세 가지로 요약된다. 첫째, 실수의 소수표현과 순환소수가 제5차 교육과정부터는 유리수의 소수표현과 순환소수로 바뀌었다. 제곱근과 무리수를 학습한 다음 순환소수를 학습하는 것이 아니라 유리수를 학습한 다음에 순환소수를 학습하게 된다. 둘째, 2007개정 교육과정까지 유지되었던 근삿값과 오차, 유효숫자, 근삿값의 표현 방법이 완전히 삭제되었다. 제3차 교육과정 이후 내용이 점차적으로 약화되어 오다가 2009개정 교육과정에서 학습내용 전체가 사라지게 되었다. 셋째, 유리수의 조밀성, 실수의 연속성, 잉여류, 이항연산, 항등원 등과 같은 어려운 개념이 거의 사라지고, 기본적인 개념과 사칙연산과 같은 간단한 내용만 학습내용으로 다루어진다. 우리나라 교육과정 변천과정을 통해 볼 때, 정수, 유리수, 실수의 성질 단원의 교직수학 내용을 정리하면 다음과 같다.

1.3 정수, 유리수, 실수의 성질

1) 정수와 유리수 및 그 성질
   ① 정수와 유리수 ② 정수와 유리수의 대소관계
   ③ 정수와 유리수의 사칙계산
2) 유리수와 순환소수
   ① 유리수의 소수 표현 ② 유한소수, 순환소수
   ③ 순환하지 않는 무한소수
3) 근삿값
   ① 참값, 근삿값, 측정값 ② 오차와 오차의 한계
   ③ 유효숫자, 근삿값의 표현
   ④ 근삿값의 사칙연산
4) 제곱근과 실수의 뜻
   ① 제곱근과 그 성질 ② 무리수
   ③ 제곱근표와 제곱근의 근삿값
   ④ 실수의 대소 관계와 수직선
   ⑤ 제곱근을 포함한 간단한 식의 사칙계산
5) 실수의 성질
   ① 실수의 분류 ② 실수의 성질(항등원, 역원, 닫힘성)
   ③ 이항연산

3.2 대수(2) 영역 교육과정의 변천 : 문자와 식

다음으로 대수 영역 중에서 문자와 식에 대한 학습내용의 변천과정에 대해 살펴보자. 제3차 교육과정부터 2009개정 교육과정까지의 수학학습내용 중에서 문자와 식 관련 내용을 요약 정리하면 다음과 같다. 교육과정의 변천과정 속에서 방정식과 부등식 영역에 오래 동안 분류되었던 내용도 현재 교육과정의 기준으로 재분류하였다.

■ **3차 교육과정**

1. 문자를 사용하여 수학적인 사실을 간결하게 나타내기
   - 문자의 사용
   - 간단한 식의 연산
   - 식의 값

2. 문자를 포함한 간단한 식의 사칙연산
   - 다항식의 덧셈, 뺄셈
   - 지수법칙
   - 단항식의 곱셈, 나눗셈
   - 다항식과 단항식의 곱셈, 나눗셈

3. 방정식과 부등식 및 그 해집합
   - 등식과 부등식의 참, 거짓
   - 방정식과 부등식의 뜻
   - 해와 해집합의 뜻

4. 등식의 기본 성질과 일원일차방정식 및 그 응용
   - 등식의 성질
   - 일원일차방정식의 풀이
   - 일원일차방정식의 응용

5. 부등식의 기본 성질과 일원일차부등식 및 그 응용
   - 부등식의 성질
   - 일원일차부등식의 풀이
   - 일원일차부등식의 응용

6. 이원일차방정식과 그 해
   - 이원일차방정식의 뜻
   - 이원일차방정식의 해집합

7. 이원일차연립방정식의 해법과 응용
   - 이원일차연립방정식의 뜻
   - 이원일차연립방정식의 풀이
   - 이원일차연립방정식의 응용

8. 일원일차연립부등식의 해법과 응용
   - 일원일차연립부등식과 그 해집합의 뜻
   - 일원일차연립부등식의 풀이
   - 일원일차연립부등식의 응용

9. 다항식의 여러 가지 곱셈 공식과 활용
   - 다항식의 곱셈
   - 곱셈 공식

10. 다항식의 인수분해와 그 활용
   - 다항식의 인수
   - 인수분해
   - 여러 가지 수 체계에서의 인수분해

11. 이차방정식의 해법과 응용
    - 간단한 이차방정식($ax^2 = b$의 꼴)
    - 인수분해에 의한 해법
    - 완전제곱꼴, 이차방정식의 근의 공식
    - 여러 가지 응용

■ 4차 교육과정

1. 문자를 사용한 수량관계의 간결한 표현, 식을 간단히 하기
    - 문자의 사용
    - 식의 값
    - 동류항

2. 방정식과 부등식 및 그 해집합
    - 방정식, 부등식
    - 해, 해집합

3. 등식의 성질, 일원일차방정식과 그 응용
    - 등식의 성질
    - 일원일차방정식의 풀이
    - 일원일차방정식의 응용

4. 부등식의 성질, 일원일차부등식과 그 응용
    - 부등식의 성질
    - 일원일차부등식의 풀이
    - 일원일차부등식의 응용

5. 지수법칙을 0과 음의 정수까지 확장, 간단한 식의 사칙연산
    - 다항식의 덧셈, 뺄셈
    - 지수 법칙
    - 단항식의 곱셈, 나눗셈
    - 단항식과 다항식의 곱셈, 나눗셈

6. 이원일차방정식과 그 해집합, 이원일차연립방정식과 그 응용
    - 이원일차방정식과 그의 해집합
    - 이원일차방정식과 그의 해집합
    - 이원일차연립방정식의 풀이
    - 이원일차연립방정식의 응용

7. 다항식의 여러 가지 곱셈 공식과 그 응용
    - 다항식의 곱셈
    - 곱셈 공식

8. 인수분해의 뜻, 곱셈공식을 역으로 이용한 다항식의 인수분해
   - 인수분해의 뜻
   - 인수분해

9. 이차방정식과 그 해집합, 이차방정식의 해법과 원리 및 그 응용
   - 이차방정식과 그 해
   - 이차방정식의 풀이
   - 근의 공식
   - 이차방정식의 응용

■ 5차 교육과정

1. 수량 사이의 관계를 문자로 나타내기 및 간단한 식의 계산
   - 문자의 사용
   - 식의 값
   - 간단한 일차식의 계산

2. 방정식과 그 해, 미지수가 1개인 일차방정식과 그 활용
   - 방정식과 그 해
   - 등식의 성질
   - 일차방정식의 풀이
   - 일차방정식의 활용

3. 문자를 포함한 간단한 식의 사칙계산, 등식의 변형
   - 다항식의 덧셈과 뺄셈
   - 지수법칙
   - 다항식의 곱셈과 나눗셈
   - 간단한 등식의 변형

4. 연립방정식과 그 해, 미지수가 2개인 연립일차방정식과 그 활용
   - 미지수가 2개인 일차방정식
   - 미지수가 2개인 연립일차방정식과 그 해
   - 미지수가 2개인 연립일차방정식의 풀이
   - 연립일차방정식의 활용

5. 부등식과 그 해, 일차부등식과 그 활용
   - 부등식과 그 해
   - 부등식의 성질
   - 일차부등식의 풀이
   - 일차부등식의 활용

6. 다항식의 곱셈 원리와 곱셈공식의 유도, 곱셈공식의 활용
   - 다항식의 곱셈
   - 곱셈 공식

7. 곱셈 공식을 이용한 인수분해
   - 인수분해의 뜻
   - 인수분해

8. 이차방정식과 그 해, 이차방정식과 그 활용
   - 이차방정식과 그 해
   - 이차방정식의 풀이
   - 이차방정식의 활용

■ 6차 교육과정

1. 문자
   - 문자의 사용
   - 식의 값
   - 일차식의 계산

2. 일차방정식
   - 방정식과 그 해
   - 등식의 성질
   - 일차방정식의 풀이 및 활용

3. 식의 계산
   - 다항식의 덧셈, 뺄셈
   - 지수 법칙
   - (단항식)×(다항식)
   - (다항식)×(단항식)
   - 간단한 등식의 변경

4. 일차방정식
   - 미지수가 2개인 일차방정식
   - 연립일차방정식과 그 해
   - 연립일차방정식의 풀이와 활용

5. 일차부등식
   - 부등식과 그 해
   - 부등식의 성질
   - 일차부등식의 풀이와 활용

6. 다항식의 곱셈
   - 전개
   - 다항식의 곱셈

7. 곱셈공식
   - 곱셈공식

8. 인수분해
   - 인수분해의 뜻
   - 인수분해

9. 이차방정식의 풀이와 활용
   - 이차방정식과 그 해
   - 인수분해를 이용한 이차방정식의 풀이
   - 제곱근을 이용한 이차방정식의 풀이
   - 근의 공식
   - 이차방정식의 활용

■ 7차 교육과정

1. 문자의 사용 및 식의 계산
   - 문자의 사용, 식의 간결한 표현
   - 식의 값 구하기

2. 일차방정식
   - 일차방정식과 그 해
   - 등식의 성질
   - 일차방정식 풀이

3. 일차방정식의 활용
   - 일차방정식의 활용, 여러 가지 문제 해결

4. 식의 계산
   - 다항식의 덧셈과 뺄셈
   - 지수법칙
   - '(단항식)×(다항식)', '(다항식)÷(단항식)'과 같은 곱셈과 나눗셈
   - 간단한 등식의 변형

5. 미지수가 2개인 연립일차방정식
   - 미지수가 2개인 일차방정식
   - 미지수가 2개인 연립일차방정식과 그 해
   - 미지수가 2개인 연립일차방정식

6. 연립일차방정식의 활용
   - 미지수가 2개인 연립일차방정식의 활용

7. 일차부등식과 연립일차부등식
   - 부등식과 그 해
   - 부등식의 성질
   - 일차부등식과 그 해의 이해 및 일차부등식의 풀이
   - 연립일차부등식과 그 해의 이해 및 연립일차부등식의 풀이

8. 일차부등식과 연립일차부등식의 활용
   - 일차부등식 또는 연립일차부등식을 이용하여 여러 가지 문제 해결

9. 다항식의 곱셈과 인수분해
   - 다항식의 곱셈 원리, 곱셈 공식과 활용
   - 인수분해의 뜻 및 인수분해 풀이

10. 이차방정식
    - 이차방정식과 그 해, 이차방정식의 풀이

11. 이차방정식의 활용
    - 이차방정식을 활용하여 여러 가지 문제 해결

■ **2007개정 교육과정**

1. 문자의 사용 및 식의 계산
   - 문자 사용, 식의 간단한 표현
   - 식의 값 구하기
   - 일차식의 덧셈과 뺄셈의 원리 및 그 계산

2. 일차방정식
   - 일차방정식과 해
   - 등식의 성질 및 활용
   - 일차방정식 풀이

3. 일차방정식의 활용
   - 일차방정식의 활용, 여러 가지 문제 해결

4. 식의 계산
   - 이차식의 덧셈과 뺄셈의 원리 및 계산
   - 지수법칙

- 다항식의 곱셈의 원리 및 곱셈 공식
- 다항식의 나눗셈의 원리 및 그의 계산
- 간단한 등식의 변형

5. 미지수가 2개인 연립일차방정식
   - 미지수가 2개인 일차방정식의 의미
   - 미지수가 2개인 연립일차방정식과 그 해
   - 미지수가 2개인 연립일차방정식

6. 연립일차방정식의 활용
   - 미지수가 2개인 연립일차방정식 활용과 여러 가지 문제의 해결

7. 일차부등식과 연립일차부등식
   - 부등식과 그 해의 의미
   - 부등식의 기본 성질
   - 일차부등식과 그 해의 이해 및 일차부등식의 풀이
   - 연립일차부등식과 그 해의 이해 및 연립일차부등식의 풀이

8. 일차부등식과 연립일차부등식의 활용
   - 일차부등식 또는 연립일차부등식을 이용하여 여러 가지 문제 해결

9. 다항식의 인수분해
   - 인수분해의 뜻 및 인수분해 풀이

10. 이차방정식
    - 이차방정식과 그 해의 의미 및 이차방정식의 풀이

11. 이차방정식의 활용
    - 이차방정식을 활용하여 여러 가지 문제 해결

■ 2009개정 교육과정

1. 문자의 사용과 식의 계산
   - 다양한 상황에서 문자의 사용
   - 식의 값
   - 일차식의 덧셈과 뺄셈

2. 일차방정식
- 다양한 상황과 일차방정식과 그 해
- 등식의 성질과 일차방정식
- 일차방정식의 활용, 실생활 문제 해결

3. 식의 계산
- 이차식의 덧셈과 뺄셈
- 지수법칙
- 다항식의 곱셈의 원리와 곱셈공식
- 다항식의 나눗셈의 원리와 계산
- 간단한 등식의 변형

4. 미지수가 2개인 연립일차방정식
- 미지수가 2개인 일차방정식과 해
- 미지수가 2개인 연립일차방정식과 해
- 미지수가 2개인 연립일차방정식을 활용한 실생활 문제 해결

5. 일차부등식과 연립일차부등식
- 다양한 상황을 이용한 일차부등식과 해
- 부등식의 기본 성질과 일차부등식
- 연립일차부등식과 해
- 일차부등식 및 연립일차부등식을 활용한 문제 해결

6. 다항식의 인수분해
- 인수분해의 뜻과 인수분해

7. 이차방정식
- 이차방정식과 그 해
- 이차방정식의 활용과 여러 가지 문제 해결

지금까지 제시된 내용을 학습 내용 주제별로 분류하여 고찰해 보자.

첫째, 문자의 사용과 식의 계산 단원이다. 제3차 교육과정 이후로 문자의 사용, 식의 계산 단원의 기본적인 학습내용의 변화는 거의 없다. 학습내용의 첨삭은 있었지만 구조적인 틀은 일정하게 유지되었다. 지수법칙의 경우, 처음에는 자연수 범위에서만 다루어졌다

가, 제4차 교육과정에서 정수 범위까지 확장하여 다루어졌다. 하지만 제5차 교육과정 이후로는 자연수 범위에서만 다루고 있다. 곱셈공식과 인수분해의 경우, 공식을 다루는 범위가 조금씩 차이가 있지만 큰 변화 없이 유지되고 있다. 우리나라 교육과정 변천과정을 통해 볼 때, 문자의 사용과 식의 계산 단원의 교직수학 내용을 정리하면 다음과 같다.

2.1 문자의 사용과 식의 계산

1) 문자의 사용과 식의 표현
   ① 문자의 사용 ② 식의 값
2) 간단한 식의 사칙연산
   ① 동류항 ② 다항식의 덧셈, 뺄셈
   ③ 지수법칙 ④ 단항식의 곱셈, 나눗셈
   ⑤ 다항식과 단항식의 곱셈, 나눗셈
   ⑥ 등식의 변형
3) 곱셈공식과 인수분해
   ① 다항식의 곱셈 ② 곱셈 공식
   ③ 인수분해의 뜻 ④ 인수분해

둘째, 방정식 단원이다. 방정식과 관련된 학습 내용은 제3차 교육과정에서 도입된 이래로 방정식의 뜻, 일차방정식, 미지수가 두 개인 일차방정식, 연립방정식, 이차방정식의 내용을 다루고 있고, 큰 변화 없이 기본적인 틀이 유지되고 있다. 단지, 용어의 사용이 다소 차이가 있다. 제4차 교육과정까지는 미지수가 한 개인 일차방정식을 '일원일차', 미지수가 두 개인 일차방정식을 '이원일차'와 같이 불렀다. 또한 집합이라는 용어가 2009개정 교육과정에서 사라지는 등의 이유로 해집합이라는 용어도 사용하지 않는다. 우리나라 교육과정 변천과정을 통해 볼 때, 방정식 단원의 교직수학 내용을 정리하면 다음과 같다.

2.2 방정식

1) 방정식과 그 해
   ① 방정식의 뜻 ② 해의 뜻
2) 일차방정식과 그 해
   ① 등식의 성질 ② 일차방정식과 그 해

③ 미지수가 두 개인 일차방정식과 그 해
④ 미지수가 두 개인 일차연립방정식과 그 해
3) 이차방정식과 그 해
① 이차방정식의 뜻과 해
② 인수분해에 의한 해법
③ 제곱근, 완전제곱식을 이용한 해법
④ 이차방정식의 근의 공식
⑤ 이차방정식의 활용

셋째, 부등식 단원이다. 부등식과 관련된 학습 내용은 부등식과 그 해, 부등식의 기본성질, 일차부등식의 해, 연립일차부등식 및 활용 정도만 다루어지고 있다. 부등식의 경우는 제3차 교육과정 이후로 거의 변화가 없다. 우리나라 교육과정 변천과정을 통해 볼 때, 부등식 단원의 교직수학 내용을 정리하면 다음과 같다.

2.3 부등식
1) 부등식과 해
① 부등식의 뜻 ② 부등식의 해
2) 일차부등식
① 부등식의 성질 ② 일차부등식의 풀이
③ 일차부등식의 활용
3) 일차연립부등식
① 일차연립부등식의 뜻 ② 일차연립부등식의 풀이
③ 일차연립부등식의 활용

3.3 함수 영역 교육과정의 변천

다음으로 함수 영역에 대한 학습내용의 변천과정에 대해 살펴보자. 제3차 교육과정부터 2009개정 교육과정까지의 수학학습내용 중에서 함수 관련 내용을 요약 정리하면 다음과 같다. 교육과정의 변천과정 속에서 함수 관계, 규칙성과 함수 등으로 오래 동안 분류되었던 내용도 현재 교육과정의 기준으로 재분류하였다.

■ 3차 교육과정

1. 두 집합의 원소 사이의 대응 관계와 함수 개념
   - 관계
   - 두 집합의 원소 사이의 대응
   - 순서쌍과 곱집합
   - 함수의 뜻

2. 좌표평면, 함숫값의 변화 상태, 함수의 그래프
   - 함숫값의 변화표
   - 좌표
   - 함수의 그래프

3. 일차함수의 변화 상태와 그래프
   - 일차함수와 그 그래프
   - 기울기
   - 일차방정식의 해집합의 그래프 표현
   - 응용 문제

4. 좌표평면 위의 직선을 식으로 표시하기
   - 직선의 방정식
   - 여러 가지 응용

5. 이차함수의 변환 상태를 그래프로 나타내기
   - 이차함수와 그 그래프
   - 꼭짓점의 좌표
   - 이차함수의 최대, 최소
   - 유계 폐구간에서의 이차함수
   - 응용

6. 이차방정식과 이차함수의 관계 및 활용
   - 이차방정식의 해집합의 좌표평면에서의 표현
   - 이차방정식의 그래프에 의한 해법
   - 응용

■ 4차 교육과정

1. 두 집합의 원소 사이의 대응과 함수의 개념
   - 두 집합의 원소 사이의 대응
   - 함수의 뜻

2. 함숫값의 변화 상태를 그래프로 좌표평면에 나타내기
   - 함숫값의 변화표
   - 좌표

- 함수의 그래프

3. 일차함수와 그래프, 그래프와 일차방정식의 관계 및 활용
   - 일차함수와 그 그래프
   - 직선의 방정식
   - 기울기
   - 일차방정식의 해집합의 그래프 표현
   - 일차함수의 응용

4. 이차함수의 뜻과 그래프의 성질
   - 이차함수와 그의 그래프
   - 이차함수의 최대, 최소

5. 이차방정식과 이차함수와의 관계 및 활용
   - 이차방정식의 해와 이차함수의 그래프와의 관계
   - 이차함수의 그래프에 의한 이차방정식의 풀이
   - 이차함수의 활용

■ 5차 교육과정

1. 두 집합의 원소 사이의 대응과 함수
   - 두 집합의 원소 사이의 대응
   - 함수의 뜻

2. 함수의 그래프와 좌표평면
   - 함숫값의 변화
   - 순서쌍과 좌표
   - 함수의 그래프

3. 일차함수와 그 그래프의 성질 및 활용
   - 일차함수와 그 그래프
   - 일차함수의 활용

4. 이차함수와 그 그래프의 성질 및 활용
   - 이차함수와 그 그래프
   - 이차함수의 최댓값, 최솟값
   - 이차함수의 활용

■ 6차 교육과정

1. 함수
   - 대응과 함수
   - 함숫값의 변화
   - 순서쌍과 좌표
   - 함수와 그래프

2. 함수

- 일차함수와 그 그래프
- 일차함수의 활용

3. 이차함수와 그 그래프

- 이차함수의 뜻
- 이차함수 $y=ax^2$의 그래프
- 이차함수 $y=ax^2$의 그래프의 활용
- 이차함수 $y=ax^2+bx+c$의 그래프

4. 이차함수의 활용

- 이차함수의 최댓값과 최솟값
- 이차함수의 그래프와 이차방정식
- 이차함수의 활용

■ 7차 교육과정

1. 함수와 그 그래프

- 정비례 관계와 반비례 관계 및 그 관계를 식으로 표현
- 함수의 뜻
- 순서쌍과 좌표
- 함수의 그래프

2. 함수의 활용

- 함수를 실생활 문제에 활용

3. 일차함수와 그 그래프

- 일차함수의 뜻
- 일차함수의 그래프
- 일차함수의 그래프의 성질

4. 일차함수의 활용

- 일차함수를 나타내는 식과 일차방정식의 관계
- 두 일차함수의 그래프를 통한 연립일차방정식의 해
- 일차함수를 활용하여 여러 가지 문제 풀이

5. 이차함수와 그 그래프

- 이차함수의 뜻
- 이차함수의 그래프
- 이차함수의 그래프의 성질

■ 2007개정 교육과정

1. 함수와 그래프
   - 함수의 개념
   - 순서쌍과 좌표
   - 함수를 표, 식, 그래프로 표현

2. 함수의 활용
   - 함수의 활용 및 실생활 문제 해결

3. 일차함수와 그 그래프
   - 일차함수의 이해 및 그의 그래프 표현
   - 일차함수의 그래프의 성질

4. 일차함수의 활용
   - 일차함수와 미지수가 2개인 일차방정식의 관계
   - 두 일차함수의 그래프를 통한 연립일차방정식의 해
   - 일차함수를 활용하여 여러 가지 문제 풀이

5. 이차함수와 그 그래프
   - 이차함수의 뜻
   - 이차함수의 이해 및 그의 그래프 표현
   - 이차함수의 그래프의 성질

■ 2009개정 교육과정

1. 함수와 그래프
   - 다양한 상황을 표와 식으로 나타내기, 함수의 개념
   - 순서쌍과 좌표
   - 함수의 그래프
   - 함수를 활용한 여러 가지 문제 해결

2. 일차함수와 그래프
   - 일차함수
   - 일차함수의 그래프
   - 일차함수의 활용과 문제 해결

3. 일차함수와 일차방정식의 관계
   - 일차함수와 미지수가 2개인 일차방정식의 관계
   - 두 일차함수의 그래프와 연립일차방정식의 해

4. 이차함수와 그래프
   - 이차함수의 의미와 그래프
   - 이차함수의 그래프의 성질

지금까지 제시된 내용을 학습 내용 주제별로 분류하여 고찰해 보자.

첫째, 함수 단원이다. 함수 단원에서 함수의 개념 정의는 제3차 교육과정 이후로 가장 개념의 변화가 심한 내용 중의 하나이다. 제3차, 제4차, 제5차, 제6차 교육과정에서는 함수의 개념을 대응관계로 정의하였으며, 제7차 교육과정에서는 정비례 관계와 반비례 관계를 이용하여 함수의 개념을 정의하였고, 2007개정과 2009개정 교육과정에서는 실생활 혹은 다양한 상황에서 한 양이 변함에 따라 다른 양이 하나씩 정해지는 두 양 사이의 대응 관계를 이용하여 정의하였다. 특히 제3차 교육과정에서는 순서쌍과 더불어 곱집합까지 다루어 관계에 대한 기초개념까지 심도 깊게 다룬 것으로 나타났다. 우리나라 교육과정 변천과정을 통해 볼 때, 함수 단원의 교직수학 내용을 정리하면 다음과 같다.

3.1 함수

1) 함수
   - ① 함수의 뜻
   - ② 두 집합의 원소 사이의 대응
   - ③ 정비례와 반비례

2) 좌표평면과 함수의 그래프
   - ① 좌표평면
   - ② 순서쌍과 좌표
   - ③ 곱집합
   - ④ 함수의 그래프

둘째, 일차함수 단원이다. 일차함수 단원에서는 일차함수의 뜻, 일차함수의 그래프, 일차함수의 그래프의 성질, 일차함수와 일차방정식의 관계, 일차함수와 연립일차방정식, 일차방정식의 다양한 활용과 같은 내용들이 다루어지고 있다. 이러한 내용들은 제3차 교육과정 이후로 큰 변화 없이 그대로 유지되고 있는 것으로 나타났다. 우리나라 교육과정 변천과정을 통해 볼 때, 일차함수 단원의 교직수학 내용을 정리하면 다음과 같다.

3.2 일차함수

1) 일차함수

① 일차함수의 뜻 ② 일차함수의 그래프

③ 일차함수 그래프의 성질

2) 일차함수의 활용

① 일차함수와 일차방정식의 관계

② 일차연립방정식과 일차함수의 그래프

③ 일차함수의 응용

셋째, 이차함수 단원이다. 이차함수 단원에서 다루어지는 학습 내용은 이차함수의 뜻, 이차함수의 기본형, 이차함수의 평행이동, 이차함수의 일반형, 이차함수의 표준형, 이차함수의 최대와 최소, 이차함수와 이차방정식의 관계, 이차함수의 활용 등이 다루어지고 있다. 제3차 교육과정 이후 이차함수 단원은 많은 학습 내용이 축소, 삭제되는 변화를 겪었다. 예를 들어, 과거에는 이차함수의 최대와 최소의 경우, 제한되어진 영역에서도 다루었지만 제7차 교육과정부터는 삭제되었고, 이차방정식과 이차함수 사이의 관계도 다루지 않는다. 우리나라 교육과정 변천과정을 통해 볼 때, 이차함수 단원의 교직수학 내용을 정리하면 다음과 같다.

3.3 이차함수

1) 이차함수

① 이차함수의 뜻 ② 이차함수 $y=ax^2$의 그래프

③ 이차함수 $y=ax^2$의 그래프의 활용

④ 이차함수 $y=ax^2+bx+c$의 그래프

2) 이차함수의 활용

① 이차함수의 최댓값과 최솟값

② 이차함수의 그래프와 이차방정식

3.4 확률과 통계 영역 교육과정의 변천

다음으로 통계 영역에 대한 학습내용의 변천과정에 대해 살펴보자. 제3차 교육과정부

터 2009개정 교육과정까지의 수학학습내용 중에서 확률과 통계 관련 내용을 요약 정리하면 다음과 같다. 교육과정의 변천과정 속에서 확률과 통계는 '통계'라는 이름으로 주로 존재하였다. 제7차 교육과정에서 처음으로 확률과 통계라는 이름을 사용하였지만, 현재 교육과정의 기준으로 재분류하였다.

■ 3차 교육과정

1. 여러 가지 사건에서 일어날 수 있는 경우의 수
   - 경우의 수
   - 합의 법칙, 곱의 법칙
2. 확률의 뜻, 간단한 사건의 확률과 기댓값
   - 확률의 뜻
   - 간단한 경우의 확률
   - 기댓값
3. 자료를 수집하여 정리하기
   - 도수분포표
   - 상대도수, 누적도수
   - 히스토그램, 분포다각형
4. 대푯값(평균)의 뜻, 산포도(분산, 포준편차)
   - 대푯값(평균)
   - 산포도(분산, 표준편차)
5. 상관도, 상관표를 이용한 상관관계
   - 상관도
   - 상관표
6. 표본 조사
   - 표본, 모집단의 뜻
   - 표본 추출의 방법

■ 4차 교육과정

1. 수집된 자료를 통계적으로 파악하고 정리하기
   - 도수분포표
   - 상대도수, 누적도수
   - 히스토그램, 도수분포다각형
2. 대푯값으로서의 평균, 산포도로서의 표준편차와 분산
   - 대푯값(평균)
   - 산포도(분산, 표준편차)

3. 상관도, 상관표를 통한 상관관계
   - 상관도
   - 상관표

4. 경우의 수, 확률의 뜻과 기본 성질 및 기댓값 구하기
   - 경우의 수
   - 확률의 뜻과 기본 성질
   - 간단한 확률의 계산
   - 기댓값

■ **5차 교육과정**

1. 수집된 자료를 정리하여 표와 그래프로 나타내고, 읽기
   - 도수분포표와 히스토그램
   - 상대도수, 누적도수

2. 경우의 수, 확률의 뜻과 기본성질 및 기댓값 구하기
   - 경우의 수
   - 확률의 뜻과 기본 성질
   - 간단한 확률의 계산
   - 기댓값

3. 대푯값으로서의 평균, 산포도로서의 표준편차 및 평균과 산포도 구하기
   - 대푯값과 평균
   - 산포도와 표준편차

4. 상관도와 상관표 및 이를 통한 상관관계
   - 상관도와 상관표
   - 상관관계

■ **6차 교육과정**

1. 통계
   - 도수 분포표, 히스토그램
   - 상대 도수, 누적 도수

2. 확률
   - 경우의 수
   - 확률의 뜻과 성질
   - 간단한 확률의 계산
   - 기댓값

3. 통계
   - 대푯값과 평균
   - 산포도와 표준편차
   - 상관도와 상관표
   - 상관관계

▪ 7차 교육과정

1. 도수분포와 그래프
   - 도수분포표, 히스토그램, 도수분포다각형
   - 주어진 자료를 표나 그래프로 표현하고 읽기
   - 도수분포표에서 평균

2. 상대도수의 분포와 누적도수의 분포
   - 상대도수의 분포와 누적도수의 분포 이해 및 이를 그래프로 표현하기

3. 확률과 그 기본 성질
   - 간단한 경우의 수 또는 상대도수를 이용한 확률의 뜻
   - 확률의 기본 성질 및 간단한 확률의 계산

4. 상관도와 상관표
   - 상관도와 상관표, 주어진 자료를 상관도와 상관표로 표현하기
   - 상관도와 상관표 및 두 변량 사이의 상관관계

▪ 2007개정 교육과정

1. 도수분포와 그래프
   - 도수분포표, 히스토그램, 도수분포다각형
   - 주어진 자료를 표나 그래프로 표현하고 해석하기
   - 도수분포표에서 평균

2. 상대도수의 분포와 누적도수의 분포
   - 상대도수의 분포와 누적도수의 분포 및 이들의 그래프

3. 확률과 그 기본 성질
   - 경우의 수 구하기
   - 확률의 뜻 및 그의 기본 성질
   - 간단한 확률의 계산

4. 대푯값과 산포도
   - 중앙값, 최빈값, 평균 구하기
   - 분산과 표준편차

■ 2009개정 교육과정

1. 도수분포와 그래프
   - 줄기와 잎 그림, 도수분포표, 히스토그램, 도수분포다각형
   - 도수분포표로 주어진 자료의 평균
   - 상대도수와 그 그래프

2. 확률과 그 기본 성질
   - 경우의 수
   - 확률의 의미와 그 기본 성질
   - 확률의 계산

3. 대푯값과 산포도
   - 중앙값, 최빈값, 평균
   - 분산과 표준편차

지금까지 제시된 내용을 학습 내용 주제별로 분류하여 고찰해 보자.

첫째, 확률 단원이다. 확률 단원에서는 확률과 그 기본 성질에 해당하는 경우의 수, 확률의 뜻, 확률의 성질, 확률의 계산, 기댓값 등을 다루고 있었다. 제3차 교육과정 이래로 확률의 학습내용은 거의 변화가 없었다. 단지 제7차 교육과정에서 기댓값에 대한 개념과 계산이 삭제된 것이 가장 큰 변화이다. 교육과정에 따라서는 상대도수를 이용하여 확률의 의미를 설명하기도 하였지만, 대체로 경험적이거나 직관적인 내용 중심으로 다루어지고 있다. 우리나라 교육과정 변천과정을 통해 볼 때, 확률 단원의 교직수학 내용을 정리하면 다음과 같다.

4.1 확률

1) 확률과 그 기본 성질

① 경우의 수　② 확률의 의미와 그 기본 성질

③ 확률의 계산　④ 기댓값

둘째, 통계 단원이다. 통계 단원에서는 도수분포표와 그래프, 대푯값과 산포도, 상관도와 상관표, 표본 조사 등의 내용들이 다루어지고 있다. 확률 단원과 비교해서 통계 단원은 상당히 많은 변화가 있었다. 초등학교의 내용이 중학교로 이동하거나 고등학교의 내용이

중학교로 이동하는 것은 말할 것도 없고, 중학교 내에서도 1, 2, 3학년간의 이동이 매우 빈번하였다. 제3차 교육과정에서는 현재까지 다루었던 거의 모든 내용이 망라되어져 있었고, 이후는 점차 학습내용이 축소되는 경향이 나타났다. 특히 표본조사 및 표본추출의 개념도 중학교에서 다루어진 경우도 있었다. 제7차 교육과정까지는 상관도와 상관표, 상관관계 등 많은 학습 내용이 있었지만, 그 이후 완전히 삭제되었다. 사실 통계 단원의 상당부분의 내용이 중학교 과정 내에서 서로 연관된 학습 단원이 없어서 비교적 큰 폭의 변화가 있었던 것으로 보인다. 우리나라 교육과정 변천과정을 통해 볼 때, 통계 단원의 교직수학 내용을 정리하면 다음과 같다.

4.2 통계

1) 도수분포와 그래프
   ① 줄기와 잎 그림, 도수분포표, 히스토그램, 도수분포다각형
   ② 도수분포표로 주어진 자료의 평균
   ③ 상대도수와 그 그래프
   ④ 누적도수와 그 그래프
2) 대푯값과 산포도
   ① 대푯값, 중앙값, 최빈값과 평균
   ② 산포도, 분산과 표준편차
3) 상관도와 상관표
   ① 상관도와 상관관계　② 상관표와 상관관계
4) 표본 조사
   ① 표본, 모집단의 뜻　② 표본 추출의 방법

3.5 기하 영역 교육과정의 변천_도형의 관찰 포함

다음으로 기하 영역에 대한 학습내용의 변천과정에 대해 살펴보자. 제3차 교육과정부터 2009개정 교육과정까지의 수학학습내용 중에서 기하 관련 내용을 요약 정리하면 다음과 같다. 교육과정의 변천과정 속에서 기하는 '도형'이라는 이름으로 주로 존재하였다. 2007개정 교육과정에서 처음으로 '기하'라는 이름을 사용하였지만, 현재 교육과정의 기준으로 재분류하였다. 또한 도형의 관찰(위상수학) 단원은 비록 기하와는 성격이 다르지만 분류의 편의상 기하 영역에 포함시켰다.

■ 3차 교육과정

1. 점집합의 관점에서 기본 도형의 위치 관계 및 기본 도형의 성질
    - 점, 선, 면
    - 점, 직선, 평면의 위치 관계
    - 직선과 원, 두 원의 위치 관계
    - 평행선의 성질
2. 기본 작도 및 삼각형의 결정 조건, 합동 조건, 삼각형의 합동
    - 선분의 이동과 수직이등분선, 각의 이동과 이등분선의 기본 작도
    - 삼각형의 작도와 삼각형의 결정 조건
    - 삼각형의 합동 조건
3. 도형의 계량
    - 평면도형의 면적
    - 입체도형의 표면적과 체적
4. 삼각형의 합동조건
    - 도형의 합동
    - 삼각형의 성질
    - 평행사변형의 성질
5. 명제의 뜻
    - 명제의 뜻
    - 명제의 역
6. 연역적 추론의 뜻과 그 방법
    - 정의, 가정, 결론의 뜻
    - 증명의 뜻
7. 도형의 닮음의 뜻과 삼각형의 닮음 조건, 도형의 닮음의 성질
    - 선분의 비
    - 도형의 닮음
    - 삼각형의 닮음조건
    - 삼각형, 사각형의 성질
    - 닮음비, 면적비, 체적비
8. 도형의 변환과 이를 통한 도형의 성질 알기
    - 합동변환
    - 닮음변환
9. 피타고라스 정리의 귀납적 유도와 증명, 활용
    - 피타고라스 정리의 증명
    - 피타고라스 정리의 활용

10. 원의 기본 성질
    - 중심각, 원주각
    - 원에서의 할선, 접선
    - 원에서의 비례 관계

11. 직각삼각형의 닮음의 성질과 삼각비, 삼각비 사이의 상호관계와 활용
    - 삼각비의 뜻
    - 삼각비 상호 간의 관계
    - 삼각비의 표
    - 삼각비의 활용

12. 점, 선, 면의 연결 관계에 대한 관찰, 도형의 위상적 성질
    - 단일폐곡선의 성질
    - 오일러의 공식

■ 4차 교육과정

1. 점, 직선, 각, 직선의 위치 관계 및 평행선의 기본성질
    - 점, 직선, 각
    - 평행선의 성질

2. 삼각형의 합동조건, 이등변삼각형의 성질, 다각형의 각의 크기와 대각선의 개수
    - 간단한 작도
    - 삼각형의 합동
    - 삼각형의 내각, 외각
    - 이등변삼각형의 성질
    - 다각형의 내각, 외각의 크기 및 대각선의 개수

3. 간단한 입체도형, 여러 가지 도형의 면적, 체적 및 표면적
    - 평면도형의 면적
    - 입체도형
    - 입체도형의 표면적과 체적

4. 점, 선, 면의 연결 상태에 의하여 도형의 간단한 위상적 성질의 관찰
    - 단일폐곡선
    - 한붓그리기
    - 뫼비우스의 띠
    - 오일러의 공식

5. 명제의 뜻, 연역적 추론의 뜻과 증명의 방법
    - 명제
    - 증명의 방법

6. 삼각형의 합동조건을 이용한 도형의 성질 유도하기
    - 삼각형의 성질
    - 사각형의 성질

7. 삼각형의 닮음의 뜻과 닮음조건, 도형의 닮음에 관한 여러 가지 성질
   - 도형의 닮음
   - 삼각형의 닮음 조건
   - 평행선 사이의 선분의 길이의 비
   - 닮음비, 면적비, 체적비

8. 피타고라스 정리를 귀납적으로 유도 및 증명과 활용
   - 피타고라스 정리
   - 피타고라스 정리의 활용

9. 원의 기본 성질, 원과 직선 및 두 원에 관한 여러 가지 성질 증명 및 활용
   - 원과 직선
   - 두 원 사이의 관계
   - 원주각
   - 원과 비례

10. 삼각비의 개념과 삼각비 사이의 관계 및 활용
   - 삼각비
   - 삼각비 사이의 관계
   - 삼각비의 활용

■ 5차 교육과정

1. 기본 도형의 위치 관계 및 기본 도형의 성질
   - 점, 선, 면, 각
   - 점, 직선, 평면의 위치 관계
   - 평행선의 성질

2. 작도를 통하여 두 삼각형의 합동조건, 간단한 도형의 성질
   - 간단한 작도
   - 도형의 합동
   - 삼각형의 합동조건
   - 원
   - 다각형
   - 다면체
   - 회전체

3. 도형의 계량
   - 부채꼴의 넓이와 호의 길이
   - 입체도형의 겉넓이와 부피

4. 점, 선, 면의 연결 상태 및 도형의 간단한 성질의 관찰
   - 단일폐곡선
   - 꼭짓점과 변으로 이루어진 도형
   - 오일러의 공식

5. 삼각형의 합동조건과 간단한 도형의 성질의 증명
    - 삼각형의 성질
    - 사각형의 성질

6. 두 삼각형의 닮음조건과 이를 이용한 도형의 성질 증명
    - 도형의 닮음
    - 삼각형의 닮음조건
    - 평행선 사이에 있는 선분의 길이의 비
    - 닮음의 응용

7. 피타고라스 정리 증명과 활용
    - 피타고라스 정리
    - 피타고라스 정리의 활용

8. 원과 직선 및 두 원에 관한 여러 가지 성질의 증명과 활용
    - 원과 직선
    - 두 원 사이의 관계
    - 원주각
    - 원과 비례

9. 삼각비의 뜻과 삼각비 사이의 관계 및 활용
    - 삼각비
    - 삼각비 사이의 관계
    - 삼각비의 활용

■ **6차 교육과정**

1. 기본도형
    - 점, 선, 면, 각
    - 점, 직선, 평면 위치관계
    - 평행선의 성질

2. 평면도형
    - 간단한 작도
    - 도형의 합동
    - 삼각형의 합동 조건
    - 다각형
    - 부채꼴 넓이, 호의 길이

3. 입체도형
    - 다면체
    - 회전체
    - 입체도형의 겉넓이, 부피

4. 도형의 관찰
- 단일 폐곡선
- 꼭짓점과 변으로 이루어진 도형
- 오일러의 공식

5. 평면도형
- 삼각형의 성질
- 사각형의 성질
- 도형의 닮음
- 삼각형의 닮음 조건
- 평행선 사이에 있는 선분의 길이의 비
- 닮음의 응용

6. 피타고라스 정리와 그 활용
- 피타고라스 정리
- 직각삼각형의 변의 길이
- 피타고라스 정리의 역
- 평면도형에의 활용
- 입체도형에의 활용

7. 원과 직선
- 호와 현
- 원의 접선

8. 두 원 사이의 관계
- 두 원의 위치관계
- 공통접선

9. 원주각
- 원주각과 중심각
- 원주각과 호
- 원과 사각형
- 접선과 현이 이루는 각

10. 원과 비례
- 원과 비례
- 할선과 접선

11. 삼각비
- 삼각비의 뜻
- 삼각비의 값

12. 삼각비의 활용
- 거리재기
- 삼각형의 넓이

■ 7차 교육과정

1. 기본도형
   - 점, 선, 면, 각의 성질
   - 점, 직선, 평면의 위치 관계
   - 평행선의 성질

2. 작도와 합동
   - 간단한 도형의 작도
   - 합동인 도형의 간단한 성질
   - 삼각형의 합동조건

3. 평면도형의 성질
   - 다각형의 성질
   - 원의 중심, 중심각, 부채꼴, 호, 현 및 중심각과 호의 관계
   - 원과 직선의 위치 관계

4. 입체도형의 성질
   - 다면체
   - 회전체의 성질

5. 다각형과 각의 크기
   - 다각형의 내각과 외각

6. 도형의 길이, 넓이, 부피
   - 부채꼴의 넓이와 호의 길이
   - 입체도형의 겉넓이와 부피

7. 삼각형과 사각형의 성질
   - 삼각형의 합동조건을 이용한 삼각형, 사각형에 관한 성질의 증명

8. 도형의 닮음
   - 도형의 닮음의 뜻
   - 닮은 도형의 간단한 성질
   - 삼각형의 닮음조건

9. 닮음의 응용
   - 평행선 사이에 있는 선분의 길이의 비에 대한 성질의 증명 및 활용
   - 삼각형의 중점연결 정리의 증명 및 활용
   - 닮음비를 이용하여 닮은 도형의 넓이와 부피

10. 피타고라스 정리
  - 피타고라스 정리와 증명

11. 피타고라스 정리의 활용
  - 피타고라스 정리를 간단한 도형에 활용

12. 원과 직선
  - 원에서 현에 관한 성질
  - 원의 접선에 대한 성질과 증명

13. 원주각
  - 원주각의 성질과 활용
  - 원에 내접하는 사각형의 성질
  - 원과 비례에 관한 성질

14. 삼각비
  - 삼각비의 뜻 및 간단한 삼각비의 값

15. 삼각비의 활용
  - 삼각비의 실생활 활용

■ 2007개정 교육과정

1. 기본 도형
  - 점, 선, 면, 각에 대한 성질
  - 점, 직선, 평면의 위치 관계
  - 평행선의 성질

2. 작도와 합동
  - 간단한 도형의 작도
  - 합동인 도형의 성질
  - 삼각형의 결정조건과 합동조건

3. 평면도형의 성질
  - 다각형의 성질
  - 다각형의 내각과 외각의 크기
  - 부채꼴의 중심각과 호의 관계
  - 부채꼴의 넓이와 호의 길이
  - 원과 직선의 위치 관계
  - 두 원의 위치 관계

4. 입체도형의 성질
  - 다면체의 뜻 및 성질
  - 회전체의 뜻 및 성질

- 입체도형의 겉넓이와 부피

5. 삼각형과 사각형의 성질
   - 삼각형의 합동조건을 이용하여 삼각형과 사각형에 대한 성질의 증명

6. 도형의 닮음
   - 도형의 닮음의 뜻
   - 닮은 도형의 성질
   - 삼각형의 닮음조건

7. 닮음의 응용
   - 평행선 사이에 있는 선분의 길이의 비에 대한 성질 및 활용
   - 삼각형의 중점연결 정리 및 활용
   - 닮음비를 이용하여 닮은 도형의 넓이와 부피

8. 피타고라스 정리
   - 피타고라스 정리와 증명
   - 피타고라스 정리를 간단한 도형에 활용

9. 삼각비
   - 삼각비의 뜻 및 간단한 삼각비의 값
   - 삼각비를 활용한 실생활 문제 해결

10. 원과 직선
    - 원에서 현에 관한 성질
    - 원의 접선에 대한 성질

11. 원주각
    - 원주각의 성질과 활용
    - 원에 내접하는 사각형의 성질
    - 원과 비례에 관한 성질

■ 2009개정 교육과정

1. 기본 도형
   - 점, 선, 면, 각 그리고 점, 직선, 평면의 위치 관계
   - 평행선에서 동위각과 엇각의 성질

2. 작도와 합동
   - 삼각형 작도
   - 삼각형의 합동 조건과 합동의 판별

3. 평면도형의 성질
   - 다각형의 성질
   - 부채꼴의 중심각과 호 및 부채꼴의 넓이와 호의 길이

4. 입체도형의 성질
   - 다면체의 뜻과 성질
   - 회전체의 뜻과 성질
   - 입체도형의 겉넓이와 부피

5. 삼각형과 사각형의 성질
   - 이등변삼각형의 성질 설명하기
   - 삼각형의 외심과 내심의 성질 설명하기
   - 사각형의 성질 설명하기

6. 도형의 닮음
   - 도형의 닮음의 뜻
   - 닮은 도형의 성질
   - 삼각형의 닮음조건 및 닮음의 판별

7. 닮음의 활용
   - 평행선 사이의 선분의 길이의 비
   - 닮은 도형의 성질을 활용한 문제 해결

8. 피타고라스 정리
   - 피타고라스 정리와 이를 설명하기
   - 피타고라스 정리의 활용과 문제 해결

9. 삼각비
   - 삼각비의 뜻, 간단한 삼각비의 값
   - 삼각비를 활용한 실생활 문제 해결

10. 원의 성질
    - 원의 현 및 접선에 관한 성질
    - 원주각의 성질과 이를 활용한 문제 해결

지금까지 제시된 내용을 학습 내용 주제별로 분류하여 고찰해 보자.

첫째, 명제와 증명 단원이다. 명제와 증명 단원에서는 명제의 뜻, 명제의 역, 연역적 추론과 증명 등이 다루어졌다. 제3차 교육과정에서부터 명제, 연역적 증명에 대한 내용을 지속적으로 다루어져 왔지만 연역적 증명이 가지는 학생들의 심리적 부담감에 대한 해소 차원에서 명제, 증명 내용이 2009개정 교육과정에서는 삭제되었다. 우리나라 교육과정 변천과정을 통해 볼 때, 명제와 증명 단원의 교직수학 내용을 정리하면 다음과 같다.

5.1 명제와 증명

1) 명제
   ① 명제의 뜻　　② 명제의 역
2) 연역적 추론의 뜻과 그 방법
   ① 정의의 뜻　　② 증명의 뜻

둘째, 기본도형 단원이다. 기본도형 단원에서는 기본 도형의 위치관계 및 기본 성질, 평면도형의 성질, 입체도형의 성질, 도형의 측정, 삼각형과 사각형, 도형의 닮음, 도형의 변환, 피타고라스 정리 등의 내용들이 다루어지고 있다. 이 단원이 중학교 기하내용의 핵심이라고 볼 수 있다. 먼저 용어의 사용이 변경되었다. 4차 교육과정까지는 '체적, 면적'으로 사용하였으나, 그 이후 현재와 같은 넓이와 부피로 변경되었다. 또한, 기본도형에서 두 원의 위치관계가 여러 변화를 겪었다. 중학교에서 다루다가, 고등학교로 이동하고, 다시 중학교로 이동하였으나 2009개정 교육과정에서는 완전히 삭제되었다. 그리고 입체도형과 도형의 측정은 다소 내용이 축소되기는 하였지만, 꾸준히 학습내용이 지속되는 경향이 있고, 제3차 교육과정에서 다루었던 '도형의 변환'과 깊은 관련이 있다. 마지막으로는 피타고라스 정리가 광범위하게 다루어졌다가 최근에서 간단한 활용 문제만을 다루고 있었다. 지금까지의 우리나라 교육과정 변천과정을 통해 볼 때, 기본도형 단원의 교직수학 내용을 정리하면 다음과 같다.

5.2 기본도형

1) 기본 도형의 위치 관계 및 기본 성질
   ① 점, 선, 면　　② 각, 직선 및 평면의 위치 관계
   ③ 직선과 원의 위치 관계　　④ 평행선의 성질

2) 평면도형의 성질
   ① 간단한 작도 ② 삼각형의 작도와 삼각형의 결정 조건
   ③ 삼각형의 합동 조건 ④ 삼각형의 내각과 외각
   ⑤ 다각형의 내각과 외각, 대각선의 개수
3) 입체도형의 성질
   ① 다면체 ② 회전체
4) 도형의 측정
   ① 평면도형의 넓이 ② 입체도형의 겉넓이와 부피
5) 삼각형과 사각형
   ① 삼각형의 성질 ② 사각형의 성질
6) 도형의 닮음의 뜻과 삼각형의 닮음 조건, 도형의 닮음의 성질
   ① 도형의 닮음 ② 삼각형의 닮음조건
   ③ 평행선 사이의 선분의 길이의 비
   ④ 닮음비, 넓이의 비, 부피의 비
7) 도형의 변환
   ① 합동변환 ② 닮음변환
8) 피타고라스 정리
   ① 피타고라스 정리의 증명 ② 피타고라스 정리의 활용

셋째, 원의 성질과 삼각비 단원이다. 원의 성질과 삼각비 단원에서는 원과 직선, 두 원의 위치관계, 공통접선, 중심각과 원주각의 성질, 원에 내접하는 사각형, 원과 비례, 삼각비, 삼각비의 활용 등의 내용들이 다루어지고 있다. 원의 성질과 삼각비 단원에서 다루어지는 내용은 제3차 교육과정 이래로 큰 틀의 변화는 없었지만, 지속적으로 내용의 축소가 이루어지고 있다. 특히, 원과 비례 부분의 내용이 상대적으로 큰 폭의 삭제가 이루어졌다. 그 이유는 원과 비례의 내용이 닮음 단원의 내용과 밀접한 관련이 있어서 학생들에게 어렵기 때문이다. 또한, 삼각비의 경우도 고등학교로 점차 이동되는 경향이 있다. 그럼에도 불구하고 삼각비 내용의 중요성으로 인해 기본적인 틀은 유지되고 있다. 우리나라 교육과정 변천과정을 통해 볼 때, 원의 성질과 삼각비 단원의 교직수학 내용을 정리하면 다음과 같다.

5.3 원의 성질과 삼각비

1) 원의 성질
① 원과 직선, 호와 현, 원의 접선
② 두 원 사이의 위치관계, 공통접선
③ 중심각, 원주각
④ 원에 내접하는 사각형
⑤ 접선과 현이 이루는 각
⑥ 원과 비례에 관한 성질

2) 삼각비
① 삼각비의 뜻　　② 삼각비 상호 간의 관계
③ 삼각비의 표　　④ 삼각비의 활용

넷째, 도형의 위상적 성질 단원이다. 도형의 위상적 성질 단원에서는 연결 관계에 대한 관찰 및 도형의 위상적 성질이라는 제목으로 단일폐곡선, 한붓그리기, 뫼비우스의 띠, 오일러의 공식 등이 다루어졌다. 이 단원의 내용이 중학교에서 유일한 위상수학 내용이라는 측면에서 매우 독립적인 위치를 차지하고 있다. 이러한 독립적인 위치는 학생들에게는 신선함과 흥미, 수학에 대한 긍정적인 태도를 길러 주기에 매우 효과적이다. 반면, 연계된 학습 내용의 부재로 인해 학습내용의 적정화라는 큰 소용돌이 속에서 존속하기 어려운 현실적인 문제가 발생하게 된다. 학생들에게 위상수학의 직관적이고 흥미로운 소재가 사라진 것은 다소 아쉬움이 남아 있다. 우리나라 교육과정 변천과정을 통해 볼 때, 도형의 위상적 성질 단원의 교직수학 내용을 정리하면 다음과 같다.

5.4 도형의 위상적 성질

1) 점, 선, 면의 연결 관계에 대한 관찰, 도형의 위상적 성질
① 단일폐곡선의 성질　　② 한붓그리기
③ 뫼비우스의 띠　　④ 오일러의 공식

제2장

중학교 교직수학 탐구의 개관

1. 중학교 교직수학 탐구의 필요성과 목적
2. 중학교 교직수학의 전개 방향
3. 중학교 교직수학의 탐구 방법 및 사례

1. 중학교 교직수학 탐구의 필요성과 목적

1.1 교직수학 탐구의 필요성

17세기이후 19세기까지 수학은 급속한 발전을 거듭하였다. 새로운 과학기술 문명의 발달을 견인하는 수학은 최고의 학문으로 지속하게 되었다. 뉴턴과 라이프니츠 이래 미적분학이 정착되고, 코시, 바이어스트라스, 오일러 등 당대의 수학자들에 의해 해석학이 뿌리를 내리고 무한의 세계가 점차 구체화되었고, 리만, 로바체브스키 등에 의해 비유클리드 기하학이 발견되었으며, 추상대수학이 비약적으로 발달하여 존재론적인 실체와 완전히 동떨어진 수학이 꾸준히 발견되기 시작하였다.

이러한 상황에서 20세기를 맞이하고 칸토어의 무한집합론, 러셀의 파라독스 등으로 인해 수학에 대한 개념 정립, 수학이 나아갈 방향에 대한 고민도 깊어지기 시작하였다. 이러한 고민의 이유는 수학이 현실과 동떨어진 지나친 추상화가 가장 큰 원인이었다. 이러한 상황은 수리철학이라는 새로운 학문이 등장하는 배경이 되었다. 20세기 초 수학에 대한 고민은 형식주의, 논리주의, 직관주의로 불리는 세 가지 수리철학 사조를 만들기에 이른다.

수리철학을 논의할 때, 플라톤주의를 언급하지 않을 수 없다. 플라톤주의에서 수학적 진리는 인간의 의식과 별개로 이상적 세계에서 실제적이고 객관적으로 존재하고, 이러한 진리는 새롭게 만들어지지도 변할 수도, 사라지지도 않는다. 따라서 수학자는 이미 존재하는 수학적 대상의 성질을 발견하는 것이고 절대적 진리의 타당성을 확보하는 것이 수학자들이 해야 할 일이다. 플라톤주의자에게 있어서 수학은 실제 경험할 수 있고 실제적인 유용성을 중시하는 현실주의자가 아니라, 이상적인 이데아의 수학을 중요시하는 학문적 수학자들이었다. 이러한 전통을 이어 받은 20세기의 수리철학자들이 형식주의, 논리주의, 직관주의자들이다.

형식주의자 중의 한 사람인 힐베르트는 수학이란 '해석되지 않는 완전한 형식적인 체계'라고 생각하였다. 즉, 형식주의자들은 수학을 형식언어와 추론의 형식규칙을 바탕으로 순수하게 논법으로 주어진 사실을 증명함으로써 진리의 절대성이 확보된다. 또한 명제는 형식추론 규칙에 따라 구성되어진 기호의 유한 번의 연결로 간주하였고, 여기서 기호가 의미하는 것은 기호가 가진 의미가 아니라, 기호를 다루는 규칙 체계다. 그런데 의미가 아닌 기호가 가진 규칙 체계가 중학교 학생들에게 어떤 의미가 있을까? 그리고 형식체계가 학생들에게 어떤 의미를 부여할 수 있을까? 중학생에게 있어서 형식주의적 관점에서의 수학학습은 수학적 대상을 기계적이고 맹목적인 규칙으로 인식하게 할 것이다. 따라서 중학교 교직수학에서 형식주의적 이해는 새로운 수학을 창조하고 발전시키는 데 도움이 될 수 없다. 다음으로 논리주의는 수학을 논리의 한 부분으로 본다. 논리학의 확실성 위에 논리적 규칙이 타당한가 그렇지 않은가에 관심을 가진다. 그런데 중학교 학생들에게 논리적인 엄밀성만을 강조하는 것이 수학적 사고력 및 창의력 신장에 어떤 의미를 줄 수 있는가? 중학생에게 수학의 추상성과 논리성, 상징성을 너무 빨리 제공하는 것은 새로운 문제를 야기할 것이다. 따라서 중학교 교직수학에서 논리주의적 이해는 수학의 의미를 생성하고 확장하는데 큰 도움이 될 수 없다. 마지막으로 직관주의적 관점이다. 직관주의자 중의 한 사람인 브라우워(Brouwer)는 '수학은 경험과 무관하게 독립적으로 순수한 직관에 의해 형성되어져 가는 정신적 구성의 과정'이라고 생각하였다. 즉, 직관주의자들은 선험적 내적 경험을 의미하는 순수한 직관을 바탕으로 인간의 정신활동으로 구성해 가는 과정이 곧 수학이다. 따라서 직관주의자들은 정신에 의해 수학적으로 구성하지 않은 것은 진리로 볼 수 없다고 생각하였다. 그런데 경험과 무관한 내적 직관 만에 의해 구성되어지는 지식은 현실에 민감한 중학교 학생들에게 얼마나 수학을 유의미하게 전달할 수 있을까? 중학생에게 있어서 실제, 현상, 경험 등은 수학적인 논리만큼이나 중요하다. 따라서 중학교 교직수학에서 직관적 이해는 수학을 의미 있게 습득하고 재창조하여, 새로운 수학을 발견하는데 어려움이 있다.

20세기 초의 '수학이 무엇인가' 하는 본질적인 질문에 대한 답을 찾기 위한 수리철학적 노력은 수학에 대한 정체성을 명확하게 확립하였다는 측면에서 매우 중요한 의의를 지닌다. 하지만, 이러한 노력은 현대수학의 추상성과 엄밀성으로 인한 전문수학(대학수학 이상)에 대한 본질이 무엇이냐에 대한 자기 물음이고 이에 대한 해답이었지, 교직수학(초·중·고등학교)에 대한 방향성에 대한 자기정립은 아니었다. 이미 전문수학과 교직수학의 격차는 하늘과 땅 만큼이나 벌어져 있다. 전문수학은 21세기에 들어선 지금도 하늘 높은 줄 모르고 끊임없이 발전하고 있고 새로운 분야를 지속적으로 개척하고 있다. 하지만, 교직수학은 어떠한가? 교직수학은 전문수학처럼 새로운 분야의 개척과 발전, 확장의 길은 닫혀있는가? 이러한 의문에 대한 노력이 교직수학에 대한 탐구이다.

17세기, 18세기, 19세기의 수학을 논의할 때 빠질 수 없는 것이 교양 수학자, 아마츄어 수학자이다. 그 대표적인 사람이 페르마(Fermat)이다. 변호사이자 천재 아마츄어 수학자였다. 그는 친구들과 서신교환을 통해 '내기 수학문제 풀기'를 즐겨하였고, 특히 파스칼(Pascal)과의 서신교환을 토해 확률론 발견에 일조하였다. 게다가 그는 페르마의 정리, 페르마의 마지막 정리 등 유명한 수학적 업적을 남겼다. 또한 프랑스의 황제를 지낸 나폴레옹(Napolon)은 아마추어 수학자였다는 것이 매우 잘 알려진 사실이다. 나폴레옹은 수학을 잘했고 또 좋아했다고 한다. 특히 나폴레옹은 당대의 수학자 몽주(Monge)를 그의 핵심 과학 참모로 임명하여 깊은 친분을 쌓은 것으로 알려져 있다. 수학에서 나폴레옹의 정리라고 불리는 것도 있다. 아마추어 수학자하면 미국의 대통령을 빠뜨릴 수 없다. 워싱턴(Washington)은 유명한 측량가로 수학을 좋아했고, 링컨(Lincoln)은 유클리드의 '원론'을 공부했다고 전해진다. 그 중에서 가필드(Garfield)는 수학과 큰 인연이 있다. 그가 대통령이 되기 5년 전인 하원의원 시절, 피타고라스 정리의 증명 방법을 독창적으로 발견한 것으로 알려져 있다.

20세기 이전의 아마추어 수학자들의 위대한 업적은 어떻게 가능했을까? 그리고 그들이 발견한 수학적 사실은 어느 수준인가? 페르마의 마지막 정리를 예를 들어 보자. 그 정리는 'n이 3이상인 자연수일 때, $a^n + b^n = c^n$을 만족하는 양의 정수 a, b, c의 쌍은 존재하지 않는다' 이다. 이 내용의 증명은 매우 어렵고 난해하지만 그 명제 자체를 이해하는 수준은 중학교 수준에 불과하다. 나폴레옹의 정리도 그러했고, 가필드의 증명방법도 그러했다. 아마추어 수학자들의 공통점은 전문수학을 새롭게 발전, 발견한 것이 아니라, 교직수학과 더 깊은 관련이 있다. 그런데 지금도 교직수학과 관련된 내용에서 이러한 여지가 얼마든지 남아 있다는 점이다. 이것이 교직수학의 탐구이다. 이러한 교직수학의 탐구는 수학교사, 수학교육자, 예비수학교사, 초・중・고등학생, 일반인 모두가 할 수 있다. 이것이 수학의 대중화, 수학교육의 대중화가 아닌가 싶다. 이러한 측면에서 교직수학의 탐구는 반드시 필요한 우리의 과제이다.

1.2 교직수학 탐구의 목적

현대수학의 전형적인 특성은 고도의 추상화와 기호와 엄밀화이다. 이러한 시대정신은 학교수학에도 그대로 적용하려는 노력이 있었다. 우리나라의 제3차 교육과정은 수학교육의 현대화 정신에 입각하여 현대수학을 적극적으로 학교수학에 도입하였다. 하지만 이러한 시도는 대다수 학생들의 지적수준에 부합되지 않는 학습내용을 학교수학에 도입하였다는 비판에 부딪히게 되고, 결과적으로 학생들이 수학을 기피하는 현상을 만듦으로 인해 절반의 성공으로 만족해야 했다.

수학교육의 현대화운동으로 깨닫게 된 것은 현대수학과 교직수학은 엄연한 구분이 있다는 것이다. 현대수학의 내용을 학교수학에 도입할 때도, 별도의 여과장치나 절차 없이 그대로 받아들여서는 안 된다는 교훈을 얻게 되었다. 이미 전문수학이 나아갈 방향과 교직수학이 나아가야할 방향은 근본적으로 다르다는 것을 확인한 것이다. 그렇다면 전문수학은 수학자에 의해 지금 이 시간에도 꾸준히 발전, 개발되고 있는데, 교직수학은 어떠한 상황에 있는가? 근대 일반 시민들이 자신의 직업 안에서 자유롭게 수학을 탐구하였던 것처럼 지금도 그렇게 할 수는 없는가? 이것에 대한 대답이 교직수학을 이해해야하는 첫 번째 목적이다. 수학에 관심을 가지고 궁금증을 가진 학생, 학부모, 일반인들은 적지 않다. 하지만 그들이 체계적으로 수학을 탐구하는 기회를 가지는 것은 어렵다. 게다가 수학탐구 방법에 대한 경험 뿐 아니라, 우리 주변에서 아마추어들에 의한 수학탐구의 구체적 사례도 찾아보기 어렵다. 따라서 전문수학자가 아닌 기본적인 수학적인 소양을 가진 누구나 이해할 수 있는 교직수학에 대한 체계적인 탐구는 중요하다. 이러한 교직수학에 대한 체계적인 탐구를 통해 중학생, 고등학생, 수학교사, 예비수학교사, 학부모 등 누구나 수학을 재창조, 발견할 수 있는 전형적 사례를 제공할 것이다.

또한 교직수학은 지금 교육과정에서 다루어지는 학교수학 지식에 머무르지 않는다. 지금까지 학교에서 다루었던 모든 수학내용 뿐만 아니라, 이 내용을 기반으로 하여 확장, 일반화, 재발견의 가능성을 포괄적으로 제공하여 준다. 따라서 교직수학은 수학내용적인 측면에서 풍부한 정보를 담고 있다. 즉, 교직수학 이해의 두 번째 목적은 수학교사, 예비수학교사에게 수학 교수·학습 활동에 유의미한 수학지식을 전달해 준다.

현재 중학교 수학교과서에 제시되어진 수학내용으로 수학의 본질적인 모습을 파악하는 것은 거의 불가능하다. 수학교과서는 수학교육과정에 제시된 내용을 중심으로 전개되어져 있어 수학내용의 배열 및 배치에 있어서 다소 인위적이다. 수학학습자가 자연스럽게 수학을 이해하고 이를 바탕으로 자유롭게 수학을 탐구하는 활동에는 일부 장애요인이 되기도 한다. 하지만 교직수학은 교실에서 다루어질 수 있는 다양한 내용을 자유롭게 탐구할 수 있기 때문에 이러한 한계점을 극복할 수 있다. 따라서 교직수학에 대한 이해는 중학교 수학학습자에게는 보다 체계적이고 탐구지향적인 학습을 가능하도록 안내해 줄 수 있는데, 이것이 교직수학 이해의 세 번째 목적이다.

2. 중학교 교직수학의 전개 방향

우리나라에서는 초·중·고등학교 학생들이 수학에 대한 관심도는 매우 높고, 수학을 잘하고자 하는 의지도 높은 편이다(서보억, 2009b). 이러한 수학에 대한 높은 관심은 최근 연이은 국제 학업성취도 평가에서 수학 과목의 경우 세계 최상위권을 차지하는 성과로 나타났다. 또한 이러한 높은 관심은 초등학교를 넘어 유치원과 영아와 유아에까지 이르고 있다. 이렇게 높은 관심을 보이는 수학교육의 출발점은 어디에 두는 것이 바람직할까? 이 물음에 대한 분명한 답은 국가에서 지정한 정규 수학 교육과정이어야 한다는 것이다. 실례를 보면, 2003년 이후 다양한 종류의 수학영재교육 프로그램이 제시되었고 그에 따른 교육이 학교현장에서 이루어지고 있지만, 사교육 시장의 팽창과 수업내용의 부실 및 상급학교 진학의 수단으로써의 수학영재교육 등과 같은 다양한 문제를 발생시키고 있다. 이러한 이유에 대해 우광식(2005), 김순심(2007)은 그 문제의 발단을 학교 수학교육과정 혹은 수학교과서에 기초하지 않았기 때문이라고 지적하고 있다. 따라서 교직수학 탐구를 위한 첫 번째 전개방향은 수학과 교육과정을 기초로 한다는 것이다.

그렇다면 지금까지 존재하였던 교육과정 중에서 현재의 교육과정만을 가지고 교직수학을 탐색하는 것이 타당한가에 대한 의문이다. 지금까지 총 10차례의 교육과정이 있었고, 향후 수시로 수학과 교육과정은 개정될 수 있는 수시 개정 체제를 갖추고 있다. 그리고 제3차 교육과정 이후의 모든 교육과정은 학습수준의 적정화 및 논리적이고 엄밀한 수학의 완화라는 방향으로 개정되고 있다. 그러다 보니 많은 수학내용이 수학과 교육과정에서 삭제되고 있다. 그런데 삭제된 수학내용과 현재 수학교육과정 속에 남아 있는 수학내용 사이의 엄밀한 간격을 찾기는 쉽지 않다. 비록 삭제된 교육과정의 내용일지라도 자연스러운 수학적 사고과정을 거치면 곧바로 생성해낼 수 있는 수학적 사실이 상당히 많이 존재한다. 예를 들어, 중학교 3학년 기하 영역의 '원과 비례' 단원의 많은 정리들은 삭제되었지만, 중학교 2학년의 닮음의 성질과 중학교 3학년의 원의 성질을 이용하면 어렵지 않게 이러한 정리들을 생성해낼 수 있다. 게다가 수학은 계통적이고 매우 구조적인 교과이다. 따라서 현재 교육과정의 근간을 이룬 제3차 교육과정의 큰 틀에 부지불식간에 영향을 받고 있다. 이로 인해 교직수학의 탐구에 있어서 우리나라 현재 교육과정에 영향을 끼친 교육과정 전체를 포괄하는 것이 가장 자연스러운 탐구 방향이다. 따라서 교직수학 탐구를 위한 두 번째 전개방향은 제3차 교육과정 이후의 모든 수학과 교육과정을 기저로 한다는 것이다.

이제 교직수학에서 다루어야할 기본적인 바탕 내용이 모두 결정되어졌다. 그렇다면 이 내용을 바탕으로 무엇을 할 것인가? 이 문제에 대한 해답이 교직수학 탐구를 위한 세 번째 전개방향이 된다. 이 시대 우리나라에 아마츄어 수학자가 매우 부족한 것은 그들이 어떻게 수학을 탐구해야하는지 구체적인 방법을 보지 못했기 때문이다. 즉 수학탐구에 대한 전형적인 방법이 필요하다. 따라서 중학교 수학과 교육과정에 제시된 내용을 바탕으로 실제로 수학을 재발견하고 재창조하는 수학탐구활동의 전형적인 방법을 제공하는 것이 세 번째 전개방향이다.

수학을 어떻게 탐구해야하는지 그 방법을 구체적으로 알았다고 하자. 그러면 교직수학이 창조될 수 있는가? 그것은 말처럼 쉽지 않다. 많은 사람이 인수분해의 뜻을 정확하게 알고 있고, 닮음의 정의를 잘 알고 있지만, 여전히 인수분해 문제에서 갈등하고, 닮음을 적용한 문제를 전혀 해결하지 못하고 있다. 방법을 아는 것만으로 모든 문제가 해결될 수 있는 것은 아니다. 실제로 그 방법이 어떻게 적용되어지고, 활용되어지는지에 대한 구체적인 경험이 수반되어야 한다. 따라서 교직수학 탐구를 위한 네 번째 전개방향은 제시된 방법을 적용한 실제적인 사례를 다양하게 제공해주는 것이다.

마지막 교직수학 탐구를 위한 전개방향은 우리가 탐구해야할 대상에 대한 기초적인 정보를 모두 제공해 주는 것으로 설정하였다. 지난 1973년 제3차 교육과정 이후 발표된 수학과 교육과정에 대한 분석을 기초로 하여, 실제 탐구 가능한 교직수학 지식을 간략하게 제공하여 탐구를 위한 기초로 제공하고자 한다.

3. 중학교 교직수학의 탐구 방법 및 사례

본 절에서는 앞에서 제시한 필요성과 목적에 부합된 교직수학의 탐구 사례를 구체적으로 제시하고자 한다. 다음 장의 교직수학의 탐구에서는 구체적인 탐구 사례를 제시할 수 없기 때문에 본 절에서 대표적 사례 세 가지를 제시함으로서 이를 대신할 것이다. 본 절에서 제시하는 대표적인 사례를 기반으로 하여 다음 장에 제시될 다양한 교직수학의 학습 내용을 기초로 하여, 이와 유사한 방법으로 실제적인 탐구활동이 전개되기를 기대한다. 또한 이를 통해 다양한 교직수학의 내용이 수학교사, 수학교육자, 학생, 일반인 등에 의해 발견되기를 바란다.

3.1 중학교 교직수학의 탐구 방법

3.1.1 개연 추론(귀납, 일반화, 특수화, 유추) 전략

라카토스(Lakatos)는 수학의 논리를 두 가지 즉, 정당화의 논리와 발견의 논리로 구분하고 있다(Lakatos, 1979). 그리고 이미 알고 있는 판단으로부터 새로운 판단을 이끌어 내는 사유작용인 추론은 두 가지로 구분하고 있다. 추론의 한 유형이 연역추론이고 다른 한 유형이 개연추론이다. 연역추론은 일반적인 원리로부터 특수한 주장을 정당화하는 것이고, 개연추론은 개별적이고 특수한 사실들의 관찰과 실험으로 법칙을 발견하고 지식을 확장하는 것으로 개연적인 확실성만을 가진다. 따라서 수학적 지식은 개연추론에 의해 발견되고, 연역추론에 의해 정당화되어간다. 라카토스가 말하는 정당화의 논리는 연역추론과 일맥상통하고, 발견의 논리는 개연추론과 깊은 관련이 있다고 하겠다. 연역추론은 완성되어져 있는 수학과 관련이 있고, 개연추론은 만들어져가는 과정 중에 있고, 임의적이고 실험적이고 귀납적인 수학과 관련이 있다. 학교에서 수학을 가르치는 입장에서 완성된 연역추론도 중요하지만, 새로운 수학을 발견하고 재발명한다는 측면에서 개연추론도 매우 중요하다.

Polya(1973)는 학교수학의 발견과 재발명에서 매우 중요한 역할을 하는 개연추론을 네 가지 유형으로 분류하였다. 첫째, 귀납이다. 귀납은 '제한적이고 특수한 사례로부터 일반적 결론을 이끌어 내는 것'을 의미한다. 즉 경험적 판단을 전제로 한다. 이로 인해, 항상 참이라고 볼 수 없고, 오류 가능성이 있음에도 불구하고 새로운 수학적 사실의 탐구 활동과 발견을 위해 매우 유용하다. 귀납추론을 개연추론과 동일하게 받아들이기도 한다. 둘째, 일반화이다. 일반화는 '어떤 주어진 특수한 대상의 속성으로부터 이를 포함하는 더 큰 집합으로 나아가는 것'을 의미한다. 예를 들어 삼각형에서 성립하는 성질로부터 임의의 다각형으로 그 성질이 보존된다는 것으로 나아감으로써 일반화되어질 수 있다. 셋째, 특수화이다. 특수화는 '어떤 속성을 만족하는 전체 대상들의 집합에서, 이 집합에 포함된 더 작은 집합으로 나아가는 것'을 의미한다. 예를 들어, 정n각형에서 성립하는 성질로부터, 어떤 정다각형에서도 그 성질이 성립한다는 것으로 나아감으로써 특수화되어질 수 있다. 넷째, 유추이다. 유추는 '어떤 한 대상이 특정 성질을 가지고 있을 때, 이와 유사한 대상도 이 특정 성질을 가질 것이라고 추측하는 것'을 의미한다. 따라서 유추는 유사한 두 대상들 사이에서 일어나는 추론이다. 예를 들어, 평면의 삼각형이 공간의 사면체와 유사하다고 판단하는 것이 이에 해당된다. 따라서 평면에서의 삼각형의 여러 가지 성질들로부터, 공간에 있는 사면체에서도 이 성질들이 성립한다는 것으로 나아감으로써 유추가 가능하다. 그런데, 개연추론 즉 귀납추론에 해당하는 귀납, 일반화, 특수화, 유추 사이의 관계에 대해 Polya(1973)는 다음과 같이 설명하고 있다. 몇 몇 특수한 사례로부터 삼각형에 대한 성질을 찾았다고 하자. 그렇다면, 삼각형에 성립하는 성질을 다각형에도 동일하게 성립한다는 것을 보이는 것이 일반화이고, 삼각형에서 성립하는 성질이 삼각형의 특수한 경우인 정삼각형에서도 성립한다는 것이 특수화이고, 평면의 삼각형에서 성립하는 성질이 공간의 삼각뿔에서도 성립한다는 것이 유추이다.

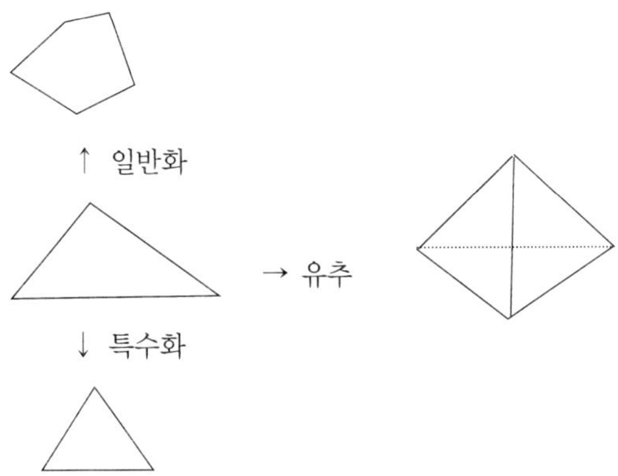

〈그림 2-1〉 개연추론 사이의 상호 관계(Polya, 1973)

이러한 개연추론 중에서 가장 대표적인 귀납과 유추에 대해 보다 구체적으로 살펴보자. 먼저 귀납에 대해 살펴보자. 귀납이란 특별하게 주어진 경험으로부터 가장 올바른 믿음을 이끌어 내어 주어진 문제에 대한 올바른 확신을 만들기 위해 적절한 경험을 수집하는 것이다. 귀납만을 사용하여 얻어진 결과에는 종종 오류가 있을 수 있다는 점을 주의하여야 하며, 귀납에만 의존하여 발견한 사실을 진리로서 받아들이지 않도록 조심해야 한다.

귀납에 의한 추론의 구조는 간단하다. 먼저 관찰하고 경험하는 과정이 필요하다. 다음으로는 경험과 관찰로부터 유사한 속성을 추출해 낸다. 그 다음은 추출한 속성으로부터 이들 사이의 관련성을 찾고, 일반화된 결론을 도출한다. 마지막으로 도출한 결론이 사실인지 더 많은 사례를 통해 확인하고 추측을 강화하게 된다. 이러한 과정을 그림으로 나타내면 <그림 2-2>와 같다.

경험과 관찰 → 유사한 속성 추출 → 속성사이의 관련성 찾기 및 일반화된 결론 도출 → 도출된 결론의 적용을 통한 추측 강화

〈그림 2-2〉 귀납의 과정

예제 2.1

다음 수의 나열의 규칙이 무엇인지 구하시오.

$$11,\ 31,\ 41,\ 61,\ 71,\ 101,\ 131,\ \cdots$$

풀이 1단계. 주어진 수의 나열을 관찰한다.

2단계. 주어진 7개의 수로부터 유사한 속성을 찾는다. 가장 눈에 띄는 속성은 1로 끝이 난다는 사실이다. 또한 주어진 모든 수가 소수라는 사실을 추출한다.

3단계. 찾은 두 속성 즉, 1로 끝나고 소수라는 사실로부터, 1로 끝나는 소수를 순서대로 나열한 것이라는 결론을 도출한다.

4단계. 추가적으로 이러한 속성에 맞는 소수 151, 181, 191 … 등을 찾고 앞의 추측이 옳은지 적용하여 추측을 강화한다.

■

다음으로 유추에 대해 살펴보자. 영국의 천문학자 케플러(Kepler)는 유추는 자연의 모든 비밀을 간직하고 있기 때문에 가장 믿을 수 있는 스승이라고 언급하였다. 또한 한인기와 에르든예프(2005)는 '유추의 사용은 학습 자료를 깊이 이해할 수 있도록 도우며 지식들을 질적으로 새롭게 한다'고 하면서 유추를 통해 학생들의 독자성과 자발성의 계발 및 육성에 중요한 역할을 강조하였으며, Polya(1973)는 수학적 발견에서 유추가 큰 역할을 한다고 강조하고 있다. 이를 통해 볼 때, 수학교육에서 유추는 매우 중요한 역할을 수행할 수 있음을 알 수 있다.

유추에 의한 개연추론의 구조는 간단하다. 어떤 대상 A가 속성 $a_1,\ a_2,\ a_3,\ \cdots,\ a_n,\ x$를 가지고 있고, 다른 대상 B가 속성 $a_1,\ a_2,\ a_3,\ \cdots,\ a_n$를 가지고 있다고 가정해 보자. 그렇다면, 대상 A와 대상 B의 이러한 유사한 속성에 의해, 대상 B도 속성 x를 가지고 있다는 추론이 유추이다.

유추의 사례는 중학교 수학에서 매우 폭넓게 찾을 수 있다.

첫째, 중선에 대한 유추이다. 대상 A를 '삼각형의 세 중선은 한 점에서 만나고, 이 교점은 각 중선을 2:1로 나눈다'라고 하고, 대상 B를 '사각형의 네 중선은 한 점에서 만난다'라고 하자. 그러면, 대상 A로부터 사각형도 각 중선을 어떤 비 $a:b$로 나눈다는 추측이 가능하다.

둘째, 외각의 크기의 총합에 대한 유추이다. 대상 A를 '볼록다각형의 외각의 크기의 합은 360°이다'라고 하고, 대상 B를 '공간에서의 볼록다면체가 존재한다'라고 하자. 그러면, 대상 A로부터 볼록다면체의 외각의 총합도 어떤 특정한 값으로 일정할 것이라는 추측이 가능하다.

셋째, 각의 이등분선에 대한 유추이다. 대상 A를 '삼각형의 내각의 이등분선을 그으면, 각의 이등분선은 대변을 각의 두 변의 길이의 비로 나눈다'라고 하고, 대상 B를 '삼각형의 외각의 이등분선을 긋는다'라고 하자. 그러면, 대상 A로부터 삼각형의 외각의 이등분선은 대변을 각의 두변의 길이의 비로 나눈다는 추측이 가능하다.

3.1.2 문제 구성하기(problem posing) 및 What if not 전략

라카토스(1979)는 상대주의 수학교육철학자로 알려져 있다. 그가 쓴 증명과 반박 즉, 수학적 발견의 논리(Proofs and refutations: The logic of mathematical discovery)에서 발견을 위한 추측의 출발은 '문제(problem)'였다. 그런데 라카토스에게 있어서 주어진 문제는 완성된 문제가 아니라, 완성의 과정에 있는 문제이다. 그런데 우리에게 있어서 문제는 무엇인가? 사실 오류 가능성이 전혀 없는 이미 완벽한 풀이 절차를 가지고 있는 문제이다. 이로 인해, 우리는 완벽한 풀이 절차를 찾는데 집중해야하고, 문제를 볼 때마다 풀이 방법을 찾는데 길들여져 있다. 하지만, 주어져 있는 문제의 풀이 절차(알고리즘)를 찾는 활동만으로 새로운 수학에 대한 탐구활동이 가능할까?

단지 주어진 문제의 해결에만 몰두하는 것만으로 수학탐구활동, 문제해결활동이 충분하게 끝났다고 할 수 없다. 이에 수학교육학자들은 최초의 주어진 문제가 어디에서 비롯된 것이며 주어진 문제가 다르게 제기될 수는 없는지를 묻는 것은 매우 자연스러운 교육활동으로 보고 있다. 주어진 문제의 해결만을 다룰 것이 아니라 주어진 문제를 보다 새로운 차원에서 취급하고, 새로운 수학적 발견을 위해 주어진 문제로부터 새로운 문제를 구성하는 활동의 중요성을 강조하고 있다. 주어진 최초의 문제로부터 새로운 문제를 구성하거나 제기하는 활동을 문제 구성하기(problem posing)라고 부르는데, 이 활동이 교직수학 탐구활동을 위한 중요한 탐구 방법이 될 수 있다.

그럼 왜, 수학교육에서 문제 구성하기가 중요한가에 대해 생각해 보자. 이 책의 저자를 포함해서 대다수의 많은 학생들은 요술과 같은 다음 경험을 가지고 있다.

수학수업시간에 선생님이 풀어주시는 문제가 상당히 새로웠다. 선생님의 풀이가 끝나고 교과서 연습문제를 선생님의 풀이 방법을 보고 따라서 풀었는데 신기하게 풀렸다. 그리고 수업이 끝났다. 학교 수업을 마치고 집으로 돌아가 수학숙제를 하는데 오늘 수업시간에 풀었던 문제와 유사한 문제를 푸는데 도저히 풀리지 않는 것이다. 분명히 수업시간에는 풀렸는데….

왜 이러한 현상이 일어난 것일까? 수학은 수학적 대상이 가진 본질을 파악하는 교과이다. 따라서 위의 현상의 원인은 수학문제는 풀었지만, 그 문제에 내포되어져 있는 수학적 본질이 무엇인지는 이해하지 못했기 때문이다. 수업시간에 많은 문제를 학생들에게 가르치고, 학생들은 그 문제를 끊임없이 풀고 있다. 하지만 정작 중요한 한 문제 한 문제에 대한 깊이 있는 사고활동, 반성활동은 부족하다. 한 문제 한 문제를 풀지만 각각의 문제가 서로 관련이 없는 독립적인 문제들로 배치된 경우가 많아 중요한 개념이 내재된 문제에 대한 깊이 있는 생각을 할 시간이 부족하다. 한 문제에 오랫동안 집중하여 생각하고 풀이를 음미하는 기회는 제한적이다. 이러한 한계를 극복하도록 도와주는 것이 문제 구성하기 활동이고, 지금까지 거의 모든 수학교육에서 경시되어 왔던 문제 구성하기 활용에 집중하는 이유이다. 따라서 문제 구성하기 활동을 통해 우리는 다음 몇 가지 측면의 큰 유익을 얻을 수 있다. 첫째, 문제 구성하기를 통해 한 문제에 집중하는 기회를 가짐으로 인해 해당 수학 주제 및 수학내용의 본질에 대해 더 깊이 이해할 수 있다. 둘째, 문제 구성하기를 통해 다양한 문제를 만들고 해결함으로 인해 처음 수학내용을 전혀 새로운 관점에서 볼 수 있게 해 준다. 셋째, 문제 구성하기를 통해 문제해결을 위한 새로운 방법을 만들어 준다. 넷째, 문제 구성하기를 통해 새로운 문제의 연속적인 해결이 가능하므로 수학을 창조하고 발견할 수 있는 경험을 가능하게 한다. 다섯째, 문제 구성하기 활동은 수동적 입장에서 이루어질 수 없으므로, 적극적인 수업참여자로의 교수학습활동의 전환을 이끌 수 있다. 결국 문제 구성하기는 수학 학습내용과 더불어 수학 수업에도 긍정적인 효과를 거둘 수 있다.

문제 구성하기에 대한 용어는 브라운(Brown)과 월터(Walter)가 쓴 문제 구성하기의 기술(The art of problem posing)에 제시되어 있다. 문제 구성하기는 문자 그대로 바탕문제를 기초로 하여 새로운 문제를 만드는 것을 의미하는데, 주어진 문제에 대한 경험을 기반으로 하여 만든다는 측면에서 구성하기라는 용어로 번역할 수 있겠다. 브라운과 월터는 문제 구성하기를 두 차원으로 구분하고 있는데, 첫 번째 차원은 주어진 최초의 문제의 이해와 수용과 관련되어 있고, 두 번째 차원은 최초의 문제로부터 새로운 문제를 제시하는 것과 관련이 있다(Brown & Walter, 1990).

문제 만들기의 첫 번째 차원은 주어져 있는 최초의 문제를 수용하고 받아들이는 차원이다. 이 차원에서는 총 5가지의 전략이 존재한다. 첫째는 현상을 가지고 하려는 전략, 둘째는 내적 탐색과 외적 탐색의 전략, 셋째는 정밀한 탐색과 어림 탐색 전략, 넷째는 역사적 탐색으로 사실과 가설의 전략, 다섯째는 질문 목록을 만드는 전략이다. 두 번째 차원은 주어진 문제를 바탕으로 새로운 문제를 제기하는 차원으로 총 5가지의 절차와 전략이 존재한다. 첫째는 문제 구성하기를 위한 출발점을 선택하는 단계, 둘째는 주어진 문제로부터 속성목록을 작성하는 단계, 셋째는 '만약에 아니라면 어떻게(What if not)'로, 간단히 '아님 어떻게'를 제시하는 단계, 넷째는 새로운 문제를 구성하기 위한 질문을 만드는 단계, 다섯째는 질문을 해결하는 단계로 나누어진다.

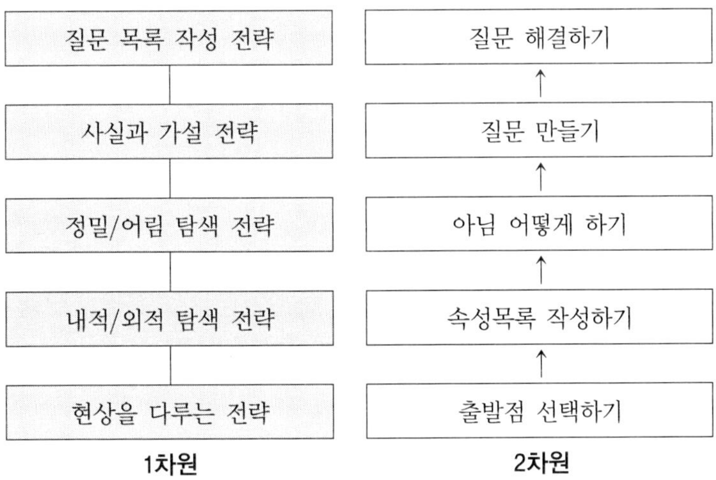

〈그림 2-3〉 문제 구성하기 전략과 단계

문제 구성하기의 두 차원 중에서 두 번째 차원이 새로운 수학 탐구활동과 더 깊은 관련이 있어 이에 대해 보다 구체적으로 알아보자. 첫째 단계는 '출발점 선택하기' 단계이다. 문제 구성하기를 시작하기 위한 최초의 문제를 결정하는 단계이다. 두 번째 단계는 '속성목록 작성하기' 단계이다. 이 단계는 새로운 문제를 구성하기 위한 전략 실행을 위해 초기 문제에 대한 가능한 많은 속성들을 작성하는 단계이다. 이 단계는 주어진 초기 상태를 어떻게 잘 볼 수 있는가와 관련이 있고, 가능한 최대한 상세하게 작성될 수 있도록 할 필요가 있다. 브라운과 월트(1990)가 제시한 예를 통해 구체적으로 살펴보자. 출발점으로 피타고라스 정리가 선택되었다고 하자. 피타고라스 정리는 '직각삼각형 ABC에서 세 변의 길이가 a,b,c 이면 $a^2+b^2=c^2$ 를 만족한다(단, c는 빗변)'이다. 이것으로부터 다음과 같은 목록을 작성하는 것이 속성 목록 작성하기 단계라고 한다.

속성 1. 진술은 정리이다.
속성 2. 정리는 선분의 길이를 다룬다.
속성 3. 정리는 직각삼각형임을 다룬다.
속성 4. 정리는 넓이를 다룬다.
속성 5. 정리는 정사각형을 다룬다.
속성 6. 피타고라스 정리는 세 개의 변수들과 관련되어져 있다.
속성 7. 변수는 등호에 의해 연결되어져 있다.
속성 8. 두 변수 간에 '+' 기호가 있다.
속성 9. 세 지수는 모두 동일하다.
속성10. 지수는 양의 정수들이다.
속성 n. ⋯.

세 번째 단계는 '아님 어떻게 하기' 단계이다. 이 단계에서는 앞 단계에서 나열한 속성을 바탕으로 하여 '주어진 속성을 어떻게 바꿀 수 있는가'라는 질문에 답을 하는 단계이다. 예를 들면, 위의 속성5에서 제시한 '정리는 정사각형을 다룬다'에 대한 만약 아니라면 무엇이라고 할 수 있는가에 대한 목록을 제시하는 것이다. 즉, '정리가 정사각형을 다루지 않는다면' 이란 질문에 대한 가능한 답을 제시하는 것이다. 구체적으로 제시하면, '정리가 정삼각형을 다룬다', '정리가 정사면체를 다룬다' 등이 이 단계에서 만들어진다. 브라운과 월트(1990)가 제시한 예를 통해 구체적으로 살펴보자. 브라운과 월트는 속성1에 대한 '만약에 아니라면 어떻게' 전략을 적용한 결과를 'Not1'이라는 기호를 붙였고, 나열한 속성의 순서에 따라 하위 번호를 붙였다. 즉, 속성1에 대한 첫 번째 'What if not' 결과는 'Not1-1'으로 명명하였다. 따라서 다음과 같은 구체적인 목록 작성이 가능하다.

Not 1–1) 정의로써 명제를 해석한다.
Not 1–2) 명제가 거짓이라고 가정한다.
Not 2–1) 변의 절반의 길이를 생각하자.
Not 3–1) 예각삼각형인 경우를 생각하자.
Not 7–1) 변수들이 $<$에 의해 연결되어져 있다.

Not 7–2) 변수들이 $\leq$ 으로 연결되어져 있다.

Not 7–3) 변수들이 나눗셈에 의해 연결되어져 있다.

Not 7–4) 변수들이 >에 의해 연결되어져 있다.

Not 7–5) a^2+b^2은 c^2과 서로소이다.

네 번째 단계는 '질문 만들기' 단계이다. 가장 왕성한 사고활동이 일어나는 단계이기도 하고, 브라운과 월터는 브레인스토밍(Brainstorming)이란 용어로 설명하고 있다. 이 단계는 세 번째 단계에서 만든 목록을 기초로 하여 질문을 만들어 낸다. 예를 들어, 속성 7에 대한 첫 번째 'What if not'으로 살펴보자. 'Not 7-1'은 '변수는 < 기호에 의해 연결되어져 있다'이다. 즉, $a^2+b^2<c^2$ 으로부터 어떤 질문을 만들 수 있는가와 관련이 있는데, 여기에서는 'QNot 7'이란 기호를 사용하여 가능한 질문을 제시하면 다음과 같다.

QNot 7–1–1) $a^2+b^2<c^2$은 기하학적인 의미를 가지는가?

QNot 7–1–2) $a^2+b^2<c^2$을 만족시키는 수는 어떤 수인가?

QNot 7–1–3) 얼마나 많은 경우에 a^2+b^2이 c^2과 특별한 상수에 의해 달라지는가?
(즉, $a^2+b^2=c^2+k$)

QNot 7–1–4) $a^2+b^2<c^2$의 그래프는 무엇인가?

다섯 번째 단계는 '질문 해결하기' 단계이다. 이 단계는 앞 단계에서 제시한 질문에 대한 정확한 답을 제시하여 문제를 해결하는 단계이다.

3.1.3 수학사 탐구 전략

수학사는 수학교육에서 매우 중요한 역할을 한다. 수학교육에서의 역사 발생적 원리가 그것을 대언하고 있다. 그런데 수학사가 역사 발생적 원리에만 국한되지는 않을 것이다. 수학사의 필요성에 대해 NCTM(1995), 한인기(2003), 신영미(1993) 등은 다음과 같은 이유로 중요성을 언급하고 있다.

첫째, 수학사를 통해서 현대 문명의 발달에서 수학의 역할을 이해하여 수학에 대한 올바른 인식을 갖게 할 수 있다. 즉, 수학사는 자연과학의 발달과 깊은 관련을 가지고 있고, 현대 기술 문명의 발달에 중심적인 역할을 수행하였다는 인식의 변화를 가져오게 한다.

둘째, 수학사에 대한 제 고찰은 수학의 구조나 학생들의 개념 형성과정을 이해하고 연구하는데 중요한 자료가 되며 나아가 수학교육과정의 연구와 지도법의 연구에 핵심적인 자료를 제공하므로 수학사는 필요하다.

셋째, 수학사를 고려한 자연스런 수학지도는 학습동기를 유발하고 수학학습 및 수학수업에 생기를 불어 넣을 수 있으므로 매우 중요하다. 또한 이를 통해 수학교육의 진정한 목표를 달성하는 데 중요한 수단이 될 수 있다.

넷째, 기계적인 알고리즘적 계산수학을 반성하게 하여 반성적인 사고를 고취하게 하므로 진정한 수학적 사고교육을 가능하게 하므로 수학사는 중요한 가치를 가진다.

다섯째, 수학사를 도입한 수학 지도는 수학 내용 자체에 대한 이해, 수학이 창조되고 발전되며 변천되고 일반화되는 과정과 이유에 대한 이해, 수학과 실세계 현상과의 관계, 수학의 구조, 공리론 체계, 증명 등의 이해를 도와서 효율적인 수학교육을 가능하게 하여 준다.

여섯째, 수학은 인간의 노력의 산물이라는 것을 수학사를 통해 얻을 수 있다.

일곱째, 과거의 수학사는 오늘날과 연관성을 갖게 하고 수학사는 과거로부터 미래를 이어주는 다리가 되어주므로 중요한 가치를 가진다.

여덟째, 수학사에서 익힌 수학자들의 삶은 다른 사람들을 고무시킬 수 있는 힘이 있으므로 중요하다.

아홉째, 수학사는 수학적 개념이 어디에서 유래되었는지를 알게 하여 준다. 즉, 수학사의 연구를 통해 여러 수학적 지식과 이론들의 발생 배경, 발견과정에 대해 밝혀내어 구체적인 현재 수학의 모습을 재발견할 수 있다.

열째, 수학사의 도입은 문제해결을 위해 다양한 방법적 접근을 갖게 해 준다.

열한째, 수학적 기원을 탐구하는 것은 종종 수학자체의 상호연관성을 위한 창을 열어줄 수 있다.

그런데, 이러한 필요성으로부터 교직수학을 위한 탐구활동에 수학사는 유용할까? 그리고 구체적으로 어떻게 실행하는 것일까? 역사는 살아있는 현실이다. 과거의 역사는 현재의 역사를 조명하고 현재에 영향을 미치고 미래를 예측하는 열쇠이다. 수학의 역사도 동일한 맥락에서 해석이 가능하다. 이로 인해 수학사에 대한 연구는 매우 활발할 것으로 예측 가능하지만 실제로는 그렇지 못한 것이 현실이다. 저명한 과학사가인 샤르톤(Sarton)은 '수학의 역사에 대한 연구는 나은 수학자를 만들 수는 없지만, 그들의 마음을 풍요롭게 하고 가슴을 부드럽게 하고 더 나은 자질을 드러나게 한다.' 고 표현하였지만, 샤르톤의 이러한 관점은 순수 수학의 관점에서 본 것이다. 따라서 수학교육의 입장에서는 '수학의 역사에 대한 연구는 나은 수학자를 만들 수는 없지만, 더 나은 수학교육자나 수학학습자를 만들 수 있다'로 수정하고 싶다. 왜냐하면 수학사는 훌륭한 수학교육자와 수학학습자를 만들기에 충분한 여건을 갖추었다고 볼 수 있기 때문이다.

수학사를 활용하는 수학교육은 역사적인 문제를 현재 우리와 공유한다는 측면에서 매우 극적인 현실화일 뿐만 아니라, 문제해결을 위한 새로운 전략들을 찾을 수 있도록 하고, 당시의 수학의 탐구 양식을 통해 새로운 교수방법을 찾을 수 있고, 새로운 수학의 세계로 안내하는 견인차 역할을 담당하고 있다. 수학사는 더 나은 수학교육자나 수학학습자를 만

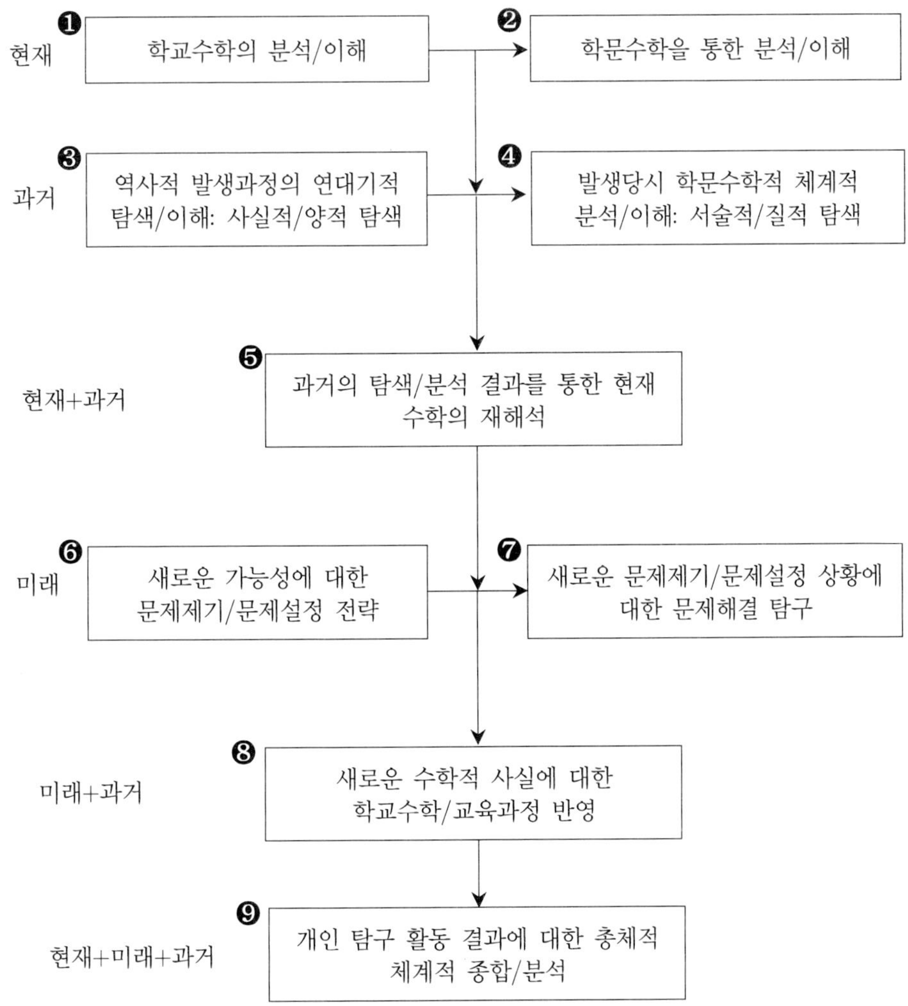

〈그림 2-4〉 수학사를 통한 수학탐구 절차

들 수 있고, 역사는 살아있는 현실이므로 과거는 현재를 조명하고 미래를 예측하는 열쇠이다. 이러한 수학사가 수학교사와 학생에게 개별 탐구 활동의 도구로 사용될 수 있다. 즉, 수학사를 통해 수학교사, 학생은 지금 배우는 혹은 지금 탐구하는 수학내용에 대한 과거를 이해하고, 현재의 모습을 통해 새로운 미래의 수학적 대상을 창조적으로 재생산할 수 있다는 것을 의미한다. 수학교사, 학생은 수학의 본질인 창조적인 활동, 사고의 자율성, 개별 학습의 주체로써 새롭게 거듭나는 도구로써 수학사를 활용하는 것이고, 이는 수학사와 교직수학 탐구활동과의 신선한 만남을 시사하는 것이다.

<그림 2-4>는 서보억과 권영인(2004, 2007), 서보억(2009a)의 연구를 바탕으로 하고, 실제적 경험을 토대로 하여 재구성한 것으로 총 9단계의 절차를 통해 수학사를 이용한 교직수학의 탐구학습이 이루어질 수 있음을 보여주고 있다. 이에 대한 구체적인 적용 사례는 다음 절의 세 번째 사례를 통해 구체적으로 살펴보기로 한다.

3.2 중학교 교직수학의 탐구 사례

이번 절에서는 3.1절에서 제시한 세 가지 방법을 실제적으로 적용한 수학탐구활동의 구체적인 사례를 제시하고자 한다. 본 사례의 내용은 서보억(2009a), 서보억(2012)의 내용을 교직수학의 탐구활동에 적합하도록 재구성하였다.

3.2.1 개연 추론(귀납, 일반화, 특수화, 유추) 전략의 사례

개연 추론 중에서 유추를 활용한 수학탐구활동의 구체적인 사례를 제시한다. 중학교 학습내용 중에서 진법을 소재로 한 수학탐구활동이다.

가. 변수와 관련된 수학탐구활동

중학교 1학년 자연수 단원에서 진법에 대한 내용을 2007개정 교육과정까지는 학습 주제로 존재하였다. 교육과정에서 진법의 학습에서 가장 기초적인 수학지식은 십진법과 이진법에 대한 개념과 표현방법이다. 그런데 수학사에서 십진법의 역사만큼이나 삼진법, 십이진법, 오진법, 육십진법의 역사도 매우 길다. 실제로 드레즈든(Dresden, 1963)은 십진법을 기초로 하는 셈법보다는 삼진법을 기초로 한 셈법이 역사적으로 더 오래 전에 발생한 것으로 보고 있다. 이것에 대해 보이어(Boyer 외, 1991)는 당대에 어떤 진법을 사용하느냐는 그 사회의 문화적인 전통과 습관에 큰 영향을 받아왔기 때문이라고 설명하고 있다. 결국 진법 사용의 변화는 시대의 변화만큼 다양한 변화를 겪었고 앞으로도 그러한 가능성이 충분히 있다. 여기서 수를 표현하는 진법의 학습에서 변수를 하나 추출한다면 그것은 바로 a진법(단,a는 자연수)에서 a를 추출하는 것은 당연한 귀결이다. 또한 a를 변수로 추출하였을 경우 a를 보는 관점에 따라 다음 두 가지 방향으로 변수의 수학적인 다양성을 줄 수 있다. 하나는 중학교 1학년에서 학습하는 것처럼 a의 값을 자연수 2, 3, 4, 5, … 로 보는 것이다. 다른 하나는 변수로서 a를 자연수에 한정하지 않고 정수, 유리수, 실수 등으로 보는 것이다. 이러한 관점에서 진법과 관련된 탐구활동을 다음과 같이 진행할 수 있다.

첫째, 유추를 활용한 대수 내용에 대한 수학탐구활동의 방향을 설정한다.

둘째, 방향 설정을 바탕으로 진법의 확장에 대한 구체적인 수학탐구활동 및 교수학습 자료를 개발한다.

나. 수학탐구활동의 방향 설정

추상대수학하면 떠오르는 것은 군(Group)이다. 여기서 군이란 주어진 집합(G)과 정의된 연산(*)에서 성립하는 군이라는 의미에서 군을 $(G, *)$로 표현한다. 따라서 대수 내용에 대한 탐구의 방향을 집합과 연산, 그리고 그에 따라 결정되어지는 연산법칙과 다양한 변수에서 추출할 수 있다. 이로부터 탐구활동의 세 가지 방향을 다음과 같이 추출한다.

첫째, 대수에서 취급하는 변수와 관련하여 탐구 방향을 설정한다.

둘째, 대수에서 다루는 수 집합과 관련하여 탐구 방향을 설정한다.

셋째, 대수에서 정의되어진 연산과 관련하여 탐구 방향을 설정한다.

다. 변수와 관련된 수학탐구활동

학교에서 학습하는 십진법과 이진법에서 변수를 하나 추출한다면 그것은 바로 a진법(단, a는 자연수)에서 a를 추출하는 것은 당연한 결과이다. 이진법의 정의로부터 $-a$진법, $\frac{1}{a}$진법, $\sqrt{a}$진법의 정의를 유추할 수 있다.

■ **a진법으로 나타내기**

[정의 1] (이진법의 정의)

자리가 하나씩 올라감에 따라 자리의 값이 2배씩 커지도록 정하여 수를 나타내는 방법이다. 다른 진법과 구별하여 $1101_{(2)}$이라 쓴다.

유추

$\Downarrow$

[정의 2] (a진법의 정의)

자리가 하나씩 올라감에 따라 자리의 값이 a배씩 커지도록 정하여 수를 나타내는 방법이다. 다른 진법과 구별하여 $1101_{(a)}$이라 쓴다.

■ **$-a$진법(음수 진법)**

[정의 2-1] ($-a$진법의 정의)

자리가 하나씩 올라감에 따라 자리의 값이 $-a$배씩 되도록 정하여 수를 나타내는 방법이다. 다른 진법과 구별하여 $1101_{(-a)}$이라 쓴다.

[정의 3-1] ($-a$진법의 전개식)

$-a$진법으로 나타낸 수를 $-a$의 거듭제곱을 써서 나타낸 식, 즉
$101_{(-a)} = 1\times(-a)^2 + 0\times(-a) + 1\times 1$ 이 $-a$진법의 전개식이다.

■ **$\frac{1}{a}$진법(역수 진법)**

[정의 2-2] ($\frac{1}{a}$진법의 정의)

자리가 하나씩 올라감에 따라 자리의 값이 $\frac{1}{a}$배씩 되도록 정하여 수를 나타내는 방법이다. 다른 진법과 구별하여 $1101_{(\frac{1}{a})}$ 이라 쓴다.

[정의 3-2] ($\frac{1}{a}$진법의 전개식)

$\frac{1}{a}$진법으로 나타낸 수를 $\frac{1}{a}$의 거듭제곱을 써서 나타낸 식, 즉
$101_{(\frac{1}{a})} = 1\times(\frac{1}{a})^2 + 0\times\frac{1}{a} + 1\times 1$ 이 $\frac{1}{a}$진법의 전개식이다.

■ $\sqrt{a}$ 진법(제곱근 진법)

[정의 2-3] ($\sqrt{a}$ 진법의 정의)

자리가 하나씩 올라감에 따라 자리의 값이 $\sqrt{a}$ 배씩 되도록 정하여 수를 나타내는 방법이다. 다른 진법과 구별하여 $1101_{(\sqrt{a})}$이라 쓴다.

[정의 3-3] ($\sqrt{a}$ 진법의 전개식)

$\sqrt{a}$ 진법으로 나타낸 수를 $\sqrt{a}$의 거듭제곱을 써서 나타낸 식, 즉 $101_{(\sqrt{a})}=1\times(\sqrt{a})^2+0\times\sqrt{a}+1\times1$ 이 $\sqrt{a}$ 진법의 전개식이다.

■ 십진법과 $-a$진법, $\frac{1}{a}$진법, $\sqrt{a}$ 진법의 관계

[명제 1] (십진법을 이진법으로 나타내기)

이진법은 십진법으로 나타낸 수를 몫이 0이 될 때까지 2로 계속 나누어서 나눗셈의 몫을 쓰고 나머지를 맨 나중의 것부터 차례대로 쓰면 된다.

[명제 2] (십진법을 a진법으로 나타내기)

a진법은 십진법으로 나타낸 수를 몫이 0이 될 때까지 a로 계속 나누어서 나눗셈의 몫을 쓰고 나머지를 맨 나중의 것부터 차례대로 쓰면 된다.

예제 2.2

79를 -3진법, $\frac{1}{3}$진법, $\sqrt{3}$진법으로 나타내시오.

풀이

$-3)$	79	
$-3)$	-26	$\cdots\cdots 1$
$-3)$	9	$\cdots\cdots 1$
$-3)$	-3	$\cdots\cdots 0$
$-3)$	1	$\cdots\cdots 0$
	0	$\cdots\cdots 1$

79	
$\times\frac{1}{3}$	
26	$\cdots\cdots 2$
$\times\frac{1}{3}$	
8	$\cdots\cdots 2$
$\times\frac{1}{3}$	
2	$\cdots\cdots 1$
$\times\frac{1}{3}$	
0	$\cdots\cdots 2$

$\sqrt{3}\ )$	79	
$\sqrt{3}\ )$	$26\sqrt{3}$	$\cdots\cdots 1$
$\sqrt{3}\ )$	26	$\cdots\cdots 0$
$\sqrt{3}\ )$	$8\sqrt{3}$	$\cdots\cdots 2$
$\sqrt{3}\ )$	8	$\cdots\cdots 0$
$\sqrt{3}\ )$	$2\sqrt{3}$	$\cdots\cdots 2$
$\sqrt{3}\ )$	2	$\cdots\cdots 0$
$\sqrt{3}$	0	$\cdots\cdots 2$

라. 수 집합과 관련된 수학탐구활동

중학교 1학년의 경우 수의 범위는 자연수로써 자연수 범위에서만 제한적으로 진법을 다룬다. 따라서 수에 대한 학습의 범위가 확장되면서 진법으로 표현할 수 있는 수의 범위도 자연스럽게 확장되어진다. 정수 범위로의 확장은 원하는 진법으로 고친 후 음의 부호(−)를 붙여주면 간단히 해결된다. 하지만 유리수 범위로의 확장은 간단하지 않다.

(1) a진법의 소수로 나타내기

다음 세 가지 사실에 대한 유추로부터 확장이 가능하다.

첫째, 1보다 작은 양수를 어떻게 a진법으로 고칠 것인가의 문제이다.

둘째, 1보다 작은 양수는 소수점 아래의 수를 의미하므로 a진법에서의 자릿값은 $\frac{1}{a}$, $\frac{1}{a^2}$, $\frac{1}{a^3}$, $\cdots$ 이다.

셋째, $\frac{1}{a}$진법과의 유사성이 있음을 발견할 수 있다.

> [명제3] (1보다 작은 수를 a진법으로 나타내기)
> a진법은 십진법으로 나타낸 수를 나머지(분자의 값)가 0이 될 때까지 a로 계속 곱해서 곱의 나머지를 쓰고 몫(정수값)을 맨 처음의 것부터 차례대로 쓰면 된다.

구체적인 문제를 통해 이 사실을 확인해 보자.

예제 2.3

$\dfrac{149}{12}$ 을 3진법, 5진법, 12진법으로 나타내시오.

풀이

$$\begin{array}{ll} \frac{5}{12} & \\ \times\, 3 & \\ \hline \frac{1}{4} & \cdots\cdots 1 \\ \times\, 4 & \\ \hline 0 & \cdots\cdots 1 \end{array} \qquad \begin{array}{ll} \frac{5}{12} & \\ \times\, 5 & \\ \hline \frac{1}{12} & \cdots\cdots 2 \\ \times\, 5 & \\ \hline \frac{5}{12} & \cdots\cdots 0 \\ \times\, 5 & \\ \hline \frac{1}{12} & \cdots\cdots 2 \end{array} \qquad \begin{array}{ll} \frac{5}{12} & \\ \times 12 & \\ \hline 0 & \cdots\cdots 5 \end{array}$$

$\dfrac{149}{12} = 12 + \dfrac{5}{12}$ 이므로 소수점 이하인 $\dfrac{5}{12}$ 를 각각의 진법으로 고친다. 3진법으로 $110.11_{(3)}$ 이고, 5진법으로 $22.2020\cdots_{(5)}$ 이고, 12진법으로 $10.5_{(12)}$ 이다. ■

예제 2.4

$\dfrac{7}{16}$ 을 4진법, 6진법, 9진법으로 나타내시오.

풀이

$$\begin{array}{ll} \frac{7}{16} & \\ \times\, 4 & \\ \hline \frac{3}{4} & \cdots\cdots 1 \\ \times\, 4 & \\ \hline 0 & \cdots\cdots 3 \end{array} \qquad \begin{array}{ll} \frac{7}{16} & \\ \times\, 6 & \\ \hline \frac{5}{8} & \cdots\cdots 2 \\ \times\, 6 & \\ \hline \frac{3}{4} & \cdots\cdots 3 \\ \times\, 6 & \\ \hline \frac{1}{2} & \cdots\cdots 4 \\ \times\, 6 & \\ 0 & \cdots\cdots 3 \end{array} \qquad \begin{array}{ll} \frac{7}{16} & \\ \times\, 9 & \\ \hline \frac{15}{16} & \cdots\cdots 3 \\ \times\, 9 & \\ \hline \frac{7}{16} & \cdots\cdots 8 \\ \times\, 9 & \\ \hline \frac{15}{16} & \cdots\cdots 3 \\ \times\, 9 & \\ \vdots & \cdots\cdots \vdots \end{array}$$

주어진 수는 4진법으로 고치면 $0.13_{(4)}$ 이고, 6진법으로 고치면 $0.2343_{(4)}$ 이고, 9진법으로 고치면 $0.3838\cdots_{(9)}$ 이다. ■

■ **진법에서의 유한소수와 무한소수**

다음 네 가지 사실을 유추로부터 확장이 가능하다.

첫째, $\frac{7}{16}$을 9진법으로 $0.3838\cdots_{(9)}$이고, $\frac{149}{12}$을 5진법으로 $12.2020\cdots_{(5)}$이다.

둘째, 두 수들은 각각의 진법에서 순환하는 무한소수이다.

셋째, $\frac{7}{16}$은 십진법의 체계에서는 0.4375로 유한소수이다.

넷째, 진법이 바뀜에 따라 유한소수와 무한소수의 의미도 변하게 된다.

[명제 4] (십진법에서 유한 · 무한소수의 판정)
십진법에서는 분모의 소인수가 2나 5로만 이루어진 기약분수는 적당한 수를 곱하여 분모를 10의 거듭제곱으로 고칠 수 있으므로 유한소수로 나타낼 수 있다.

유추

⇓

[명제 4-1] (a진법에서 유한·무한소수의 판정)
a진법에서는 분모의 소인수가 a의 소수인 약수로만 이루어진 기약분수는 적당한 수를 곱하여 분모를 a의 거듭제곱으로 고칠 수 있으므로 유한소수로 나타낼 수 있다.

문제 1

다음 유리수를 주어진 진법의 소수로 나타낼 때 유한소수인지 무한소수인지 판정하시오.

(a) $\frac{7}{16}$을 4진법으로 (b) $\frac{3}{10}$을 5진법으로 (c) $\frac{5}{12}$을 6진법으로

(2) a진법의 분수꼴로 나타내기

첫째, 십진법에서의 분수꼴을 a진법의 분수꼴로 나타내는 것에 대해 고찰한다.

둘째, 유리수는 $Q=\left\{\frac{p}{q}\middle|\, p,\ q\in Z,\ q\neq 0\right\}$로 나타낼 수 있다. 여기서 p,q는 모두 정수의 원소로 십진법의 수이다.

셋째, 유리수 Q를 a진법의 분수꼴로 나타낸 전체의 집합을 $Q_{(a)}$라고 하면, $Q_{(a)}=\left\{\frac{p}{q}{}_{(a)}=\frac{p_{(a)}}{q_{(a)}}\middle| p_{(a)}, q_{(a)}\in Z,\ q_{(a)}\neq 0_{(a)}\right\}=Q$ 로 유추하여 나타낼 수 있다.

예를 들어 $\frac{5}{12}$를 6진법의 분수꼴로 나타내면 $\frac{5}{20}{}_{(6)}$ 와 같다. 이제 실제로 분수로 고쳐 보자. 모두 두 가지로 구분하여 제시할 수 있다.

첫째, 유한소수를 분수꼴로 고쳐 보자. 다음과 같이 유추가 가능하다.

> [명제 5] (십진법의 유한소수를 분수로 고치기)[1]
> 소수 한 자리 수는 분모를 10으로 하고, 소수 두 자리 수는 분모를 100으로 하고, 소수 세 자리 수는 분모를 1000으로 하여 나타내며, 이 때 분모는 그대로 쓴다. 또한 분수는 기약분수로 고친다.
>
> **유추**
>
> $\Downarrow$
>
> [명제 5-1] (a진법의 유한소수를 분수로 고치기)
> 소수 한 자리 수는 분모를 $10_{(a)}$으로 하고, 소수 두 자리 수는 분모를 $100_{(a)}$으로 하고, 소수 세 자리 수는 분모를 $1000_{(a)}$으로 하여 나타내며, 이 때 분모는 그대로 쓴다. 또한 분수는 기약분수로 고친다.

예제 2.5

다음 유한소수를 해당 진법의 분수로 바꾸시오.

(a) $0.2_{(6)}$ (b) $0.13_{(4)}$

풀이 (a) $0.2_{(6)}$을 분수로 고치기 위해 [명제 5-1]을 적용하면 먼저 분모는 $10_{(6)}$로 바뀌고, 분자는 그대로 쓴다. 따라서 $0.2_{(6)}=\frac{2_{(6)}}{10_{(6)}}=\frac{2}{10}{}_{(6)}$ 가 된다.

실제로 $\frac{2}{10}{}_{(6)}=\frac{1}{3}{}_{(6)}=\frac{1}{3}$이다.

둘째, 순환소수를 분수꼴로 고쳐 보자. 다음과 같이 유추가 가능하다.

1) 초등학교 6학년 수학 교사용 지도서 참조(교육부, 2002).

[명제 6] (십진법의 순환소수를 분수로 고치기)2)

구하는 분수를 x라고 두고, 이 식의 양변에 10의 거듭제곱을 곱하여 소수점 아래에 순환마디만 반복되어 나타나도록 한 다음 뺄셈으로 간단히 하여 기약분수로 나타낸다.

유추

⇓

[명제 6-1] (a진법의 순환소수를 분수로 고치기)

구하는 분수를 x라고 두고, 이 식의 양변에 $10_{(a)}$의 거듭제곱을 곱하여 소수점 아래에 순환마디만 반복되어 나타나도록 한 다음 뺄셈으로 간단히 하여 기약분수로 나타낸다.

예제 2.6

다음 무한소수를 해당 진법의 분수로 바꾸시오.

$$0.3838\cdots_{(9)}$$

풀이 $0.3838\cdots_{(9)}$을 분수로 고치기 위해 [명제 6-1]을 적용하면 먼저 $x = 0.3838\cdots_{(9)}$(㉠)로 두고, 양변에 $100_{(9)}$을 곱한다.

즉, $100_{(9)}x = 38.3838\cdots_{(9)}$(㉡)을 얻는다.

㉡식에서 ㉠식을 빼면, $88_{(9)}x = 38_{(9)}$이고 $x = \frac{38}{88}_{(9)}$이다.

실제로, $\frac{38}{88}_{(9)} = \frac{7}{17}_{(9)} = \frac{7}{16}$이다.

■

마. 연산과 관련한 수학탐구활동

첫째, a진법의 덧셈에서는 같은 자리끼리 더한 수가 a이상이면 자리를 하나 올려 계산한다.

둘째, 덧셈표를 만들어 사용하면 된다. 다음은 이진법과 오진법의 덧셈표이다.

+	$0_{(2)}$	$1_{(2)}$
$0_{(2)}$	$0_{(2)}$	$1_{(2)}$
$1_{(2)}$	$1_{(2)}$	$10_{(2)}$

+	$0_{(5)}$	$1_{(5)}$	$2_{(5)}$	$3_{(5)}$	$4_{(5)}$
$0_{(5)}$	$0_{(5)}$	$1_{(5)}$	$2_{(5)}$	$3_{(5)}$	$4_{(5)}$
$1_{(5)}$	$1_{(5)}$	$2_{(5)}$	$3_{(5)}$	$4_{(5)}$	$10_{(5)}$
$2_{(5)}$	$2_{(5)}$	$3_{(5)}$	$4_{(5)}$	$10_{(5)}$	$11_{(5)}$
$3_{(5)}$	$3_{(5)}$	$4_{(5)}$	$10_{(5)}$	$11_{(5)}$	$12_{(5)}$
$4_{(5)}$	$4_{(5)}$	$10_{(5)}$	$11_{(5)}$	$12_{(5)}$	$13_{(5)}$

2) 중학교 2학년 수학 교과서 참조(황석근이재돈, 2001).

셋째, 십진법은 형식화된 곱셈의 원리를 이용하여 10이상이면 자리를 하나 올려서 계산한다. 마찬가지로 a진법의 곱셈에서는 형식화된 원리를 동일하게 적용하여 a이상이면 자리를 하나 올려 계산한다. 다음은 곱셈표이다.

×	1	2	3	4	5	6	7	8	9
1	1	2	3	4	5	6	7	8	9
2	2	4	6	8	10	12	14	16	18
3	3	6	9	12	15	18	21	24	27
4	4	8	12	16	20	24	28	32	36
5	5	10	15	20	25	30	35	40	45
6	6	12	18	24	30	36	42	48	54
7	7	14	21	28	35	42	49	56	63
8	8	16	24	32	40	48	56	64	72
9	9	18	27	36	45	54	63	72	81

×	$1_{(9)}$	$2_{(9)}$	$3_{(9)}$	$4_{(9)}$	$5_{(9)}$	$6_{(9)}$	$7_{(9)}$	$8_{(9)}$
$1_{(9)}$	$1_{(9)}$	$2_{(9)}$	$3_{(9)}$	$4_{(9)}$	$5_{(9)}$	$6_{(9)}$	$7_{(9)}$	$8_{(9)}$
$2_{(9)}$	$2_{(9)}$	$4_{(9)}$	$6_{(9)}$	$8_{(9)}$	$11_{(9)}$	$13_{(9)}$	$15_{(9)}$	$17_{(9)}$
$3_{(9)}$	$3_{(9)}$	$6_{(9)}$	$10_{(9)}$	$13_{(9)}$	$16_{(9)}$	$20_{(9)}$	$23_{(9)}$	$26_{(9)}$
$4_{(9)}$	$4_{(9)}$	$8_{(9)}$	$13_{(9)}$	$17_{(9)}$	$22_{(9)}$	$26_{(9)}$	$31_{(9)}$	$35_{(9)}$
$5_{(9)}$	$5_{(9)}$	$11_{(9)}$	$16_{(9)}$	$22_{(9)}$	$27_{(9)}$	$33_{(9)}$	$38_{(9)}$	$44_{(9)}$
$6_{(9)}$	$6_{(9)}$	$13_{(9)}$	$20_{(9)}$	$26_{(9)}$	$33_{(9)}$	$40_{(9)}$	$46_{(9)}$	$53_{(9)}$
$7_{(9)}$	$7_{(9)}$	$15_{(9)}$	$23_{(9)}$	$31_{(9)}$	$38_{(9)}$	$46_{(9)}$	$54_{(9)}$	$62_{(9)}$
$8_{(9)}$	$8_{(9)}$	$17_{(9)}$	$26_{(9)}$	$35_{(9)}$	$44_{(9)}$	$53_{(9)}$	$62_{(9)}$	$71_{(9)}$

(1) $-a$진법에서의 덧셈과 곱셈

첫째, $-a$진법에서의 덧셈은 다음과 같다.

a이상이면 자리를 하나 올려 계산하되 올려진 값의 부호를 바꾸어준다.

$$\begin{array}{r} -1 \\ 124_{(-5)} \\ +\ 43_{(-5)} \\ \hline 2_{(-5)} \end{array} \Rightarrow \begin{array}{r} -1 \\ 124_{(-5)} \\ +\ 43_{(-5)} \\ \hline 2_{(-5)} \\ 0_{(-5)} \end{array} \Rightarrow \begin{array}{r} 124_{(-5)} \\ +\ 43_{(-5)} \\ \hline 2_{(-5)} \\ 0_{(-5)} \\ 0_{(-5)} \end{array} \Rightarrow \begin{array}{r} 124_{(-5)} \\ +\ 43_{(-5)} \\ \hline 2_{(-5)} \\ 0_{(-5)} \\ 0_{(-5)} \\ \hline 2_{(-5)} \end{array}$$

둘째, $-a$진법에서의 곱셈은 다음과 같다.

a이상이면 자리를 하나 올려 계산하고 올려진 값의 부호를 바꾸어준다.

$$\begin{array}{r} -1 \\ 124_{(-9)} \\ \times\ 43_{(-9)} \\ \hline 3_{(-9)} \end{array} \Rightarrow \begin{array}{r} 124_{(-9)} \\ +\ 43_{(-9)} \\ \hline 353_{(-9)} \end{array} \Rightarrow \begin{array}{r} -1 \\ 124_{(-9)} \\ \times\ 43_{(-9)} \\ \hline 353_{(-9)} \\ 7_{(-9)} \end{array} \Rightarrow \begin{array}{r} 124_{(-9)} \\ \times\ 43_{(-9)} \\ \hline 353_{(-9)} \\ 477_{(-9)} \end{array} \Rightarrow \begin{array}{r} 124_{(-9)} \\ \times\ 43_{(-9)} \\ \hline 353_{(-9)} \\ 477_{(-9)} \\ \hline 3033_{(-9)} \end{array}$$

> **[명제 7]**
> $-a$진법의 덧셈과 곱셈은 a이상이면 자리를 하나 올려서 계산하되 올라가는 값의 부호를 음수로 한다. 나머지 계산은 a진법의 연산 원리를 동일하게 적용한다.

(2) $\frac{1}{a}$진법에서의 덧셈과 곱셈

첫째, $\frac{1}{a}$진법에서의 덧셈은 다음과 같다.

$\frac{1}{a}$진법에서의 자릿값은 $1, \frac{1}{a}, \frac{1}{a^2}, \cdots$으로 a진법과는 반대로 점차 작아진다. 따라서 일반적인 a진법의 덧셈과 정반대의 방향으로 덧셈 연산을 수행한다.

$$
\begin{array}{r} 124_{(\frac{1}{5})} \\ +\ 43_{(\frac{1}{5})} \\ \hline 1_{(\frac{1}{5})} \end{array}
\Rightarrow
\begin{array}{r} 1\phantom{_{(\frac{1}{5})}} \\ 124_{(\frac{1}{5})} \\ +\ 43_{(\frac{1}{5})} \\ \hline 11_{(\frac{1}{5})} \end{array}
\Rightarrow
\begin{array}{r} .1\phantom{_{(\frac{1}{5})}} \\ 124_{(\frac{1}{5})} \\ +\ 43_{(\frac{1}{5})} \\ \hline 113_{(\frac{1}{5})} \end{array}
\Rightarrow
\begin{array}{r} 124_{(\frac{1}{5})} \\ +\ 43_{(\frac{1}{5})} \\ \hline 113.1_{(\frac{1}{5})} \end{array}
$$

둘째, $\frac{1}{a}$진법에서의 곱셈은 일반적인 곱셈과 정반대로 곱셈을 수행한다.

$$
\begin{array}{r} 124_{(\frac{1}{9})} \\ \times\ 43_{(\frac{1}{9})} \\ \hline 4_{(\frac{1}{9})} \end{array}
\Rightarrow
\begin{array}{r} 124_{(\frac{1}{9})} \\ \times\ 43_{(\frac{1}{9})} \\ \hline 4871_{(\frac{1}{9})} \end{array}
\Rightarrow
\begin{array}{r} 124_{(\frac{1}{9})} \\ \times\ 43_{(\frac{1}{9})} \\ \hline 4871_{(\frac{1}{9})} \\ 3_{(\frac{1}{9})} \end{array}
\Rightarrow
\begin{array}{r} 124_{(\frac{1}{9})} \\ \times\ 43_{(\frac{1}{9})} \\ \hline 4871_{(\frac{1}{9})} \\ 363.1_{(\frac{1}{9})} \end{array}
\Rightarrow
\begin{array}{r} 124_{(\frac{1}{9})} \\ \times\ 43_{(\frac{1}{9})} \\ \hline 4871_{(\frac{1}{9})} \\ 363.1_{(\frac{1}{9})} \\ \hline 4253.1_{(\frac{1}{9})} \end{array}
$$

> **[명제 8]**
> $\frac{1}{a}$진법의 덧셈과 곱셈은 a진법의 덧셈과 곱셈 연산과 정반대의 순서로 진행하고, 정반대의 방향으로 연산 결과를 적는다. 나머지 계산은 a진법의 연산 원리를 동일하게 적용한다.

3.2.2 문제 구성하기 및 What if not 전략의 사례

여기에서는 문제 구성하기에서 What if not 전략을 활용한 수학탐구활동의 구체적인 사례를 제시한다. 중학교 학습내용 중에서 정다각형을 소재로 한 수학탐구활동이다.

가. 출발점 선택하기

우리 주변을 살펴보면 다양한 종류의 다각형들이 있다. 직사각형 모양을 한 책상, 정팔각형 모양의 창문, 정삼각형 모양의 창살처럼 볼록한 다각형이 있다. 이들 중에서 볼록한 정다각형의 성질에 대해 집중해 보자.

정다각형의 성질은 매우 많다. 그 중에서 세 가지 성질을 생각하자. 정다각형은 초등학교 4학년 도형 영역에서 정삼각형, 정사각형의 개념과 그 성질을 학습한 다음, 간단한 다각형과 함께 정다각형을 학습하고 있다. 이때, 정다각형은 '변의 길이가 모두 같고, 각의 크기가 모두 같은 다각형'으로 정의하고 있다. 중학교 1학년 기하 영역에서는 평면 도형의 성질 단원에서 내각과 외각의 크기를 학습한 다음, 정n각형에서 한 내각의 크기와 한 외각의 크기를 학습하고 있다(교육인적자원부, 2007). 따라서 초등학교와 중학교에서 다루고 있는 정다각형은 다음 두 가지 성질을 만족하는 다각형을 의미한다(유희찬 외, 2008). 예를 들면, 정삼각형은 세 변의 길이가 같고 세 각의 크기가 모두 60°인 다각형이고, 정사각형은 네 변의 길이가 같고 네 각의 크기가 모두 90°인 다각형이며, 정오각형은 다섯 변의 길이가 같고 다섯 각이 모두 108°인 다각형이다.

성질1. 다각형을 이루는 모든 변의 길이는 같다.
성질2. 각 꼭짓점에서 만들어지는 내각의 크기는 모두 같다.

그런데 정다각형은 중요한 성질이 한 가지 더 있다. 그것에 대한 구체적인 사실은 유클리드의 원론을 통해 찾을 수 있다. 원론 1권에는 23개의 정의가 제시되어져 있다는데, 이 정의 중에서 정의 20(정삼각형에 대한 정의), 정의 21(정사각형에 대한 정의)이 정다각형과 관련이 있다. 또한 원론의 첫 번째 명제가 정삼각형을 작도하는 명제이고, 명제 45가 주어진 선분위에 정사각형을 작도하는 명제이다. 원론에서 정다각형이 가장 많이 언급된 곳은 제 4권이다. 제 4권은 총 7개의 정의와 16개의 명제가 있는데, 이 모든 명제가 원과 관련시켜 정다각형을 다루고 있다. 특히, 원에 내접 혹은 원에 외접하는 정다각형에 대한 명제가 주를 이루고 있다. 예를 들어, 명제 2는 정삼각형을 원에 내접시키는 방법, 명제 6은 정사각형을 원에 내접시키는 방법, 명제 11은 정오각형을 원에 내접시키는 방법, 명제 15는 정육각형을 원에 내접시키는 방법, 명제 16은 정십오각형을 원에 내접시키는 방법을 다루고 있다. 원론에 대한 분석으로부터 정다각형에 대한 세 번째 성질3을 다음과 같이 추출하였다.

성질3. 모든 정다각형은 원에 내접시킬 수 있다.

나. 속성목록 작성하기

정다각형에 대한 성질로부터 다음과 같은 속성을 나열할 수 있다.

속성1. 정다각형은 꼭짓점이 모두 볼록한 모양이다.
속성2. 정n각형에서 n의 값은 3보다 큰 양의 정수이다.
속성3. 정다각형의 대각선은 정다각형의 내부에 존재한다.

다. 아님 어떻게 하기

Not2-1. 정n각형에서 n의 값이 3보다 큰 양의 정수가 아니다.

라. 질문 만들기

QNot2-1-1. 정n각형에서 n의 값이 유리수라면, 어떤 값이 n의 값으로 가능한가?

마. 질문 해결하기

(1) 오목한 정다각형

학교수학에서는 원에 내접하는 볼록한 정다각형만을 다룬다. 하지만, 박한식(1991), 콕

스터(Coxeter, 1973), 그륀바움(Grünbaum, 2003) 등은 오목한 정다각형도 존재하고 있음을 명확히 하고 있고, 그 교육적 가치를 언급하고 있다. 이들 문헌에 대한 효과적인 분석을 위해 정다각형이 되기 위한 성질1과 성질2를 적용시켜 보자. 위의 두 성질 중에서 정다각형을 만들기 위해 의미 있는 성질은 성질 2이다. 성질 1에서 언급한 변의 길이는 정다각형을 형성하는데 큰 의미가 없다. 왜냐하면, 변의 길이에 상관없이 서로 닮음인 정다각형을 얻기 때문이다. 하지만 성질 2에서 언급한 각의 크기는 정다각형의 종류를 결정하기 때문에 매우 의미 있는 성질이다. 실제로, 아래와 같이 한 변의 길이를 결정한 상태에서 한 내각의 크기를 108°로 일정하게 유지하면 정오각형을 그릴 수 있다.

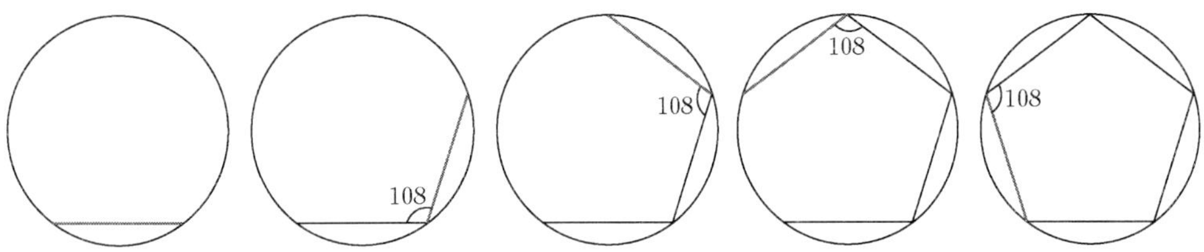

동일한 방법으로 한 각의 크기가 36°인 정다각형은 아래 그림과 같이 그릴 수 있다.

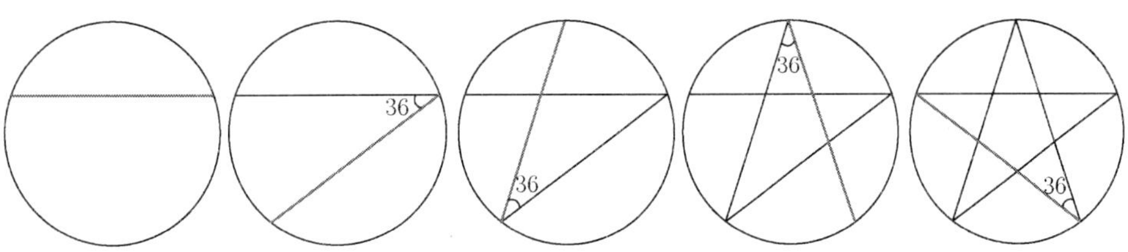

박한식(1991)은 이와 같은 별 모양의 다각형을 오목인 정다각형이라고 하였고, 그 이름을 정$\frac{5}{2}$각형이라고 명명하고 있다. 이러한 이름 붙이기의 근거는 매우 간단하다. 정n각형에서 한 내각의 크기를 d_n이라고 하면, $d_n = \frac{180(n-2)}{n}$인데, $d_n = 36$일 때 n의 값을 계산하면 $\frac{5}{2}$가 되기 때문이다.

(2) 질문에 대한 해결을 위한 탐구 절차의 설정

학교수학에서 정n각형이라고 할 때, n의 값의 범위는 3이상의 자연수이다. 하지만 다양한 문헌에서는 n의 값이 확장될 수 있음을 확인할 수 있다. 즉, 정다각형이라고 부를 수 있는 n의 값의 범주를 결정할 수 있다. 그렇다면, 이러한 확장이 교직수학의 범주에서 가능한지에 대해 알기 위해, 학교에서 학습하는 정다각형의 학습 내용을 출발점으로 하여 확장된 정다각형을 다룰 수 있는지 탐색해야 한다. 즉, n의 수로 가능한 수의 범주는 어디까지이며, 어떠한 패턴을 가지는지 탐구해야 문제를 해결할 수 있다. 질문에 대한 답을 찾기 위해 동적 기하프로그램을 사용하였고, 탐구의 효율성을 위해 연구 수행 과정과 절차를 체계적으로 설정하였다. 질문의 해결을 효과적으로 수행하기 위해 타바(Taba, 1967)가 제시한 귀납적 탐구 모델을 도입하여 문제를 해결하였다.

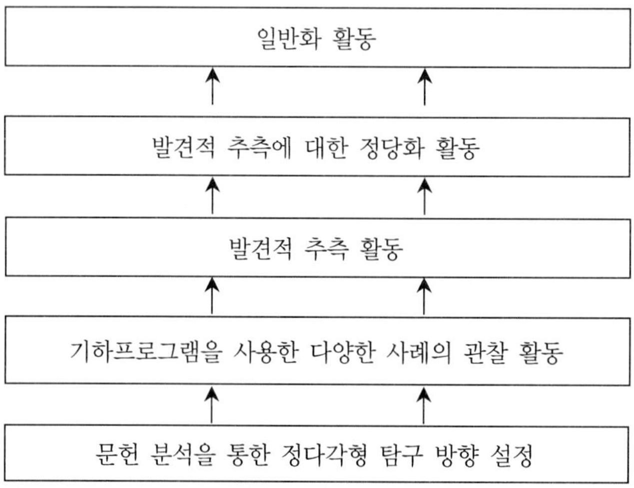

(3) 질문 해결을 위한 구체적인 수학탐구활동

이제 구체적으로 앞에서 제시한 질문에 대한 답을 찾는 과정을 살펴보자.

① 기하프로그램을 사용한 정다각형의 다양한 관찰 활동

문제 해결을 위해 Cabri 기하프로그램을 사용하여 정다각형에 대한 관찰 활동 및 사례를 수집하여 정리하였다. 서보억(2005)은 Cabri에 대해 컴퓨터과학, 수학교육학, 수학, 인공지능, 심리학, 교사들의 합동 연구로 개발되었다고 언급하면서, 인간의 작도활동과 가장 유사한 방법으로 실행된다고 보고 있다. Cabri를 이용해 정다각형을 그리는 활동을 수행하면 아래와 같이 볼록한 정다각형은 3각형에서 30각형까지 그릴 수 있고, 오목한 정다각형은 5각형부터 30각형까지 그릴 수 있다.

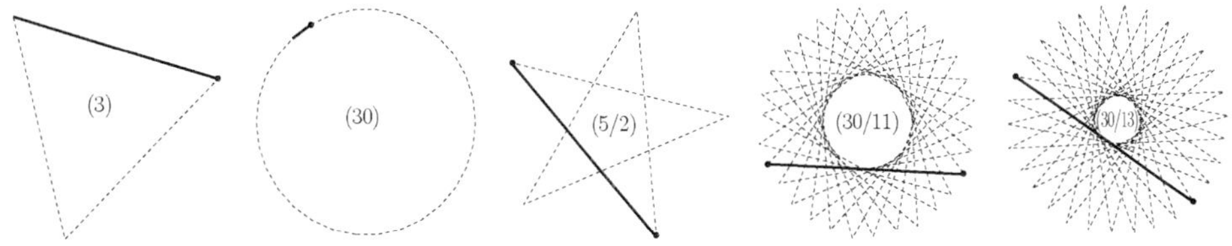

위의 그림에서 몇 가지 특이한 점이 관찰된다. 관찰 결과를 정리하면 다음과 같다.

첫째, 볼록인 정다각형은 최소한의 각(변)의 수가 3이지만, 오목인 정다각형은 5이다.

둘째, 볼록인 정n각형은 n의 값으로 자연수를 가지지만, 오목인 정n각형은 n의 값으로 $5/2$, $30/11$, $30/13$처럼 유리수 값을 가진다.

셋째, 오목인 정다각형에서는 각의 개수는 서로 같지만, 모양이 서로 다른 다각형이 존재한다. 예를 들어, 각의 개수는 11개로 동일하지만, 모양이 서로 닮음이 아닌 서로 다른 오목 정11각형 4개를 제시할 수 있다.

넷째, 오목인 정다각형 내부에는 볼록인 정다각형 모양이 존재한다.

결과적으로 Cabri를 활용한 정다각형에 대한 다양하고 폭넓은 관찰 활동과 경험 활동은 새로운 수학적 개념 형성에 필요한 내적직관을 형성할 수 있었다.

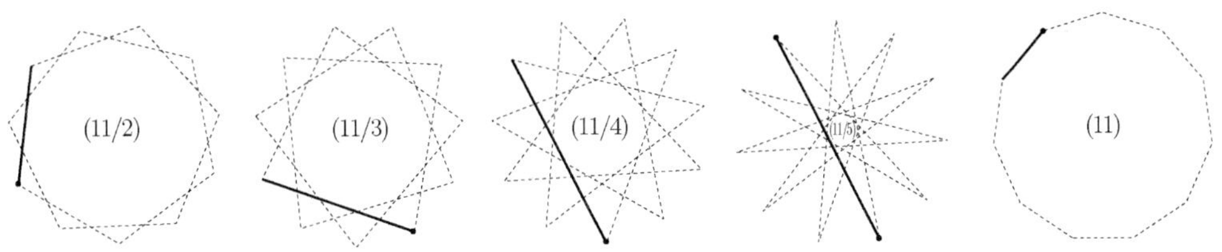

Cabri로 그린 각이 11개인 정다각형

② 다양한 작도 활동에 대한 관찰과 경험을 통한 발견적 추측 활동

앞 단계에서의 다양한 관찰과 경험은 새로운 수학적 사실을 유추하고 추측하는 활동으로 연결할 수 있었다. 예를 들어, 각의 개수에 따라 볼록과 오목인 정다각형은 모두 몇 개까지 존재할 수 있는가? 각 정다각형의 내각의 크기의 총합은 얼마이고, 한 내각의 크기는 얼마인가? 각의 개수가 같은 서로 다른 정다각형 사이에는 어떤 관계가 있는가? 와 같은 의문을 제기할 수 있다.

이러한 의문을 해결하기 위해 앞 단계에서 얻은 '오목인 정다각형 내부에 볼록인 정다각형이 존재한다'는 사실에 집중하였다. 정$11/2$각형은 정11각형의 각각의 변이 이웃하지 않지만 가장 인접한 한 변의 연장선과의 교점을 서로 연결하여 만들어지고, 정11/3각형은 정11각형의 각각의 변이 세 번째에 이웃하고 있는 한 변의 연장선과의 교점을 서로 연결하여 만들어지고, 11/4각형은 정11각형의 각각의 변이 네 번째에 이웃하고 있는 한 변의 연장선과의 교점을 서로 연결하여 만들어지고, 11/5각형은 정11각형의 각각의 변이 다섯 번째에 이웃하고 있는 한 변의 연장선과의 교점을 서로 연결하여 만들어진다는 사실을 발견하였다. 따라서 볼록인 정n각형을 출발점으로 하여 오목인 정n각형을 아래와 같은 절차를 통해 모두 생성할 수 있음을 추측할 수 있었다.

첫째, 정n각형을 그리고, 내접원의 중심 O를 잡는다. 둘째, 정n각형의 각각의 변을 연장한 직선을 긋는다. 셋째, n개의 직선이 만드는 교점들 중에서 원의 중심 O에서 동일한 거리에 있는 점들을 선분으로 서로 연결한다. 넷째, 앞 단계의 절차를 수행 가능한 단계까지 수행하고, 점 O를 중심으로 하는 동심원을 그린다. 다섯째, 볼록인 정다각형과 오목인 정다각형이 모두 생성되었는지 확인하고, 각각의 정다각형의 전체 내각의 총합과 한 내각의 크기를 구한다. 여섯째, 각각의 정다각형의 이름을 명명한다.

이제 정9각형과 정10각형을 예로 들어 구체적으로 어떻게 탐구활동을 진행하였는지 제시하고자 한다.

첫째, 정9각형 탐구 활동 결과이다. 앞에서 제시한 절차에 따라 볼록한 정9각형을 이용하여 오목한 정9각형을 생성하면 아래 그림과 같다.

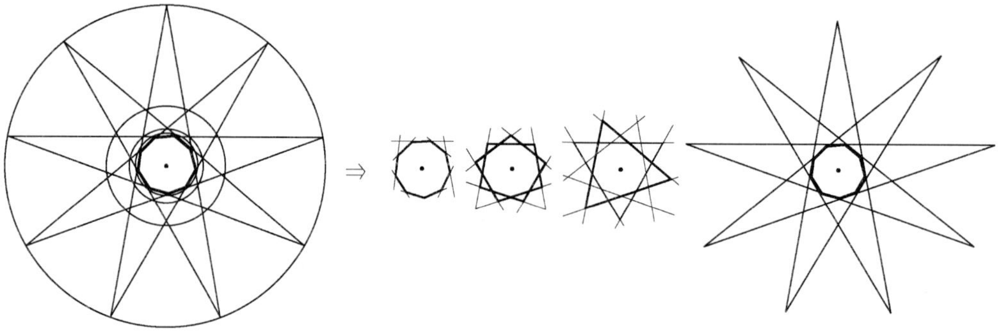

볼록한 정9각형으로부터 오목한 정9각형의 생성

생성한 4 종류의 정다각형에 대한 내각의 크기의 총합, 한 내각의 크기를 각각 구하고, 박한식(1991)이 제시한 방식으로 이름을 명명하면 다음 표와 같다.

각이 9개인 정다각형의 분류와 명명

구분 \ 생성 순서(k)	1	2	3	4
내각의 크기의 총합	$1260°$	$900°$	$540°$	$180°$
한 내각의 크기	$140°$	$100°$	$60°$	$20°$
명명하기(정n/k각형)	정9각형	정9/2각형	정9/3각형 (정3각형 3개)	정9/4각형

둘째, 정10각형 탐구 활동 결과이다. 앞에서 제시한 절차에 따라 볼록한 정10각형을 이용하여 오목한 정10각형을 생성하면 아래 그림과 같다.

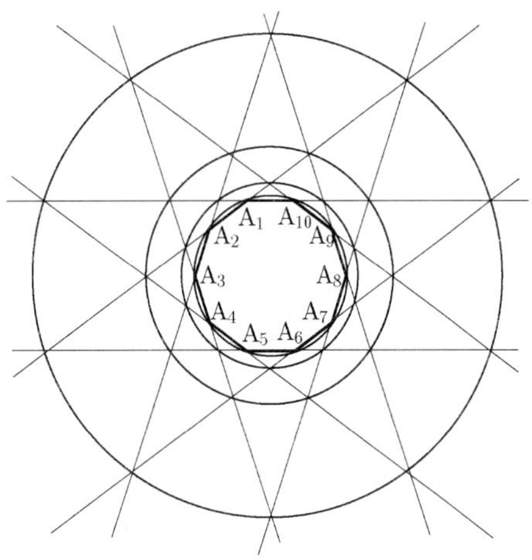

볼록으로부터 오목한 정10각형의 생성

위 그림과 같이 생성한 4 종류의 정다각형에서, 내각의 크기의 총합, 한 내각의 크기를 각각 구하고, 박한식(1991)이 제시한 방식으로 이름을 명명하면 아래 표와 같다.

각이 10개인 정다각형의 분류와 명명

구분 \ 생성 순서(k)	1	2	3	4
내각의 크기의 총합	$1440°$	$1080°$	$720°$	$360°$
한 내각의 크기	$144°$	$108°$	$72°$	$36°$
명명하기(정n/k각형)	정10각형	정10/2각형 (정5각형 2개)	정10/3각형	정10/4각형 (정5/2각형 2개)

셋째, 추측 결과는 다음과 같이 요약할 수 있다.

- 정n/k각형에서 n은 원에 내접하는 꼭짓점의 개수 혹은 정다각형의 변(각)의 개수이다. 또한, k는 정다각형을 만드는 변 사이에 있는 변의 개수에 1을 더한 값 혹은 점 O를 중심으로 만들어지는 동심원의 순서에 따른 매긴 값이다.
- 정n/k각형에서 n이 짝수일 때 내각의 합은 $360°$가 가장 작고, 홀수일 때는 $180°$가 가장 작다. k의 값이 1커질수록 내각의 총합은 $360°$씩 감소한다. 따라서 정n/k각형의 내각의 총합이 $0°$보다 커야하므로, 정다각형이 존재하기 위한 k의 범위는 $n/2 > k$이다.
- 정n/k각형에서 k의 값에 따른 내각의 크기는 등차수열을 이룬다.
- 정n/k각형에서 n/k의 기약분수를 p/q라고 할때, $p/q = N$가 자연수이면 정N각형 k개로 구성되어지고, p/q가 유리수이면 정p/q각형 k/q개로 구성된다.

③ 발견적 추측에 대한 정당화 및 일반화 활동

이번 단계에서는 앞 단계에서 얻은 추측이 참임을 어떻게 밝혔는지 그 과정을 구체적으로 제시한다.

첫째, 정다각형의 내각의 크기의 총합을 다음과 같이 계산할 수 있다. 원에 내접하는 볼록한 정n각형(제1 정n각형)이 주어져 있다. 정다각형의 꼭짓점이 원과 접하는 점을 각각 $\mathrm{A}_1, \mathrm{A}_2, \cdots, \mathrm{A}_n$이라 하면, 제1 정$n$각형은 학교에서 학습한 정$n$각형이다. 이때, 한 내각의 크기를 ${}_na_1$, 전체 내각의 크기의 총합을 ${}_nS_1$라 하자. ${}_na_1$의 값을 구하기 위해 각 A_1부분을 아래 그림과 같이 확대해 보자(점 A는 두 변의 연장선의 교점). 그러면, $\angle \mathrm{AA}_1\mathrm{A}_2$는 한 외각의 크기이므로 $2\pi/n$이고, ${}_na_1 = \pi - \dfrac{2\pi}{n} = \dfrac{\pi(n-2)}{n}$가 된다. 이로부터 ${}_nS_1 = \pi(n-2)$를 얻고, 이는 중학교 1학년에서 학습한 내용과 일치한다.

먼저, 원 위 n개의 점을 지나는 다각형을 Cabri를 이용하여 그려 보자. 그리고 $\overleftrightarrow{\mathrm{A}_1\mathrm{A}_2}$와 $\overleftrightarrow{\mathrm{A}_2\mathrm{A}_3}$의 교점, $\overleftrightarrow{\mathrm{A}_2\mathrm{A}_3}$과 $\overleftrightarrow{\mathrm{A}_3\mathrm{A}_4}$의 교점, $\cdots$, $\overleftrightarrow{\mathrm{A}_{i-1}\mathrm{A}_i}$와 $\overleftrightarrow{\mathrm{A}_i\mathrm{A}_{i+1}}$의 교점, $\cdots$, $\overleftrightarrow{\mathrm{A}_{n-1}\mathrm{A}_n}$과 $\overleftrightarrow{\mathrm{A}_n\mathrm{A}_1}$의 교점, $\overleftrightarrow{\mathrm{A}_{n-1}\mathrm{A}_n}$과 $\overleftrightarrow{\mathrm{A}_n\mathrm{A}_1}$의 교점, $\overleftrightarrow{\mathrm{A}_n\mathrm{A}_1}$과 $\overleftrightarrow{\mathrm{A}_1\mathrm{A}_2}$의 교점을 연속적으로 이어 다각형을 만들면, 아래 그림과 같은 오목한 정n각형을 얻을 수 있었다. 앞으로 만들 새로운 정다각형과 구분하기 위해 이 정다각형은 제2 정n각형이라고 부르자.

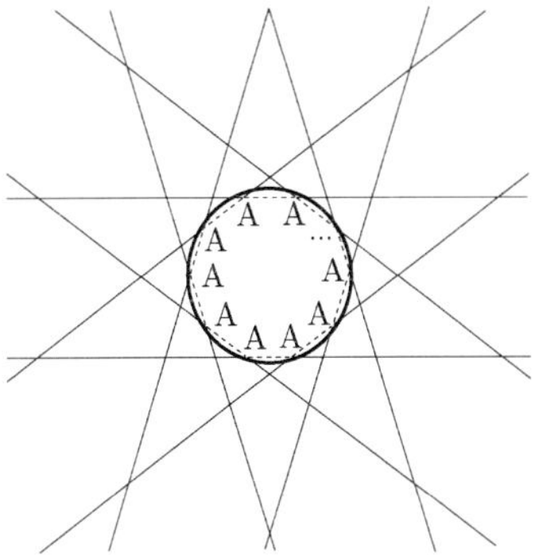

정n각형과 변의 연장

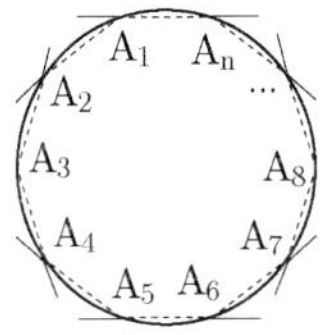

제1 정n각형

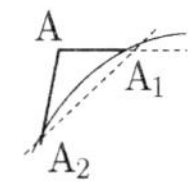

각 A_1의 크기

제2 정n각형의 한 내각의 크기를 ${}_{n}a_2$, 전체 내각의 크기의 총합을 ${}_{n}S_2$라 하자. ${}_{n}a_2$의 값을 구하기 위해 아래 그림에서 $\triangle \mathrm{AA_2A_3}$을 주의 깊게 보자. 삼각형의 외각의 크기에 대한 성질에 의해서 $\angle \mathrm{A} + \angle \mathrm{AA_2A_3} = \angle \mathrm{A_2A_3A_4}$이다. 그런데, $\angle \mathrm{AA_2A_3}$는 한 외각의 크기이므로 $2\pi/n$가 된다. 따라서 ${}_{n}a_2 = \angle \mathrm{A} = {}_{n}a_1 - 2\pi/n$가 된다. 즉, ${}_{n}a_2 = \pi(n-4)/n$이 되고, 이로부터 ${}_{n}S_2 = \pi(n-4)$를 얻을 수 있었다.

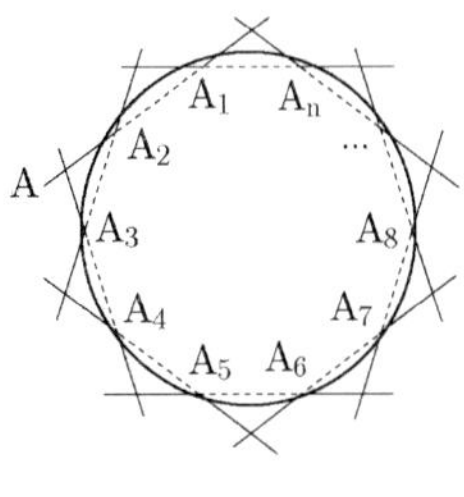

제2 정n각형

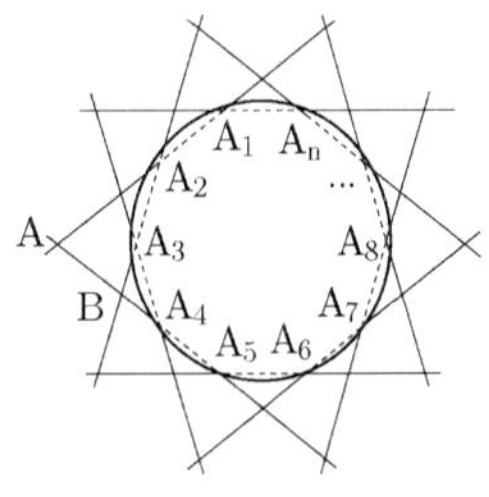

제3 정n각형

다음으로 $\overleftrightarrow{\mathrm{A_1A_2}}$과 $\overleftrightarrow{\mathrm{A_3A_4}}$의 교점, $\overleftrightarrow{\mathrm{A_3A_4}}$과 $\overleftrightarrow{\mathrm{A_5A_6}}$의 교점, $\cdots$, $\overleftrightarrow{\mathrm{A_iA_{i+1}}}$과 $\overleftrightarrow{\mathrm{A_{i+2}A_{i+3}}}$의 교점, $\cdots$, $\overleftrightarrow{\mathrm{A_{n-1}A_n}}$과 $\overleftrightarrow{\mathrm{A_1A_2}}$의 교점을 연속적으로 이어 다각형을 만들어 보자. 그러면 위 그림과 같은 오목한 정n각형을 얻을 수 있고, 이 도형을 제3 정n각형이라고 부르기로 하자.

제3 정n각형의 한 내각의 크기를 ${}_{n}a_3$, 전체 내각의 크기의 총합을 ${}_{n}S_3$라 하자. ${}_{n}a_3$의 값을 구하기 위해 위 그림에서 $\triangle AA_2B$를 주의 깊게 보자. 삼각형의 외각의 크기에 대한 성질에 의해서 $\angle A + \angle AA_2B = \angle A_3BA_4$이다. 그런데, $\angle AA_2B$는 한 외각의 크기이므로 $2\pi/n$가 된다. 따라서 ${}_na_3 = \angle A = {}_na_2 - 2\pi/n$, 즉, ${}_na_3 = \pi(n-6)/n$를 얻을 수 있고, ${}_nS_3 = \pi(n-6)$을 얻는다.

세 번째, $\overleftrightarrow{A_1A_2}$과 $\overleftrightarrow{A_4A_5}$의 교점, $\overleftrightarrow{A_4A_5}$과 $\overleftrightarrow{A_7A_8}$의 교점, …, $\overleftrightarrow{A_iA_{i+1}}$과 $\overleftrightarrow{A_{i+3}A_{i+4}}$의 교점, …, $\overleftrightarrow{A_{n-2}A_{n-1}}$과 $\overleftrightarrow{A_1A_2}$의 교점을 연속적으로 이어 다각형을 만들어 보자. 그러면 새로운 오목한 정n각형을 얻을 수 있고, 이 도형을 제4 정n각형이라고 부르기로 한다.

이와 같은 방법을 반복적으로 실행하여 새로운 오목한 정n각형을 생성해 낼 수 있고, 임의의 단계에 이르게 된다.

$(k-1)$번째, $\overleftrightarrow{A_1A_2}$과 $\overleftrightarrow{A_{k+1}A_{k+2}}$의 교점, $\overleftrightarrow{A_{k+1}A_{k+2}}$과 $\overleftrightarrow{A_{2k+1}A_{2k+2}}$의 교점, …, $\overleftrightarrow{A_iA_{i+1}}$과 $\overleftrightarrow{A_{i+k}A_{i+k+1}}$의 교점, …, $\overleftrightarrow{A_{n-k+1}A_{n-k+2}}$과 $\overleftrightarrow{A_1A_2}$의 교점을 연속적으로 이어 다각형을 만들어 보자. 그러면 아래 그림과 같은 오목한 정n각형을 얻을 수 있는데, 이 도형을 제k 정n각형이라고 부르기로 하자.

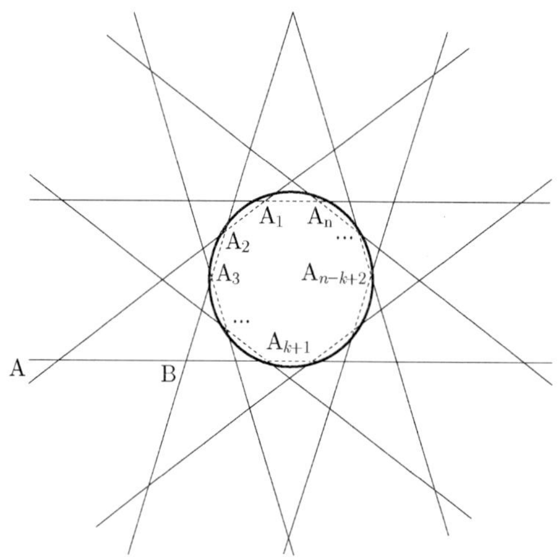

제k 정n각형

제k 정n각형의 한 내각의 크기를 ${}_na_k$, 전체 내각의 크기의 총합을 ${}_nS_k$라 하자. ${}_na_k$의 값을 구하기 위해 위의 그림에서 $\triangle AA_2B$를 주의 깊게 보자. 삼각형의 외각의 크기에 대한 성질에 의해서 $\angle A + \angle AA_2B = \angle A_3BA_{k+1}$이다. 그런데, $\angle AA_2B$는 한 외각의 크기이므로 $2\pi/n$가 된다. 따라서 ${}_{n}a_{k} = \angle \mathrm{A} = {}_{\mathrm{n}}a_{k-1} - 2\pi/n$가 된다. 그런데, 앞의 규칙에 의해서 ${}_{n}a_{k-1} = \dfrac{\pi(n-2k+2)}{n}$를 얻을 수 있다. 따라서 아래 식을 얻는다.

$$ {}_{n}a_{k} = \frac{\pi(n-2k+2)}{n} - \frac{2\pi}{n} = \frac{\pi(n-2k)}{n} $$

따라서 ${}_{n}S_{k} = \pi(n-2k)$이다.

지금까지의 증명을 통해 아래와 같은 정의와 명제를 결론으로 도출할 수 있었다.

(정의 1)
원 위에 n각형의 점을 일정한 간격으로 찍고 k간격으로 선분을 선택하여 연속적으로 다각형을 만들 때, 생기는 다각형을 제k 정n각형이라고 부른다.(단, k는 자연수이다.)

(제k 정n각형 정리)
제k 정n각형에서 한 내각의 크기 ${}_{n}a_{k}$는 $\pi(n-2k)/n$이고, 전체 내각의 총합은 ${}_{n}S_{k}$는 $\pi(n-2k)$가 된다.

(따름정리)
원 위에 일정한 간격으로 n개의 점을 잡았을 때, 제k 정n각형이 만들어질 수 있는 k값의 범위는 $n > 2k$이다. 즉, $k < \dfrac{n}{2}$이어야 한다.

④ 결론

정n/k각형이 존재하기 위한 조건은 $n/k > 2$인 (단, n,k는 자연수) 기약분수이어야 한다. 만약 n/k가 기약분수가 아니면, 한붓그리기가 불가능한 분리된 도형이 만들어진다.

3.2.3 수학사 탐구 전략의 사례

여기에서는 수학사 탐구 전략을 활용한 수학탐구활동의 구체적인 사례를 제시한다. 중학교 학습내용 중에서 피타고라스 정리를 소재로 한 수학탐구활동이다. 앞에서 제시한 수학사를 활용한 수학탐구활동 절차에 따라 중학생들에게 익숙한 피타고라스 정리를 바탕으로 구체적인 탐구전략의 사례에 대해 살펴보도록 한다.

가. 1수준(현재): 1단계, 2단계

1단계에서는 학교수학 즉, 교과서에 제시되어져 있는 피타고라스 정리 내용을 이해한다. 2단계에서는 교과서 수준을 넘어 학문적 수준에서 피타고라스 정리를 체계적으로 분석하고 이해하게 된다. 이 단계에서는 다양한 방법으로 피타고라스 정리를 접근하거나 복합적으로 피타고라스 정리를 이해하는 단계이다.

나. 2수준(과거): 3단계, 4단계

3단계에서는 피타고라스 정리의 최초의 기원, 역사적 발달 과정을 사실적인 차원에서 기술하는 단계이다. 따라서 다양한 문헌을 조사하고 피타고라스 정리에 대해 언급한 다양한 내용들을 나열하게 된다. 하지만 구체적인 내용을 체계적으로 분석하고 이해하는 단계는 아니다. 4단계에서는 앞 단계에서 구체적인 사실을 나열하는 정도로 그친 것을 체계적으로 분석하고 탐색하여 이해하는 단계이다. 문헌에서는 단순한 내용만을 기술하였을지라도 문헌에 기술된 내용에 대한 수학적인 의미를 분석하는 과정이 매우 중요한 탐색 내용이 될 것이다.

최초의 피타고라스 정리에 대한 증명 과정은 다음과 같다.

증명 꼭짓점 A에서 대변에 수선을 내려 정사각형 BEFC와 만나는 점을 D, L이라고 한다. $\triangle ABE \backsim \triangle BCJ$이다. 따라서, $\square BELD = \square ABJI$인 관계가 성립한다.
같은 방법으로, $\triangle BCG \backsim \triangle ACF$ 이므로 $\square ACGH = \square CDLF$인 관계가 성립한다.
따라서, $\square ABJI$의 넓이와 $\square ACGH$의 넓이의 합은 $\square BEFC$의 넓이와 같다. 그러므로 $a^2+b^2=c^2$이 성립한다. ■

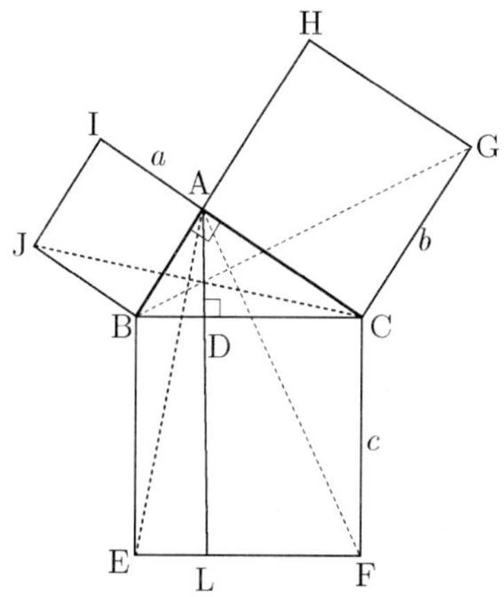

그 외에 바스카라, 파푸스 등에 의해 피타고라스 정리가 증명되거나 확장되었다.

다. 3수준(현재와 과거): 5단계

> 이 단계는 1수준과 2수준의 결과들을 결합하여 새로운 해석을 하는 단계이다. 피타고라스 정리를 증명하는 새로운 방법을 찾는 것, 새로운 교수-학습 방법에 대한 탐색, 수업의 흥미를 제공할 수 있는 요소의 발견 등이 가능하다.

1) 아래 왼쪽 그림에서 정사각형 AEIM은 세 개의 합동인 직각삼각형과 한 개의 정사각형으로 나눌 수 있고 이를 통해 피타고라스 정리를 증명할 수 있다(348쪽 참조).

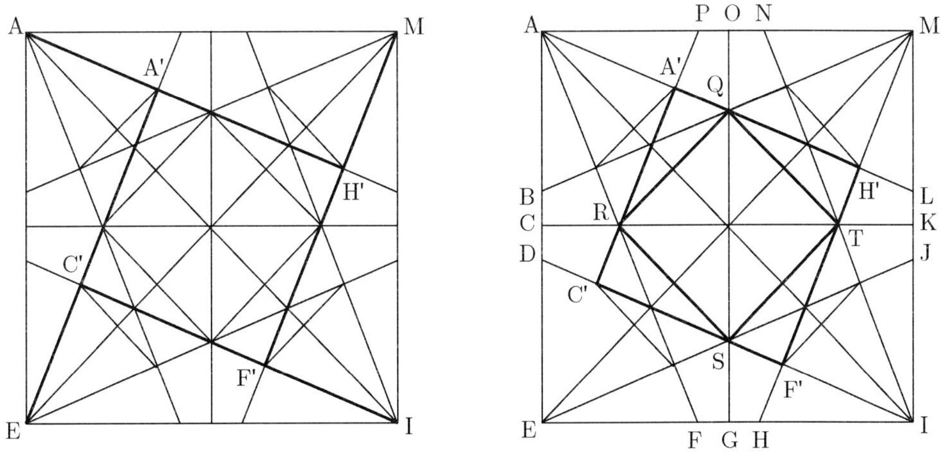

2) 위의 오른쪽 그림에서 정사각형 A′C′F′H′은 세 개의 합동인 직각삼각형과 한 개의 정사각형으로 나눌 수 있고, 이를 통해 역시 정리를 증명할 수 있다.

3) 아래 그림에서 다음과 같은 단계로 종이학 접기 흔적을 잘라내면 피타고라스 정리를 증명할 수 있다. 이 때, 직각삼각형 AEA′에서 $\overline{AE}=c$, $\overline{EA'}=b$, $\overline{AA'}=a$라고 하자. 다음과 같은 절차에 의해 증명이 완성된다.

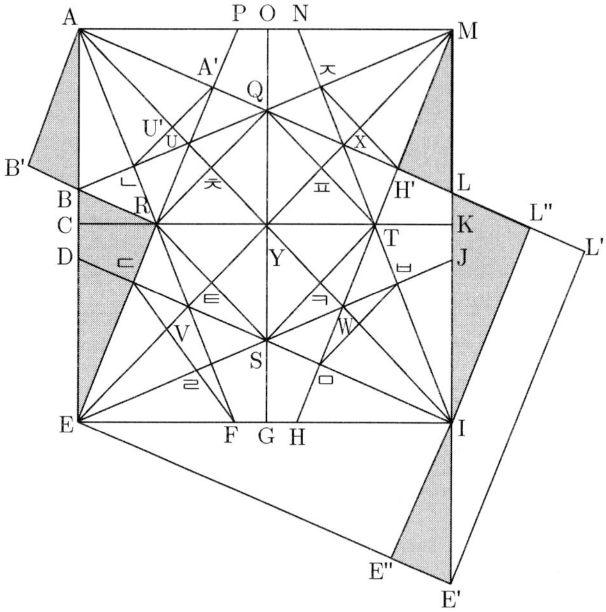

1단계 : 정사각형 AEIM 은 c^2이다.

2단계 : 직각삼각형 AMH′을 직각삼각형 EIE″로 평행이동한다.

3단계 : 직각삼각형 MLH′을 직각삼각형 ABB′으로 평행이동한다.

4단계 : 직각삼각형 BER을 직각삼각형 LIL″으로 평행이동한다.

따라서, 정사각형 AB′RA′은 a^2이고, 정사각형 A′EE″L″은 b^2이다. 즉, c^2이 a^2과 b^2의 합으로 분리되었으므로 피타고라스 정리가 증명된다.

라. 4수준(미래): 6단계, 7단계

6단계에서는 '만약에 아니라면 어떻게' 전략을 포함해서, 폴리야의 문제해결 단계에서 반성 전략의 사용, 라카토스의 수학적 발견적 논리의 응용, 유추적 사고 등을 사용하여 새로운 문제를 제기하고 문제를 설정하는 단계이다. 7단계에서는 앞 단계에서 제기된 새로운 문제를 스스로 해결하고 독창적인 창조가 이루어지는 시기로, 창의적인 사고를 요구한다.

첫째, 만약에 ∠A가 직각이 아니라 예각일 경우의 수학적 발견

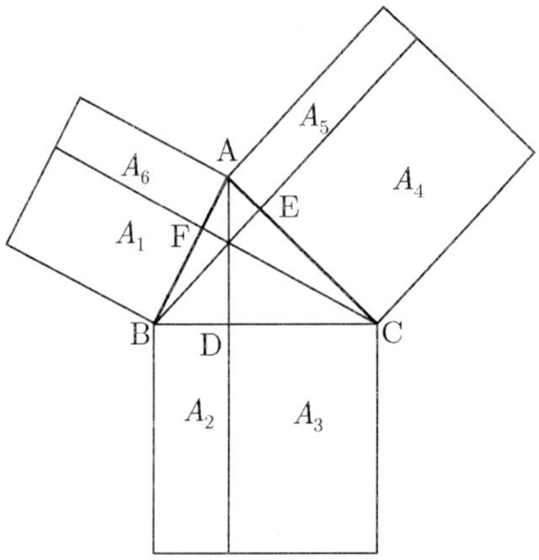

증명 △ABC는 예각삼각형이고, $\overline{BC}=a$, $\overline{CA}=b$, $\overline{AB}=c$, $\angle A=\mu$ 라고 하자. 세 변 $\overline{AB},\overline{BC},\overline{CA}$를 한 변으로 하는 정사각형을 위 그림과 같이 그리자. 삼각형의 세 꼭짓점에서 세 변에 내린 수선의 발을 각각 내려 세 변에 그려진 정사각형을 분할하도록 하자. 이 때 세 수선의 발을 D, E, F라 한다. 이 세 수선의 연장선에 의해 만들어지는 직사각형을 각각 A_1, A_6, A_2, A_3, A_4, A_5라 하자. 수선의 성질에 의해서 △ABD ∽ △BCF , △ACD ∽ △BCE 이다. 왜냐하면, ∠BCF = ∠BAD , ∠DAC = ∠CBE 이기 때문이다. 여기서 $\angle BAD=\alpha$, $\angle CAD=\beta$ 라 두면 $\alpha+\beta=\mu$ 인 관계가 성립한다. 또한, △CBF, △CAF, △ABD, △ACD가 모두 직각삼각형이므로 아래와 같은 식을 얻을 수 있다.

$$\overline{BF}=a\sin\alpha,\quad \overline{BD}=c\sin\alpha,\quad \overline{CD}=b\sin\beta$$

$$\overline{CE}=a\sin\beta,\quad \overline{AE}=c\cos\mu,\quad \overline{AF}=b\cos\mu$$

위의 식에 의해서 A_1,A_2,A_3,A_4,A_5,A_6 의 넓이를 구하면 다음과 같다.

$$A_1=ca\sin\alpha,\ A_2=ac\sin\alpha,\ A_3=ab\sin\beta$$

$$A_4=ba\sin\beta,\ A_5=bc\cos\mu,\ A_6=cb\cos\mu$$

따라서 $A_1=A_2$, $A_3=A_4$, $A_5=A_6$ 인 관계가 성립한다.

이제, $\overline{BC}$를 한 변으로 하는 정사각형의 넓이 a^2은 A_2+A_3가 되고, 다음이 성립한다.

$$a^2=A_2+A_3=A_1+A_4=(c^2-A_6)+(b^2-A_5)=b^2+c^2-2A_5$$
$$a^2=b^2+c^2-2bc\cos\mu$$

결국, $a^2 = b^2 + c^2 - 2bc\cos\mu$라는 코사인 법칙을 얻을 수 있다. ■

둘째, ∠A가 둔각일 경우의 수학적 발견

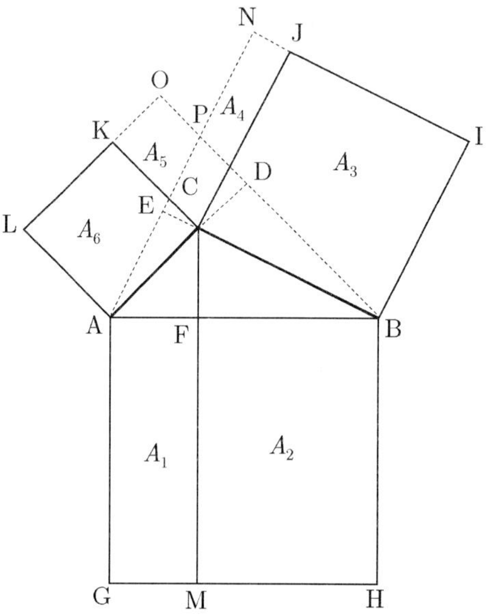

증명 둔각 △ABC가 주어져 있다. $\overline{BC} = a$, $\overline{CA} = b$, $\overline{AB} = c$, $\angle C = \mu$ 라고 하자. 세 변 $\overline{AB}$, $\overline{BC}$, $\overline{CA}$를 한 변으로 하는 정사각형 ABHG, 정사각형 BCJI, 정사각형 ACKL을 위 그림과 같이 그리자. 또한, 삼각형의 세 꼭짓점에서 대변 혹은 대변의 연장선에 내린 수선의 발을 D, E, F라고 하자. 또한 이 세 수선이 정사각형의 변이나 그 연장선과 만나는 점은 M, N, O라고 하자. 그러면 예각의 경우에서 처럼 쉽게 증명되어질 수 있다. ■

셋째, 사각형으로의 확장을 통한 수학적 발견

직각삼각형에서 피타고라스 정리가 임의의 삼각형에 대한 코사인 법칙으로 확장되어 질 수 있다(이종우, 2002). 삼각형에의 코사인 법칙은 사각형에서도 성립한다는 사실을 유추를 통해 다음과 같이 확인할 수 있다(한인기, 2003).

[정리 1]
사각형 ABCD에서 네 변의 길이를 a,b,c,d라 하고, b를 제외한 나머지 변들에 의해서 만들어지는 각을 각각 α,β,γ 라고 하면 다음이 성립한다(단, α는 변 a,d 혹은 그 연장선이 이루는 각, β는 변 a,c 혹은 그 연장선이 이루는 각, γ는 변 c,d 혹은 그 연장선이 이루는 각이다.).

$$b^2 = a^2 + c^2 + d^2 - 2ad\cos\alpha - 2ac\cos\beta - 2cd\cos\gamma$$

증명 편의상 네 변의 길이를 각각 a,b,c,d라고 하고, 이들 변이 이루는 각의 크기를 (ab), (ac), (ad), (bc), (bd), (cd)라고 하자. 그리고

$$d^2 = a^2 + b^2 + c^2 - 2ab\cos(ab) - 2ac\cos(ac) - 2bc\cos(bc)$$

이 성립함을 보이자.

사각형 ABCD에서 대각선 AC를 그으면, 삼각형 ACD를 얻는다. 따라서,

$$d^2 = c^2 + \overline{AC}^2 - 2c\cdot\overline{AC}\cdot\cos(\angle ACD) \quad \cdots\cdots ①$$

위 식에서 다음 두 가지만 구하면 된다.

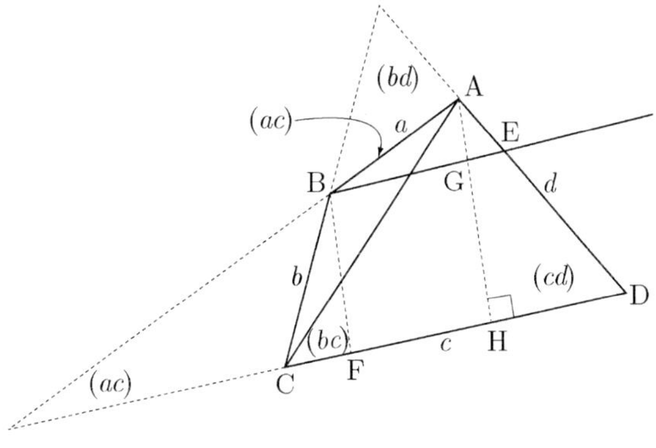

1단계. $\overline{AC}^2$의 값을 구한다. 삼각형 ABC에서 다음 식을 얻을 수 있다.

$$\overline{AC}^2 = a^2 + b^2 - 2ab\cos(ab) \quad \cdots\cdots ②$$

2단계. $AC\cos(\angle ACD)$ 의 값을 구한다. 그림에서 꼭짓점 A에서 밑변에 내린 수선의 발을 H라고 하면 $AC\cos(\angle ACD)$의 값은 $\overline{CH}$의 길이와 같다. 또, 꼭짓점 B를 지난 변 CD에 평행인 선분을 긋고, 꼭짓점 B에서 변 CD에 내린 수선의 발을 F라고 하면 다음 식을 얻을 수 있다. 즉, $\overline{CH}=\overline{CF}+\overline{FH}=\overline{CF}+\overline{BG}$ 이다.
그런데, $\overline{CF}=b\cos(bc)$ 이고, $\overline{BG}=a\cos(ac)$ 이므로, 다음 값을 얻는다.

$$AC\cos(\angle ACD)=\overline{CH}=b\cos(bc)+a\cos(ac) \quad \cdots\cdots\cdots\cdots\cdots\cdots\cdots \text{③}$$

②식과 ③식의 값을 ①식에 대입하면, 다음 결론을 얻는다.

$$\begin{aligned} d^2 &= c^2+\overline{AC}^2-2c\cdot\overline{AC}\cdot\cos(\angle ACD) \\ &= c^2+a^2+b^2-2ab\cos(ab)-2bc\cos(bc)-2ac\cos(ac) \end{aligned}$$

즉, $d^2=a^2+b^2+c^2-2ab\cos(ab)-2ac\cos(ac)-2bc\cos(bc)$이다. ■

넷째, 임의의 다각형으로의 확장을 통한 수학적 발견

> [정리 2]
> n각형에서 n개의 변의 길이를 $a_1, a_2, \cdots, a_n$이라고 하고, 임의의 두 변이 이루는 각의 크기를 (a_ia_j) 라고 하면,(단, $1\le i, j\le n$, $n\ge 3$) 다음이 성립한다.

$$\begin{aligned} a_n^2 &= a_1^2+\cdots+a_{n-1}^2-2a_1a_2\cos(a_1a_2)-\cdots-2a_1a_{n-1}\cos(a_1a_{n-1}) \\ &\quad -2a_2a_3\cos(a_2a_3)-\cdots-2a_{n-2}a_{n-1}\cos(a_{n-2}a_{n-1}) \\ &= \sum_{i=1}^{n-1}a_i^2-2\cdot\sum_{i=1}^{n-2}\sum_{j=i+1}^{n-1}a_ia_j\cos(a_ia_j) \end{aligned}$$

다섯째, 사면체로의 확장을 통한 수학적 발견

코사인 법칙을 평면에서는 사각형으로 확장하였듯이 공간으로는 사면체로 확장할 수 있다. 사각형에서의 네 개의 변을 공간에서는 네 개의 면으로 변형하고, 사각형에서 서로 다른 세 변이 이루는 세 각은 공간에서는 이면각으로 변형할 수 있다. 따라서, 우리는 사면체에서는 코사인 법칙을 다음과 같이 확장할 수 있다.

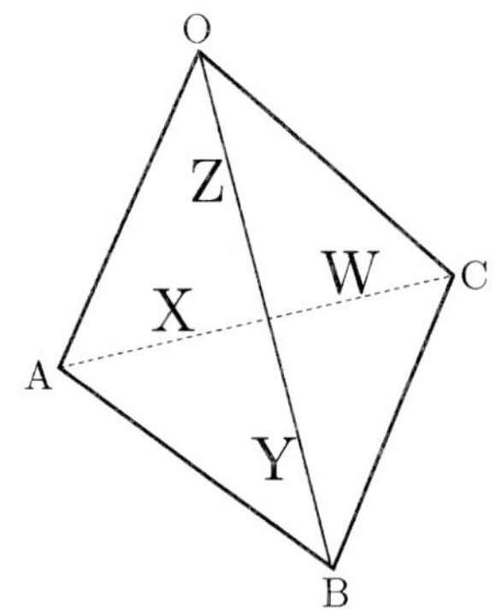

> [정리 3]
> 사면체 ABCO에서 W를 △OBC의 넓이, X를 △OAB의 넓이, Y를 △ABC의 넓이, Z를 △OAC의 넓이라고 하고, ∠OA, ∠OB, ∠OC를 각각의 면이 이루는 이면각이라고 하면 다음과 같은 식이 성립한다.

$$W^2 = X^2 + Y^2 + Z^2 - 2XY\cos\angle AB - 2YZ\cos\angle AC - 2ZX\cos\angle OA$$

이 되는데, 이 식을 정리하면 다음 식을 얻을 수 있다.

$$W^2 = X^2 + Y^2 + Z^2 - 2XY\cos\angle AB - 2YZ\cos\angle AC - 2ZX\cos\angle OA$$

증명 이 문제를 해결하기 위해서 이면각의 크기를 이용하여야 하는데 이면각을 얻을 수 있는 가장 손쉬운 방법은 공간상에서 평면의 정사영을 구하는 것이다. △ABC를 밑면으로 하는 사면체에서 나머지 세 면을 밑면에 내린 정사영의 합은 △ABC의 넓이와 같아진다. 따라서 아래 식을 얻을 수 있다.

$$Y = X\cos\angle AB + W\cos\angle BC + Z\cos\angle AC \quad \cdots\cdots\cdots\cdots\cdots\cdots ①$$

같은 방법으로 △OAB, △OBC, △OAC를 밑면으로 하는 삼각형의 정사영을 구하면,

$$X = Wcos\angle OB + Z\cos\angle OA + Y\cos\angle AB \quad \cdots\cdots\cdots\cdots\cdots\cdots ②$$

$$Z = X\cos\angle OA + Y\cos\angle AC + W\cos\angle OC \cdots\cdots\cdots ③$$
$$W = X\cos\angle OB + Y\cos\angle BC + Z\cos\angle OC \cdots\cdots\cdots ④$$

을 얻을 수 있다. ①, ②, ③, ④식의 양변에 각각 Y, X, Z, W을 곱하면 다음을 얻는다.

$$Y^2 = XY\cos\angle AB + YW\cos\angle BC + YZ\cos\angle AC \cdots\cdots\cdots ①'$$
$$X^2 = XWcos\angle OB + XZ\cos\angle OA + XY\cos\angle AB \cdots\cdots\cdots ②'$$
$$Z^2 = XZ\cos\angle OA + YZ\cos\angle AC + ZW\cos\angle OC \cdots\cdots\cdots ③'$$
$$W^2 = XW\cos\angle OB + YW\cos\angle BC + ZW\cos\angle OC \cdots\cdots\cdots ④'$$

④′식에서 ①′, ②′, ③′식을 모두 빼면,

$$W^2 - X^2 - Y^2 - Z^2 = XW\cos\angle OB + YW\cos\angle BC + ZW\cos\angle OC$$
$$- XY\cos\angle AB - YW\cos\angle BC - YZ\cos\angle AC$$
$$- XWcos\angle OB - XZ\cos\angle OA - XY\cos\angle AB$$
$$- XZ\cos\angle OA - YZ\cos\angle AC - ZW\cos\angle OC$$

이 되는데, 이 식을 정리하면 다음 식을 얻을 수 있다.

$$W^2 = X^2 + Y^2 + Z^2 - 2XY\cos\angle AB - 2YZ\cos\angle AC - 2ZX\cos\angle OA. \blacksquare$$

여섯째, 사면체로의 확장을 통한 공간에서의 피타고라스 정리의 새로운 발견

역사적으로 볼 때 코사인 법칙은 피타고라스 정리의 확장으로 볼 수 있다. 평면에서의 코사인 법칙을 공간 즉, 사면체로 확장하여 코사인 법칙을 유도하였다. 그렇다면, 여기서 거꾸로 공간(사면체)에서의 피타고라스 정리를 생각해 볼 수 있다.

$$W^2 = X^2 + Y^2 + Z^2 - 2XY\cos\angle AB - 2YZ\cos\angle AC - 2ZX\cos\angle OA$$

에서 $\cos\angle AB, \cos\angle AC, \cos\angle OA$ 의 값이 모두 0이 되는 경우를 생각해 보자. 이 때, 우리는 $W^2 = X^2 + Y^2 + Z^2$ 식을 사면체에서의 피타고라스 정리로 얻을 수 있다.

마. 5수준(현재와 미래): 8단계

제4수준에서 발견된 수학적인 사실을 다시 학교수학에 재투입하거나 새로운 교육과정 수립을 위한 기초자료로 사용하는 단계이다. 또한 확정된 새로운 지식을 교실 수업이나 개별 학생활동 등에 투입하여 교육적인 효과를 검증하는 과정을 거칠 수 있다. 이러한 활동이 활성화되면 최근 대두되고 있는 연구-기반(Research-based) 교육과정 수립에 밑거름을 제공할 수 있다.

바. 6수준(현재, 과거와 미래의 통합): 9단계

지금까지의 모든 연구 내용을 체계적으로 정리하는 단계이다. 교사나 학생들이 원할 경우 전체 내용을 공식적으로 발표할 수도 있고, 학술지에 투고할 수도 있는 단계이다.

사. 맺음말

지금까지 살펴본 수학사를 활용한 개인 탐구 활동은 본 연구자의 연구 경험과 학생들의 지도 경험에서 얻은 결과물이다. 다소 주관적인 성격이 강하다고 볼 수도 있지만, 실제적인 측면에서 수학사를 활용한 의의와 필요성에 매우 부합된다고 볼 수 있다. 왜냐하면, 첫째, 수학사를 통한 개인 탐구 활동에서 고대의 역사적 발달 과정 모두 조사하고 탐색하여야 하므로 수학에 대한 올바른 인식을 갖게 할 수 있고, 둘째, 과거의 탐색/분석 결과를 통해 문제해결을 위한 다양한 방법적 접근이 가능하고, 수학적 지식과 이론들의 발생 배경, 발견과정에 대해 밝혀내어 구체적인 현재 수학의 모습을 재발견할 수 있고, 셋째, 새로운 수학적 사실에 대한 학교수학/교육과정 반영을 통해 수학의 재해석 과정을 거치고, 수학교육과정의 연구와 지도법의 연구에 핵심적인 자료를 제공할 수 있고, 넷째, 탐구 활동의 전체 과정을 통해 학습동기의 유발 및 수학학습과 수학수업에 생기를 불어 넣을 수 있는 계기가 되며, 창의적인 인간 육성이라는 수학교육의 진정한 목표를 달성할 수 있고, 다섯째, 기계적인 알고리즘적 계산수학에서 벗어나 반성적인 사고를 고취하게 하므로 진정한 수학적 사고 교육을 가능하게 하고, 여섯째, 이러한 개인 탐구를 통해 수학사가 오늘날과 연관성을 갖게 하고 수학사는 과거로부터 미래를 이어주는 다리가 된다는 실제적 가치를 진정으로 이해하게 될 것이기 때문이다.

제 3 장

중학교 교직수학의 탐구

1. 대수(1): 수와 연산
2. 대수(2): 문자와 식
3. 함수
4. 확률과 통계
5. 기하

1. 대수(1): 수와 연산

1.1 집합[1)]

학습주제

1) 집합의 기초
   ① 집합의 뜻 ② 집합의 표현
2) 집합 사이의 포함 관계
   ① 부분집합, 진부분집합 ② 집합의 상등
3) 집합의 연산
   ① 합집합과 교집합 ② 전체집합에 대한 여집합
   ③ 차집합 ④ 원소의 개수

1.1.1 학습주제별 내용 정리

1) 집합의 기초

① 집합의 뜻

우리 집에서 같이 사는 가족들의 이름을 모두 적어 보자. 혹은 100보다 작은 5의 배수의 모임을 생각해 보자. 이와 같이 어떤 주어진 조건에 의해 그 대상을 분명하게 결정할 수 있는 모임을 **집합**이라고 한다. 이때 집합을 구성하는 대상 하나 하나를 그 집합의 **원소**라고 한다. 하지만, '잘 생겼다', '키가 크다', '속도가 빠르다' 처럼 사람마다 생각의 차이로 인해 그 대상을 명확히 할 수 없는 모임은 집합이 아니다. 예를 들어, 10보다 작은 홀수의 모임은 1, 3, 5, 7, 9로 분명하게 결정할 수 있기 때문에 집합이 된다. 집합은 보통 알파벳 대문자 A, B, C 등으로 나타내고, 원소는 알파벳 소문자 a, b, c 등으로 나타낸다.

위에서 10보다 작은 홀수의 집합을 A라고 할 때, 1, 3, 5, 7, 9는 집합 A의 원소이다. 즉, 1, 3, 5, 7, 9는 집합 A에 속한다. 이 때 이것을 기호로 $1 \in A$, $3 \in A$, $5 \in A$, $7 \in A$, $9 \in A$로 나타낸다. 반면 2나 4는 집합 A의 원소가 아니므로, 이것을 기호로 $2 \notin A$, $4 \notin A$와 같이 나타낸다.

1) 2009개정 수학과 교육과정에서는 집합 단원 전체가 고등학교 수학 Ⅱ로 이동하여 학습한다.

② 집합의 표현

10보다 작은 홀수는 1, 3, 5, 7, 9이다. 이 다섯 개의 수 1, 3, 5, 7, 9를 원소로 하는 집합을 기호로 $\{1, 3, 5, 7, 9\}$와 같이 나타낸다. 이처럼 특정 집합에 속하는 모든 원소들을 중괄호 기호 $\{\quad\}$ 안에 나열하여 집합을 표현하는 방법을 **원소나열법**이라고 한다. 이때 $\{1,3,5,7,9\}$ 안에 있는 원소들의 배열순서는 바꾸어도 무관하나 동일한 원소를 중복하여 쓰지는 않는다. 또한 5의 배수 전체의 집합과 같이 집합의 원소가 많고 일정한 규칙이 있을 때에는 '……'을 사용하여 생략할 수 있다. 집합을 표현하는 또 다른 방법으로 집합의 원소들의 공통된 성질이나 조건을 사용하는 방법이 있다. 예를 들어 자연수 1, 3, 5, 7, 9는 '10보다 작은 홀수'라는 공통된 조건을 가지는데, 이 조건을 사용하여 $\{x \mid x\text{는 10보다 작은 홀수}\}$와 같이 나타낼 수 있다. 이와 같은 방법을 **조건제시법**이라고 한다.

또한 집합은 그 집합이 가지는 원소의 개수에 따라서 유한집합, 무한집합, 공집합으로 구분되어진다. 예를 들어, 집합 $A=\{x \mid x\text{는 자연수}\}$에 속하는 원소는 무한이 많은데, 이와 같이 원소가 무한히 많은 집합을 **무한집합**이라 한다. 또한, 집합 $B=\{2, 4, 6, 8\}$와 같이 원소의 개수를 셀 수 있는 경우 **유한집합**이라고 한다. 마지막으로 집합 $C=\{x \mid x\text{는 2보다 작은 소수}\}$와 같이 원소의 개수가 하나도 없는 집합을 **공집합**이라고 한다. 공집합의 기호는 '$\varnothing$'와 같이 나타낸다.

단, 공집합은 유한집합의 특수한 경우로 보아야 한다. 또한 유한집합에서는 원소의 개수를 나타내는 기호로 $n(A)$와 같이 나타내기로 한다. 예를 들어 집합 $B=\{2, 4, 6, 8\}$의 원소의 개수를 기호로 $n(B)$로 나타내고, $n(B)=4$가 된다.

문제 1

단어 middle에 있는 알파벳을 원소나열법으로 바르게 나타낸 것은?

① $\{m, i, d, d, l, e\}$

② $\{m, i, l, e\}$

③ $\{m, i, d, l, e\}$

④ $\{middle\}$

⑤ {중간}

문제 2

다음에서 무한집합, 유한집합을 구분하고, 유한집합 중에서 공집합을 찾으시오.

(1) $\{\varnothing\}$ (2) $\{x \mid x$는 $3\times n$, n은 자연수$\}$

(3) $\{x \mid x$는 짝수인 소수$\}$ (4) $\{x \mid x$는 100보다 큰 100의 약수$\}$

2) 집합 사이의 포함 관계

① 부분집합, 진부분집합

두 집합 $A=\{1, 2, 3, 6\}$, $B=\{1, 2, 3, 4, 6, 12\}$가 주어져 있다. 집합 A의 모든 원소 1, 2, 3, 6은 집합 B의 원소의 일부분으로 구성되어져 있다. 이와 같이 집합 A의 모든 원소가 집합 B에 속할 때, A를 B의 **부분집합**이라고 한다. 이 때 'A는 B에 포함된다.' 또는 'B는 A를 포함한다.'라고 하고 이것을 기호로 $A \subset B$ 혹은 $B \supset A$와 같이 나타낸다. 집합 A의 원소 중에서 집합 B에 속하지 않는 것이 있으면 'A는 B의 부분집합이 아니다'라고 하며 이것을 기호로 $A \not\subset B$ 와 같이 나타낸다. 공집합은 원소가 하나도 없으므로 모든 집합의 부분집합이라고 정한다. 곧, 모든 집합 A에 대하여 $\varnothing \subset A$이다.

두 집합 $A=\{1, 3, 5\}$, $B=\{1, 2, 3, 4, 5\}$를 아래 그림과 같이 나타내기도 하는데, 이와 같은 그림을 벤 다이어그램이라고 한다.

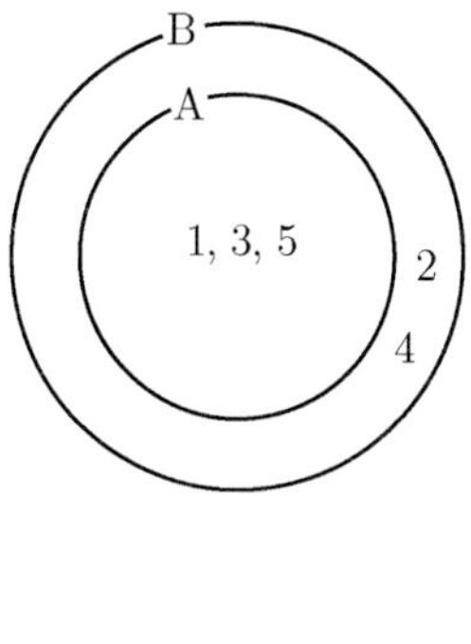

② 집합의 상등

두 집합 $A=\{1, 2, 4\}$, $B=\{x \mid x$는 4의 약수$\}$가 주어져 있다. 여기서 집합 B의 모든 원소를 원소나열법으로 나타내어 보면 집합 A와 동일하다. 이와 같이 두 집합 A, B가 주어져 있을 때, 집합 A의 모든 원소가 집합 B에 모두 속하고, 집합 B의 모든 원소가 집합 A에 모두 속할 때, 두 집합 A, B는 서로 같다고 하며, 기호로 $A=B$와 같이 나타낸다. 한편, 두 집합 A, B가 서로 같지 않을 때에는 $A \neq B$와 같이 나타낸다.

문제 1

두 집합 $A=\{a+2, 2\}$, $B=\{5, b-1\}$가 $A \subset B$이고, $B \subset A$을 만족할 때, $a+b$의 값을 구하시오.

3) 집합의 연산

① 합집합과 교집합

두 집합 A,B에 대하여, 집합 A와 집합 B에 동시에 속하는 원소들로 이루어진 집합을 집합 A와 집합 B의 **교집합**이라고 하고, 기호로 $A \cap B$로 나타낸다. 예를 들어, 집합 $A=\{1, 2, 3, 4\}$, $B=\{3, 4, 5, 6\}$일 때 $A \cap B=\{3, 4\}$가 된다.

교집합을 조건제시법으로 나타내면 $A \cap B=\{x \mid x \in A$ 그 리 고 $x \in B\}$로 나타낼 수 있다. 두 집합 A,B의 교집합을 벤 다이어그램으로 나타내면 다음과 같다.

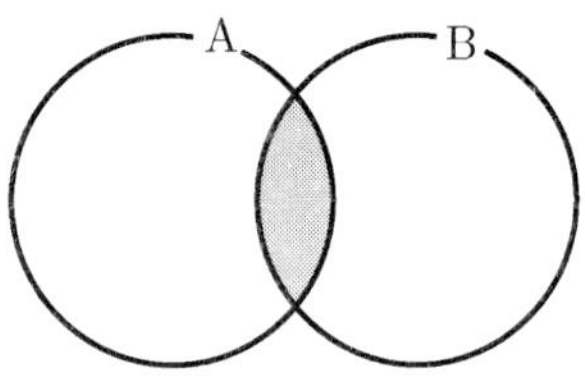

두 집합 A,B 에 대하여, 집합 A와 집합 B의 원소 전체로 이루어진 집합, 즉 집합 A에 속하거나 집합 B에 속하는 원소들로 이루어진 집합을 집합 A와 집합 B의 **합집합**이라고 하고, 기호로 $A \cup B$로 나타낸다. 예를 들어, 집합 $A=\{2, 4, 6, 8\}$, $B=\{3, 4, 5, 6\}$일 때 $A \cup B=\{2, 3, 4, 5, 6, 8\}$이 된다.

합집합을 조건제시법으로 나타내면 $A \cup B=\{x \mid x \in A$ 또는 $x \in B\}$로 나타낼 수 있다. 두 집합 A,B의 합집합을 벤 다이어그램으로 나타내면 다음과 같다.

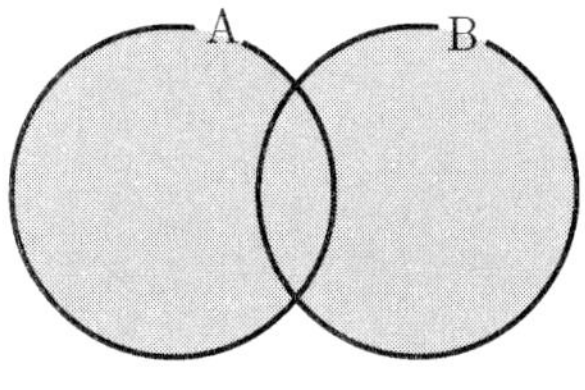

② 전체집합에 대한 여집합

주어진 집합 U에 대하여 이 집합의 부분집합을 생각할 때, 처음 주어진 집합 U를 전체집합이라고 한다. 전체집합 U의 부분집합을 A라 할 때, U의 원소 중에서 A에 속하지 않는 모든 원소로 이루어진 집합을 A의 **여집합**이라고 하며 기호로 A^c로 나타낸다. 여집합을 조건제시법으로 $A^c = \{x \mid x \in U \text{ 그리고 } x \notin A\}$로 나타낼 수 있다. 여집합에 대한 이해의 편의를 위해 전체집합 U와 부분집합 A에서 A^c에 대한 관계를 벤 다이어그램으로 나타내면 다음과 같다.

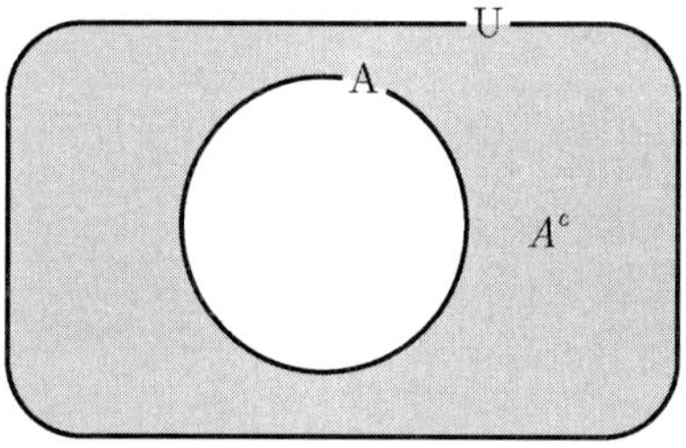

③ 차집합

두 집합 A, B에 대하여, 집합 A의 원소 중에서 집합 B에 속하지 않는 원소로만 이루어진 집합을 집합 A에 대한 집합 B의 **차집합**이라 하고 기호로 $A-B$로 나타낸다. 예를 들어, 두 집합 $A=\{0, 1, 2, 3\}$, $B=\{1, 3, 5\}$에서 $A-B$는 A의 원소 중에서 B의 원소가 아닌 원소로 이루어진 집합이므로 $A-B=\{0, 2\}$이다. 또한 차집합을 조건제시법으로 $A-B=\{x \mid x \in A \text{ 그리고 } x \notin B\}$로 나타낼 수 있다. 두 집합 A, B에 대한 차집합을 벤 다이어그램으로 나타내면 다음과 같다.

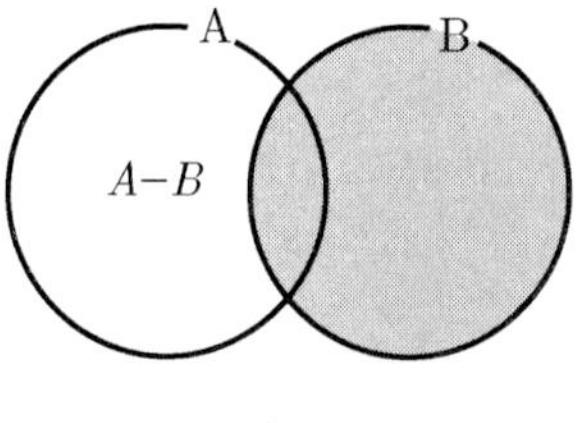

④ 원소의 개수

교집합, 합집합의 원소의 개수를 구하는 방법에 대해 살펴보자. 두 집합에서 A

$=\{1, 2, 3, 4\}$, $B=\{1, 3, 5\}$이라고 하자. 그러면, $n(A)=4$, $n(B)=3$이다. 그러나 $n(A\cup B)$는 7이 아니라, $n(A\cup B)=5$이다. 왜냐하면, $n(A\cap B)=2$이기 때문이다. 일반적으로 두 유한집합 A, B에 대하여, 다음이 성립한다.

$$n(A\cup B) = n(A) + n(B) - n(A\cap B)$$

문제 1

전체집합 $U=\{x \mid x\text{는 10 이하의 자연수}\}$가 주어져 있고, 두 부분집합은 다음과 같다.

$$A=\{x \mid x\text{는 10의 약수}\},\ B=\{x \mid x\text{는 8의 약수}\}$$

이때, 다음을 구하시오.

(1) $A\cap B^c$ (2) $(A^c)^c$ (3) $A-B^c$

문제 2

두 집합 $A=\{a+1, 5\}$, $B=\{5, b-4\}$에 대하여 다음이 성립한다.

$$A-B=\{3\},\ B-A=\{2\}$$

이때 $A\cup B$를 구하시오.

문제 3

수학교육과 학생 27명중에 축구공을 가진 학생이 20명, 농구공을 가진 학생이 15명, 축구공과 농구공을 모두 가진 학생이 10명이다. 축구공과 농구공 둘 다 가지고 있지 않은 학생 수를 구하시오.

1.1.2 교직수학 탐구활동

탐구활동 1 불명확한 집합의 존재

- **관련학습주제** : 1.1 집합 1) 집합의 기초
- **탐구주제** : 조건이 불명확한 것도 집합이 될 수 있다.
- **탐구방법** : 문제 구성하기 전략

1) 퍼지(Fuzzy)

우리의 일상생활은 집합의 정의처럼 조건을 항상 명확하게 정의할 수 있는 것이 아니다. 예를 들어, '공책 서너개 사오너라', '날씨가 조금 춥다', '시간 조금 줄테니 이 문제를 풀어라' 등과 같이 애매한 상태의 말을 더 많이 사용한다. 하지만 지금까지 우리의 지식으로는 '애매한' 성질로 표현된 것은 절대로 집합이 될 수 없다. 하지만, 실제 생활에서 사람들이 '철수는 공부를 잘하는 학생'과 '경수는 공부를 못하는 학생'과 같은 표현을 사용하는 것을 종종 듣게 된다. 퍼지는 '애매하다'는 의미를 갖고 있다. 퍼지이론의 창시자인 자데 교수의 고민은 어떤 실험 기계가 온도가 높아지면 사용할 수 없다는 것은 알았지만, 몇 도부터 사용이 안 되는지는 확실하게 알지 못했다는 점이다. 그의 노력에도 정확한 수치를 알아내는데 실패하였고, 이것을 계기로 **퍼지이론**을 연구하였다. 다음은 자데 교수가 퍼지이론을 적용한 새로운 개념의 제어시스템이다.

기존제어시스템	새로운 퍼지제어시스템
• 방안 온도가 26도 보다 높으면 에어컨을 작동시켜 온도를 낮춤 • 방안 온도가 20도 보다 낮으면 보일러를 작동시켜 온도를 올림 • 방안 온도가 24도 보다 높으면 보일러를 중지시킴	• 방안이 추우면 보일러를 켜는 것을 고려함 (켤 수도 있고 안 켤 수도 있음). • 날씨가 매우 추우면 보일러를 자주 작동 시킴(켤 가능성이 높음) • 실내 온도가 매우 더우면 에어컨을 자주 작동시킴(켤 가능성이 높음)

위에서 보는 것처럼 '예', '아니오'가 아니라, 주변상황에 따라 다양한 가능성을 열어둔 것으로 실세계를 다룸에 있어서 훨씬 효과적이다.

2) 퍼지집합의 표현

'공책 서너개 사오너라'라고 하였을 때, 두 개 혹은 다섯 개를 사오는 경우는 없을 것으로 본다. 따라서 가능한 집합의 원소는 3과 4이다. 그렇다고 $\{3,4\}$ 라고 명확하게 표현하면 3과 4를 동시에 취해야하는 분명한 상황이므로 어울리지 않는다. 그래서 채택한 것이 가능성이라는 개념이다. 앞의 문장 '서너개'에서 3개인지 4개인지 듣는 사람의 상황에 따라 다르다. 만약 맥락이 3을 더 강조한 것이라고 한다면 3에 대한 가능성이 0.7, 4에 대한 가능성을 0.5라고 판단할 수 있다. 그렇다면, '공책 서너개 사오너라'에서 '서너'에 대한 집합 표현을 {(3, 0.7), (4, 0.5)}라고 할 수 있다. 이러한 표현법이 **퍼지집합**의 표현이다.

3) 퍼지집합의 수학적 정의

집합 X 에 대하여 퍼지집합 A 를 표현하기 위해서는 일반집합과 다른 가능성을 다루는 새로운 요소가 필요하다. 가능성에 대한 함수를 **가능성함수**라고 하고 집합 A의 가능성함수를 μ_A 라고 쓴다. 실제로 가능성을 다루므로 공역을 $[0,1]$을 가지는 함수의 형태이다.

$$\mu_A(x) : X \to [0, 1]$$

예를 들어 보자. 집합 $X = \{1, 2, 3\}$ 이라고 할 때 퍼지집합 A 를 '3에 가까운 수의 집합'이라고 정의하면, 상식적인 측면에서 $\mu_A(1) = 0.2$, $\mu_A(2) = 0.5$, $\mu_A(3) = 1$로 나타낼 수 있겠다. 사실 다르게 나타내어도 문제는 없다.

이제 가능성과 함께 표현해 보면 퍼지집합 A는 다음과 같이 나타낼 수 있다.

$$A = \{(1, 0.2), (2, 0.5), (3, 1.0)\}$$

4) 퍼지집합의 연산

① 합집합

수학시간의 준비물을 구입할 때 '컴퍼스를 구입하거나 자를 구입한다'고 해 보자. 컴퍼스를 구입할 가능성이 0.8이고, 자를 구입할 가능성이 0.6이라고 한다면, 실제로 컴퍼스 또는 자를 둘 중에 하나 이상 구입할 가능성은 두 가능성 중에서 큰 값을 취해야 타당하다. 따라서 **퍼지집합의 합집합**의 가능성함수는 다음과 같다.

$$\mu_{A \cup B}(x) = max \{ \mu_A(x), \mu_B(x) \}$$

② 교집합

수학시간의 준비물을 구입할 때 '컴퍼스를 구입하고 자를 구입한다'고 해 보자. 컴퍼스를 구입할 가능성이 0.8이고, 자를 구입할 가능성이 0.6이라고 한다면, 실제로 컴퍼스와 자를 동시에 구입할 가능성은 가능성이 작은 값을 취해야 타당할 것이다. 따라서 **퍼지집합의 합집합**의 가능성함수는 다음과 같다.

$$\mu_{A \cap B}(x) = min \{ \mu_A(x), \mu_B(x) \}$$

③ 여집합

어떤 원소가 집합에 소속될 가능성 정도가 0.4라고 하면 소속하지 않을 가능성 정도는 $1 - 0.4 = 0.6$이 된다. 따라서 **퍼지집합의 여집합**의 가능성함수 $\mu_{A^c}(x) = 1 - \mu_A(x)$ 로 정의된다.

④ 차집합

일반집합에서 $A - B = A \cap B^c$ 이 성립한다. 따라서 퍼지집합에서도 이 공식을 그대로 적용해 보자. 그러면 퍼지집합의 차집합은 다음과 같은 결론을 얻을 수 있다.

$$\mu_{A-B}(x) = \min \{ \mu_A(x), 1 - \mu_B(x) \}$$

예제 3.1

퍼지집합이 다음과 같이 정의되어 있다.

$$\mathrm{A} = \{(a, 1), (b, 0.9), (c, 0.3), (d, 0.5)\}, \ \mathrm{B} = \{(a, 0.4), (c, 0.8)\}$$

일 때, 퍼지집합의 연산 $\mathrm{A} \cup \mathrm{B}, \mathrm{A} \cap \mathrm{B}$를 구하시오.

풀이 퍼지합집합의 정의에 의해서 다음을 얻을 수 있다.

$$\mathrm{A} \cup \mathrm{B} = \{(a, 1), (b, 0.9), (c, 0.8), (d, 0.5)\}$$
$$\mathrm{A} \cap \mathrm{B} = \{(a, 0.4), (c, 0.3)\}$$

문제 1

두 퍼지집합이 다음과 같이 정의되어 있다.

$$A = \{(a,\ 0.8), (b,\ 0.6), (c,\ 0.4)\}$$

$$B = \{(a,\ 0.7),\ (c,\ 0.6),\ (d,\ 0.2)\}$$

퍼지집합의 연산결과인 $A-B$와 $B-A$을 비교하시오.

1.2 자연수의 성질

학습주제

1) 자연수의 표현과 진법
   ① 십진법, 오진법, 이진법의 전개식
   ② 진법 사이의 관계 ③ 진법의 연산
2) 자연수의 성질
   ① 거듭제곱의 뜻 ② 소인수분해
   ③ 약수와 배수, 최대공약수와 최소공배수

1.2.1 학습주제별 내용 정리

1) 자연수의 표현과 진법

① 십진법, 오진법, 이진법의 전개식

자연수 156은 10^2, 10, 1을 사용하여 $156 = 1\times 10^2 + 5\times 10 + 6\times 1$과 같이 나타낼 수 있다. 이때 156은 1, 10, 10^2에 따라 위의 자리로 자리 수를 하나씩 올린 것이다.

$$1 \times 10^2 + 5 \times 10 + 6 \times 1 = 1\ 5\ 6$$

1 5 6

10^2의 자리 10의 자리 1의 자리

우리가 일상적으로 사용하고 있는 숫자는 0, 1, 2, ……, 9의 10개의 숫자만을 사용하여 10배될 때 마다 자리 수를 하나씩 올린 것이다. 이와 같은 수의 표현법을 **십진법**이라고 한다. 그리고 위와 같이 10의 거듭제곱을 사용하여 나타낸 식을 **십진법의 전개식**이라고 한다.

자연수 69는 5^2, 5, 1을 사용하여 $69 = 2\times5^2+3\times5+4\times1$과 같이 나타낼 수 있다. 이때 69는 1, 5, 5^2에 따라 위의 자리로 자리 수를 하나씩 올린 것이다.

$$2 \times 5^2 + 3 \times 5 + 4 \times 1 = 2\ 3\ 4$$

2	3	4
5^2의 자리	5의 자리	1의 자리

십진법의 경우와 마찬가지로, 자리가 하나씩 올라감에 따라 그 자리의 값이 5배씩 커지는 수의 표시방법을 **오진법**이라 한다. 예를 들어, '오진법으로 표현한 수 234'를 십진법으로 표현한 수와 구별하기 위하여 $234_{(5)}$와 같이 나타내고, '오진법 이, 삼, 사'라고 읽는다. 또한 $234_{(5)} = 2\times5^2+3\times5+4\times1$과 같이 5의 거듭제곱을 써서 전개한 식을 **오진법의 전개식**이라고 한다. 오진법에서는 5개의 숫자 0, 1, 2, 3, 4만을 사용한다.

자연수 5는 2^2, 2, 1을 사용하여 $5 = 1\times2^2+0\times2+1\times1$과 같이 나타낼 수 있다. 이 때 5는 1, 2, 2^2에 따라 위의 자리로 자리 수를 하나씩 올린 것이다.

$$1 \times 2^2 + 0 \times 2 + 1 \times 1 = 1\ 0\ 1$$

1	0	1
2^2의 자리	2의 자리	1의 자리

십진법의 경우와 마찬가지로, 자리가 하나씩 올라감에 따라 그 자리의 값이 2배씩 커지는 수의 표시방법을 **이진법**이라 한다. 예를 들어, '이진법으로 표현한 수 101'을 십진법으로 표현한 수와 구별하기 위하여 $101_{(2)}$와 같이 나타내고, '이진법 일, 영, 일'이라고 읽는다. 또한 $101_{(2)} = 1\times2^2+0\times2+1\times1$과 같이 2의 거듭제곱을 써서 전개한 식을 **이진법의 전개식**이라고 한다. 이진법에서는 2개의 숫자 0, 1만을 사용한다.

② 진법 사이의 관계

앞에서 살펴본 이진법 $101_{(2)}$을 십진법으로 고치면 5가 된다. 왜냐하면, 각 자리의 자리 값에 따라 $1\times2^2+0\times2+1\times1$로 계산하면 된다. 즉 이진법 $101_{(2)}$은 십진법으로 5가 됨을 알 수 있다. 이와 같은 방법으로 이진법으로 표현된 수를 십진법으로 나타내기 위해서는 이진법의 전개식으로 고친 후 계산하면 된다.

역으로, 십진법의 수를 이진법의 수로 나타내기 위해서는 십진법의 수를 몫이 0이 될 때까지 2로 계속 나누어 생기는 나머지를 역순으로 적으면 된다. 예를 들어, 십진법으로 표현된 수 11을 다음과 같이 이진법 $1011_{(2)}$로 나타낼 수 있다.

2	11		
2	5	………… 1	$11=2\times5+1$
2	2	………… 1	$5=2\times2+1$
2	1	………… 0	$2=2\times1+0$
	0	………… 1	$1=2\times0+1$

동일하게 오진법으로 표현된 수를 십진법으로 나타내기 위해서는 오진법의 전개식으로 고친 후 계산하면 된다. 예를 들어, $234_{(5)}$는 $2\times5^2+3\times5+4\times1$이 되므로 69가 된다.

역으로, 십진법으로 표현된 수를 오진법으로 나타내기 위해서는 십진법의 수를 몫이 0이 될 때까지 5로 계속 나누어 생기는 나머지를 역순으로 적으면 된다. 예를 들어, 십진법으로 표현된 수 73은 $243_{(5)}$이 된다. 구체적인 방법은 다음과 같다.

5	73		
5	14	………… 3	$71=5\times14+3$
5	2	………… 4	$14=5\times2+4$
	0	………… 2	$2=5\times0+2$

지금까지의 결과로부터 진법사이의 관계는 다음과 같이 결론을 내릴 수 있다.

1. 십진법으로 표현된 수를 오(이)진법으로 표현하는 방법
   십진법으로 표현된 수를 5(2)로 몫이 0이 될 때까지 나누어 그 나머지들을 역순으로 쓴다.
2. 오(이)진법으로 표현된 수를 십진법으로 표현하는 방법
   오(이)진법의 수를 오(이)진법의 전개식으로 나타내어 이를 계산한다.

③ 진법의 연산

십진법에서는 $1+1=2$ 이다. 하지만 이진법에서 $1_{(2)}+1_{(2)}$ 은 $2_{(2)}$가 될 수 없다. 십진법의 덧셈에서 가장 중요한 것은 한 자리수의 덧셈이다. 따라서 이진법의 덧셈에서도 한 자리수의 덧셈이 가장 기본이 된다. 다음은 이진법의 덧셈을 위한 덧셈표이다.

+	0	1
0	0	1
1	1	10

위의 표에서 $1_{(2)}+1_{(2)}$ 는 $2_{(2)}$가 아니라, $1_{(2)}+1_{(2)}=10_{(2)}$ 임을 알 수 있다. 즉 2가 되면 자리의 값이 한 자리 증가하게 된다.

예제 3.2

$110_{(2)}+11_{(2)}$ 을 계산하시오.

풀이 이진법의 덧셈표에 의해서 다음과 같은 결과를 얻을 수 있다.

$$1\ 1\ 0_{(2)} + 1\ 1_{(2)} = 1\ 0\ 0\ 1_{(2)}$$

$$1_{(2)} + 1_{(2)} = 10_{(2)}$$

■

이진법의 뺄셈에서도 십진법의 뺄셈과 마찬가지 방법으로 계산할 수 있다. 예를 들어 기본적인 뺄셈은 아래와 같다.

$$\begin{array}{r} 0_{(2)} \\ -\ 0_{(2)} \\ \hline 0_{(2)} \end{array} \qquad \begin{array}{r} 1_{(2)} \\ -\ 0_{(2)} \\ \hline 1_{(2)} \end{array} \qquad \begin{array}{r} 1_{(2)} \\ -\ 1_{(2)} \\ \hline 0_{(2)} \end{array} \qquad \begin{array}{r} 10_{(2)} \\ -\ 1_{(2)} \\ \hline 1_{(2)} \end{array}$$

십진법에서는 $3+2=5$ 이다. 하지만 오진법에서 $3_{(5)}+2_{(5)}$ 은 $5_{(5)}$가 될 수 없다. 십진법의 덧셈에서 가장 중요한 것은 한 자리수의 덧셈이다. 따라서 오진법의 덧셈에서도 한 자리수의 덧셈이 가장 기본이 된다. 다음은 오진법의 덧셈을 위한 덧셈표이다.

+	0	1	2	3	4
0	0	1	2	3	4
1	1	2	3	4	10
2	2	3	4	10	11
3	3	4	10	11	12
4	4	10	11	12	13

위의 표에서 $3_{(5)}+2_{(5)}$ 는 $5_{(5)}$가 아니라, $3_{(5)}+2_{(5)}=10_{(5)}$ 임을 알 수 있다. 즉 5가 되면 자리의 값이 한 자리 증가하게 된다. 위의 표에서는 가로줄의 3과 세로줄의 2가 만나는 곳에 있는 10 인데, 이것은 $3_{(5)}+2_{(5)}=10_{(5)}$ 을 의미한다.

지금까지의 결과로부터 **진법의 덧셈과 뺄셈**은 다음과 같이 결론을 내릴 수 있다.

1. 오(이)진법으로 표현된 수는 십진법의 수로 고쳐서 계산 한 다음, 그것을 다시 오(이)진법으로 표현된 수로 고친다.
2. 덧셈은 5(혹은 2)가 될 때마다 한 자리씩 위로 올라간다. 뺄셈은 한 자리씩 내릴 때 마다 5(혹은 2)가 내려온다.

문제 1

어떤 소포를 부치는데 필요한 요금이 123원이라고 한다. 그런데 가지고 있는 우표는 1원, 5원, 25원 짜리 뿐이다. 이 중에서 사용하는 우표 수를 최소로 하려면 각각 몇 장의 우표를 붙이면 되는지 구하시오.

문제 2

흰 바둑알을 '1', 검은 바둑알을 '0'이라고 하여 이진법으로 표현하기로 약속하자. 예를 들어, ○●○은 $101_{(2)}$이다. 십진법으로 표현된 수 38을 바둑알로 나타내려면 바둑알은 모두 몇 개가 필요하지 구하시오.

문제 3

$1011_{(2)}$보다 1 큰 수를 A, $300_{(5)}$보다 1 작은 수를 B라 하자. $A+B$를 이진법으로 나타내었을 때, 가장 큰 자리에 있는 숫자와 가장 낮은 자리에 있는 숫자를 구하시오.

문제 4

두 자리의 숫자가 보이지 않는 다섯 자리의 오진법으로 표현된 수가 다음과 같이 주어져 있다.

$$4\square\square13_{(5)}$$

이 수를 25로 나누었을 때의 나머지를 이진법으로 나타내시오.

2) 자연수의 성질

① 거듭제곱의 뜻

2를 2번, 3번, 4번 곱한 수는 $2\times2=2^2$, $2\times2\times2=2^3$, $2\times2\times2\times2=2^4$으로 나타내고, 이를 각각 2의 제곱, 2의 세제곱, 2의 네제곱이라고 읽는다. 그리고 2를 여러 개 곱한 것을 2의 거듭제곱이라고 한다. 일반적으로 어떤 자연수 a에 대하여 a^2, a^3, a^4, $\cdots$을 통틀어 a의 거듭제곱이라고 하며, 이때 곱하는 수 a를 밑, 곱해진 횟수 2, 3, 4, $\cdots$를 지수라고 한다.

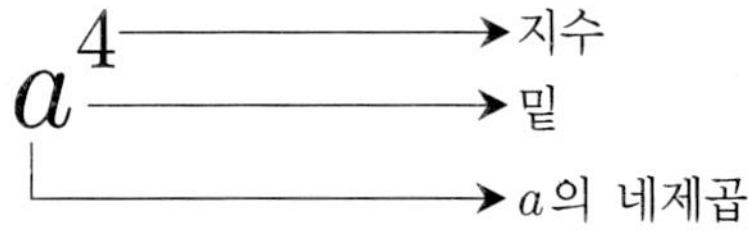

② 소인수분해

1 보다 큰 자연수 중에서 1 과 그 수 자신만을 약수로 갖는 수를 **소수**(prime number)[2] 라고 한다. 즉, 소수는 약수를 2개만 갖는 자연수이다. 또 1보다 큰 자연수 중에서 소수가 아닌 수를 **합성수**라고 한다. 하지만, 1은 소수도 아니고 합성수도 아닌 수다. 모든 자연수는 소수, 합성수, 1로 구분할 수 있다.

자연수 12는 3×4로 표현할 수 있다. 이때 3과 4는 12의 약수가 된다. 더불어 곱셈으로 이루어져 있기 때문에 3과 4는 12의 인수라고도 한다. 여기서 3은 소수이면서 동시에 12의 인수가 된다. 여기 $12=3\times4$ 처럼 소수인 인수를 **소인수**라고 부른다. 특히, 자연수 12를 $2\times2\times3=2^2\times3$ 처럼 소수들의 곱으로만 나타낼 수 있는데, 어떤 자연수를 소수들만의 곱으로 나타내는 것을 **소인수분해**라고 한다.

③ 약수와 배수, 최대공약수와 최소공배수

자연수 44는 11과 4의 곱으로 나타낼 수 있다. 즉, $44=11\times4$ 이다. 이때, 4 와 11 를 44 의 **약수**라고 하고, 44 를 4 와 11 의 **배수**라고 한다. 일반적으로 자연수 a를 자연수 b로 나눌 때, 몫을 q, 나머지를 r이라 하면, $a=b\times q+r$ (단, r는 0 이상 b보다 작은 자연수) 로 표현할 수 있다. 여기서 $r=0$인 경우 즉, $a=bq$ 일 때, a를 b의 **배수**, b를 a의 **약수**라 한다. 그런데, 모든 자연수 a에 대하여 $a=1\times a$ 이므로, 자연수 1은 모든 자연수의 약수이며, 자연수 a는 a의 약수이며 동시 a의 배수가 된다.

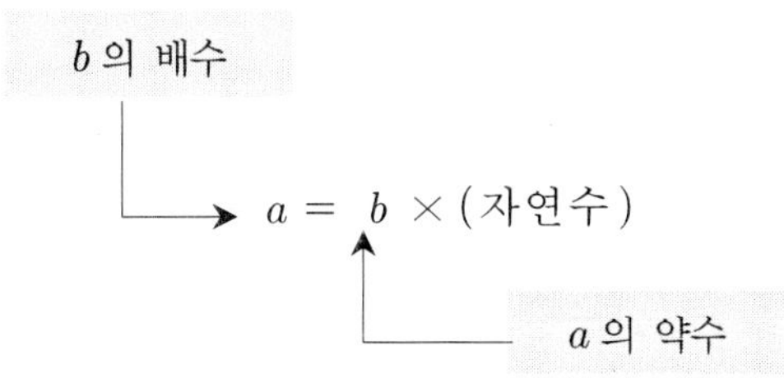

2) 수학의 여러 분야 중에서 소수는 오랫동안 흥미와 관심의 대상이 되었지만 아직까지 밝혀지지 않은 사실이 무수히 많다. 그 중의 하나가 소수를 찾는 쉬운 방법이다. 자연수 중에서 소수를 찾는 방법은 고대 그리스의 수학자가 만든 '에라토스테네스의 체'가 가장 효과적이다. 2200여년 전의 방법이 아직까지 가장 효과적이라는 것이 놀랄만한 사실이다. 어떤 수라도 즉시 소수인지 아닌지 구별하는 방법을 발견한다면 세계에서 가장 유명한 사람이 될 수도 있을 것이다.

두 개 이상의 자연수의 공통인 약수를 그들의 **공약수**라 하며, 공약수 중에서 가장 큰 수를 **최대공약수**라고 한다. 예를 들어, 8과 12의 공약수는 1, 2, 4로 모두 세 개가 존재하고, 최대공약수는 4이다. 그런데, 8과 12의 공약수 1, 2, 4는 최대공약수 4의 약수이다. 실제로 두 개 이상의 자연수의 공약수는 그들의 최대공약수의 약수가 된다.

2와 3, 9와 10과 같이 최대공약수가 1인 수 즉, 공약수가 한 개뿐인 두 자연수의 쌍이 존재할 수 있다. 우리는 이 두 자연수의 쌍을 **서로소**라고 한다.

구체적으로 최대공약수를 구하는 방법을 두 가지로 살펴보자.

첫째, 소인수분해를 이용하는 방법

두 자연수를 소인수분해 한 다음, 공통인 인수들을 찾아 그들의 곱을 구하면 최대공약수가 된다. 예를 들어, 두 자연수 18과 60의 최대공약수 6을 찾는 방법은 아래와 같다.

$$\begin{array}{rcccccccc} 18 & = & & & 2 & \times & 3 & \times & 3 \\ 60 & = & 2 & \times & 2 & \times & 3 & \times & 5 \\ \hline & & & & 2 & \times & 3 & & = 6 \end{array}$$

둘째, 공통인 약수로 나누어주는 방법

두 자연수를 공통인 인수로 연속하여 나누어준 다음, 나눈 수를 모두 곱하면 최대공약수가 된다. 앞에서와 같이 두 자연수 18과 60의 최대공약수 6을 찾는 방법은 아래와 같다.

$$2\times3=6 \left\{ \begin{array}{r|l|l} 2 & 18 & 60 \\ 3 & 9 & 30 \\ & 3 & 10 \end{array} \right.$$

두 개 이상의 자연수의 공통인 배수를 그들의 **공배수**라 하며, 공배수 중에서 가장 작은 수를 **최소공배수**라고 한다. 예를 들어, 2와 3의 공배수는 6, 12, 18, ⋯로서 무수히 많이 존재할 수 있고, 최소공배수는 6이다. 그런데, 2와 3의 공배수는 최소공배수 6의 배수이다. 실제로 두 개 이상의 자연수의 공배수는 그들의 최소공배수의 배수가 된다.

구체적으로 최소공배수를 구하는 방법을 두 가지로 살펴보자.

첫째, 소인수분해를 이용하는 방법

두 자연수를 소인수분해 한 다음, 한 번이라도 존재하는 인수들을 찾아 그들의 곱을 구하면 최소공배수가 된다. 예를 들어, 두 자연수 24와 60의 최소공배수 120을 찾는 방법은 아래와 같다.

$$\begin{array}{rcccccccccl} 24 & = & 2 & \times & 2 & \times & 2 & \times & 3 & & \\ 60 & = & & & 2 & \times & 2 & \times & 3 & \times & 5 \\ \hline & & 2 & \times & 2 & \times & 2 & \times & 3 & \times & 5 = 120 \end{array}$$

둘째, 나누어주는 방법

두 자연수 중 어느 하나라도 나눌 수 있는 수로 연속하여 나누어준 다음, 나눈 수와 남은 수를 모두 곱하면 최소공배수가 된다. 앞에서와 같이 두 자연수 24와 60의 최소공배수 120을 찾는 방법은 아래와 같다.

$$\begin{array}{r|l|l} 2 & 24 & 60 \\ \hline 2 & 12 & 30 \\ \hline 3 & 6 & 15 \\ \hline & 2 & 5 \end{array} \quad 2\times2\times2\times3\times5=120$$

소인수를 이용하면 약수의 개수를 간단하게 구할 수 있다. 예를 들어 98 의 약수의 개수를 구해 보자. 98을 소인수분해하면, $98 = 2 \times 7^2$ 이므로 2 의 약수 각각에 7^2 의 약수 각각을 모두 곱한 것 즉, 1 , 2, 7 , 14 , 49 , 98 은 모두 98 의 약수가 된다. 실제로 이것이 98의 모든 약수이다. 이것을 표로 나타내면 아래와 같다.

×	1	7	7^2
1	1	7	49
2	2	14	98

일반적으로, 임의의 자연수 N이 존재할 때, N의 소인수분해한 결과가 아래와 같을 때,

$$N = a^l \times b^m \times c^n$$

자연수 N의 약수의 개수는 소인수의 지수들에 1을 더한 수들의 연속한 곱인

$$(l+1)\times(m+1)\times(n+1)$$

와 같다.

문제 1

어떤 자연수로 116을 나누면 4가 남고, 174를 나누면 6이 남는다고 한다. 이러한 수 중 가장 큰 수를 구하시오.

■

문제 2

$\frac{7}{15}$, $4\frac{1}{12}$의 어느 것에 곱하여도 그 결과가 자연수가 되는 0이 아닌 유리수 중에서 가장 작은 수를 구하시오.

■

문제 3

자연수 N을 2, 3, 4, 5 어떤 수로 나누어도 나머지가 1이다. 이를 만족하는 가장 작은 두 자리 자연수를 구하시오.

■

문제 4

사과 20개와 귤 37개를 몇 명의 학생들에게 똑같이 나누어 주려고 했더니 사과는 4개, 귤은 3개가 부족하였다고 한다. 학생의 수를 구하시오.

■

문제 5

세 자연수 12, N, 42 의 최대공약수가 6, 최소공배수가 252 이다. 이때, 자연수 N을 모두 구하여라.

■

문제 6

$9\times\square$의 약수의 개수가 12개일 때, 세 자리의 자연수 중에서 가장 작은 수와 가장 큰 수를 구하시오.

■

문제 7

216 에 가능한 한 작은 자연수를 곱하여 어떤 수의 제곱을 만들려고 한다. 이 수를 구하시오.

■

1.2.2 교직수학 탐구활동

탐구활동 2 에라토스테네스의 체

- **관련학습주제** : 1.2 자연수의 성질 2) 자연수의 성질
- **탐구주제** : 소수를 판정하는 방법과 소수의 개수
- **탐구방법** : 수학사 탐구 전략

에라토스테네스는 지구의 둘레를 원주각을 이용하여 구한 것으로 매우 잘 알려진 고대 그리스의 수학자이자 천문학자이다. 그는 지구가 둥글다는 사실을 알았고 지동설을 믿은 것으로 알려져 있다. 그가 남긴 업적 중의 하나가 소수를 판정하는 방법이다. 그가 생각한 소수를 판정하는 방법에 대해 살펴보자.

1. 소수를 찾는 방법

다음 단계를 거쳐서 소수를 찾는 것을 **에라토스테네스의 체**라고 한다.

1단계. 1은 소수가 아니므로 지운다.

2단계. 2를 남기고 2의 배수를 모두 지운다.

3단계. 2보다 큰 수 중 지워지지 않고 남은 가장 작은 수를 남기고, 그 수의 배수는 모두 지운다. 실제로는 3을 남기고 3의 배수를 모두 지우게 된다.

n단계. 앞 단계 α의 배수를 지웠다고 하면, α보다 큰 수 중 지워지지 않고 남은 가장 작은 수를 남기고, 그 수의 배수를 모두 지운다.

이 단계를 거쳐서 남아 있는 수는 모두 소수가 된다.

예를 들면, 1부터 100까지의 소수를 찾는 방법은 다음과 같다.

1단계. 1을 지운다.

2단계. 2를 남기고, 2의 배수는 모두 지운다.

3단계. 2보다 큰 수 중 지워지지 않은 가장 작은 수는 3이다. 따라서 3을 남기고 3의 배수를 모두 지운다.

4단계. 3보다 큰 수 중 지워지지 않은 가장 작은 수는 5이다. 따라서 5를 남기고 5의 배수를 모두 지운다.

5단계. $\sqrt{100}$ 보다 작은 수까지의 배수를 모두 지운다. 그러면 남은 수는 모두 소수이다.

예제 3.3

위의 1부터 100까지 소수를 찾기 위한 절차에서 $\sqrt{100}$ 까지의 수의 배수만 지우면 되는지 그 이유를 설명하시오.

풀이 한 수가 소수인가를 판정하려면 $2, 3, 5, 7 \cdots$ 등의 소수로 차례로 나누어 보면 된다. 작은 소수부터 차례로 계속하여 그 배수를 지워 나가서 소수 p에 도달하였다고 하면, p^2보다 작은 자연수로서 지워지지 않고 남은 것은 모두 소수이다. 왜냐하면 주어진 수를 a, 마지막의 제수로 한 소수를 p라 하고, a를 p로 나누었을 때의 몫을 q라고 하면 $a < (q+1)p$ 이다. 그런데, $q < p$이다. 따라서 $q+1 \le p$이다. 그러므로 $a < p^2$가 된다. 즉, 100까지의 수 중 소수를 찾기 위해서는 $\sqrt{100} = 10$의 배수까지

만 확인하면 되는데, 실제로는 8, 9, 10이 합성수이기 때문에 이들의 배수는 그 이전에 이미 모두 지워지게 되므로 7의 배수까지만 지우면 된다.

2. 소수의 개수 찾는 방법

피셔(Fisher)는 에라토스테네스의 체를 수식으로 나타내었다. 피셔가 제시한 1부터 n까지의 수 중 소수의 개수를 구하는 공식을 알아보자. 1, 2, 3, 4, 5, ⋯, n까지의 수 중 1을 제외하면 $(n-1)$개의 수가 남는다. 앞의 에라토스테네스의 원리에 의해서 2, 3, 5, ⋯, $p \le [\sqrt{n}]$의 배수를 차례로 지우면 된다(박한식, 1991).

$(n-1)$까지의 수 중 2의 배수는 $[\frac{n}{2}]$[3]개, 3의 배수는 $[\frac{n}{3}]$개, ⋯, $p \le [\sqrt{n}]$의 배수는 $[\frac{n}{p}]$개이므로 우선 지워지는 수의 개수는 $(n-1)-\sum_{a_1=2}^{[p]}[\frac{n}{a_1}]$이 된다.

그런데, 만약 임의의 수가 15라고 한다면, 3의 배수, 5의 배수에서 중복으로 삭제되는 이것을 보정해 줄 필요가 있다. 따라서 n까지의 수 중 지워지는 E(n)은 다음과 같다.

$$E(n)=(n-1)-\sum_{a_1=2}^{p}[\frac{n}{a_1}]+\sum_{a_1<a_2}^{p_{n-1},p}[\frac{n}{[a_1,a_2]}]-\sum_{a_1<a_2<a_3}^{p_{n-2},p_{n-1},p}[\frac{n}{[a_1,a_2,a_3]}]+\cdots$$

그런데, $E(n)$은 $2,3,5,\cdots,p$까지 소수까지 모두 제거하였으므로, 마지막에는 2부터 $\sqrt{n}$까지의 소수의 개수는 더해 주어야 한다. 결론적으로 1부터 n까지의 소수의 개수 $p(n)$는 다음 식에 의해 구해진다.

$$p(n)=E(n)+p(\sqrt{n})$$

문제 1

100을 넘지 않는 소수의 개수 즉 $p(100)$을 위의 공식을 이용하여 구하시오.

3) 실수 x에 대하여 기호 $[x]$는 x를 넘지 않는 최대 정수 값을 표시 한다. 예를 들어, $[\frac{5}{3}]=1$, $[3.4]=3$, $[-3.4]=-4$, $[7]=7$이다.

탐구활동 3 배수의 판정

- **관련학습주제** : 1.2 자연수의 성질 2) 자연수의 성질
- **탐구주제** : 배수의 판정법
- **탐구방법** : 문제 구성하기 전략

주어진 양의 정수를 보고 어떤 수의 배수인지 아닌지를 판단하는 것이 가능할까? 2의 배수인지 아닌지, 5의 배수인지 아닌지는 쉽게 파악할 수 있다. 그렇다면, 3의 배수, 4의 배수, 6의 배수 등은 어떻게 판정하는지 살펴보자. 여기서는 2의 배수부터 13의 배수까지의 판정법에 대해 살펴본다.

1. 2의 배수, 4의 배수, 5의 배수, 8의 배수, 25의 배수, 125의 배수판정법

일의 자리의 수가 2의 배수이면 그 수는 2의 배수이다. 일의 자리의 수가 5의 배수이면 그 수는 5의 배수이다. 그 이유는 10진법에서 10을 만들 수 있는 소인수는 2와 5의 곱이기 때문에 2의 배수와 5의 배수는 일의 자리만으로 결정된다.

그렇다면, 100을 만드는 수는 무엇인가? $100 = 2^2 \times 5^2$ 이다. 즉, 100의 자리 이상은 4와 25의 배수가 된다. 따라서 일의 자리와 십의 자리의 수가 4의 배수이면 그 수는 4의 배수이고, 25의 배수이면 그 수는 25의 배수가 된다.

동일한 이유로 $1000 = 2^3 \times 5^3$ 이다. 즉, 1000의 자리 이상은 8과 125의 배수가 된다. 따라서 일, 십, 백의 자리의 수가 8의 배수이면 그 수는 8의 배수가 되고, 125의 배수이면 125의 배수가 된다. 예를 들어, 000, 125, 250, 375, 500, 625, 750, 825로 끝나는 수만 125의 배수가 될 수 있다.

2. 3의 배수, 9의 배수의 판정법

2의 배수는 쉽게 판정이 되었다. 다음은 3의 배수에 대한 판정법과 3^2 의 배수의 판정법이다. 각 자리의 수의 합이 3의 배수이면 그 수는 3의 배수이고, 각 자리의 수의 합이 9의 배수이면 9의 배수라고 알려져 있다. 그 이유에 대해 알아보자. 임의의 자연수 $N = a_n a_{n-1} a_{n-2} \cdots a_0 = a_n \times 10^n + a_{n-1} \times 10^{n-1} + \cdots + a_1 \times 10 + a_0 \times 1$ 이 있다고 하자. 이 수를 다음과 같은 전개식으로 나타낼 수 있다.

$$a_n(10^n-1)+a_{n-1}(10^{n-1}-1)+\cdots+a_1(10-1)+a_0(1-1)+a_n+a_{n-1}+\cdots+a_1+a_0$$

그런데, $(10^n-1),(10^{n-1}-1),\cdots,(10-1)$은 3의 배수임과 동시에 9의 배수이다. 따라서, 나머지 수만 3의 배수인지 9의 배수인지만 확인하면 된다. 결론적으로, 각 자리 수의 합인 $a_n+a_{n-1}+\cdots+a_1+a_0$이 3의 배수이면 그 수는 3의 배수이고, 9의 배수이면 그 수는 9의 배수가 된다.

3. 6의 배수, 10의 배수, 12의 배수판정법

$6=2\times3$이고, $10=2\times5$이며 $12=3\times4$인 합성수이다. 따라서 6의 배수판정법은 2의 배수이면서 동시에 3의 배수인지 확인하면 된다. 10의 배수는 2의 배수이면서 동시에 5의 배수인지 확인하면 된다. 마지막으로 12의 배수는 3의 배수이면서 동시에 4의 배수인지 확인하면 된다.

4. 7의 배수, 11의 배수, 13의 배수판정법

$7\times11\times13$의 값이 얼마인지가 이 판정법을 결정하게 된다. 7과 11과 13의 곱은 1001이 된다. 따라서 10^3, 10^9, 10^{15}, 10^{6n-3}은 7, 11, 13으로 나누면 나머지가 -1이 되고, 10^6, 10^{12}, 10^{18}, 10^{6n}은 7, 11, 13으로 나누면 나머지가 1이 된다. 임의의 자연수 N을 세 자리씩 나누어서 부호를 +, − 번갈아 가면서 붙인 다음, 그 결과가 7, 11, 13의 배수인지 확인하면 된다.

예제 3.4

654321 은 13의 배수인지 판정하시오.

풀이 654321을 세 자리씩 구분하면, $654321=654\times10^3+321$이다. 여기서 앞에서부터 각 세 자리 수에 +, − 부호를 붙이면 $654-321=333$이 된다. 따라서 333이 13의 배수인지만 판정하면 되므로 654321은 13의 배수가 아니다.

■

5. 11의 배수판정법

앞의 배수판정법의 원리에 의해서 11의 배수를 판정할 수 있는 더 쉬운 방법이 있다.

10을 11로 나누면 나머지가 −1이 된다. 즉, 10^1, 10^3, 10^5, $\cdots$, 10^{2n-1}은 11로 나누면 나머지가 −1이고, 10^2, 10^4, 10^6, $\cdots$, 10^{2n}을 11로 나누면 나머지가 1이 된다. 임의의 자연수

$$N=a_n\times 10^n+a_{n-1}\times 10^{n-1}+\cdots+a_1\times 10+a_0\times 1$$

을 11로 나눈 나머지는 $-a_0+a_1-a_2+a_3\cdots$이 된다.

탐구활동 4 유리수의 최대공약수, 최소공배수

- **관련학습주제** : 1.2 자연수의 성질 2) 자연수의 성질
- **탐구주제** : 유리수의 최대공약수, 최소공배수
- **탐구방법** : 개연 추론 전략

1. 최대공약수 본질

두 수 a,b의 최대공약수 g의 의미를 생각해 보자. g의 정수배의 결과로 a가 만들어지고, 동시에 g의 정수배의 결과로 b를 만들 수 있는 최대의 값이 최대공약수 g이다. 다시 말해서, $g\times N_1=a$, $g\times N_2=b$를 만족하는 두 자연수 N_1,N_2가 존재하게 하는 g의 최댓값이 최대공약수이다. 즉, $N_1=a\div g$, $N_2=b\div g$ 인 g를 찾으면 된다.

2. 최소공배수의 본질

두 수 a,b의 최소공배수 l의 의미를 생각해 보자. a의 정수배의 결과로 l을 만들수 있고, 동시에 b의 정수배의 결과로 l을 만들 수 있는 최소의 값 l이 최소공배수이다. 다시 말해서, $a\times N_1=l$, $b\times N_2=l$을 만족하는 두 자연수 N_1,N_2가 존재하게 하는 l의 최솟값이 최소공배수이다. 즉 $N_1=l\div a$, $N_2=l\div b$인 l을 찾으면 된다.

3. 두 유리수의 최대공약수와 최소공배수

1) 최대공약수

두 분수에 어떤 것을 나누어도 그 몫이 자연수가 되는 수 중 최대인 것을 주어진 두 분수의 최대공약수이다. 구체적으로 말하면, 두 유리수 $\frac{a}{b}$, $\frac{c}{d}$가 주어져 있을 때, 최대공약수를 $g=\frac{g_1}{g_2}$라고 하면 최대공약수는 $N_1=\frac{a}{b}\div\frac{g_1}{g_2}$, $N_2=\frac{c}{d}\div\frac{g_1}{g_2}$가 자연수가 되는

최대의 수이다.

2) 최소공배수

어떤 것을 주어진 두 개의 분수로 나누어도 그 몫이 자연수가 되는 수 중 최소인 것을 주어진 두 분수의 최소공배수이다. 구체적으로 말하면, 두 유리수 $\frac{a}{b}$, $\frac{c}{d}$가 주어져 있을 때, 최소공배수를 $l=\frac{l_1}{l_2}$라고 하면 최소공배수는 $N_1=\frac{l_1}{l_2}\div\frac{a}{b}$, $N_2=\frac{l_1}{l_2}\div\frac{c}{d}$가 자연수가 되는 최소의 수이다.

문제 1

다음 분수의 최대공약수와 최소공배수를 구해 보자.

1) $\frac{1}{2}, \frac{2}{3}$　　　2) $\frac{2}{3}, \frac{3}{5}, \frac{5}{6}$

탐구활동 5 유클리드 호제법

- **관련학습주제** : 1.2 자연수의 성질 2) 자연수의 성질
- **탐구주제** : 최대공약수 구하는 방법
- **탐구방법** : 수학사 탐구 전략

중학교에서 최대공약수를 구하는 방법은 크게 두 가지로 세분화할 수 있다. 첫째, 소인수분해를 이용하는 것이고, 다른 하나는 직접 공통인 인수로 나누어주는 방법이다. 그렇다면 다른 방법으로 최대공약수를 찾는 방법이 없을까? 유클리드(Euclid)의 원론으로부터 그 방법을 찾고, 그 현대적인 의미를 탐구해본다.

유클리드 호제법[4]은 유클리드가 제안한 최대공약수를 구하는 방법이다. 그 내용과 증명, 활용의 순서로 살펴보자.

4) 호제(互除)라는 의미는 상호간에 나눈다는 의미가 있다.

1. 유클리드 호제법에 사용되는 기호

두 양의 정수 a, b의 최대공약수 g는 편의상 $g=(a,b)$라고 쓴다. 즉, 괄호 안의 수에 대한 최대공약수를 구한다는 의미이다.

2. 원리

a, b, r, q가 임의의 정수일 때, 다음이 성립한다.

$a=bq+r\ (0\leq r<b)$ 이면 $(a,b)=(b,r)$이다.

증명 a를 b로 나누었을 때의 몫을 q, 나머지를 r이라 하면 $a=bq+r$이다. 이때 $(a,b)=g_1$, $(b,r)=g_2$이라고 하고, $g_1=g_2$임을 보이면 된다.

첫째, g_1이 a와 b의 공약수이므로 $a=a'g_1$이고 $b=b'g_1$이다. 그런데 $a-bq=r$이므로 $r=a-bq=a'g_1-b'g_1q=(a'-b'q)g_1$이다. 즉, $r=(a'-b'q)g_1$이므로 g_1은 r의 약수이다. 따라서 g_1은 b와 r 공약수이다. 그러므로 g_1은 b와 r의 최대공약수인 g_2의 약수가 된다.

둘째, g_2가 b와 r의 공약수이므로 $b=b''g_2$이고 $r=r''g_2$이다. 그런데 $a=bq+r$이므로 $a=bq+r=b''g_2q+r''g_2=(b''q-r'')g_2$이다. 즉, $a=(b''q-r'')g_2$이므로 g_2은 a의 약수이다. 따라서 g_2는 a와 b 공약수이다. 그러므로 g_2는 r와 b의 최대공약수인 g_1의 약수가 된다.

위의 두 사실로부터 g_1은 g_2의 약수이고 g_2는 g_1의 약수이므로 $g_1=g_2$이다. 따라서 a,b의 최대공약수와 b,r의 최대공약수는 같다. ■

3. 유클리드 호제법

(표현방법1) 가로표현법

두 양의 정수 a,b에 대해 다음이 단계적으로 성립한다.

$a=bq_1+r_1(0<r_1<a)$이면 $(a,b)=(b,r_1)$이다.

다시 b를 r_1으로 나누면, 다음이 성질한다.

$b=r_1q_2+r_2(0<r_2<r_1)$이면 $(b,r_1)=(r_1,r_2)$이다.

또한, r_1을 r_2로 나누면, 다음이 성립한다.

$$r_1 = r_2 q_3 + r_3 (0 < r_3 < r_2) \text{이면 } (r_1, r_2) = (r_2, r_3) \text{이다.}$$

이러한 과정을 나머지 r_*가 0이 될 때까지 반복할 수 있다. 즉,

$$r_{n-2} = r_{n-1} q_n + r_n (0 < r_n < r_{n-1}) \text{이고, } r_{n-1} = r_n q_{n+1} + r_* \text{가 된다.}$$

이때, a, b의 최대 공약수는 r_n이다.

(표현방법2) 세로표현법

$a = bq_1 + r_1 (0 < r_1 < a)$이므로 $a - bq_1 = r_1$이고, $b - r_1 q_2 = r_2$이다. 이것을 표현한 것이 그림 첫 번째 세로 줄의 좌측과 우측이다. 다음은 $r_1 - r_2 q_3 = r_3$를 좌측 두 번째 세로줄에 적은 것이다. 이것을 좌우 번갈아가면서 지속적으로 수행하면 최종적으로 $r_{n-2} - r_{n-1} q_n = r_n$과 $r_{n-1} - r_n q_{n+1} = r_* = 0$을 얻게 된다. 이때 r_n이 최대공약수이다.

q_1	a $-q_1 b$	b $-q_2 r_1$	q_2
q_3	r_1 $-q_3 r_2$	r_2 $\vdots$	
	r_3 $\vdots$	$\vdots$	
		r_{n-2} $-q_n r_{n-1}$	q_n
q_{n+1}	r_{n-1} $-q_{n+1} r_n$	r_n	
	r_*		

증명 $a = bq_1 + r_1$이면, $(a, b) = (b, r_1)$이고, 반복적으로 위의 나눗셈을 실행하였으므로 다음이 성립한다.

$$(a, b) = (b, r_1) = (r_1, r_2) = \cdots = (r_{n-1}, r_n) = r_n$$ ■

예제 3.5

두 자연수 1482과 1326의 최대공약수를 유클리드 호제법으로 구하시오.

풀이 (방법1) $1482 = 1326 \cdot 1 + 156$이므로 $(1482, 1326) = (1326, 156)$이다.

$1326 = 156 \cdot 8 + 78$이므로 $(1326, 156) = (156, 78)$이다.

$156 = 78 \cdot 2 + 0$이므로 $(156, 78) = (78, 0) = 78$이다.

따라서 $(1482, 1326) = 78$

(방법2)

1	1482	1326	8
	1326	1248	
2	156	78	
	156		
	0		

문제 1

두 자연수 19278과 7497의 최대공약수를 구하시오.

문제 2

두 양의 정수 $1111(1+10^4)$과 $1111(1+10^4+10^8)$의 최대공약수를 구하시오.

1.3 정수, 유리수, 실수의 성질

학습주제

1) 정수와 유리수 및 그 성질
   ① 정수와 유리수　　② 정수와 유리수의 대소관계
   ③ 정수와 유리수의 사칙계산
2) 유리수와 순환소수
   ① 유리수의 소수 표현　　② 유한소수, 순환소수
   ③ 순환하지 않는 무한소수
3) 근삿값
   ① 참값, 근삿값, 측정값　　② 오차와 오차의 한계
   ③ 유효숫자, 근삿값의 표현　　④ 근삿값의 사칙연산
4) 제곱근과 실수의 뜻
   ① 제곱근과 그 성질　　② 무리수
   ③ 제곱근표와 제곱근의 근삿값　　④ 실수의 대소 관계와 수직선
   ⑤ 제곱근을 포함한 간단한 식의 사칙계산
5) 실수의 성질
   ① 실수의 분류　　② 실수의 성질(항등원, 역원, 닫힘성)
   ③ 이항연산

1.3.1 학습주제별 내용 정리

1) 정수와 유리수 및 그 성질

① 정수와 유리수

$+3$, $+4$와 같이 자연수에 양의 부호가 붙은 수를 **양의 정수**, -2, -5와 같이 음의 부호가 붙은 수를 **음의 정수**라 한다. 음의 정수, 0, 양의 정수를 통틀어 **정수**라 한다. 한편 양의 정수는 양의 부호를 생략하여 나타낼 수 있으므로 자연수와 같다.

두 정수 a, b에 대하여 $\frac{a}{b}$(단 $b \neq 0$)인 꼴로 나타낼 수 있는 수를 유리수라고 말한다. 유리수는 영어로 'rational number'로, 'ratio' 즉, 비라는 단어의 형용사형에서 유래된 것인데, 영어사전을 찾아보면 'rational'이라는 단어에는 '이성이 있는, 사리에 맞는, 합리적인'이라는 뜻이다. 이로 인해 '이치가 있는'이라는 뜻의 한자어 '有理'로부터 '유리수'라는 용어

가 유래한 것으로 보인다. 유리수를 조건제시법으로 나타내면 $\{ \frac{a}{b} \mid a, b$ 는 정수, 단, $b \neq 0 \}$ 이다. 또한, $+\frac{2}{5}$, $+\frac{3}{7}$과 같이 분수에 양의 부호가 붙은 수를 양의 유리수, $-\frac{1}{3}$, $-\frac{3}{4}$과 같이 분수에 음의 부호가 붙은 수를 음의 유리수라 한다. 양의 유리수, 0, 음의 유리수를 통틀어 유리수라 한다. 양의 유리수도 양의 부호를 생략하여 나타낼 수 있다.

② 정수와 유리수의 대소관계

정수나 유리수를 직선 위에 점으로 나타낼 수 있는데, 이 직선을 **수직선**이라고 부른다. 수직선은 원점 O의 오른쪽에 양의 유리수를, 왼쪽에 음의 유리수를 대응시킨다.

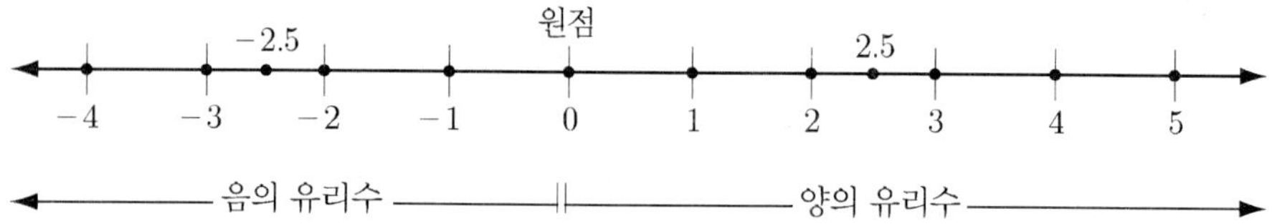

수직선 위에서 기준이 되는 점은 원점 O이다. -4는 원점으로부터 4만큼 떨어져 있고, $+4$도 원점 O로부터 4만큼 떨어져 있다.

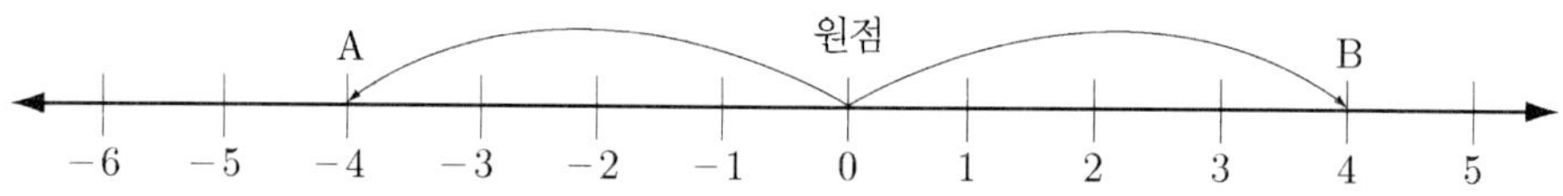

이처럼 원점과 수직선 위에 있는 어떤 수에 대응하는 점까지의 거리를 그 수의 **절댓값**이라고 한다. 앞에서 원점에서 -4까지 거리를 -4의 절댓값이라고 한다. 일반적으로 어떤 수 a에 대한 절댓값을 기호로 $|a|$ 로 나타내고, a 의 절댓값이라 읽는다.

③ 정수와 유리수의 사칙계산

먼저 유리수의 덧셈은 아래와 같은 방법으로 수행한다.

1. 부호가 같은 두 수의 합은 각 절댓값의 합에 두 수의 공통인 부호를 붙인다.
2. 부호가 다른 두 수의 합은 각 절댓값의 차(큰 수에서 작은 수를 뺀 것)에 절댓값이 큰 수의 부호를 붙인다. 그리고 절댓값이 같을 때는 0이다.

예제 3.6

다음을 계산하시오.

(1) $(+3)+(+9)$ (2) $(+7)+(-21)$

풀이 (1) $(+3)+(+9)=+(3+9)=+12$

(2) $(+7)+(-21)=-(21-7)=-14$

유리수의 뺄셈은 아래와 같은 방법으로 수행한다.

1. 유리수의 뺄셈은 빼는 수의 부호를 바꾼 덧셈과 같다.

예제 3.7

다음을 계산하시오.

(1) $(+5)-(+7)$ (2) $(-3)-(-4)$

풀이 (1) $(+5)-(+7)=(+5)+(-7)=-2$

(2) $(-3)-(-4)=(-3)+(+4)=+(4-3)=+1$

유리수의 곱셈은 아래와 같은 방법으로 수행한다.

1. 같은 부호를 가진 두 수의 곱은 각 절댓값의 곱에 양의 부호 +를 붙인다.
2. 부호가 서로 다른 두 수의 곱은 각 절댓값의 곱에 음의 부호 −를 붙인다.
3. 임의의 수와 0과의 곱은 항상 0이다.

예제 3.8

다음을 계산하시오.

(1) $(+2.5)\times(-0.6)$ (2) $\left(-\frac{3}{4}\right)\times\left(-\frac{4}{9}\right)$

풀이 (1) $(+2.5)\times(-0.6)=-(2.5\times0.6)=-1.5$

(2) $\left(-\frac{3}{4}\right)\times\left(-\frac{4}{9}\right)=+\left(\frac{3}{4}\times\frac{4}{9}\right)=+\frac{1}{3}$

■

유리수의 나눗셈은 아래와 같은 방법으로 수행한다.

1. 부호가 같은 두 수의 나눗셈의 몫은 각 절댓값의 나눗셈의 몫에 양의 부호를 붙인다.
2. 부호가 서로 다른 두 수의 나눗셈의 몫은 각 절댓값의 나눗셈의 몫에 음의 부호를 붙인다.

예제 3.9

다음을 계산하시오.

(1) $(+56)\div(-7)$ (2) $(-24)\div(-3)$

풀이

(1) $(+56)\div(-7)=-\frac{56}{7}=-8$

(2) $(-24)\div(-3)=+\frac{24}{3}=+8$

■

유리수의 나눗셈을 간단하게 수행할 수 있도록 도와주는 것이 있다. 그것은 역수를 이용하는 것이다. 두 유리수 a, b 에 대하여, $a\times b=1$ 인 관계가 성립할 때 한 수를 다른 수의 **역수**라 한다. 즉, a는 b의 역수이고, b는 a의 역수이다.

유리수의 사칙계산을 효과적으로 수행할 수 있도록 도와주는 몇 가지 연산법칙이 존재한다.

먼저, $(+3)+(-7)=-(7-3)=-4$이고, $(-7)+(+3)=-(7-3)=-4$이므로 유리수의 덧셈에서 두 수를 바꾸어 더하여도 그 결과는 같다. 우리는 이것을 **덧셈의 교환법칙**이라고 한다. 동일하게 두 수 a, b 에 대해 순서를 바꾸어 곱하여도 그 결과는 같다. 즉, $a\times b=b\times a$이다. 이것을 **곱셈의 교환법칙**이라고 한다.

또한, 세 유리수의 덧셈에서 다음이 성립한다.

$$\{(-3)+(+6)\}+(+5)=(+3)+(+5)=+8$$

$$(-3)+\{(+6)+(+5)\}=(-3)+(+11)=+8$$

위 세 유리수의 연속한 덧셈에서 어느 두 수를 먼저 덧셈을 수행하여도 그 결과는 같다. 우리는 이것을 **덧셈의 결합법칙**이라고 한다. 동일하게 세 수 a, b, c에 대해 어느 두 수를 먼저 곱셈을 수행하여도 그 결과는 같다. 즉, $(a\times b)\times c=a\times(b\times c)$이다. 이것을 **곱셈의 결합법칙**이라고 한다.

마지막으로, 아래의 두 계산식을 살펴보자.

$$(-3)\times\{(+2)+(-7)\}=(-3)\times(-5)=+15$$

$$(-3)\times(+2)+(-3)\times(-7)=(-6)+(+21)=+15$$

위에서 괄호안의 두 수를 더한 다음, 곱셈을 한 결과와 괄호 밖의 수를 각각 곱한 다음 더한 결과는 차이가 없다. 이처럼 임의의 세 유리수 a, b, c 에 대하여 다음이 성립한다.

$$a\times(b+c)=a\times b+a\times c$$

$$(a+b)\times c=a\times c+b\times c$$

우리는 이것을 **덧셈에 대한 곱셈의 분배법칙**이라고 부른다.

지금까지 유리수의 사칙계산을 살펴보았다. 덧셈, 뺄셈, 곱셈, 나눗셈, 거듭제곱, 괄호 등이 혼합되어져 있을 때의 연산 순서는 다음과 같다.

1. 거듭제곱이 있는 식은 거듭제곱을 먼저 계산한다.
2. 괄호가 있는 식은 괄호 안을 먼저 계산하되, (　), {　}, [　]의 차례로 계산한다.
3. 여러 연산이 혼합된 계산은 곱셈, 나눗셈을 먼저 계산하고 덧셈, 뺄셈을 계산한다.

예제 3.10

다음을 계산하시오.

$$13-6^2\times\left\{1+\left(\frac{1}{2}-\frac{2}{3}\right)\right\}$$

풀이 $13-6^2\times\left\{1+\left(\frac{1}{2}-\frac{2}{3}\right)\right\}=13-36\times\left(1-\frac{1}{6}\right)=13-36\times\frac{5}{6}$

$$=13-30=-17$$

■

문제 1

$(-4)+25\div\{(-3)^2\times2-13\}\times3-6$ 을 계산하시오.

문제 2

$\dfrac{1}{\frac{1}{2}}=1\div\dfrac{1}{2}$이라 할 때, $1+\dfrac{1}{1+\dfrac{1}{1+\dfrac{1}{2}}}$ 의 값을 구하시오.

2) 유리수와 순환소수

① 유리수의 소수 표현

자연수를 표현하는 방법으로 십진법, 오진법, 이진법이 있는 것처럼 유리수를 표현하는 방법도 크게 두 가지로 구분되어진다.

첫째는 분수의 형태로 나타내는 것이다. 가장 일반적인 형태로 $\frac{1}{2}$, $\frac{2}{3}$와 같이 나타내는 것이다.

둘째는 소수(decimal number)의 형태로 나타내는 것이다. 예를 들어, 0.5, 0.25, 2.476 처럼 나타내는 것이다.

② 유한소수, 순환소수

유리수를 소수의 형태로 나타낼 때, 소수점 아래의 0이 아닌 숫자가 0.2, 0.345처럼 유한 개인 소수가 있다. 이러한 소수를 **유한소수**라 한다. 반면, $0.233\cdots$, $0.3454545\cdots$처럼 무한히 많은 소수가 있을 수 있다. 이러한 소수를 **무한소수**라 한다. 즉, 유리수를 소수로 나타내면 유한소수가 되기도 하고 무한소수가 되기도 한다. 유리수를 소수로 나타내면 그 크기를 쉽게 알 수 있기 때문에 매우 유용하다. 최초의 소수 표현은 1584년에 네덜란드의 수학자 스테빈(Stevin)에 의하여 발명되었다. 물론 그 표기법은 지금과는 달리 다소 복잡하였고, 지금과 같은 소수 표현법은 1617년 영국의 네이피어(Napier)에 의하여 제기되었다. 분수의 사용이 기원전 1800년경이므로 소수의 사용은 이보다 3천여 년이 지난 일이니, 소수의 발견이 계산의 혁명을 일으켰다고 할 만큼 그 당시로는 위대한 발명이었다.

특히, 소수 중에서 $0.833\cdots$ 이나 $0.131313\cdots$ 처럼 소수점 아래 어떤 자리부터 같은 숫자 또는 몇 개의 숫자들이 계속 반복되어 나타나는 소수가 있는데, 이러한 소수를 순환소수라고 한다. 이때, 반복되어 나타나는 한 부분을 순환마디라고 한다. 또한 반복되어 나타나는 순환마디를 단 한 번만 적고, 그 위에 점을 찍어 간단히 나타낼 수 있다. 예를 들어, $0.833\cdots$ 은 간단히 $0.8\dot{3}$ 으로 나타내고, $0.131313\cdots$ 은 간단히 $0.\dot{1}\dot{3}$ 으로 나타낸다. 이 때, 순환마디는 각각 '3'과 '1, 3'이다.

그렇다면, 어떤 분수꼴의 유리수가 유한소수가 되고, 어떤 분수꼴의 분수가 무한소수가 되는지 구분하는 방법을 살펴보자. 어떤 분수를 기약분수로 나타내었을 때, **분모의 소인수가 2 또는 5만 존재할** 때, 이 분수는 유한소수가 된다. 왜냐하면, 분모의 소인수가 2 또는 5만 존재하므로 이것에 적당한 수를 곱하여 10의 거듭제곱인 꼴로 나타낼 수 있기 때문이다.

사실 분수꼴의 유리수를 소수꼴로 나타내는 것은 직접 나누어주면 된다. 반대로 순환소수를 분수꼴로 고치는 방법이 있다.

예를 들어 살펴보자. 순환소수 $0.\dot{2}\dot{3}$을 분수꼴로 고쳐보자. $0.\dot{2}\dot{3}$을 x라 하면 $x = 0.2323\cdots$ 이다. 여기에서 양변에 100을 곱하면 $100x = 23.2323\cdots$ 이 된다. 여기서 앞의 두 식을 변끼리 빼면, $99x = 23$을 얻게 된다. 따라서 $x = \dfrac{23}{99}$ 이다. 이 과정을 간단히 설명하면 아래와 같다.

$$0.\dot{2}\dot{3} = \frac{23}{99}$$

← 순환마디 (분자 23)
← 순환마디의 숫자 개수만큼의 9 (분모 99)

이번에는 순환소수 $0.4\dot{1}\dot{9}$를 분수꼴로 고쳐보자. $0.4\dot{1}\dot{9}$를 x라 하면 $x = 0.41919\cdots$ 이다. 여기서 양변에 각각 10을 곱한 식, 1000을 곱한 식을 구하면 다음과 같다.

$$10x = 4.1919\cdots$$
$$1000x = 419.1919\cdots$$

이 두 식을 변끼리 빼면, $990x = 415$이므로 $x = \dfrac{415}{990} = \dfrac{83}{198}$ 이다. 이 과정을 간단히

설명하면 아래와 같다.

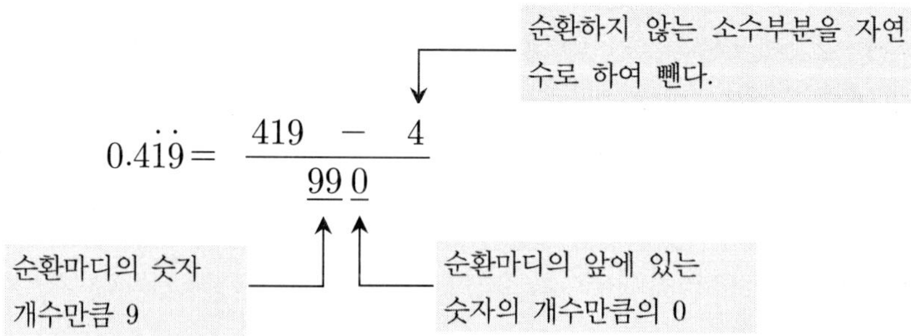

결론적으로 모든 순환소수는 유리수로 나타낼 수 있고, 모든 유리수는 유한소수 또는 순환소수로 나타낼 수 있다.

③ 순환하지 않는 무한소수

두 정수 a, b에 대하여 $\frac{a}{b}$(단 $b \neq 0$)인 꼴로 나타낼 수 있는 유리수를 소수로 고치면 반드시 유한소수 혹은 순환소수가 된다. 그런데 무한소수이면서 순환하지 않는 소수가 존재할 수 있을까? 이러한 수를 **비순환 무한소수** 혹은 **순환하지 않는 무한소수**라고 부른다. 이러한 수의 대표적인 예가 π이다. 사실 이러한 수는 절대로 유리수가 될 수 없다. 따라서 유리수의 반대 **무리수**가 된다.

따라서 지금까지의 사실을 종합하여 소수를 기준으로 수를 분류하면 아래와 같다.

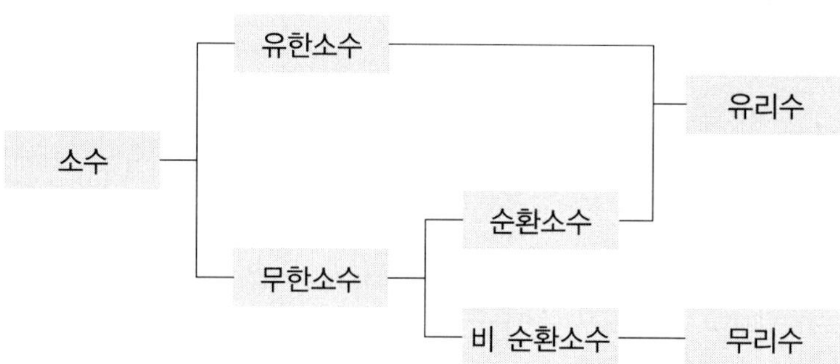

문제 1

$0.\dot{3}\dot{7} = a \times 0.\dot{0}\dot{1}$, $0.03\dot{7} = b \times 0.00\dot{1}$ 일 때, $a + b$의 값을 구하시오.

문제 2

$\frac{1}{3} < 0.\dot{a} < \frac{1}{2}$를 만족하는 자연수를 구하시오.

문제 3

기약분수 $\frac{a}{b}$를 소수로 나타내면 순환소수가 되었을 때, 순환마디의 최대의 자리수를 구하시오.

3) 근삿값[5)]

① 참값, 근삿값, 측정값

어떤 사람의 몸무게, 키, 가슴둘레 혹은 어떤 물건의 무게, 넓이, 부피 등과 같이 여러 가지 양의 실제의 크기를 나타낸 값을 **참값**이라 한다. 하지만 실제로는 측정도구를 이용하여 측정하여 얻은 값을 우리는 가지게 되는데, 우리는 측정하여 얻은 값을 **측정값**이라고 한다. 측정값이 참값과 같을 수도 있으나 일반적으로 측정값은 참값과 비슷하지만 동일하지 않다. 이와 같이 참값은 아니지만 참값에 가까운 값을 **근삿값**이라고 한다.

② 오차와 오차의 한계

측정값은 참값이 아니라 근삿값이다. 따라서 근삿값은 참값과의 차이가 존재하게 되는데, 이 값을 **오차**라고 한다. 즉 (오차) = (근삿값) − (참값)이다.

오차의 절댓값이 어떤 값의 이하라고 판단될 때 그 값을 근삿값에 대한 **오차의 한계**라고 부른다. 실제로 오차의 한계는 두 가지 방법으로 구할 수 있다. 첫째는 근삿값을 반올림하여 얻었을 경우인데, 이 경우 오차의 한계는 가장 작은 단위의 값의 $\frac{1}{2}$이다. 둘째는 근삿값을 측정도구의 눈금을 읽어서 얻었을 경우인데, 이 경우 오차의 한계는 측정도구

5) 근삿값 단원의 모든 내용은 2009개정 교육과정에서 삭제되었다.

최소 눈금의 크기의 $\frac{1}{2}$이 된다. 예를 들어 보자. 먼저 반올림하여 얻은 근삿값이 5.4cm이면, 참값은 다음 범위에 존재하게 된다.

$$5.35 \le (\text{참값}) < 5.45$$

따라서 오차의 절댓값은 0.05cm보다 작거나 같다. 따라서 (오차의 한계)=0.05cm가 된다. 다음으로 최소 눈금이 10cm인 자로 잰 길이의 측정값이 520cm일 때, 이 측정값의 오차의 한계는 최소 눈금의 $\frac{1}{2}$이므로 5cm가 된다.

③ 유효숫자, 근삿값의 표현

반올림에 의하여 근삿값을 얻었을 경우, 반올림하지 않은 부분들의 각 숫자를 **유효숫자**라고 한다. 근삿값의 유효숫자만 따로 분리하여, 정수부분이 일의 자리가 되도록 만든 수 a $(1 \le a < 10)$를 사용하여 다음과 같은 꼴로 나타낼 수 있는데, 이것을 **근삿값의 표현**이라고 부른다.

$$a \times 10^n \quad \text{또는} \quad a \times \frac{1}{10^n} \ (\text{단, } n\text{은 양의 정수})$$

④ 근삿값의 사칙연산

근삿값을 연산한 결과는 근삿값이다. 근삿값의 의미가 참값에 가까운 값이기 때문에 어떤 값을 얻게 되더라도 근삿값이라는 것에 변화가 없다. 따라서 근삿값의 사칙연산은 특별한 의미가 있다기 보다는 보편적인 계산방법을 소개하는 것이고, 이 방법이 절대적으로 옳다는 결론을 내리기는 다소 무리가 있다. 여기에서는 제6차, 제7차 교육과정에서 제시되었던 근삿값의 사칙연산방법을 소개하고자 한다.

첫째, 근삿값의 덧셈과 뺄셈은 다음과 같이 수행한다.

근삿값의 덧셈과 뺄셈을 할 때는 유효숫자의 끝자리가 같도록 반올림한 다음에 계산한다.

예제 3.11

두 근삿값 23.7과 3.28의 합을 구하시오.

풀이 유효숫자의 끝자리가 23.7과 같도록 3.28을 반올림하면 3.3이다. 그러므로 합을 구하면

$$23.7+3.28 \fallingdotseq 23.7 + 3.3 = 27.0$$

이다.

■

둘째, 근삿값의 곱셈과 나눗셈은 다음과 같이 수행한다.

근삿값의 곱셈과 나눗셈을 할 때는 유효숫자의 개수가 적은 쪽에 맞추어 계산하고 그 결과도 반올림하여 유효숫자의 개수가 같도록 정한다.

예제 3.12

다음 근삿값을 계산하여라.

(1) 5.2016×7.14 (2) $2.54 \div 2.1$

풀이 (1) $5.2016 \times 7.14 \fallingdotseq 5.20 \times 7.14 = 37.128 \fallingdotseq 37.1$

(2) $2.54 \div 2.1 \fallingdotseq 2.5 \div 2.1 = 1.19 \fallingdotseq 1.2$

■

4) 제곱근과 실수의 뜻

① 제곱근과 그 성질

넓이가 4cm^2 인 정사각형의 한 변의 길이를 $x\text{cm}$ 라 하면, 다음 식을 얻을 수 있다.

$$x^2 = 4$$

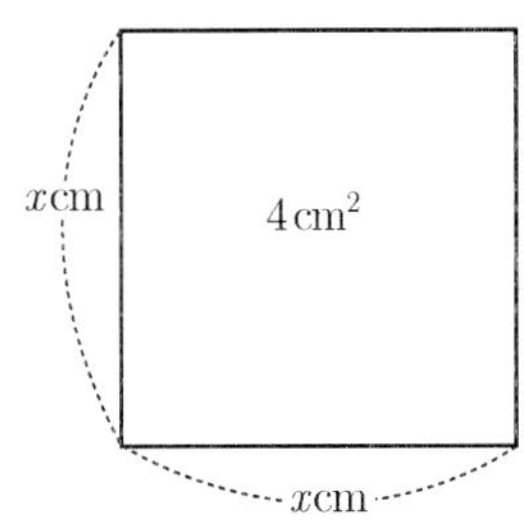

제곱하여 4가 되는 수는 2와 -2이다. 그런데, 길이는 양수이므로 $x = 2\text{cm}$ 가 된다. 이처럼 어떤 수 x 를 제곱하여 a 가 될 때, x 를 a 의 **제곱근**이라고 한다.

일반적으로 $x^2 = a$ 를 만족하는 x 의 값이 a 의 **제곱근**이다. 그런데, 어떤 수 x 의 제곱은 항상 양이거나 0이므로, $a = x^2 \geq 0$ 이다. 따라서 음수의 제곱근은 생각할 수 없다. 물론 0의 제곱근은 0이다. 그리고 양수 a 의 제곱근에는 반드시 양수와 음수 두 개가 존재하고 그 절댓값은 서로 같다. 이 때, 양수인 것을 **양의 제곱근**이라고 하고 기호로는 $\sqrt{a}$ 로 나타내고,

음수인 것은 **음의 제곱근**이라고 하고 기호로는 $-\sqrt{a}$ 로 나타낸다. 여기서 기호 $\sqrt{\ }$ 를 제곱근, 근호, 루트라고 한다. 따라서 $\sqrt{a}$ 를 읽을 때는 제곱근 a 또는 루트 a 라고 읽고, a 의 제곱근 $\sqrt{a}$, $-\sqrt{a}$ 를 함께 $\pm\sqrt{a}$ 로 나타내기도 한다.

제곱근의 성질은 크게 두 가지로 정리할 수 있다.

1. $a>0$일 때 $(\sqrt{a})^2=a$, $(-\sqrt{a})^2=a$
2. $a>0$일 때 $\sqrt{a^2}=a$, $\sqrt{(-a)^2}=a$ (일반적으로 $\sqrt{a^2}=|a|$ 와 같다.)

예제 3.13

다음을 구하시오.

(1) $(\sqrt{2})^2+(-\sqrt{0.4})^2$ 의 값

(2) $2<a<3$ 일 때 $\sqrt{(a-2)^2}+\sqrt{(a-3)^2}$ 의 값

풀이 (1) $(\sqrt{2})^2+(-\sqrt{0.4})^2=2+0.4=2.4$

(2) $2<a<3$ 이므로 $a-2>0, a-3<0$

$\sqrt{(a-2)^2}+\sqrt{(a-3)^2}=(a-2)-(a-3)=1$

문제 1

$\sqrt{45x}$ 가 정수가 되기 위한 가장 작은 자연수와 두 번째로 작은 자연수, 세 번째로 작은 자연수를 구하시오.

문제 2

$ax<0$, $bx>0$ 일 때, 아래 값을 구하시오.

$$\sqrt{(2-ab)^2}+|ab|+(\sqrt{-ab+1})^2+|ab-3|$$

② 무리수

앞의 무한소수에서 간단하게 무리수에 대해 소개하였다. 앞에서 언급하였듯이 모든 유리수는 유한소수나 순환소수로 나타낼 수 있고, 거꾸로 모든 유한소수와 순환소수는 유리수가 된다. 그러나 무한소수 중에는 아래와 같이 순환하지 않는 무한소수도 존재할 수 있다.

$$0.2020020002\cdots\ ,\ 43.121231234\cdots$$

이처럼 순환하지 않는 무한소수로 나타내어지는 수가 **무리수**이다. 예를 들면, π가 있고, $\sqrt{2}$, $\sqrt{3}$ 등이 존재한다. 실제로, 그 값들은 다음과 같이 나타난다.

$$\sqrt{2} = 1.41421356\cdots$$
$$\sqrt{3} = 1.73205080\cdots$$
$$\pi = 3.1415926\cdots$$

이 중에서 $\sqrt{2}$에 대해서 구체적으로 살펴보자.

먼저 $1^2 = 1$, $(\sqrt{2})^2 = 2$, $2^2 = 4$ 이고 $1 < 2 < 4$ 이므로 다음을 얻을 수 있다.

$$1 < \sqrt{2} < 2$$

또한, $1.4^2 = 1.96$, $(\sqrt{2})^2 = 2$, $1.5^2 = 2.25$ 이고 $1.96 < 2 < 2.25$ 이므로 다음을 얻을 수 있다.

$$1.4 < \sqrt{2} < 1.5$$

그리고 $1.41^2 = 1.9881$, $(\sqrt{2})^2 = 2$, $1.42^2 = 2.0164$ 이고 $1.9881 < 2 < 2.0164$ 이므로 다음을 얻는다.

$$1.41 < \sqrt{2} < 1.42$$

이와 같은 방법으로 계속 연산을 진행하면 다음을 얻을 수 있다.

$$1.414 < \sqrt{2} < 1.415$$
$$1.4142 < \sqrt{2} < 1.4143$$
$$1.41421 < \sqrt{2} < 1.41422$$

그런데, 이러한 과정이 무한히 계속 반복되므로 $\sqrt{2}$는 순환하지 않는 무한소수가 된다. 즉, $\sqrt{2} = 1.4142135623730950488016\cdots$을 얻는다. 이처럼, $\sqrt{2}$는 순환하지 않는 무한소수이므로 무리수이다.

예제 3.14

$\sqrt{2}$ 가 유리수가 아님을 직관적인 방법과 귀류법으로 각각 구분하여 증명하시오.

풀이 (1) 직관적인 방법

$\sqrt{2} = 1.414213\cdots$ 이므로, $1 < \sqrt{2} < 2$ 에서 $\sqrt{2}$ 는 정수가 아니다.

$\sqrt{2}$ 가 정수가 아닌 유리수라면 기약분수 $\frac{b}{a}$(a, b는 서로 소, $a \neq 0$)로 나타내어진다. 한편, 기약분수는 제곱을 하여도 기약분수가 된다. 예를 들면, $\left(\frac{3}{5}\right)^2 = \frac{3}{5}\times\frac{3}{5} = \frac{9}{25}$ 이다. 그러나 $(\sqrt{2})^2 = 2$ 에서 $\sqrt{2}$ 의 제곱은 정수 2가 되므로 모순이다. 따라서 $\sqrt{2}$ 는 기약분수가 아니고, 이로 인해 $\sqrt{2}$ 는 무리수이다.

(2) 귀류법

$\sqrt{2}$ 가 유리수라고 가정하면 $\sqrt{2}$ 는 기약분수, 즉 $\sqrt{2} = \frac{m}{n}$ 으로 나타낼 수 있다. 양변을 제곱하면 $2 = \frac{m^2}{n^2}$ 이므로 $m^2 = 2n^2$ 인데, 여기서 m^2 은 2의 배수이고 2는 소수이므로 m 도 2의 배수이다.

그러므로 $m = 2k$(k는 양의 정수)로 나타낼 수 있다. 이 값을 $m^2 = 2n^2$ 에 대비하여 정리하면, $n^2 = 2k^2$ 이 된다. 여기서 n^2 은 2의 배수이고, 2는 소수이므로 n 도 2의 배수이다. 그러므로 m, n 은 모두 2의 배수가 되므로 m, n 이 서로소라는 가정에 모순이 된다. 따라서 $\sqrt{2}$ 는 유리수가 아니다. ■

③ 제곱근표와 제곱근의 근삿값

제곱근표는 1.00부터 9.99까지의 수를 0.01 간격으로, 10.0부터 99.9까지는 0.1 간격으로 양의 제곱근의 근삿값을 반올림하여 소수점 아래 셋째 자리까지 나타낸 것이다. 이 제곱근표를 이용하여 제곱근의 근삿값을 간단하게 구할 수 있다.

예를 들면 $\sqrt{1.34}$ 의 근삿값은 제곱근표에서 1.3의 가로줄과 4의 세로줄이 만나는 수 1.158이다. 즉, $\sqrt{1.34} \fallingdotseq 1.158$ 이 된다.

수	0	1	2	3	4	5	6	7	8	9
1.0	1.000	1.005	1.010	1.015	1.020	1.025	1.030	1.034	1.039	1.044
1.1	1.049	1.054	1.058	1.063	1.068	1.072	1.077	1.082	1.086	1.091
1.2	1.095	1.100	1.105	1.109	1.114	1.118	1.122	1.127	1.131	1.136
1.3	1.140	1.145	1.149	1.153	1.158	1.162	1.166	1.170	1.175	1.179
1.4	1.183	1.187	1.192	1.196	1.200	1.204	1.208	1.212	1.217	1.221
…	…	…	…	…	…	…	…	…	…	…
99	9.950	9.955	9.960	9.965	9.970	9.975	9.980	9.985	9.990	9.995

그런데 제곱근표를 보면 0과 1.00 사이의 수와 99.9보다 큰 수의 제곱근의 근삿값에 대한 제곱근표는 없다. 이런 경우 제곱근의 근삿값은 다음 식을 이용한다.

$$\sqrt{100a} = 10\sqrt{a}\ ,\ \sqrt{10000a} = 100\sqrt{a}\ ,\ \cdots\cdots$$

$$\sqrt{\frac{a}{100}} = \frac{\sqrt{a}}{10},\quad \sqrt{\frac{a}{10000}} = \frac{\sqrt{a}}{100},\quad \cdots\cdots$$

예제 3.15

다음 제곱근의 근삿값을 제곱근표를 이용하여 구하시오.

(1) $\sqrt{745}$　　　　(2) $\sqrt{0.745}$

풀이 (1) $\sqrt{745} = \sqrt{100 \times 7.45} = 10 \times \sqrt{7.45} \fallingdotseq 100 \times 2.729 = 27.29$

(2) $\sqrt{0.745} = \sqrt{\frac{74.5}{100}} = \frac{\sqrt{74.5}}{10} \fallingdotseq \frac{8.631}{10} = 0.8631$

④ 실수의 대소 관계와 수직선

유리수와 무리수를 합하여 우리는 **실수**라고 부른다. 이에 대해서는 다음 절에서 구체적으로 다룰 것이다.

무리수를 무한소수로 표시하면 정확하지는 않지만 비슷한 위치를 수직선 위에 나타낼 수 있다. 그런데 일부의 무리수, 대표적으로 제곱근으로 표현된 수는 작도를 이용하면 수직선 위에 비교적 정확한 위치를 결정할 수 있다. 예를 들어 $\sqrt{2}$ 를 수직선 위에 아래와 같이 나타낼 수 있다.

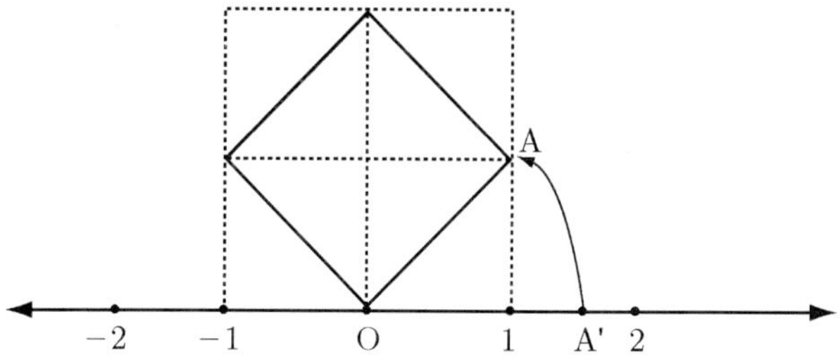

수직선 위에 무리수 π를 나타내는 방법도 있다. 무리수 π는 반지름이 1인 원의 원주의 길이의 반과 같다. 수직선 위에 반지름이 1인 원을 올려놓고 반 바퀴만 굴리면 그 점이 π의 값이 된다. 물론 이 방법은 다소 이론적이기는 하지만 직관적으로 가장 쉽게 수직선 위에 π를 표시하는 방법이다.

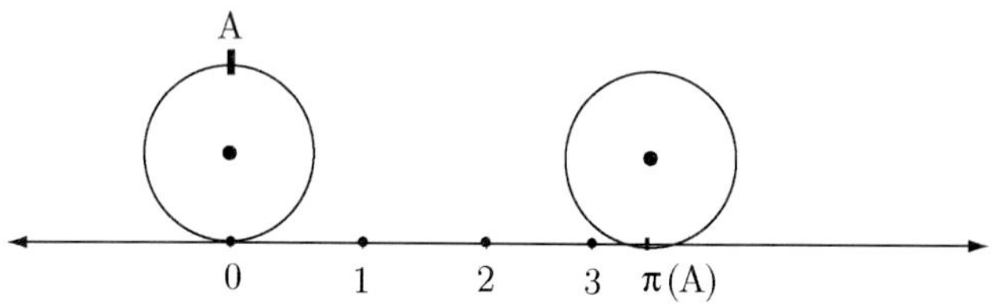

실수의 대소 관계는 다음과 같다.

1. 두 양수에서는 절댓값이 큰 수가 크다.
2. 두 음수에서는 절댓값이 큰 수가 작다.
3. 양수는 음수보다 크다.
4. 양수는 0보다 크고, 음수는 0보다 작다.

따라서 두 실수의 대소를 비교하기 위해서는 다음 방법이 매우 유용하다.
두 실수 a, b에 대하여 다음이 성립한다.

1. $a-b<0$ 이면, $a<b$ 이다.
2. $a-b>0$ 이면, $a>b$
3. $a-b=0$ 이면, $a=b$

예제 3.16

다음 두 실수의 대소를 비교하여라.

(1) $\sqrt{15}+1,\ 4$ (2) $3+\sqrt{5},\ \sqrt{5}+\sqrt{8}$

풀이 (1) $(\sqrt{15}+1)-4=\sqrt{15}+1-4=\sqrt{15}-3=\sqrt{15}-\sqrt{9}>0$

$\therefore \sqrt{15}+1>4$

(2) $(3+\sqrt{5})-(\sqrt{5}+\sqrt{8})=3+\sqrt{5}-\sqrt{5}-\sqrt{8}=3-\sqrt{8}=\sqrt{9}-\sqrt{8}>0$

$\therefore 3+\sqrt{5}>\sqrt{5}+\sqrt{8}$

■

⑤ 제곱근을 포함한 간단한 식의 사칙계산

첫째, 제곱근의 곱셈 및 제곱근의 곱셈의 성질은 다음과 같다.

$a\geq 0,\ b\geq 0$ 일 때, $\sqrt{a}\sqrt{b}=\sqrt{ab}$, $a\sqrt{b}=\sqrt{a^2b}$

$m\times\sqrt{a}=m\sqrt{a}$

$m\sqrt{a}\times n=mn\sqrt{a}$

$m\sqrt{a}\times n\sqrt{b}=mn\sqrt{ab}$

$\sqrt{a}\times\sqrt{b}\times\sqrt{c}=\sqrt{abc}$

둘째, 제곱근의 나눗셈은 다음과 같다.

$a\geq 0,\ b>0$ 일 때, $\left(\frac{\sqrt{a}}{\sqrt{b}}\right)^2=\frac{(\sqrt{a})^2}{(\sqrt{b})^2}=\frac{a}{b}$ 이므로 제곱근의 정의에 따라 $\frac{\sqrt{a}}{\sqrt{b}}$ 는 $\frac{a}{b}$ 의 양의 제곱근이다. 따라서 제곱근의 나눗셈은 아래와 같다.

$$\frac{\sqrt{a}}{\sqrt{b}}=\sqrt{\frac{a}{b}}$$

셋째, 분모의 유리화는 다음과 같다.

$\frac{\sqrt{2}}{\sqrt{3}}$ 와 같이 분모에 근호가 있을 때에는 분모, 분자에 같은 수를 곱하여 분모를 근호가 없는 수로 고칠 수 있다.

$$\frac{\sqrt{2}}{\sqrt{3}}=\frac{\sqrt{2}\times\sqrt{3}}{\sqrt{3}\times\sqrt{3}}=\frac{\sqrt{6}}{3}$$

이와 같이 분모에서 근호를 없애고 유리수로 고치는 것을 **분모의 유리화**라고 한다.

넷째, 제곱근의 덧셈, 뺄셈은 다음과 같다.

일반적으로 제곱근끼리의 덧셈과 뺄셈은 근호($\sqrt{\ }$) 안의 수가 같을 때 다항식의 동류항처럼 생각하여 덧셈과 뺄셈을 할 수 있다. 이 때, 계산방법은 근호 밖의 수끼리만 계산한다.

문제 1

$\sqrt{3}(2\sqrt{3}-6)-\frac{a(1-\sqrt{3})}{2\sqrt{3}}$ 이 유리수가 되는 a를 구하시오.

문제 2

$\frac{5}{\sqrt{5}+\frac{1}{\sqrt{5}+\frac{1}{\sqrt{5}}}}$ 를 간단히 하시오.

5) 실수의 성질

① 실수의 분류

수직선 위에는 유리수에 대응하는 점들이 무수히 많다. 왜냐하면 수직선 위에 있는 서

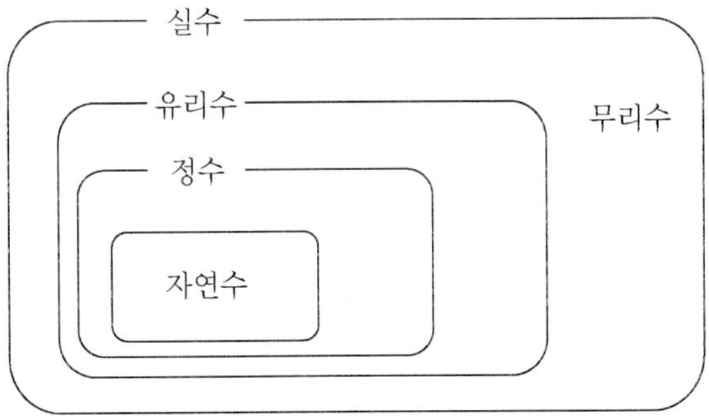

로 다른 두 유리수 사이에 무수히 많은 유리수가 존재하기 때문이다. 우리는 이것을 **유리수의 조밀성**이라고 한다. 유리수들은 모두 수직선 위에 나타낼 수 있다. 하지만, 유리수를 모두 수직선에 대응시키더라도 수직선 위에는 빈 공간이 무수히 많다. 이들이 바로 무리수에 대응하는 점들이다. 무리수도 유리수처럼 수직선 위에 나타내면 임의의 무리수 사이에 무수히 많은 무리수가 존재하게 되는데, 이것을 **무리수의 조밀성**이라고 한다. 수직선은 유리수와 무리수, 즉 실수에 대응하는 점들 전체로써 이루어져 있다. 따라서 한 실수는 수직선 위의 한 점에 대응하고, 역으로 수직선 위의 한 점에는 한 실수가 반드시 대응한다. 수직선 점들 전체의 집합과 실수의 집합은 정확히 일치한다. 수직선 위의 점 전체의 집합과 실수 전체의 집합 사이에는 일대일 대응이 이루어진다. 따라서 수직선 위에 실수를 표시하면 빈 공간이 전혀 찾을 수 없는데, 이것을 **실수의 연속성**이라고 한다.

이러한 실수 전체의 집합에 포함되는 자연수, 정수, 유리수, 무리수 사이의 포함관계를 벤 다이어그램으로 나타내면 위의 그림과 같다.

② 실수의 성질(항등원, 역원, 닫힘성)

공집합이 아닌 집합 G의 임의의 두 원소 a, b 에 대하여 어떤 연산을 하여 얻은 결과가 다시 집합 G의 원소가 될 때, 즉, $a, b \in G$일 때 $a * b \in G$ 일 때 G는 $*$에 관하여 **닫혀 있다**고 한다. 예를 들어, 자연수 전체의 집합 N에서 $a, b \in N$ 일 때 $a+b \in N$, $ab \in N$ 이므로 집합 N은 덧셈, 곱셈에 관하여 닫혀 있다. 이제 우리가 배운 수집합의 사칙연산에 대한 닫힘성을 정리하면 다음과 같다.

연산 \ 수집합	자연수	정 수	유리수	무리수	실 수
덧 셈	○	○	○	×	○
뺄 셈	×	○	○	×	○
곱 셈	○	○	○	×	○
나눗셈	×	×	○	×	○

공집합이 아닌 집합 G와 정의되어져 있는 연산 $*$가 있을 때, 임의의 원소 a에 대하여 $a*e=e*a=a$인 G의 원소 e가 있다고 하자. 이때 e를 집합 G의 연산 $*$에 대한 **항등원**이라고 한다. 또한, 항등원 e가 존재할 때, $a*x=x*a=e$를 만족하는 x가 존재한다고 하자. 그러면, x는 a의 **역원**이라고 한다.

③ 이항연산

일정한 규칙에 따라 정의된 연산 절차에 따라 새로운 수를 만들어 내는 계산을 **연산**(operation)이라 한다. 집합 G의 임의의 두 원소 a, b에 대한 순서쌍 (a, b)에 G의 한 원소 c를 대응시키는 규칙을 집합 G에서의 **이항연산**이라고 한다. 구체적으로 설명하면, 두 수의 순서쌍 (a, b)에 a, b의 합을 대응시키는 **이항연산**은 다음과 같이 나타낼 수 있다.

$$(a, b) \to a+b \text{ 혹은 } a*b=a+b$$

만약, 두 수의 순서쌍 (a, b)에 a, b의 차를 대응시키는 이항연산이라고 한다면, 다음과 같이 나타낸다.

$$(a, b) \to |a-b| \text{ 혹은 } a*b=|a-b|$$

예제 3.17

두 실수 a, b에 대하여 연산 $a*b$와 $a \circ b$를 다음과 같이 정의하자.

$$a*b=a+b, \quad a \circ b=|a-b|$$

이때 $(5*6) \circ 7$의 값을 구하시오.

풀이 $(5*6) \circ 7=(5+6) \circ 7=11 \circ 7=|11-7|=|4|=4$

■

예제 3.18

실수의 집합에 대하여 연산 $*$이 $a*b=a+b+ab$로 정의 되어있을 때 연산 $*$에 대한 3의 역원을 구하시오. 또한 역원이 존재하지 않는 k의 값을 구하시오.

풀이 먼저 항등원을 구해보자. 연산 $*$는 닫혀있고 항등원을 e라 하면 모든 실수 a에 대하여 $a*e=e*a=a+e+ae=a$이어야 하므로 $ea+e=0$이 항상 성립해야 한다. 따라서 $e=0$ 이다. 다음으로 3의 역원을 x 라 하면 $3*x=3+x+3x=0$ 을 만족해야 하므로 $x=-\dfrac{3}{4}$ 이다.

이제 역원이 존재하지 않는 k 의 값을 구해보자. k의 역원을 y 라고 하면 $k*y=k+y+ky=0$ 을 만족해야하므로 $y=-\dfrac{k}{k+1}$ 이 된다. 그런데 y가 존재하지 않기 위해서는 $k=-1$ 이면 된다.

■

문제 1

두 실수 a, b 에 대하여 연산 $a*b$ 와 $a \circ b$ 를 다음과 같이 정의하자.

$$a*b=a^2-b^2,\ a \circ b=|a|-|b|$$

이때 $(5 \circ 6)*7$ 의 값을 구하시오.

■

문제 2

실수 전체의 집합에서 연산 $a \circ b$ 를 다음과 같이 정의하자.

$$a \circ b=(a+1)(b+1)-1$$

이때 연산 $\circ$ 에 대한 항등원과 2에 대한 역원을 구하시오.

■

1.3.2 교직수학 탐구활동

탐구활동 6 순환마디의 길이

- **관련학습주제** : 1.3 정수, 유리수, 실수의 성질 2) 유리수와 순환소수
- **탐구주제** : 순환마디의 성질과 순환마디의 길이 찾기
- **탐구방법** : 개연 추론 전략, 문제 구성하기 전략

유리수는 유한소수 혹은 순환소수로 나타낼 수 있다. 그런데 순환소수로 나타내어지는 유리수의 순환마디의 길이는 얼마가 될까? 직접 나누어보지 않고 구할 수 있는 방법은 없을까? $\frac{1}{7}$처럼 분모가 매우 작은 값임에도 불구하고 순환마디의 길이는 6이다. 이것을 직접 나누는 것은 여간 불편한 일이 아닐 수 없다. 여기서는 복잡한 증명은 생략하고 기본적인 과정만 소개하고자 한다.

1. 유한소수로 나타낼 수 있는 유리수

유리수 $\frac{b}{a}$에서 $(a,b)=1$일 때, a의 소인수가 2 또는 5만 있으면, 오직 이 때에만 $\frac{b}{a}$는 유한소수로 나타낼 수 있다(단, a와 b의 최대공약수를 (a,b)로 나타낸다).

증명 만약 유리수 $\frac{b}{a}$에서 분모를 소인수분해하면 $a=2^{\alpha}\times 5^{\beta}$이면,

$$\frac{b}{a}=\frac{b}{2^{\alpha}\times 5^{\beta}}=\frac{b\times 2^{m-\alpha}\times 5^{m-\beta}}{10^{m}}=b\times 2^{m-\alpha}\times 5^{m-\beta}\times 10^{-m}$$

(단, m은 α, β중에 큰 수)와 같이 나타낼 수 있다. 그런데

$$b\times 2^{m-\alpha}\times 5^{m-\beta}\in \mathrm{Z}$$

이므로 $\frac{b}{a}$는 유한소수가 된다. 즉, 분모의 소인수가 2, 5만 있으면 유한소수로 나타낼 수 있다. 또한, 어떤 유한소수 $\mathrm{N}.a_1a_2\cdots a_n$이 있으면,

$$\mathrm{N}.a_1a_2\cdots a_n=N+\frac{a_1}{10}+\frac{a_2}{10^2}+\cdots+\frac{a_n}{10^n}$$

$$=N+\frac{a_1\times 10^{n-1}+a_2\times 10^{n-2}+\cdots+a_n}{2^n\times 5^n}=\frac{N\times 10^n+M}{2^n\cdot 5^n}$$

와 같이 된다. 여기서 분자의 정수를 소인수 분해한 결과를 $N\times 10^n+M=2^{\gamma}\times 5^{\delta}\times b$이라고 하면,

$$\frac{N\times 10^n+M}{2^n\times 5^n}=\frac{b}{2^{\alpha}\times 5^{\beta}}$$

와 같게 된다. 즉, 유한소수는 분모의 소인수가 2, 5만을 가지는 기약분수로 고칠 수 있다. ■

2. 무한소수와 순환소수

앞에서 유한소수로 나타낼 수 있는 유리수에 대해 살펴보았다. 이 결과를 통해 볼 때, 분모의 소인수가 2 또는 5 이외의 것이 있으면, 유한소수로 나타낼 수 없다. 유한소수로 나타낼 수 없으면 무한소수라고 부른다.

3. 순환소수

유한소수로 나타낼 수 없는 소수는 **무한소수**로 나타나는데 위의 두 예에서 보는 것처럼 매우 특별한 속성을 지니고 있다. 그것은 소수점 이하에서 어떤 수들이 규칙적으로 반복되어 나타난다는 점이다. 왜냐하면, 나눗셈 과정에서 동일한 남은 수가 나타나므로, 동일한 몫을 반복적으로 얻게 된다.

$$\frac{2}{11}=0.181818181818181818\cdots \ , \quad \frac{1}{7}=0.142857142857\cdots$$

이처럼 소수점 이하에서 동일한 숫자 열이 반복되어 나타나는 소수를 **순환소수**라고 부르고, 반복되는 숫자 열 즉, 위에서 1, 8과 1, 4, 2, 8, 5, 7을 각각 $\frac{2}{11}$, $\frac{1}{7}$의 순환마디라고 부른다.

4. 순환마디의 길이

유한소수로 나타낼 수 없는 모든 유리수가 순환소수가 됨을 확인하였다. 순환소수의 순환마디의 길이는 어떻게 결정되는지 알아보자.

① 길이의 최댓값

앞의 사실로부터 유리수 $\frac{b}{a}$의 순환마디의 길이를 $D(\frac{b}{a})$로 나타낼 때, $D(\frac{b}{a}) \le a-1$이다. 특별히, $D(\frac{b}{a})=a-1$인 유리수를 **순환수**(Cyclic number)라고 부르고, 그 대표적인 예로 $\frac{1}{7}, \frac{1}{17}, \frac{1}{61}$ 등이 있다.

② 소수점 첫째 자리부터 순환마디인 유리수

유리수를 소수로 나타내었을 때 순환마디를 살펴보면 두 가지 현상이 나타난다.

$$\frac{1}{6}=0.1\dot{6} \ , \quad \frac{1}{11}=0.\dot{0}\dot{9}$$

하나는 소수 첫째 자리부터 순환마디가 되는 수(간단하게 **순순환소수**)이고, 다른 하나는 순환마디가 아닌 부분이 존재하는 수(간단하게 **혼순환소수**)이다. 이것을 구분하는 방법과 순환마디가 아닌 부분이 무엇인지 찾는 방법은 아래와 같다.

[정리A]

유리수 $\frac{1}{a}$에서 a가 10과 서로소이면, 순순환소수이다. 또한, a가 10과 서로소가 아닌 경우, $a=2^{\alpha}\times 5^{\beta}\times a_0$ (단, $(a_0, 10)=1$)로 소인수분해 되고 α와 β중에 큰 값을 m이라고 하면, 혼순환소수이다.

③ 순환마디의 길이 이해하기

앞의 몇 가지 예로부터, 아래와 같은 사실을 유추할 수 있다.

[정리B]

유리수 $\frac{1}{a}$에서 $a=2^{\alpha}\times 5^{\beta}\times a_0$(단, $(a_0, 10)=1$)이면, $D(\frac{1}{a})=D(\frac{1}{a_0})$이다.

증명

$$\frac{1}{a}=\frac{1}{2^{\alpha}\times 5^{\beta}\times a_0}=\frac{b_0}{2^m\times 5^m\times a_0}=\frac{1}{10^m}\times\frac{b_0}{a_0}\quad (\text{단, } m\text{은 } \alpha, \beta\text{중 큰 값})$$

$$=0.00\cdots 01\times \mathrm{N}.\dot{c}_1 c_2\cdots \dot{c}_n\quad (\text{단, N은 정수부분, } D\left(\frac{1}{a_0}\right)=n)$$

$$=\underbrace{0.00\cdots z_1 z_2\cdots z_s}_{m\text{자리}}\dot{c}_1 c_2\cdots \dot{c}_n\quad (\text{단, N}=z_1 z_2\cdots z_s)$$

이어야 하기 때문이다. 따라서 순환마디의 길이는 10과 서로소인 a_0에 의해 결정된다. ■

[정리C]

$D(\frac{b_0}{a_0})=D(\frac{1}{a_0})$이다(단, $(a_0, 10)=1$, $(a_0, b_0)=1$).

증명 $D(\frac{1}{a_0})=n$ 이라고 하면, $\frac{1}{a_0}=0.\dot{r}_1r_2\cdots\dot{r}_n$이라고 둘 수 있다. 따라서

$$\frac{1}{a_0}=0.r_1r_2\cdots r_n+0.00\cdots0\dot{r}_1r_2\cdots\dot{r}_n=\frac{r_1r_2\cdots r_n}{10^n}+0.00\cdots0\dot{r}_1r_2\cdots\dot{r}_n$$

이 성립하므로, $\frac{r_1r_2\cdots r_n}{10^n}<\frac{1}{a_0}$ 이다. 이 식에서 양변에 b_0을 곱하면,

$$b_0\times\frac{r_1r_2\cdots r_n}{10^n}<\frac{b_0}{a_0}<1$$

을 얻을 수 있다. 이 식으로부터 다음이 성립한다.

$$b_0\times\frac{r_1r_2\cdots r_n}{10^n}<1$$

$$b_0\times r_1r_2\cdots r_n<10^n$$

그런데, n자리 자연수 $r_1r_2\cdots r_n$에 1보다 큰 정수를 곱해서 10^n보다 작아야 하므로, 그 결과도 n자리 자연수이어야 한다. 즉, 적절한 한 자리의 수 $p_1, p_2, \cdots, p_n$에 대해서, $b_0\times r_1r_2\cdots r_n=p_1p_2\cdots p_n$이 성립하므로, 다음을 얻을 수 있다.

$$\frac{b_0}{a_0}=b_0\times\frac{1}{a_0}=b_0\times0.\dot{r}_1r_2\cdots\dot{r}_n=0.\dot{p}_1p_2\cdots\dot{p}_n$$

따라서 $D(\frac{b_0}{a_0})=D(\frac{1}{a_0})$ 이다. ■

④ 순환마디의 길이 결정하기

순환마디의 길이가 0인 경우, 즉 유한소수인 경우에 분모를 10의 거듭제곱으로 고치면, 나머지 부분은 정수만 남게 된다. 반면, 순환마디의 길이가 1이상인 경우를 보자.

$$\frac{1}{9}=0.\dot{1},\ \frac{1}{99}=0.\dot{0}\dot{1},\ \frac{1}{999}=0.\dot{0}0\dot{1},\ \frac{1}{9999}=0.\dot{0}00\dot{1},$$

$$\frac{1}{99\cdots9}=\frac{1}{10^n-1}=0.\dot{0}0\cdots0\dot{1}$$

이 결과로부터, 순환마디의 길이는 분모를 10^n-1의 꼴, 즉 999⋯99로 고쳤을 때 n의

값이 순환마디의 길이가 됨을 알 수 있다.

⑤ 순환마디의 길이 구하기

위의 사실을 이용하여 다음 유리수에 대한 순환마디의 길이를 구해 보자.

$$D(\frac{1}{30})=D(\frac{1}{2\times5\times3})=D(\frac{1}{3})=D(\frac{3}{3\times3})=D(\frac{1}{9})=1$$

$$D(\frac{1}{296})=D(\frac{1}{2^3\times37})=D(\frac{1}{37})=D(\frac{27}{37\times27})=D(\frac{1}{999})=3$$

$$D(\frac{1}{505})=D(\frac{1}{5\times101})=D(\frac{1}{101})=D(\frac{99}{101\times99})=D(\frac{1}{9999})=4$$

$$D(\frac{1}{28})=D(\frac{1}{2^2\times7})=D(\frac{1}{7})=D(\frac{142857}{7\times142857})=D(\frac{1}{999999})=6$$

이상을 정리하면 순환마디의 길이에 대한 아래 공식을 얻을 수 있다.

[공식A] $D(\frac{b}{a})$ **구하기**

a의 소인수분해 즉, $a=2^\alpha\times5^\beta\times a_0$(단, $(a_0,10)=1$)라고 하고, $10^n-1=a_0\times k$ ($k\in\mathrm{N}$)를 만족하는 최초의 수를 n이라고 하면, $D(\frac{b}{a})=n$이다. 즉, $\frac{10^n-1}{a_0}$을 자연수가 되게 하는 n의 최솟값이 순환마디의 길이가 된다.

[공식B] $D(\frac{b}{a})$ **구하기**

a의 소인수분해 즉, $a=2^\alpha\times5^\beta\times a_0$(단, $(a_0,10)=1$)일 때, a_0의 소인수분해한 것을 $a_0=p_1^{t_1}p_2^{t_2}\cdots p_m^{t_m}$($p_i$는 소수)이라고 하면,

$$D(\frac{b}{a})=\left[D\left(\frac{1}{p_1^{t_1}}\right),D\left(\frac{1}{p_2^{t_2}}\right),\cdots\cdots,D\left(\frac{1}{p_m^{t_m}}\right)\right]$$

이다(단, $[D(c),\ D(d)]$는 $D(c)$와 $D(d)$의 최소공배수를 의미한다).

이제 공식B가 성립하는 이유에 대해 $a_0 = p_1 \times p_2$인 경우를 중심으로 살펴보자.

증명 $D(\frac{1}{p_1}) = d_1$, $D(\frac{1}{p_2}) = d_2$이고 $[d_1, d_2] = L$일때, $D(\frac{1}{p_1 p_2}) = L$임을 보이자.

$D(\frac{1}{p_1 p_2}) = L$을 보이기 위해서는 $p_1 p_2 \times k = 10^d - 1$을 만족하는 d의 최솟값이 L 임을 보이면 된다.

(단계1) $D(\frac{1}{p_1}) = d_1$이므로 $p_1 \times k = 10^{d_1} - 1$이고, $D(\frac{1}{p_2}) = d_2$이므로 $p_2 \times k = 10^{d_2} - 1$이다. 또한, d_1과 d_2의 최대공약수를 G라고 하면(즉, $(d_1, d_2) = G$), $d_1 = d_1' G$, $d_2 = d_2' G$로 나타낼 수 있고, $L = G d_1' d_2' = d_1' d_2 = d_2' d_1$이 된다. 그러면,

$$10^L - 1 = 10^{d_1' d_2} - 1 = (10^{d_2} - 1)(10^{d_2(d_1' - 1)} + \cdots + 1) \quad \cdots ①$$

$$= 10^{d_2' d_1} - 1 = (10^{d_1} - 1)(10^{d_1(d_2' - 1)} + \cdots + 1) \quad \cdots ②$$

이 성립한다.

첫째, $p_1 \times k = 10^{d_1} - 1$에서 p_1은 $10^{d_1} - 1$의 약수이고, ②식에 의해서 $10^{d_1} - 1$은 $10^L - 1$의 약수이다. 그러므로 p_1은 $10^L - 1$의 약수이다.

둘째, $p_2 \times k = 10^{d_2} - 1$에서 p_2는 $10^{d_2} - 1$의 약수이고, ①식에 의해서 $10^{d_2} - 1$은 $10^L - 1$의 약수이다. 그러므로 p_2는 $10^L - 1$의 약수이다.

(단계2) p_1과 p_2가 모두 $10^L - 1$의 약수이다. 그런데, $(p_1, p_2) = 1$이므로 $p_1 p_2$도 $10^L - 1$의 약수가 되어야 한다.* 따라서 $p_1 p_2 \times k = 10^L - 1$ 인 정수 k가 존재한다.

$[d_1, d_2] = L$이므로 $p_1 p_2 \times k = 10^d - 1$을 만족하는 최소의 d은 L이 된다.

*참고. p_1과 p_2가 $10^L - 1$의 약수이고 $(p_1, p_2) = 1$이면, $p_1 p_2$도 $10^L - 1$의 약수이다. $10^L - 1 = c_1 c_2 \cdots c_k$로 소인수분해 되었다고 하자. p_1과 p_2가 $10^L - 1$의 약수이고, $(p_1, p_2) = 1$이므로, $c_1 c_2 \cdots c_k = p_1 \times p_2 \times p$(단,$p$는 p_1과 p_2를 제외한 나머지 인수)로 나타낼 수 있다. 따라서 $10^L - 1 = p_1 \times p_2 \times p$ 이므로, $p_1 p_2$는 $10^L - 1$의 약수이다. ■

탐구활동 7 제곱근의 근삿값

- **관련학습주제** : 1.3 정수, 유리수, 실수의 성질 4) 제곱근과 실수의 뜻
- **탐구주제** : 제곱근의 근삿값 계산
- **탐구방법** : 수학사 탐구 전략

제곱근의 근삿값은 계산기를 이용해서 간단하게 구할 수 있다. 하지만 제곱근의 근삿값을 특별한 절차를 통해 계산하는 방법이 있다. 예를 들어, $\sqrt{23450}$의 근삿값을 통해 그 계산 과정을 살펴보자.

1단계. 23450을 소수점을 기준으로 두 자리씩 나눈다. 그림과 같이 세 부분으로 분할된다.

2 : 3 4 : 5 0

2단계. 제곱해서 분할된 첫 번째 수보다 작게 되는 최대의 수를 구한다. 여기서는 제곱해서 2보다 작은 최대의 수 1을 쓴다.

```
      1
1  √ 2 : 3  4 : 5  0 :
```

3단계. 아래와 같이 우측 부분에서는 $2-(1\times1)=1$을 계산하고 34를 내려 쓴다. 그러면 134를 얻고, 좌측 부분은 1을 더해서 2를 얻는다.

```
           1
  1     √ 2 : 3  4 : 5  0 :
  1       1 :      :      :
 ---     -----------------
  2       1 : 3  4 :      :
```

4단계. 2□×□의 □안에 같은 수를 넣어 134이하가 되는 최대의 자연수를 찾는다. 여기서는 5가 된다. 즉, 25×5=125를 얻는다. 그리고 좌측에는 25+5=30을 얻는다.

5단계. 계속해서 같은 방법으로 계산하면 아래와 같이 근삿값을 구할 수 있다.

			1		5		③ …
1			√ 2	3	4	5	0
1			1				
2	5		1	3	4		
	5		1	2	5		
3	0	③			9	5	0
		③			9	0	9
		…				4	1 …

설명 왜 위와 같은 계산 방법이 성립하는지 구체적으로 살펴보자. 앞에서 두 자리씩 나누어 적은 이유는 간단하다. $9^2 = 81$이고 $10^2 = 100$이기 때문이다. 한 자리 수를 제곱하면 항상 100보다 작아지기 때문에 두 자리씩 나누어 적는다. 따라서 일의 자리와 십의 자리는 제곱근을 통해 '일의 자리'를 결정하고, 백의 자리와 천의 자리는 제곱근을 통해 '십의 자리'를 결정하기 때문이다.

그럼 위의 예처럼 정수 자리가 세 자리인 수 $a_2a_1a_0$이 있다고 하자. 그러면 실제로는 $a_2a_1a_0 = 100a_2 + 10 \times a_1 + a_0$이다. 그러면 이 수를 제곱하면 다음과 같다.

$$(100a_2 + 10 \times a_1 + a_0)^2 = 10^4a_2^2 + 10^2(2 \cdot 10a_2a_1 + a_1^2) + (2 \cdot 10^2a_2a_0 + 2 \cdot 10a_1a_0 + a_0^2)$$

따라서 $(100a_2 + 10 \times a_1 + a_0)^2$의 제곱근인 $a_2a_1a_0$을 구하기 위해서는 백의 자리, 십의 자리, 일의 자리를 순차적으로 결정하면 된다.

먼저 백의 자리 a_2를 결정해 보자. 23450에서 2×10^4에서 제곱해서 2를 넘지 않는 최대의 수가 a_2가 된다. 따라서 $a_2 = 1$로 결정된다. 이제 주어진 수보다 크지 않은 최대의 수를 아래와 같은 절차로 순차적으로 빼 주면 될 것이다.

이제 십의 자리 a_1을 결정해야 한다. $10^2(2 \cdot 10a_2a_1 + a_1^2)$의 의미를 살펴보자. $2 \times 10a_2$는 $10(a_2 + a_2)$를 의미하므로 좌측의 a_2를 두 번 더해서 십의 자리로 보낸 것과 같아진다. 그 다음 십의 자리 a_1을 일의 자리로 보낸 것이 $2 \cdot 10a_2 + a_1$이다. 따라서 $(2 \cdot 10a_2a_1 + a_1^2)$는 $2 \cdot 10a_2 + a_1$와 a_1의 곱임을 알 수 있다. 따라서 아래 그림에서는 $\{(1+1) \times 10 + 5\} \times 5$를 의미한다. 즉, $a_1 = 5$가 된다.

이제 일의 자리 a_0을 결정해야 한다. $(2 \cdot 10^2a_2a_0 + 2 \cdot 10a_1a_0 + a_0^2)$의 의미를 살펴보

자. $(2\cdot 10^2 a_2 a_0 + 2\cdot 10 a_1 a_0 + a_0^2)$는 $(2\cdot 10^2 a_2 + 2\cdot 10 a_1 + a_0)$과 a_0의 곱이다. 십의 자리에서와 같이 $10^2(a_2 + a_2)$와 $10(a_1 + a_1)$과 a_0을 순차적으로 a_0과 곱한 것이다. 아래 그림에서는 $\{(1+1)\times 100 + (5+5)\times 10 + 3\}\times 3$를 의미한다. 즉, $a_0 = 3$이 된다.

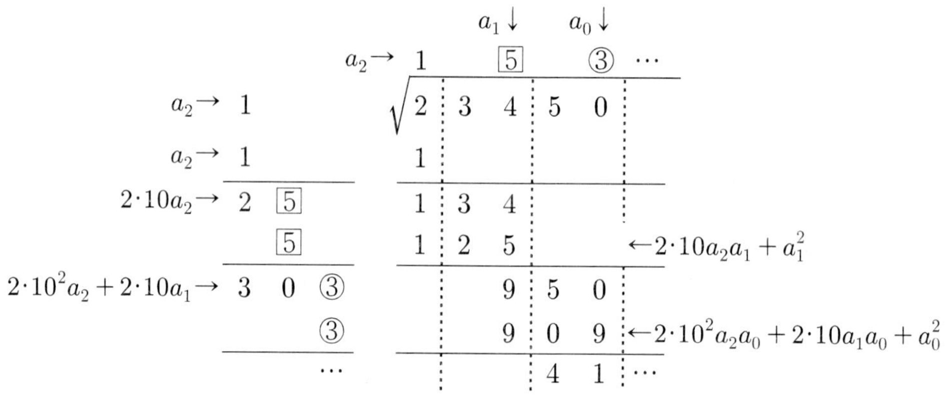

예제 3.19

$\sqrt{2013}$의 근삿값을 위와 같은 방법으로 구하시오.

풀이 아래와 같이 구하면 $\sqrt{2013} = 44.8\cdots$을 얻을 수 있다.

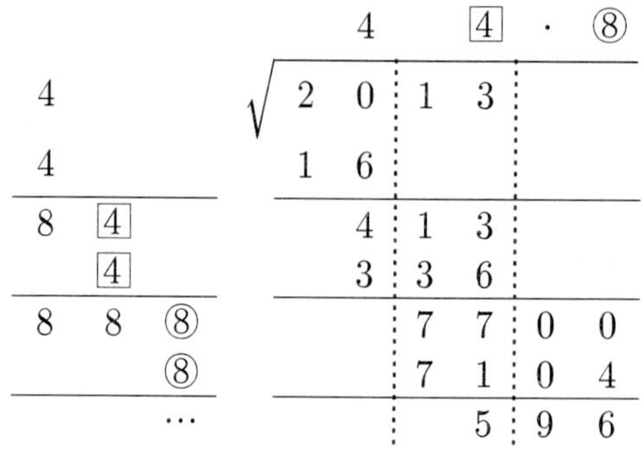

■

2. 대수(2): 문자와 식

2.1 문자의 사용과 식의 계산

학습주제

1) 문자의 사용과 식의 표현
   ① 문자의 사용 ② 식의 값
2) 간단한 식의 사칙연산
   ① 동류항 ② 다항식의 덧셈, 뺄셈
   ③ 지수법칙 ④ 단항식의 곱셈, 나눗셈
   ⑤ 다항식과 단항식의 곱셈, 나눗셈 ⑥ 등식의 변형
3) 곱셈공식과 인수분해
   ① 다항식의 곱셈 ② 곱셈 공식
   ③ 인수분해의 뜻 ④ 인수분해

1) 문자의 사용과 식의 표현

① 문자의 사용

한권에 300 원하는 공책을 a권 살 때 필요한 금액은 $300 \times a$(원)이 된다. 이처럼 **문자의 사용**을 통해 수량 사이의 관계를 간단히 나타낼 수 있다. 어떤 사실을 숫자와 문자 및 기호를 써서 나타낸 것을 **문자식** 또는 **식**이라 한다.

문자의 사용에서 **문자식** $300 \times a$는 곱셈 기호 $\times$를 생략하고 수를 문자 앞에 써서 $300a$로 간단히 나타낼 수 있다. 문자식의 사용에서 **곱셈 기호의 생략**은 아래와 같이 정리할 수 있다.

1. 숫자와 문자, 문자와 문자 사이의 곱셈 기호 $\times$는 생략한다.
2. 숫자는 보통 문자 앞에 쓴다.
3. 1이나 -1과 문자와의 곱에서는 1은 생략한다.
4. 같은 문자의 곱은 지수를 사용하여 거듭제곱으로 나타낸다.
5. 괄호가 있는 곱셈에서도 괄호 앞, 괄호 사이의 곱셈 기호 $\times$를 생략한다.

곱셈기호의 생략과는 약간 차이가 있지만 **나눗셈 기호의 생략**도 가능하다. 나눗셈 기호 ÷는 쓰지 않을 수 있는 방법이 있다. $a \div b = a \times \frac{1}{b} = \frac{a}{b}$ $(b \neq 0)$와 같이 분수 모양으로 나타낸다.

② 식의 값

문자식에 들어 있는 문자에 어떤 수를 바꾸어 넣은 것을 **대입**이라 하고, 대입하여 그 결과의 값을 **식의 값**이라 한다. 예를 들어, 한권에 300 원하는 공책 a권과 500원짜리 한 권을 살 때 지불해야 할 금액은 $300a + 500$(원) 이다. 이 때, 문자식의 문자 a 대신에 수 2를 넣는 것을 a 에 2를 **대입**한다고 하며, 대입하여 계산한 결과인 $300 \times 2 + 500 = 1100$을 $a = 2$일 때, **식의 값**이라고 한다.

2) 간단한 식의 사칙연산

① 동류항

식 $5x - 3y + 6$ 을 덧셈 연산으로 된 식으로 고치면 다음과 같다.

$$5x - 3y + 6 = 5x + (-3y) + 6$$

위의 식은 $5x$, $-3y$, 6의 합으로 나타낼 수 있다. 이때, $5x$, $-3y$, 6과 같이 숫자 또는 문자와 수의 곱으로 이루어진 식을 $5x - 3y + 6$ 의 **항**이라 하고, 6과 같이 수만으로 이루어진 항을 **상수항**이라 한다. 또, 몇 개의 항이 덧셈기호로 연결된 식을 **다항식**이라 하고, 항이 하나뿐인 식을 **단항식**이라 한다.

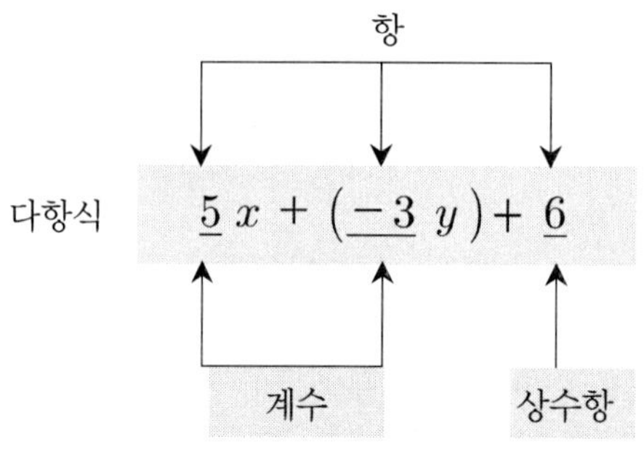

문자를 포함하는 항 $+5x$, $-3y$에서 문자 x와 y에 곱해진 수 $+5$와 -3을 각각 x와 y의 **계수**라고 한다. 어떤 항에서 문자의 곱해진 횟수를 그 문자에 대한 항의 **차수**라고 한다. 다항식에서 차수가 가장 큰 항의 차수, 즉 **최고차항의 차수**를 그 **다항식의 차수**라 한다. 예를 들어, 문자식 $3x^2-4x+5$에서 차수가 가장 큰 항은 $3x^2$이고 그 차수는 2이므로 이 다항식은 **이차식**이 되고, x^2의 계수는 3이다. 또한, 문자식 $3x-2$는 최고차항의 차수가 1이므로 **일차식**이 된다.

다항식 $4x-7+3x+2$을 보면, 문자부분이 같은 항을 찾을 수 있다. $4x$와 $3x$는 문자부분이 서로 같고, 차수도 1로 서로 동일하다. 이처럼 문자부분이 같고 차수가 같은 항을 **동류항**이라 한다. 따라서 상수항은 모두 **동류항**이 된다.

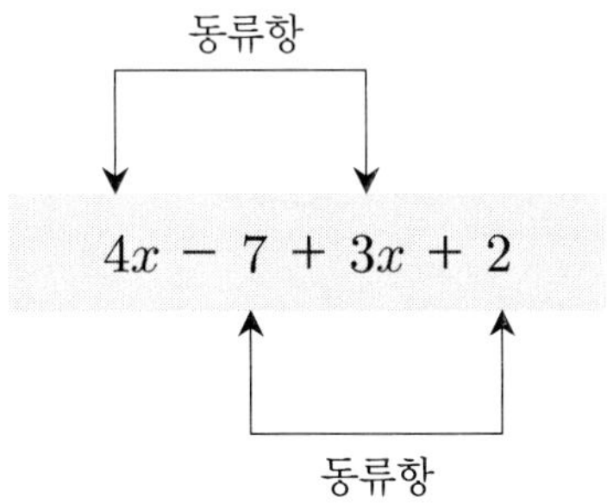

그런데 이러한 동류항은 식을 간단히 하는데 매우 유용하다. $2a+5a$를 생각해 보자. 분배법칙에 의해서 다음이 성립한다.

$$2a+5a=(2+5)a=7a$$

즉 $2a+5a$는 $7a$로 나타낼 수 있다. 다항식 $3a+5b+2a-4b$에서 $3a$와 $2a$, $5b$와 $-4b$는 서로 동류항이므로 $5a$와 b로 간단히 할 수 있다. 실제로 다항식의 덧셈과 뺄셈은 동류항끼리 모으고 상수항은 상수항끼리 모아서 계산하는 것을 의미한다.

② 다항식의 덧셈, 뺄셈

앞에서 언급한 것처럼 **다항식의 덧셈, 뺄셈**은 괄호를 풀고, 동류항끼리 모아서 간단히 하면 된다. 특히, 다항식의 뺄셈은 빼는 식의 항의 부호를 바꾸어 더한다.

예제 3.20

다음 다항식의 덧셈과 뺄셈을 수행하시오.

(1) $(2a+3b)+(3a-b)$ (2) $(4x-3y)-(-2x+5y)$

풀이 (1) $(2a+3b)+(3a-b)=2a+3b+3a-b$

$$=2a+3a+3b-b$$

$$=(2+3)a+(3-1)b$$

$$=5a+2b$$

(2) $(4x-3y)-(-2x+5y)=4x-3y+2x-5y$

$$=4x+2x-3y-5y$$

$$=(4+2)x+(-3-5)y$$

$$=6x-8y$$

■

③ 지수법칙

지수법칙은 지수가 자연수인 범위에서 단항식의 곱셈과 나눗셈을 하는 데 필요한 정도로 다룬다. 지수법칙을 정리하면 다음과 같다(단, m, n이 자연수).

1. $a^m \times a^n = a^{m+n}$
2. $(a^m)^n = a^{mn}$
3. 1) $m > n$이면 $a^m \div a^n = a^{m-n}$

   2) $m = n$이면 $a^m \div a^n = 1$

   3) $m < n$이면 $a^m \div a^n = \dfrac{1}{a^{n-m}}$
4. $(ab)^m = a^m b^m$
5. $\left(\dfrac{a}{b}\right)^m = \dfrac{a^m}{b^m}$

예제 3.21

다음을 계산하시오.

(1) $a^4 \times \ b^2 \times a^2$ (2) $(a^2)^4 \times (a^3)^2$

(3) $x^4 \div (x^3)^2$ (4) $(\frac{x^2}{y^3})^4$

풀이 (1) $a^4 \times \ b^2 \times a^2 = \ a^4 \times a^2 \times \ b^2 = \ a^{4+2} \times b^2 = a^6 b^2$

(2) $(a^2)^4 \times (a^3)^2 = \ a^{2\times 4} \times a^{3\times 2} = \ a^8 \times a^6 = \ a^{14}$

(3) $x^4 \div (x^3)^2 = \ \frac{1}{x^{6-4}} = \ \frac{1}{x^2}$

(4) $(\frac{x^2}{y^3})^4 = \ \frac{(x^2)^4}{(y^3)^4} = \ \frac{x^{2\times 4}}{y^{3\times 4}} = \ \frac{x^8}{y^{12}}$

■

문제 1

$100 \times \cdots \times 3 \times 2 \times 1 \ = \ 2^a \times 3^b \times 5^c \times 7^d$ 이다. 이때, $a+b+c+d$ 의 값을 구하시오.

■

문제 2

$4^{x+3} = 4^x \times 2^y = 8^3$ 을 만족시키는 x, y 의 값을 구하시오.

■

문제 3

$(2^x \cdot 3^y \cdot 5^z)^m = \ 2^6 \cdot 3^8 \cdot 5^{12}$ 일 때, m 의 최댓값을 구하시오.

■

문제 4

$a=3^{x+1}$ 일 때, 27^x 를 a 에 관한 식으로 나타내시오.

문제 5

$2^{16}\times 5^{20}$ 은 n 자리의 자연수이다. n 의 값을 구하시오.

문제 6

n 이 1보다 큰 자연수일 때, $5^{n-1}(2^n+4\cdot 2^n)$ 을 간단히 하시오.

④ 단항식의 곱셈, 나눗셈

단항식의 곱셈은 계수는 계수끼리, 문자는 문자끼리 곱하여 계산한다. 예를 들어, $3a$와 $2b$의 곱셈은 $3a\times 2b=3\times 2\times a\times b=6ab$가 된다.

단항식의 나눗셈도 계수는 계수끼리, 문자는 문자끼리 나누어 계산한다. 이때 수로 나눌 때와 같은 방법으로 나눗셈을 곱셈으로 바꾸거나 나눗셈을 분수로 바꾸어 계산할 수도 있다. 예를 들어, $6ab$를 $2b$로 나누는 나눗셈은 다음 두 가지로 가능하다.

방법1. $6ab\div 2b = 6ab\times\frac{1}{2b}= 6\times\frac{1}{2}\times ab\times\frac{1}{b}= 3a$

방법2. $6ab\div 2b = \frac{6ab}{2b}= 3a$

⑤ 다항식과 단항식의 곱셈, 나눗셈

단항식과 다항식의 곱셈은 분배법칙을 이용하여 계산하면 된다. 예를 들어 $4a\times(2b+3)$은 분배법칙을 사용하여 다음과 같이 계산된다.

$$4a \times (2b+3) = 4a \times 2b + 4a \times 3 = 8ab + 12a$$

다항식을 단항식으로 나누는 나눗셈(즉, $(a+b) \div c \ (c \neq 0)$)은 나눗셈을 곱셈으로 고친 후, 분배법칙을 이용하여 계산하면 된다. 예를 들어, $8a^2+4a$를 $2a$로 나누는 나눗셈은 다음과 같이 계산된다.

$$(8a^2+4a) \div 2a = (8a^2+4a) \times \frac{1}{2a} = 8a^2 \times \frac{1}{2a} + 4a \times \frac{1}{2a} = 4a+2$$

예제 3.22

다음을 계산하시오.

(1) $a(2a-b+1)-2b(-3a-b+2)$

(2) $(6x^2-18xy) \div 3x - (4xy+8y^2) \div (-2y)$

풀이 (1) $a(2a-b+1)-2b(-3a-b+2)$

$$= 2a^2 - ab + a + 6ab + 2b^2 - 4b$$

$$= 2a^2 + 5ab + a + 2b^2 - 4b$$

(2) $(6x^2-18xy) \div 3x - (4xy+8y^2) \div (-2y)$

$$= \frac{6x^2-18xy}{3x} - \frac{4xy+8y^2}{(-2y)}$$

$$= \frac{6x^2}{3x} - \frac{18xy}{3x} + \frac{-4xy}{(-2y)} + \frac{-8y^2}{(-2y)}$$

$$= 2x - 6y + 2x + 4y$$

$$= 4x - 2y$$

■

⑥ 등식의 변형

식 $S = \frac{1}{2}ah$를 변형하여 $a = \frac{2S}{h}$로 나타내는 것을 이 식을 a에 관하여 푼다고 한다. 같은 방법으로 이 식을 h에 관하여 풀면 $h = \frac{2S}{a}$이다. 이처럼 주어진 식을 바꾸는 것을 **식의 변형**이라고 부른다.

또한 주어진 식의 문자에 그 문자를 나타내는 다른 식을 대입하여 주어진 식을 다른 문자로 나타낼 수 있다. 예를 들어, 문자식 $4x+2y$ 에 x와 y 대신에 $x=a+b$, $y=2a-b$ 를 대입하면, 다음 식을 얻을 수 있다.

$$4x+2y = 4(a+b)+2(2a-b)= 8a+2b$$

이와 같은 과정을 '$4x+2y$를 a, b에 대한 식'으로 나타낸 것이라고 한다.

문제 1

$y=3x-2$ 일 때, $9x-3y+5$ 를 x 에 대한 식으로 나타내시오.

문제 2

$2^5=A$ 라 할 때, 4^{-5} 를 A 에 대한 식으로 나타내시오.

문제 3

$\dfrac{1}{a}+\dfrac{1}{b}=\dfrac{1}{f}$ 을 b 에 관하여 푸시오.

3) 곱셈공식과 인수분해

① 다항식의 곱셈

다항식과 다항식의 곱을 분배법칙을 사용하여 전개하면 다음과 같은 가장 일반적인 곱셈의 전개공식을 얻을 수 있다.

①　②　③　④

$$(a+b)(c+d) = ac + ad + bc + bd$$

② 곱셈 공식

중학교에서 다루어지는 곱셈공식을 정리하면 다음과 같다.

1. $(a+b)^2 = (a+b)(a+b) = a^2 + ab + ab + b^2 = a^2 + 2ab + b^2$
2. $(a-b)^2 = (a-b)(a-b) = a^2 - ab - ab + b^2 = a^2 - 2ab + b^2$
3. $(a+b)(a-b) = a^2 - ab + ab - b^2 = a^2 - b^2$
4. $(x+a)(x+b) = x^2 + ax + bx + ab = x^2 + (a+b)x + ab$
5. $(ax+b)(cx+d) = ax \times cx + ax \times d + b \times cx + b \times d$

$$= acx^2 + adx + bcx + bd = acx^2 + (ad+bc)x + bd$$

위의 곱셈공식을 이용하면 복잡한 식의 분모의 유리화가 가능하다. 예를 들어 $\dfrac{7}{3-\sqrt{2}}$ 의 분모를 유리화하는 방법을 살펴보자. 곱셈공식을 이용하여 분모의 두 수가 동시에 제곱을 만들기 위해 분모, 분자에 $3+\sqrt{2}$ 를 곱하여 정리하면 다음과 같이 분모가 유리화된다.

$$\frac{7}{3-\sqrt{2}} = \frac{7(3+\sqrt{2})}{(3-\sqrt{2})(3+\sqrt{2})} = \frac{7(3+\sqrt{2})}{3^2-(\sqrt{2})^2} = 3+\sqrt{2}$$

문제 1

$x^2 - 3x + 1 = 0$ 이고, x가 1보다 클 때, $x - \dfrac{1}{x}$ 의 값을 구하시오.

문제 2

$(2+1)(2^2+1)(2^4+1)(2^8+1)$ 을 계산하시오.

③ 인수분해의 뜻

곱셈 공식에서 $(x+3)(x+5) = x^2 + 8x + 15$ 이므로, 좌변과 우변을 바꾸면 $x^2 + 8x + 15$

$=(x+3)(x+5)$가 된다. 즉, 다항식 $x^2+8x+15$를 $x+3$과 $x+5$ 두 인수의 곱으로 표현할 수 있다. 이처럼 하나의 다항식을 두 개 이상의 인수들의 곱으로 표현하는 것을 **인수분해**한다고 한다. 따라서 인수분해는 다항식의 곱셈의 역연산에 해당한다.

인수분해에서 가장 기본이 되는 것이 **공통인수**의 추출이다. 공통인수는 두 개 이상의 항에 동시에 들어 있는 인수를 의미한다. 예를 들어, 두 항 ab와 ac에서 a는 동시에 들어 있는 인수이므로 공통인수가 된다. 일반적으로 $ma+mb$는 공통인수 m을 묶어서 $ma+mb=m(a+b)$와 같이 인수분해할 수 있다.

④ 인수분해

중학교에서 다루어지는 인수분해 공식을 정리하면 다음과 같다. 사실 앞에서 다룬 곱셈공식의 역이다.

1. $ma+mb=m(a+b)$
2. $a^2+2ab+b^2=(a+b)^2$
3. $a^2-2ab+b^2=(a-b)^2$
4. $a^2-b^2=(a+b)(a-b)$
5. $x^2+(a+b)x+ab=(x+a)(x+b)$
6. $acx^2+(ad+bc)x+bd=(ax+b)(cx+d)$

$(a+b)^2$, $3(x-2y)^2$과 같이 다항식의 제곱으로 된 식 또는 여기에 상수를 곱한 식을 **완전제곱식**이라고 한다. 사실 다항식 x^2+2bx가 완전제곱식이 되려면 x의 계수 $2b$의 $\frac{1}{2}$의 제곱인 $(\frac{1}{2}\times 2b)^2=b^2$을 더해 주면 된다. 이를 통해 다음이 얻어진다.

$$x^2+2bx+b^2=(x+b)^2$$

문제 1

$0<x<1$일 때, $\sqrt{x^2+2x+1}+\sqrt{x^2-2x+1}$을 간단히 하시오.

문제 2

$a-b<0$, $ab<0$ 일 때, $\sqrt{a^2-2ab+b^2}+\sqrt{a^2}-|b|$를 간단히 하시오.

문제 3

반지름의 길이가 r인 원 모양의 연못 둘레에 나비가 a인 길이 있다. 이 길의 넓이를 S, 길 한가운데를 지나는 원주를 l라고 할 때, 이 길의 넓이를 a, l만의 식으로 나타내어라.

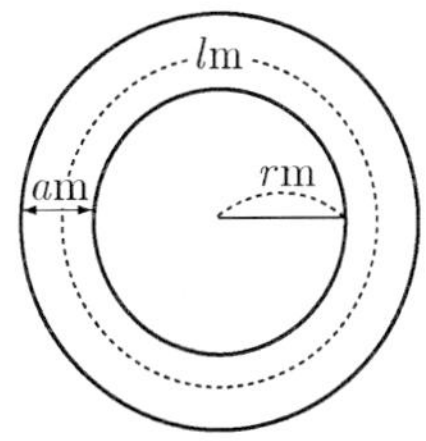

문제 4

삼각형의 세 변의 길이를 각각 a, b, c라고 할 때, 다음 식을 만족하는 삼각형은 어떤 삼각형인지 구하시오.

$$a^2+b^2+c^2-ab-bc-ca=0$$

2.2 방정식[6)]

학습주제

1) 방정식과 그 해
   ① 방정식의 뜻 ② 해의 뜻
2) 일차방정식과 그 해
   ① 등식의 성질 ② 일차방정식과 그 해
   ③ 미지수가 두 개인 일차방정식과 그 해

6) 구장산술 8권 方程편에 용어의 기원이 있다. 方은 비교한다는 뜻이 있고, 程은 양을 나타낸다.

④ 미지수가 두 개인 일차연립방정식과 그 해

3) 이차방정식과 그 해

① 이차방정식의 뜻과 해 ② 인수분해에 의한 해법

③ 제곱근, 완전제곱식을 이용한 해법

④ 이차방정식의 근의 공식 ⑤ 이차방정식의 활용

1) 방정식과 그 해

① 방정식의 뜻

등식 $3x+2=5$는 x가 1이면 참이고, x가 3이면 거짓이다. 이와 같이, x의 값에 따라 참이 되기도 하고, 거짓이 되기도 하는 등식을 **방정식**이라고 하며, 이 때 x를 **미지수**라고 한다.

② 해의 뜻

방정식 $2x+3=7$에서 $x=2$와 같이 방정식을 참이 되게 하는 x의 값을 그 **방정식의 근** 또는 **해**라고 한다. 또, 방정식의 해를 구하는 것을 **방정식을 푼다**고 한다. 또한 $3x-5x=-2x$처럼 미지수 x의 값에 관계없이 항상 참이 되는 등식을 **항등식**이라고 한다. 따라서 항등식과 방정식은 분명히 구별된다.

2) 일차방정식과 그 해

① 등식의 성질

등호 '='를 사용하여 두 수 또는 식이 같음을 나타낸 식을 **등식**이라고 한다. 등식에서 등호의 왼쪽 부분을 **좌변**, 오른쪽 부분을 **우변**이라 하며, 좌변과 우변을 통틀어 **양변**이라고 한다.

$$x+8=2$$
$$3x-4=9$$

↑ ↑

좌변 우변

양변

등식은 다음과 같은 성질을 가지고 있다.

1. 등식의 양변에 같은 수를 더하여도 등식은 성립한다.
   즉, $a=b$일 때, $a+c=b+c$
2. 등식의 양변에 같은 수를 빼도 등식은 성립한다.
   즉, $a=b$일 때, $a-c=b-c$
3. 등식의 양변에 같은 수를 곱하여도 등식은 성립한다.
   즉, $a=b$일 때, $a\times c=b\times c$
4. 등식의 양변에 0이 아닌 같은 수를 나누어도 등식은 성립한다.
   즉, $a=b$일 때, $\frac{a}{c}=\frac{b}{c}$ (단, $c\neq 0$)

등식의 성질 중에서 첫 번째, 두 번째 성질은 다음과 같이 인식될 수 있다. 방정식 $x-5=7$이 주어져 있다. 등식의 성질에 의해서 양변에 같은 수 5를 더하면 다음과 같다.

$$x-5+5=7+5$$

이것을 정리하면 $x=7+5$가 된다. 결과적으로 좌변에 있는 -5가 우변으로 옮겨져 $+5$로 바뀐 것과 동일하다. 이처럼 등식의 성질을 이용하면, 등식의 한쪽 변에 있는 항을 다른 쪽 변으로 이동할 수 있는 것과 같은 현상이 일어나는데, 이와 같이 항을 이동하는 것을 **이항**이라고 한다.

② 일차방정식과 그 해

미지수가 한 개인 일차방정식 $ax+b=0$ 에서 $a=0$일 때, $b\neq 0$ 이면 x에 어떠한 값을 대입하여도 항상 거짓이 된다. 그래서 방정식의 모든 항을 좌변으로 이항하여 정리한 식이 (일차식)$=0$의 모양으로 변형되는 방정식을 **일차방정식**이라고 한다. 일반적으로 $ax+b=0$을 **일차방정식의 일반형**이라고 한다.

일차방정식의 해를 구하는 방법 즉 일차방정식을 푸는 것은 다음 절차를 따른다. 일차방정식 $ax+b=0$이 주어져 있다.

먼저, 일차방정식 $ax+b=0$의 양변에 $-b$를 더하면 다음과 같다.

$$ax+b-b=-b$$

이 식을 정리하면, $ax=-b$가 된다. 이 식의 양변에 $\frac{1}{a}$ 를 곱하면 다음과 같다.

$$\frac{1}{a} \cdot ax = \frac{1}{a}(-b)$$

이 식을 정리하면, 일차방정식의 해 $x = -\frac{b}{a}$를 얻는다.

좀 더 복잡한 일차방정식의 경우 다음과 같은 절차로 일차방정식을 풀 수 있다.

1. 계수가 분수나 소수이면, 양변에 알맞은 수를 곱하여 계수를 정수로 고친다.
2. 괄호가 있으면 괄호를 풀고 정리한다.
3. 미지수 x를 포함하는 항은 좌변으로, 상수항은 우변으로 이항한다.
4. 양변을 간단히 하여 $ax = b \ (a \neq 0)$의 꼴로 만든다.
5. x의 계수로 양변을 나눈다.

예제 3.23

다음 방정식을 푸시오.

(1) $0.5x + 1.6 = 0.3x$ (2) $\frac{x-1}{3} - \frac{x+1}{2} = x + 2$

풀이 (1) 주어진 방정식의 양변에 10을 곱하면 다음을 얻는다.

$$5x + 16 = 3x$$

이항하여 정리하면 $5x - 3x = -16$ 이고, $2x = -16$이 된다. 양변을 2로 나누면 $x = -8$이 된다.

(2) 주어진 방정식의 양변에 6을 곱하면 다음을 얻는다.

$$2(x-1) - 3(x+1) = 6(x+2)$$

괄호를 풀고 이항하여 정리하면 $2x - 3x - 6x = 12 + 2 + 3$이므로, $-7x = 17$이 된다. 양변을 -7로 나누면 $x = -\frac{17}{7}$

■

일차방정식의 활용 문제를 해결하는 순서는 다음과 같이 정리할 수 있다.

1. 문제의 뜻을 파악하고, 구하려고 하는 수를 x로 놓는다.
2. 문제의 뜻에 따라 방정식을 세운다.

3. 2에서 세운 방정식을 푼다.
4. 구한 해가 문제의 뜻에 맞는지 알아본다.

예제 3.24

어떤 자연수에 4를 더하여 3배하면 27이 되는 자연수를 구하시오.

풀이 구할 자연수를 x라 하면, 다음 식을 얻을 수 있다.

$$3(x+4)=27$$

이 식을 풀면 $3x+12=27$이고, $3x=27-12$이므로 $3x=15$에 의해서 $x=5$이다. 즉, 5는 자연수이므로 문제의 뜻에 적절한 답이다. ■

문제 1

둘레의 길이가 6㎞인 호수가 있다. 어느 한 지점에서 A, B 두 사람이 서로 다른 방향으로 동시에 출발하였다. A는 분속 120m, B는 분속 80m로 갔을 때, A, B 두 사람이 처음으로 다시 만나는 것은 출발한지 몇 분 후인지 구하시오. ■

문제 2

일정한 속력으로 달리는 기차가 길이 400m의 철교를 통과하는 데 30초가 걸리고 길이 200m의 굴을 통과하는 데 24초가 걸린다고 한다. 기차의 길이를 구하시오. ■

문제 3

어떤 상품에 원가의 4할의 이익을 붙여 정가를 정하였다. 이 상품을 정가에서 2할 할인하여 팔았더니, 2640원의 이익이 남았다. 이 상품의 원가를 구하시오. ■

문제 4

학생들을 강당에 입장시키는데, 한 의자에 4명씩 앉게 하면, 2명의 학생은 의자에 앉지 못하고, 한 의자에 5명씩 앉게 하면, 마지막 의자에는 1명만 앉게 되고 의자 10개가 남는다. 학생 수를 구하시오.

문제 5

어떤 일을 혼자서 완성하는데, 보억이는 12일 현덕이는 8일 걸린다. 그 일을 보억이가 며칠간 하다가, 그 후 현덕이과 보억이가 함께 일하여 2일 만에 완성하였다. 보억이가 일한 날수를 구하시오.

③ 미지수가 두 개인 일차방정식과 그 해

$500x+100y=1900$과 같이 미지수로 x, y 처럼 두 개를 포함한 식을 **미지수가 두 개인 일차방정식**이라고 한다. 이 때 일차방정식을 참이 되게 하는 두 미지수 x, y의 값 혹은 그 순서쌍 (x,y)를 **미지수가 두 개인 일차방정식의 해**라고 한다. 또한 이 해를 구하는 것을 **미지수가 두 개인 일차방정식을 푼다**고 한다.

미지수가 두 개인 일차방정식 $2x+y=4$의 해를 생각해 보자. 이 방정식을 참이 되게 하는 x, y의 순서쌍을 구하면 $(-1,6)$,$(0,4)$,$(1,2)$, $(2,0)$, $(3,-2)$ 등이 있다. 이를 좌표평면 위에 나타내면 아래 왼쪽 그림과 같다.

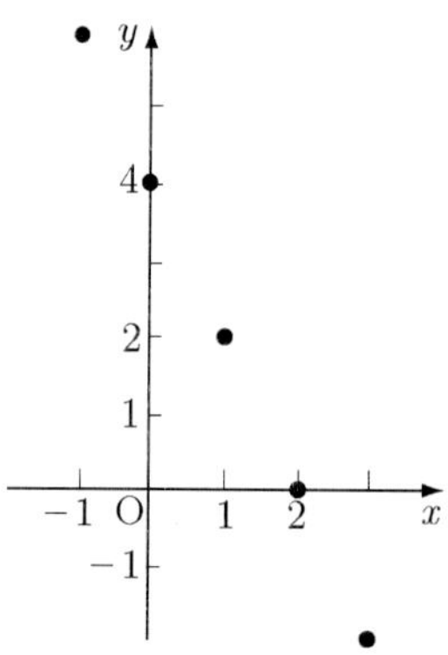

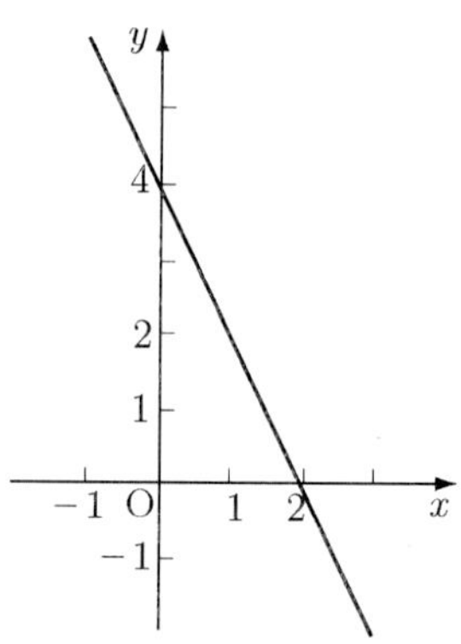

그런데, x,y가 수 전체의 집합의 원소라고 할 때, 일차방정식 $2x+y=4$의 해는 무수히 많고 x와 y의 값의 순서쌍을 좌표평면 위에 나타내면 직선이 된다. 이것을 그래프로 나타내면 위의 오른쪽 그래프와 같게 된다. 따라서 미지수가 두 개인 일차방정식은 다음과 같이 정리할 수 있다.

첫째, 미지수가 2개인 일차방정식의 해는 순서쌍 (x, y)를 좌표평면 위에 점으로 나타낼 수 있다.

둘째, x, y의 값의 범위가 수 전체의 집합인 경우에는 그래프가 직선으로 나타난다. 이때, 일차방정식 $ax+by+c=0(a \neq 0, b \neq 0)$를 **직선의 방정식**이라고 한다.

④ **미지수가 두 개인 일차연립방정식과 그 해**

미지수가 두 개인 두 일차방정식 $x+y=8$, $4x+2y=26$이 있을 때, 두 일차방정식을 동시에 나타낸 것을 **미지수가 두 개인 일차연립방정식**이라고 한다. 이때 두 일차방정식을 동시에 만족하도록 하는 (x,y)의 쌍을 미지수가 **두 개인 연립방정식의 해**라고 하고, 이 해를 구하는 것을 **미지수가 두 개인 일차연립방정식을 푼다**고 한다.

일차연립방정식을 푸는 방법은 크게 세 가지로 구분할 수 있다.

첫째, 등식의 성질을 이용하여 두 방정식을 더하거나 빼어서 한 미지수를 소거하여 연립방정식의 해를 구하는 방법을 **가감법**이라고 한다. 예를 들어, 연립방정식

$$\begin{cases} 2x+3y=11 \\ 3x-2y=10 \end{cases}$$

을 가감법으로 풀면 다음과 같다.

연립방정식에서 y의 항을 소거하기 위하여 첫 번째 식의 $3y$와 두 번째 식의 $-2y$의 계수의 절댓값을 같게 하기 위해서, 첫째 식에 2를, 둘째 식에 3을 곱하면 다음과 같다.

$$4x+6y=22 \cdots\cdots ①'$$

$$9x-6y=30 \cdots\cdots ②'$$

여기서 두 식을 ①$'$ + ②$'$하면, $13x=52$이므로 $x=4$가 된다. 이를 통해 $y=1$을 얻을 수 있다. 따라서 연립방정식의 해는 $(4,1)$이 된다.

둘째, 연립방정식에서 한 방정식을 다른 방정식에 대입하여 한 문자를 소거 한 후 해를 구하는 방법을 **대입법**이라고 한다. 예를 들어, 연립방정식

$$\begin{cases} x - y = 1 \cdots\cdots ① \\ 2x + 3y = 4 \cdots\cdots ② \end{cases}$$

을 대입법으로 풀면 다음과 같다.

①식을 x에 대한 식을 고치면 $x = y + 1$이 된다. 이 x를 ②식에 대입하여 정리하면 $2(y+1) + 3y = 4$, $2y + 2 + 3y = 4$가 되고, 정리하면 $y = \frac{2}{5}$가 된다. 이것을 처음 식에 대입하면 $x = \frac{7}{5}$을 얻는다. 따라서 연립방정식의 해는 $(\frac{7}{5}, \frac{2}{5})$가 된다.

셋째, 항등식의 성질을 이용하는 **미정승법**이 있다. 예를 들어 연립방정식

$$\begin{cases} 2x + 3y = 5 \cdots ① \\ 3x + 4y = 6 \cdots ② \end{cases}$$

을 미정승법으로 풀면 다음과 같다. 먼저 ①의 양변에 m을 곱하면

$2mx + 3my = 5m \cdots ③$이 된다. ③식에서 ②식을 변끼리 빼면 다음 식을 얻을 수 있다.

$$(2m-3)x + (3m-4)y = 5m - 6$$

여기서, $2m - 3 = 0$이라 하면, $m = \frac{3}{2}$이고, $y = \frac{5m-6}{3m-4} = \frac{5 \times \frac{3}{2} - 6}{3 \times \frac{3}{2} - 4} = 3$이 된다. 또한, $3m - 4 = 0$이라 하면, $m = \frac{4}{3}$이고, $x = \frac{5m-6}{2m-3} = \frac{5 \times \frac{4}{3} - 6}{2 \times \frac{4}{3} - 3} = -2$가 된다. 따라서 구하는 해는 $(-2, 3)$이다.

특별한 모양을 가지는 연립방정식이 있다. 예를 들어, $A = B = C$모양의 연립방정식은

$$\begin{cases} A = B \\ A = C \end{cases}, \begin{cases} A = B \\ B = C \end{cases}, \begin{cases} A = C \\ B = C \end{cases}$$

의 꼴로 만들어 푼다.

예제 3.25

연립방정식 $2x + y = 3x - y = 5$의 해를 구하시오.

풀이 주어진 연립방정식은 $\begin{cases} 2x+y=5 \\ 3x-y=5 \end{cases}$ 와 동일한다. 따라서 가감법에 의해서 두 식을 더하면 $5x=10$이므로 $x=2$가 된다. $x=2$를 $2x+y=5$에 대입하면, $2\times2+y=5$이므로 $y=1$이다.

■

또한 연립방정식 $\begin{cases} ax+by=c \\ a'x+b'y=c' \end{cases}$을 풀었을 때, 해가 무수히 많은 경우와 해가 없는 경우의 특별한 모양이 나올 수도 있다. 해가 무수히 많은 경우를 **부정**이라고 하고, 해가 없는 경우를 **불능**이라고 한다. 예를 들어, 연립방정식 $\begin{cases} x+y=2 \\ 2x+2y=4 \end{cases}$ 은 $0=0$의 꼴이 나오기 때문에 해가 무수히 많고, 연립방정식 $\begin{cases} x+2y=1 \\ 3x+6y=2 \end{cases}$은 $1=0$의 꼴이 나오기 때문에 해가 존재하지 않는다.

미지수가 두 개인 연립방정식을 활용하는 문제를 푸는 순서는 다음과 같이 정리할 수 있다.

1. 먼저 무엇을 미지수 x, y로 나타낼 것인지 정한다.
2. x,y를 사용하여 문제의 뜻에 맞게 연립방정식을 세운다.
3. 세운 연립방정식을 푼다.
4. 구한 해가 문제의 뜻에 맞는가를 조사하고, 문제의 뜻에 맞는 것만을 답으로 한다.

예제 3.26

5%의 소금물과 8%의 소금물을 섞어서 7%의 소금물 1800g을 만들었다. 8%의 소금물과 5%의 소금물을 각각 몇 g 섞었는지 구하시오.

풀이 8%의 소금물의 양을 x g, 5%의 소금물의 양을 y g이라고 하자. 그러면, 8%와 5%의 소금물의 양을 합하여 1800g이 되어야 하므로 첫 번째 식 $x+y=1800$을 얻는다. 또한 소금의 양은 변화가 없으므로 $\frac{8}{100}\times x+\frac{5}{100}\times y=\frac{7}{100}\times 1800$을 얻을 수 있다.
이 두 식을 연립하여 풀면 $x=1200$(g), $y=600$(g)이 된다. 따라서 8%의 소금물 1200g, 5%의 소금물 600g이 된다.

■

문제 1

어느 공장에서 지난 달 A, B 두 제품을 합하여 1000개를 생산하였다. 이 달에 생산한 양은 지난달에 비하여 제품 A는 5% 증가하고, 제품 B는 3% 감소하여 전체로는 26개 증가하였다. 이 달의 A제품의 생산량을 구하시오.

문제 2

수연이와 현선이가 함께 일을 하면 24분이면 끝나는 일을 둘이서 함께 16분간 하고, 나머지는 현선이 혼자서 일을 하여 20분만에 끝냈다고 한다. 만약 수연이 혼자서 한다면 얼마의 시간이 걸리는지 구하시오.

문제 3

어느 학교의 지난해 남, 녀 학생 수는 2000명이었는데 금년에는 남학생이 5% 늘고 여학생은 10% 줄어서 1980명이 되었다고 한다. 금년의 여학생 수를 구하시오.

3) 이차방정식과 그 해

① 이차방정식의 뜻과 해

방정식에서 모든 항을 좌변으로 이항하여 정리하였을 때, 좌변이 x에 관한 이차식이 되는 방정식, 즉 $ax^2+bx+c=0$ (단, a, b, c는 실수, $a\neq 0$)이 되었다. 이와 같은 모양이 되는 방정식을 x에 관한 **이차방정식**이라고 한다. 이때 $ax^2+bx+c=0$을 **이차방정식의 일반형**이라고 한다. 또한 이차방정식 $ax^2+bx+c=0$을 참이 되게 하는 x의 값이 그 이차방정식의 해 또는 **근**이라고 하고, 이 해를 구하는 것을 **이차방정식을 푼다**고 한다.

② 인수분해에 의한 해법

두 수 a, b가 모두 0이 아니면 $ab\neq 0$이다. 따라서 두 수 a, b에 대하여 $ab=0$이면

a, b중 적어도 어느 하나는 반드시 0이어야 한다. 즉, 다음이 성립한다.

$ab=0$이면 $a=0$ 또는 $b=0$이다.

또한, 이것의 역도 성립한다. 곧,

$a=0$ 또는 $b=0$이면 $ab=0$이다.

이 사실을 이용하여 이차방정식을 푸는 것을 **인수분해법**이라고 부른다.

예제 3.27

이차방정식 $x^2+10=7x$를 푸시오.

풀이 주어진 식에서 $7x$를 좌변으로 이항하면, 다음과 같다.

$$x^2-7x+10=0$$

그리고 좌변을 인수분해 하면, $(x-2)(x-5)=0$ 이 된다. 따라서 좌변의 값이 0이 되기 위해서는 $x-2=0$ 또는 $x-5=0$이 되어야 하므로, $x=2$ 또는 $x=5$가 된다. 따라서 이차방정식의 해는 $x=2$ 또는 $x=5$이다.

■

③ 제곱근, 완전제곱식을 이용한 해법

이차방정식 $x^2-6x+9=0$을 인수분해법으로 풀어보자. 그러면, $(x-3)^2=0$에 의해서 구하는 두 근은 $x=3$ 또는 $x=3$이 된다. 이처럼 방정식의 근이 $x=3$으로 중복되어 나타날 때, 이차방정식에서 중복되어 있는 근을 **중근**이라고 한다. 즉, 이차방정식의 일반형에서 좌변이 완전제곱식일 때 중근이 된다.

일반적으로, $ax^2=q$와 같은 모양의 이차방정식은 $x^2=k$ $(k\geq 0)$와 같은 모양으로 고치면 다음과 같은 원리에 의해서 이차방정식의 해를 구할 수 있다.

$k\geq 0$일 때, $x^2=k$의 해는 $x=\pm\sqrt{k}$ 이다.

또한, 이차방정식 $(x+p)^2=q$ 와 같은 모양의 방정식은 $x+p$ 를 한 문자로 생각하여 위의 원리를 그대로 적용하면 이차방정식을 다음과 같이 구할 수 있다.

$q\geq 0$일 때 $(x+p)^2=q$의 해는 $x+p=\pm\sqrt{q}$ 에 의해 $x=-p\pm\sqrt{q}$ 이다.

위와 같은 방법으로 이차방정식의 해를 구하는 것을 **제곱근법**이라고 부른다.

예제 3.28

이차방정식 $(x+3)^2=16$를 푸시오.

풀이 주어진 $(x+3)^2=16$ 에서 제곱근의 성질에 의해서 다음을 얻는다.

$$x+3=\pm 4$$

따라서 $x+3=4$ 또는 $x+3=-4$이므로 이차방정식의 해는 $x=1$ 또는 $x=-7$ 이 된다.

■

이차방정식을 해결하기 위해 좌변에는 미지수를 포함한 식, 우변에는 상수항이 되도록 이항 한 다음, 좌변을 완전제곱식이 되도록 만들어 제곱근법으로 이차방정식의 해를 구하는 것을 **완전제곱식법**이라고 한다. 예를 들어 이차방정식 $x^2-6x-5=0$의 해를 통해 살펴보자. 먼저 좌변에 미지수, 우변에 상수항이 되도록 이항하면 다음과 같다.

$$x^2-6x=5$$

이 방정식의 좌변을 완전제곱식으로 만들기 위하여 x의 계수 -6의 $\frac{1}{2}$의 제곱인 9를 위의 식 양변에 더하여 정리하면 다음과 같다.

$$x^2-6x+9=5+9$$

$$(x-3)^2=14$$

$$x-3=\pm\sqrt{14}$$

따라서 구하는 근은 $x=3\pm\sqrt{14}$가 된다.

④ **이차방정식의 근의 공식**

이차방정식의 일반형 $ax^2+bx+c=0\quad(a\neq 0)$에서 즉각적으로 이차방정식의 해를 구할 수 있는 방법이 있다. 그것을 **근의 공식**이라고 부르는데, 근의 공식은 이차방정식의 일반형에서 완전제곱식법으로 해를 구한 것과 같다. 따라서 근의 공식은 다음과 같이 유도되어질 수 있다.

이차방정식 $ax^2+bx+c=0$에서 좌변에 미지수가 있는 항, 우변을 상수항이 되도록 한다. 그러면, $ax^2+bx=-c$를 얻는다. 여기서 이차항의 계수가 1이 되도록 양변을 a로 나누어주면 $x^2+\frac{b}{a}x=-\frac{c}{a}$가 된다. 이제 좌변이 완전제곱식이 되도록 양변에 $\frac{b^2}{4a^2}$을 더해준 다음, 제곱근법으로 풀면 아래와 같다.

$$x^2+\frac{b}{a}x+(\frac{b}{2a})^2=-\frac{c}{a}+(\frac{b}{2a})^2$$

$$(x+\frac{b}{2a})^2=\frac{b^2-4ac}{4a^2}$$

$$x+\frac{b}{2a}=\pm\sqrt{\frac{b^2-4ac}{4a^2}}=\pm\frac{\sqrt{b^2-4ac}}{2a}$$

$$x=-\frac{b}{2a}\pm\frac{\sqrt{b^2-4ac}}{2a}=\frac{-b\pm\sqrt{b^2-4ac}}{2a}$$

즉, 이차방정식 $ax^2+bx+c=0$의 해는 $x=\frac{-b\pm\sqrt{b^2-4ac}}{2a}$이고, 이것을 근의 공식이라고 한다.

예제 3.29

이차방정식 $3x^2+7x+1=0$을 푸시오.

풀이 $a=3,\ b=7, c=1$을 근의 공식에 대입하면 해는 다음과 같다.

$$x=\frac{-7\pm\sqrt{7^2-4\cdot3\cdot1}}{2\cdot3}=\frac{-7\pm\sqrt{37}}{6}$$

■

⑤ 이차방정식의 활용

일반적으로, 이차방정식의 활용 문제를 푸는 순서를 정리하여 요약하면 다음과 같다.

1. 문제의 뜻에 알맞은 수량 관계를 파악한다.
2. 적당한 것을 미지수로 놓고 방정식을 세운다.
3. 위에서 세운 방정식을 푼다.

4. 구한 근 중에서 문제의 뜻에 맞는 것만을 답으로 택한다.

예제 3.30

연속하는 세 정수가 주어져 있다. 가장 큰 수의 제곱은 다른 두 수의 제곱의 합과 같을 때, 이들 세 정수를 구하시오.

풀이 연속하는 세 정수를 x, $x+1$, $x+2$라고 하자. 가장 큰 수의 제곱은 다른 두 수의 제곱의 합과 같으므로 다음 방정식을 얻을 수 있다.

$$(x+2)^2 = x^2 + (x+1)^2$$

위의 이차방정식을 풀면 다음과 같이 해를 구할 수 있다.

$$(x+2)^2 = x^2 + (x+1)^2$$

$$x^2 - 2x - 3 = 0$$

$$(x-3)(x+1) = 0$$

$$\therefore\ x = 3 \text{ 또는 } x = -1$$

따라서 구하는 세 수는 3, 4, 5 또는 -1, 0, 1이다.

문제 1

땅 위에서 높이가 40m 되는 건물의 꼭대기에서 초속 35m로 곧바로 위로 던진 공의 t초 후의 높이는 약 $(35t - 5t^2 + 40)$m로 측정된다. 다음을 구하시오.

(1) 공의 높이가 땅 위에서 100m가 될 때까지 걸린 시간

(2) 공이 땅 위에 떨어질 때까지 걸린 시간

문제 2

반지름의 길이가 5cm인 원의 반지름을 얼마만큼 더 늘리면 넓이가 처음의 2배가 되는지 구하시오(단, 1mm까지의 근삿값으로 구하시오).

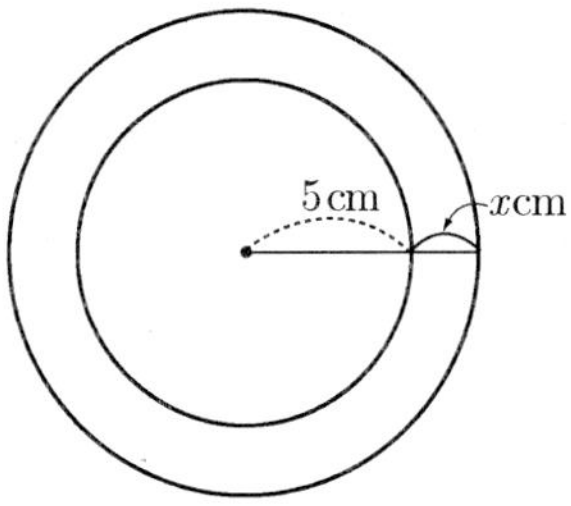

문제 3

두 실수 a, b에 대하여 $a * b = b^2 + a(b+1)$로 정의할 때 방정식

$$(x * x) + p(x * 2) + q = 0$$

의 한 근이 -1이라고 한다. 이때 $p+q$의 값을 구하시오.

2.3 부등식

학습주제

1) 부등식과 해
   ① 부등식의 뜻　　② 부등식의 해
2) 일차부등식
   ① 부등식의 성질　　② 일차부등식의 풀이
   ③ 일차부등식의 활용
3) 일차연립부등식
   ① 일차연립부등식의 뜻　　② 일차연립부등식의 풀이
   ③ 일차연립부등식의 활용

1) 부등식과 해

① 부등식의 뜻

부등호 $<$, $>$, $\leq$, $\geq$를 사용하여 두 수 또는 식의 대소 관계를 나타낸 식을 **부등식**

이라고 한다. 부등식에서도 방정식에서와 같이 부등호의 왼쪽 부분을 **좌변**, 오른쪽 부분을 **우변**이라 하며, 좌변과 우변을 합쳐서 **양변**이라고 한다. 부등식에서 사용하는 부등호의 기호는 프랑스의 비에트(Viete)에 의해 사용된 것으로 기록되어져 있고 현재와 같은 모양은 해리엇(Harriot)에 의해 발명되었다.

$$x + 8 > 2$$

$$3x - 4 \leq 9$$

↑ 좌변 ↑ 우변

양변

② 부등식의 해

부등식을 참이 되게 하는 미지수 x 의 값을 그 **부등식의 해**라고 하고, 부등식의 모든 해를 구하는 것을 **부등식을 푼다**고 한다. 일반적으로 부등식의 해는 수직선에 표현하는 경우가 많은데, 부등식 $3x + 2 \geq 5$ 의 해를 수직선 위에 표시하면 아래와 같다.

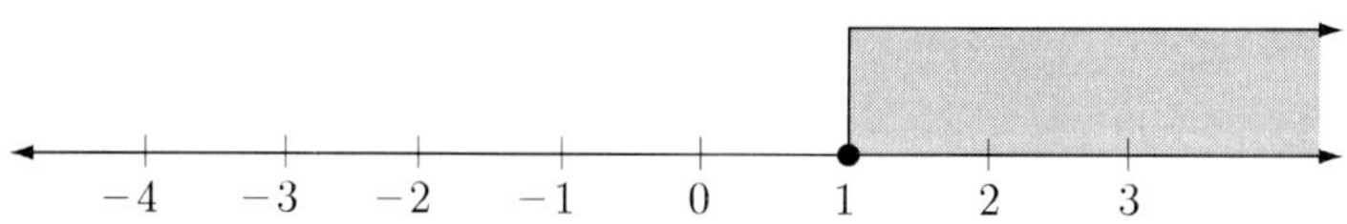

2) 일차부등식

① 부등식의 성질

부등식의 최고차항의 차수가 일차인 부등식을 **일차부등식**이라고 한다. 일차방정식에서는 등식의 성질을 이용하여 그 해를 구하였던 것처럼 부등식에서도 부등식의 성질을 이용하여 부등식의 해를 구한다. **부등식의 성질**을 요약하여 정리하면 다음과 같다.

1. 부등식의 양변에 같은 수를 더하거나 빼도 부등호의 방향은 바뀌지 않는다.
   즉, $a < b$이면, $a + c < b + c$, $a - c < b - c$ 이다.
2. 부등식의 양변에 같은 양수를 곱하거나 나누어도 부등호의 방향은 바뀌지 않는다.
   즉, $a < b$이고 $c > 0$이면, $ac < bc$, $\frac{a}{c} < \frac{b}{c}$ 이다.

3. 부등식의 양변에 같은 음수를 곱하거나 나누면 부등호의 방향이 바뀐다.

즉, $a < b$이고 $c < 0$이며, $ac > bc$, $\dfrac{a}{c} > \dfrac{b}{c}$ 이다.

② 일차부등식의 풀이

일차부등식을 풀 때에는 부등식의 성질을 이용하여 주어진 부등식을 다음 네 가지 중 한 가지 모양으로 고쳐서 해를 구한다.

$$x > (수)\ ,\quad x \geq (수)\ ,\quad x < (수)\ ,\quad x \leq (수)$$

예제 3.31

부등식의 성질을 이용하여 다음 부등식을 푸시오.

(1) $x - 2 > 4$ (2) $-2x + 3 \leq 9$

풀이 (1) 부등식 $x - 2 > 4$ 의 양변에 2를 더하면 $x - 2 + 2 > 4 + 2$ 이 된다. 따라서 부등식의 해는 $x > 6$ 이다. 해를 수직선에 나타내면 아래와 같다.

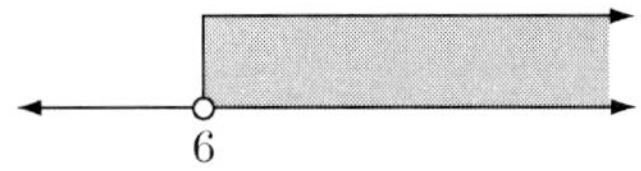

(2) 부등식 $-2x + 3 \leq 9$ 양변에 3을 빼면 $-2x + 3 - 3 \leq 9 - 3$ 이 된다. 따라서 $-2x \leq 6$ 이 되는데, 다시 양변을 -2로 나누면, 부등호의 방향이 반대로 되므로 $x \geq -3$을 얻는다.

■

③ 일차부등식의 활용

일차부등식의 활용 문제를 해결할 수 있는 순서를 요약 정리하면 다음과 같다.

1. 문제의 뜻을 파악하고, 구하려고 하는 수를 x로 놓는다.
2. 문제의 뜻에 따라 부등식을 세운다.
3. 앞에서 세운 부등식을 푼다.
4. 구한 해가 문제의 뜻에 맞는지 알아본다.

예제 3.32

한 개에 300원인 사과와 한 개에 150원인 배를 합쳐서 15개 사려고 한다. 금액은 3500원 이하로 하고 가능한 한 사과를 많이 사려고 한다면, 사과는 몇 개 구입해야하는지 구하시오.

풀이 구입할 사과의 개수를 x라고 하자. 전체의 가격이 3500원 이하이므로, 부등식 $300x+150(15-x)\le 3500$ 을 얻는다. 이 방정식을 풀면,

$$150x \le 1250$$

$$x \le 8\frac{1}{3}$$

이다. 따라서 사과는 최대 8개까지 구입할 수 있다. ■

3) 일차연립부등식

① 일차연립부등식의 뜻

두 개의 일차부등식을 동시에 만족시키는 x 의 값의 범위를 구할 때에는 연립방정식에서처럼 두 부등식을 한 쌍으로 하여 $\begin{cases}2x-1\le 5\\ 2-3x<8\end{cases}$ 와 같이 나타낸다. 이와 같이 두 개 이상의 일차부등식을 한 쌍으로 한 것을 **일차연립부등식**이라고 하며, 이들 부등식을 동시에 만족시키는 미지수의 값을 그 **연립부등식의 해**라고 한다. 또, 해 전체를 구하는 것을 **연립부등식을 푼다**고 한다.

② 일차연립부등식의 풀이

연립부등식의 풀이는 보통 각 부등식의 해를 한 수직선 위에 함께 나타내어, 그 공통부분을 찾아서 해를 구한다.

예제 3.33

연립부등식 $\begin{cases}5x\ge x+4 & \cdots\cdots\cdots ①\\ 2x+2>x-1 & \cdots\cdots\cdots ②\end{cases}$ 을 푸시오.

풀이 부등식 ①을 풀면 $5x-x\ge 4$ 이므로 $x\ge 1$ 이 된다. 부등식 ②를 풀면 $2x-x>-1-2$

이므로 $x > -3$ 이 된다. 이 두 해를 수직선 위에 동시에 나타내면 아래 그림과 같다.

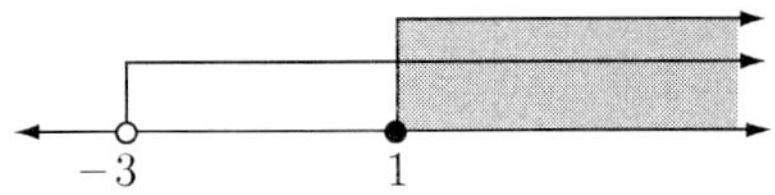

따라서 연립부등식의 해는 $x \geq 1$ 이 된다.

■

③ 일차연립부등식의 활용

연립부등식의 특별한 꼴인 $A < B < C$의 형태는 $A < B$이고, 동시에 $B < C$인 경우를 한 개의 식으로 나타낸 것이므로 연립부등식 $\begin{cases} A < B \\ B < C \end{cases}$ 인 꼴로 고쳐서 푼다. 예를 들어, 연립방정식 $15 < 2x + 1 < 21$ 을 풀기 위해서는 연립방정식 $\begin{cases} 15 < 2x + 1 \\ 2x + 1 < 21 \end{cases}$ 을 풀면 된다.

일반적으로 **연립방정식의 활용문제**는 방정식의 활용문제처럼 미지수를 결정하고, 문제에 주어진 수량관계를 이용하여 연립부등식을 세운 다음 연립부등식을 풀면 된다. 마지막으로, 구한 해가 문제의 조건에 부합되는지 확인하는 절차를 거친다.

문제 1

집에서부터 24 km 떨어져 있는 학교까지 가는데 시속 4 km로 걷다가 도중에 시속 3 km로 걸었더니 7 시간 이내에 도착하였다. 시속 4 km로 걸어간 거리는 최소한 몇 km 이상인지 구하시오.

■

문제 2

6%의 소금물 200g이 있는데, 이 소금물을 증발시켜 8% 이상 10% 이하인 소금물을 만들었다고 한다. 몇 g의 물을 증발시켜야 하는지 구하시오.

■

문제 3

학생들에게 사과를 나누어 주는데, 한 학생에게 4개씩 주면 13개가 남고, 6개씩 주면 맨 마지막 학생은 1개 이상 6개 미만의 사과를 받는다고 한다. 학생 수를 구하시오.

문제 4

몇 명의 학생들에게 공책을 나누어 주는데 3권씩 주면 11권이 남고, 7권씩 주면 두 명은 한 권도 받지 못하고, 또 다른 한 명은 1권 이상 7권 이하를 받고 나머지 학생은 7권 모두를 받는다고 한다. 이 때, 학생 수와 공책의 수를 구하시오.

문제 5

학생 몇 명에게 연필을 3개씩 나누어 주면 14개가 남고, 5개씩 나누어 주면 2개 이상 4개 미만이 부족하다고 한다. 이 때, 학생 수와 연필의 개수를 구하시오.

2.4 교직수학 탐구활동

탐구활동 8 방정식의 기하적 해법

- **관련학습주제** : 2.2 방정식 3) 이차방정식과 그 해
- **탐구주제** : 방정식의 해에 대한 기하적 해법
- **탐구방법** : 개연 추론 전략, 수학사 탐구 전략

일차방정식의 해는 등식의 성질을 이용하여 대수적으로 해결할 수 있고, 이차방정식의 해는 인수분해, 제곱근, 완전제곱식, 근의 공식 등을 이용하여 대수적으로 해를 구할 수 있다. 하지만 고대 그리스 시대에는 이러한 대수적 방법이 없었기 때문에 지금과 같은 방

법으로 구할 수는 없었다. 고대 그리스 시대 **기하적 방법**으로 방정식의 해를 어떻게 구할 수 있었는지 탐구해 보자.

1. 일차방정식

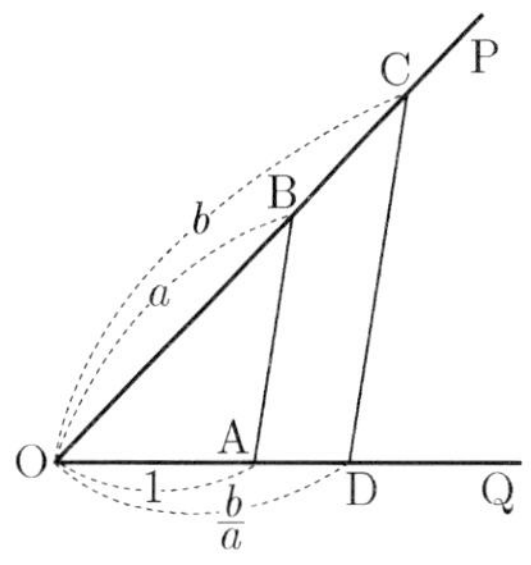

일차방정식의 일반형 $ax-b=0$[7](단, a,b는 유리수)의 해를 구해보자. 일차방정식의 해는 $x=\dfrac{b}{a}$가 된다. 즉, a, b가 주어졌을 때 $\dfrac{b}{a}$를 작도할 수 있느냐의 문제로 변형될 수 있다.

한 점 O로부터 두 반직선 OP와 OQ를 긋는다. 반직선 OQ 위에 선분 OA의 길이가 1인 점 A를 잡고, 반직선 OP위에 선분 OB의 길이가 a인 점 B, 선분 OC의 길이가 b인 점 C를 잡는다. 선분 AB를 긋고, 점 C를 지나면서 선분 AB에 평행한 직선이 반직선 OQ와의 교점을 D라 하자. 그러면 선분 OD가 일차방정식 $ax-b=0$의 해 $x=\dfrac{b}{a}$가 된다.

증명 삼각형 OAB와 삼각형 ODC는 서로 닮음이다. 따라서 닮음비에 의해서 $a:1=b:\mathrm{OD}$가 성립한다. 따라서 $\mathrm{OD}=\dfrac{b}{a}$가 된다. ■

2. 이차방정식의 해

① $x^2=ab$의 해

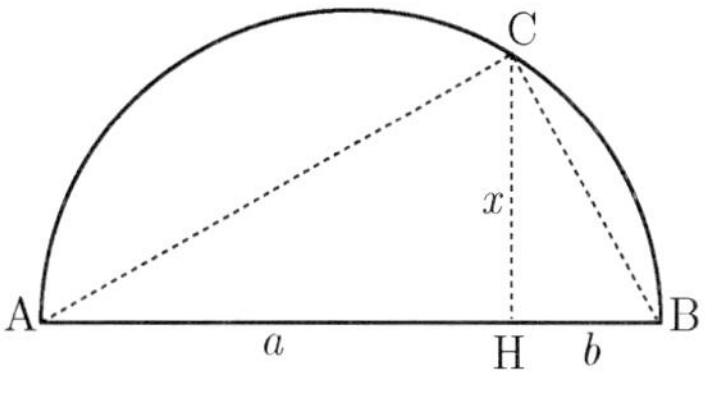

가장 간단한 이차방정식인 제곱근을 이용하는 경우이다. 두 양의 유리수 a,b에 대해서 $x^2=ab$가 되는 이차방정식의 해는 다음과 같이 구할 수 있다.

지름 AB의 길이가 $a+b$인 반원을 그리고 $\mathrm{AH}=a$, $\mathrm{HB}=b$라고 하자. 점 H를 지나 지름에 수직인 직선이 원과의 교점을 C라고 하자. 그러면 선분 CH가 우리가 구하는 이차방정식 $x^2=ab$의 해가 된다.

증명 삼각형 ACB는 $\angle \mathrm{C}=90°$인 직각삼각형이다. 따라서 직각인 꼭짓점 C에서 대변에 내린 수선이 선분 CH이므로 다음이 성립한다.

---

7) 원래는 $ax+b=0$이지만 양수의 근만을 취급하므로 편의상 수정하였다.

$$CH^2 = AH \times BH$$

따라서 $CH^2 = ab$이므로 $CH = x$가 된다. ■

② 이차방정식 $x^2 - ax + b^2 = 0$의 해

유클리드의 원론 제6권 명제 28번에 소개되어진 이차방정식의 해법이다. 길이가 a인 선분 AB를 그린다. 선분 AB의 중점을 P라 하고, 점 P에서 선분 AB에 수직이면서 길이가 b인 선분 EP를 작도한다. 마지막으로 점 E를 중심으로 하고 반지름의 길이를 $\frac{a}{2}$인 원을 그리고 이 원과 직선 AB와의 교점을 Q라 하자. 그러면 선분 AQ가 이차방정식 $x^2 - ax + b^2 = 0$의 해가 된다.

증명 선분 AB의 길이가 a이므로 선분 AP의 길이는 $\frac{a}{2}$가 된다. 또한 선분 $EP = b$, $EQ = \frac{a}{2}$, 선분 $AQ = x$라고 두면, 삼각형 PQE가 직각삼각형이므로 다음이 성립한다.

$$EQ^2 = EP^2 + PQ^2 \quad \Rightarrow \quad (\frac{a}{2})^2 = b^2 + (x - \frac{a}{2})^2$$

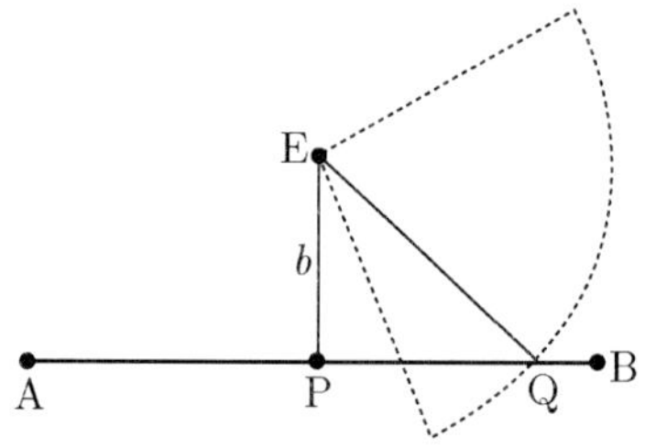

따라서 $(\frac{a}{2})^2 = b^2 + (x - \frac{a}{2})^2$을 계산하면, $x^2 - ax + b^2 = 0$이 되므로 AQ는 이차방정식 $x^2 - ax + b^2 = 0$의 해가 된다. ■

③ $x^2 - bx + c = 0$ 의 해

한 직선 위에 지름이 $c+1$, b인 두 원을 아래 그림과 같이 작도한다. 지름 CD 위에 길이를 $c:1$로 분할하는 점을 G라 하고, G를 지나 지름에 수직인 직선이 원과의 교점을 E라 하자. 그러면 선분 GE의 길이는 $\sqrt{c}$가 된다. 이제 점 E를 지난 직선 BC에 평행한

직선을 긋고, 지름이 AB인 원과의 교점을 F라 하자. 점 F에서 지름 AB에 그은 수선의 발을 H라 하면, 선분 AH와 선분 HB가 이차방정식 $x^2-bx+c=0$의 해가 된다.

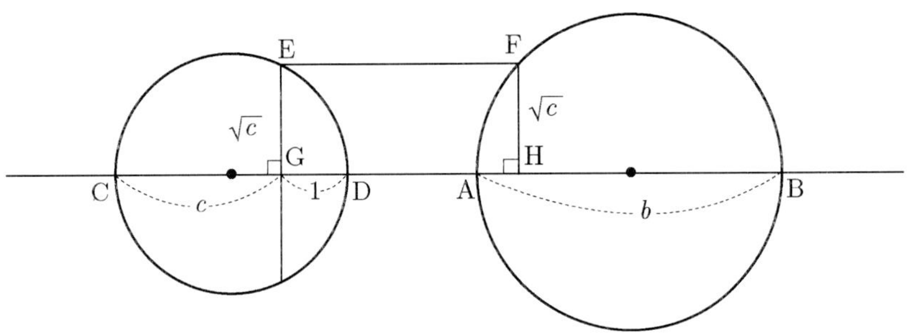

증명 원의 성질에 의해서 $\mathrm{AH}\times\mathrm{BH}=\mathrm{HF}^2$이 된다. 그런데, $\mathrm{FH}=\sqrt{c}$이므로 $\mathrm{AH}\times\mathrm{BH}=c$가 된다. 또한, $\mathrm{AH}+\mathrm{BH}=b$가 된다. 그런데, AH와 BH의 곱은 c이고 합은 b이므로 현대적 의미에서 근과 계수와의 관계에 의해서 AH와 BH는 이차방정식 $x^2-bx+c=0$의 해가 된다. 좀더 현대적 의미로 해석하면, 방정식의 두 근을 x_1, x_2 라고 하면, $x_1=\mathrm{AH}$ 이고, $x_2=\mathrm{BH}$ 가 된다. 왜냐하면, $x_1+x_2=b$이고, $x_1x_2=c$ 이기 때문이다. ■

문제 1

지금까지는 양수의 실수 근에 대해서만 살펴보았다. 다음의 경우도 기하적 해법으로 구해 보시오.

(1) $x^2-bx-c=0$(단, a, b는 양의 유리수)인 경우 기하적으로 해를 구하는 방법을 구하시오($x^2-bx+c=0$ 의 해를 구하는 방법 참조).

(2) $x^2+bx+c=0$이 허근[8] $-\frac{b}{2}\pm\frac{\sqrt{4c-b^2}}{2}i$을 가진다고 하자. 이 경우 허근을 기하적으로 구하는 방법을 조사해 보시오.

8) 중학교 범위를 초과하는 내용이다. 서보억(2014)의 '교육과정과 고등학교 교직수학의 탐구'를 참고한다.

3. 함수

3.1 함수

학습주제

1) 함수
① 함수의 뜻 ② 두 집합의 원소 사이의 대응
③ 정비례와 반비례
2) 좌표평면과 함수의 그래프
① 좌표평면 ② 순서쌍과 좌표
③ 곱집합 ④ 함수의 그래프

1) 함수

① 함수의 뜻

함수의 개념은 최소 4000여년 전까지 거슬러 올라간다. 하지만 이중 3700여년은 추측과 경험적 관찰 수준의 암묵적인 단계라고 볼 수 있다. 실제로는 함수의 개념 형성의 결정적인 영향은 최근 300여년 정도라고 볼 수 있다. 특히 함수의 개념은 서구문명 중에서 가장 뛰어난 업적 중의 하나라고 평가되고 있을 만큼 중요한 개념임을 되새길 필요가 있다.

함수의 뜻은 교육과정에 따라 정말 다양하게 정의가 되어졌다. 대응으로 정의하기도 하고, 정비례와 반비례를 통해 정의하기도 하고, 변화하는 두 양을 도입하여 정의하기도 한다. 여기서는 여러 가지 함수의 정의를 모두 살펴보기로 한다.

첫째, 두 집합[9] X, Y에 대하여 집합 X의 각 원소에 대하여 집합 Y의 원소가 하나씩만 대응할 때, 이 대응을 집합 X에서 집합 Y로의 **함수**라고 한다.

둘째, 정비례와 반비례와 같이 변화하는 두 양 x, y에 대하여 변수 x의 값이 하나 정해지면 그에 따라 변수 y의 값이 하나씩 정해지는 관계가 있을 때, 이 관계를 y는 x의 **함수**라고 한다.

9) 2009개정 교육과정에서는 집합을 중학교에서 다루지 않기 때문에 함수에서 집합과 관련된 용어를 사용할 수 없다.

셋째, x,y와 같이 변하는 양을 나타내는 문자를 변수라고 하는데, 두 변수 x,y와 같이 x의 값이 변함에 따라 y의 값이 하나씩 정해지는 두 양 사이의 대응 관계가 성립할 때, y를 x의 **함수**라고 한다.

위의 세 정의는 함수의 개념을 직관적으로 정확하게 전달하는 방법적인 측면으로 본질적인 함수 개념의 차이는 발생하지 않는다.

두 변수 x와 y 사이의 대응 관계를 식으로 나타낸 것을 **관계식**이라고 한다. 또한 x의 값이 대응하는 y의 값을 x의 **함숫값**이라고 한다.

② 두 집합의 원소 사이의 대응

두 집합 X, Y에서 어떤 주어진 관계에 의하여 집합 X의 원소에 집합 Y의 원소를 짝지어 주는 것을 집합 X에서 집합 Y로의 **대응**이라고 한다.

③ 정비례와 반비례

x에 대한 함수 y의 관계식이 0이 아닌 수 a에 대하여 $y=ax$로 나타내어질 때, y는 x에 **정비례**한다고 한다. 이 때 a를 비례상수라고 한다. 정비례와 관련이 있는 $y=ax$의 그래프는 원점을 지나는 직선이다. $a>0$일 때는 1, 3사분면을 지나는 직선이 되고, $a<0$일 때는 2, 4사분면을 지나는 직선이 된다.

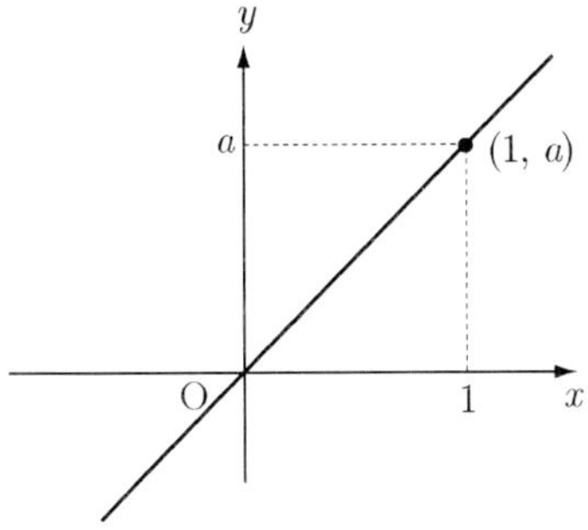

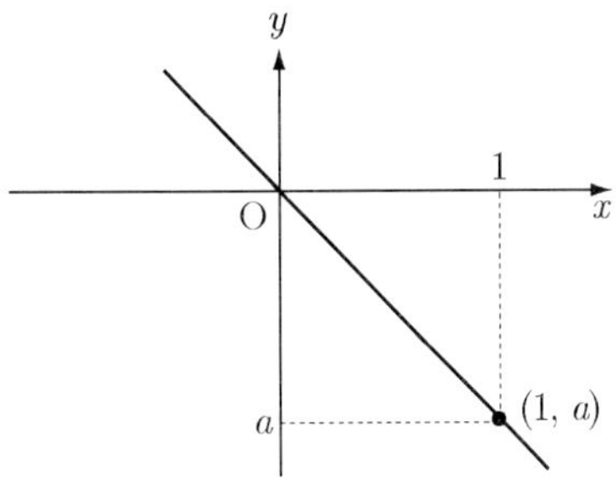

x에 대한 함수 y의 관계식이 0이 아닌 수 a에 대하여 $y=\frac{a}{x}$로 나타내어질 때, y는 x에 **반비례**한다고 한다. 이 때 a를 비례상수라고 한다. 반비례와 관련이 있는 $y=\frac{a}{x}(a\neq 0)$의 그래프는 쌍곡선이 된다. $a>0$일 때는 1, 3사분면을 지나는 쌍곡선이

되고, $a<0$일 때는 2, 4사분면을 지나는 쌍곡선이 된다.

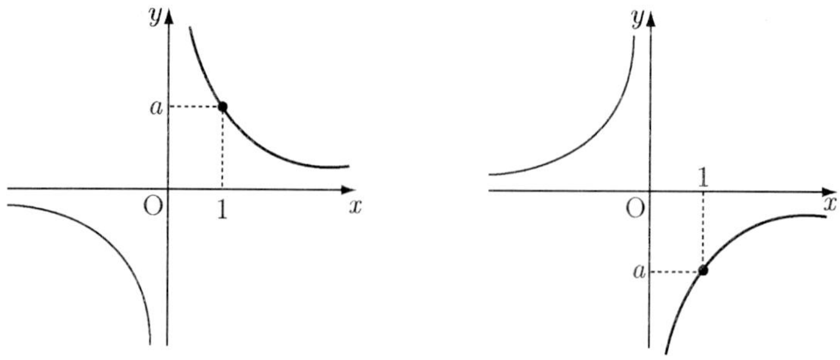

문제 1

아래 그림과 같이 한 변의 길이가 6인 정사각형 ABCD의 꼭짓점 A와 C는 각각 $y=2x$, $y=\frac{1}{2}x$ 위에 있다. 이 때 점 A의 좌표를 구하시오.

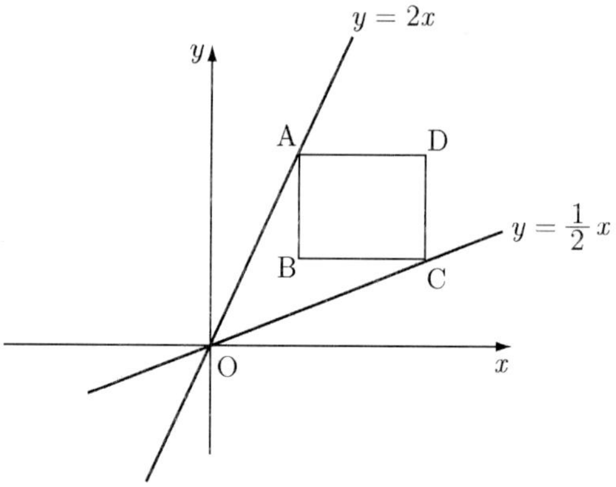

문제 2

아래 그림과 같이 직사각형 ABCD에서 변 BC는 x축 위에 있고, 꼭짓점 A와 대각선의 교점 E는 함수 $y=\frac{3}{x}(x>0)$의 그래프 위에 있다. 점 E의 x좌표가 3일 때 변 CD와 함수 $y=\frac{3}{x}$의 그래프와의 교점 F의 좌표를 구하시오.

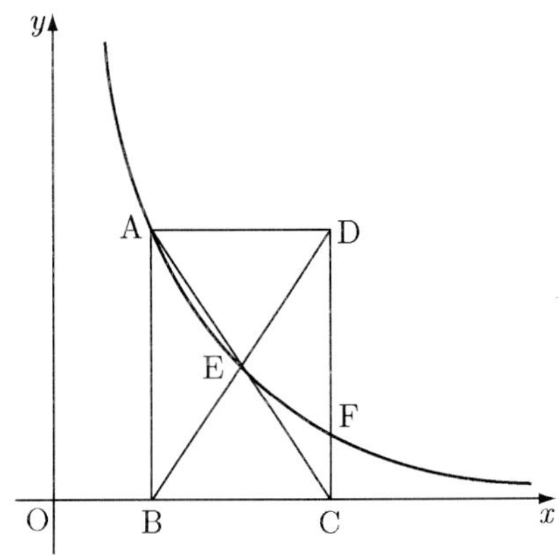

2) 좌표평면과 함수의 그래프

① 좌표평면

수직선 위의 점에 대응하는 수를 그 점의 좌표라 하고 좌표가 a인 점 P의 **좌표**를 기호로 $\mathrm{P}(a)$로 나타낸다.

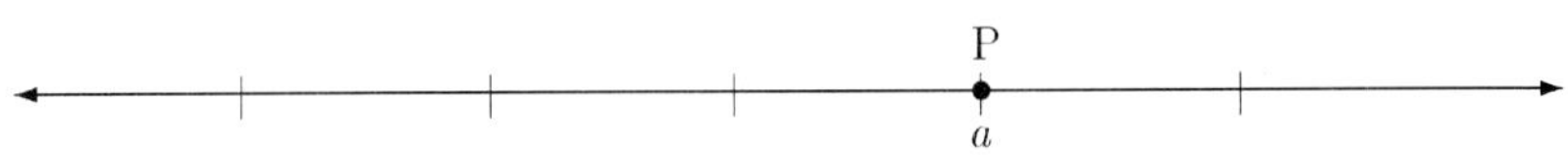

모든 점의 위치를 좌표로 나타낼 수 있는 평면을 **좌표평면**이라고 한다. 즉 두 수직선이 원점에서 직각으로 교차하여, x축과 y축이 설정되어 있는 평면이 좌표평면이다. 좌표평면은 크게 네 개의 부분(제1사분면, 제2사분면, 제3사분면, 제4사분면)과 두 축으로 구분할 수 있다. 단, x축과 y축은 각각의 사분면에 포함되지 않는다.

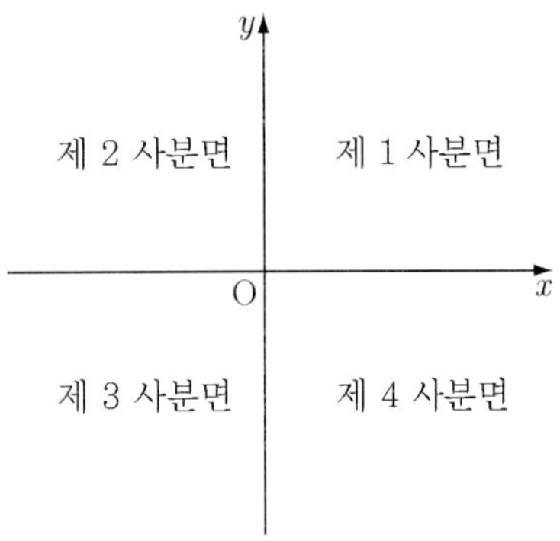

② 순서쌍과 좌표

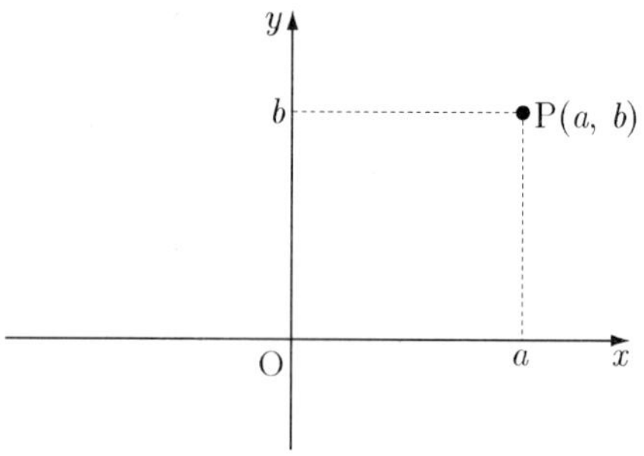

두 집합 X, Y가 주어져 있을 때, 집합 X의 원소 x와 집합 Y의 원소 y에 대하여 순서를 생각해서 만든 x와 y의 쌍 (x,y)를 **순서쌍**이라고 한다. 평면 위의 한 점 P에서 x축, y축에 수선을 내리고 만나는 교점의 좌표를 각각 a,b라 할 때 순서쌍 (a,b)를 **점 P의 좌표**라고 한다. 이때 a를 점 P의 x좌표, b를 점 P의 y좌표라고 한다. 특히 원점 O의 좌표는 (0,0)이다.

③ 곱집합

두 집합 X, Y가 주어져 있을 때, $X \times Y = \{(x,y) \mid x \in X, y \in Y\}$를 두 집합의 곱집합이라고 한다. 예를 들어, $X = \{1,2\}$이고 $Y = \{a,b,c\}$라고 하면, X와 Y의 **곱집합**은 다음과 같다.

$$X \times Y = \{(1,a),(1,b),(1,c),(2,a),(2,b),(2,c)\}$$

④ 함수의 그래프

주어진 함수에서 정의역 X의 각 원소 x에 대응하는 함숫값 $f(x)$와의 순서쌍 $(x, f(x))$ 전체를 좌표평면 위에 나타낸 것을 **함수의 그래프**라고 한다.

3.2 일차함수

학습주제

1) 일차함수
   - ① 일차함수의 뜻
   - ② 일차함수의 그래프
   - ③ 일차함수의 그래프의 성질
2) 일차함수의 활용
   - ① 일차함수와 일차방정식의 관계
   - ② 일차연립방정식과 일차함수의 그래프
   - ③ 일차함수의 응용

1) 일차함수

① 일차함수의 뜻

$10000x+15000$ 이나 $3x+2$는 x에 대한 일차식이다. 이와 같이 함수에서 y는 x에 관한 일차식으로 나타내어질 수 있다. 이때, x와 y사이에는 x의 값이 변함에 따라 y의 값이 하나씩 정해지는 대응 관계가 성립하므로 y는 x의 함수가 된다. 함수 $y=f(x)$에서 두 변수 x,y 사이의 관계식이 y가 x에 관한 일차식일 때, 즉, $y=ax+b$ ($a\neq 0$, a, b는 상수)의 꼴로 나타내어질 때, 이 함수 f를 **일차함수**라고 한다. 이때 $y=ax+b$를 **일차함수의 일반형**이라고 한다.

② 일차함수의 그래프

일차함수 $y=2x+3$의 그래프와 일차함수 $y=2x$의 그래프를 그리면 아래와 같다. 일차함수 $y=2x$의 그래프를 y축의 방향으로 $+3$만큼 평행이동하면 $y=2x+3$의 그래프가 된다.

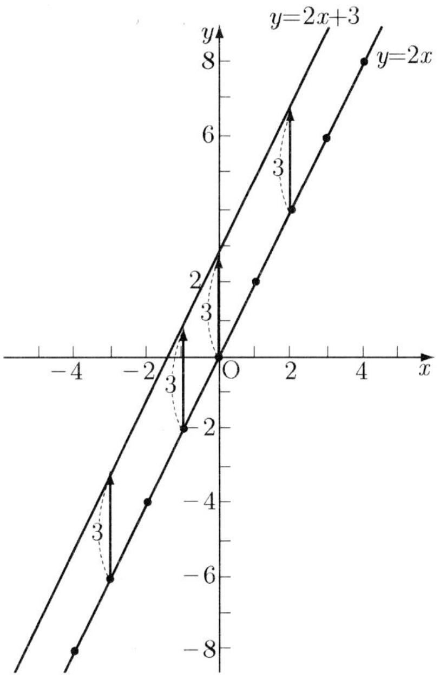

일반적으로 **일차함수 $y=ax+b$ ($a\neq 0$)의 그래프**는 일차함수 $y=ax$ ($a\neq 0$)의 그래프를 y축의 방향으로 b만큼 평행이동한 직선이다.

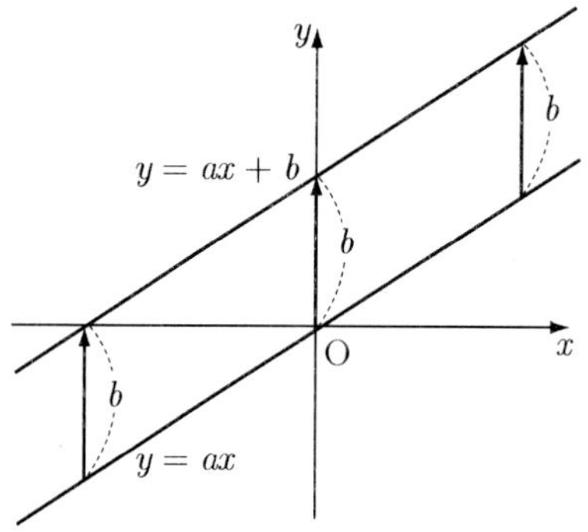

③ 일차함수의 그래프의 성질

함수의 그래프가 x축과 만나는 점의 x좌표를 그래프의 **x절편**이라고 한다. 함수의 그래프가 y축과 만나는 점의 y좌표를 그 그래프의 **y절편**이라고 한다. 따라서 일차함수 $y = ax + b\ (a \neq 0)$의 그래프에서 x절편은 $y = 0$일 때의 x의 값이므로, $x = -\dfrac{b}{a}$이 된다. 또한, y절편은 그래프가 y축과 만나는 점의 y좌표이므로 $x = 0$일 때의 y의 값을 계산하면, $y = b$가 된다.

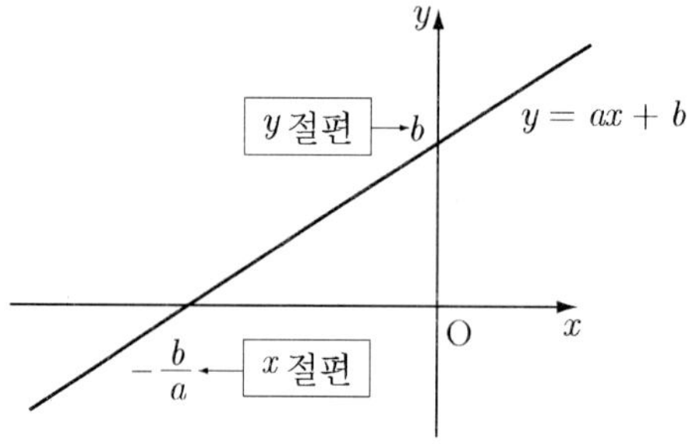

일차함수 $y = ax + b$에서 x의 값의 증가량에 대한 y의 값의 증가량의 비율은 항상 일정하며 이 값은 x의 계수 a와 같은데, 이를 **일차함수의 기울기**라고 한다. 즉, 일차함수의 기울기는 다음과 같다.

$$(\text{일차함수의 기울기}) = \frac{(y\text{의 값의 증가량})}{(x\text{의 값의 증가량})} = a\,(\text{일정})$$

문제 1

일차함수 $f(x)=ax+1$ 은 x 의 값이 -3 만큼 증가할 때, y 의 값은 6 만큼 증가한다. 이때, $f(-1)+f(2)=b$ 일 때, a, b 의 값을 구하시오.

문제 2

$y=\frac{1}{b}x+\frac{c}{b}$ 의 그래프가 아래와 같을 때, b, c 의 부호를 결정하시오(단, $b\neq 0$).

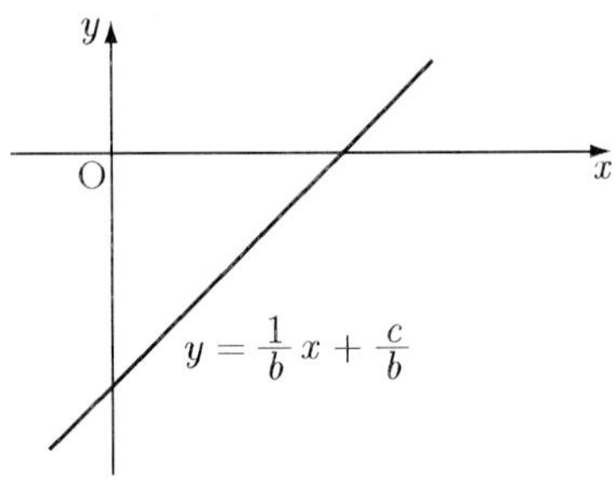

2) 일차함수의 활용

① 일차함수와 일차방정식의 관계

미지수가 두 개인 일차방정식 $ax+by+c=0$ $(a\neq 0, b\neq 0)$ 을 만족하는 x , y 사이에는 $by=-ax-c$, $y=-\frac{a}{b}x-\frac{c}{b}$ 인 관계가 있고, 이것을 그래프로 나타내면 직선이 된다. 이 때, 이 직선을 일차방정식 $ax+by+c=0$ 의 그래프라 하고 방정식 $ax+by+c=0$ 을 이 직선의 방정식이라고 한다. 따라서 미지수가 2개인 일차방정식 $ax+by+c=0$ $(a\neq 0, b\neq 0)$ 의 그래프는 이 식을 변형하여 얻어지는 일차함수 $y=-\frac{a}{b}x-\frac{c}{b}$ 의 그래프와 같은 직선이 된다. 즉, 일차방정식의 해가 곧 일차함수의 그래프와 동일하다는 결론을 얻을 수 있다.

예제 3.34

일차방정식 $x-2y-2=0$ 을 일차함수 $y=ax+b\,(a\neq 0)$ 의 꼴로 변형하여 그 그래프를 그리시오.

풀이 일차방정식 $x-2y-2=0$ 에서 $y=\frac{1}{2}x-1$ 로 변형할 수 있다. 이것은 기울기가 $\frac{1}{2}$ 이고, y 절편이 -1 인 일차함수이므로 이 그래프는 $(0,-1)$,$(2,0)$을 지나는 직선이 된다.

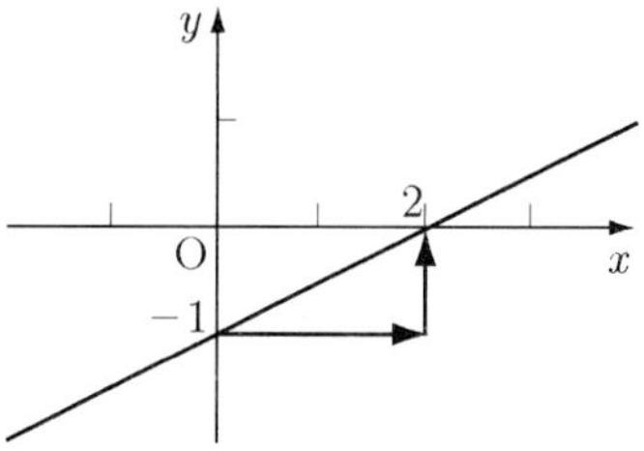

■

직선의 방정식 $ax+by+c=0$ 의 특별한 경우인 $a=0$ 또는 $b=0$인 경우에 대해 살펴보자. 예를 들어 직선의 방정식 $ax+by+c=0$ 에서 $a=0$, $b=2$, $c=-4$ 이면 일차방정식은 $y=2$ 가 된다. 여기서 얻은 식 $y=2$ 는 x 의 값에 관계없이 항상 y 가 2가 된다는 것을 의미한다. 이것은 곧 모든 x 의 값에 대하여 y 의 값이 2라는 뜻이다. 따라서 $x=-1$ 일 때 $y=2$, $x=1$ 일 때 $y=2$ 등이므로 아래와 같은 **x축에 평행한 직선**을 그래프로 얻는다.

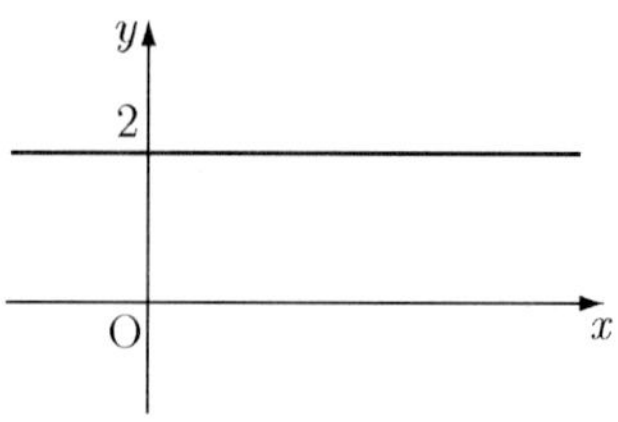

유사하게 일차방정식 $ax+by+c=0$ 에서 $a=1$, $b=0$, $c=-3$ 이면 $x=3$ 이 된다. 여기서 얻은 식 $x=3$ 은 모든 y 의 값에 대하여 x 의 값이 3이라는 뜻이다. 따라서 아래와 같은 **y축에 평행한 직선**을 얻는다.

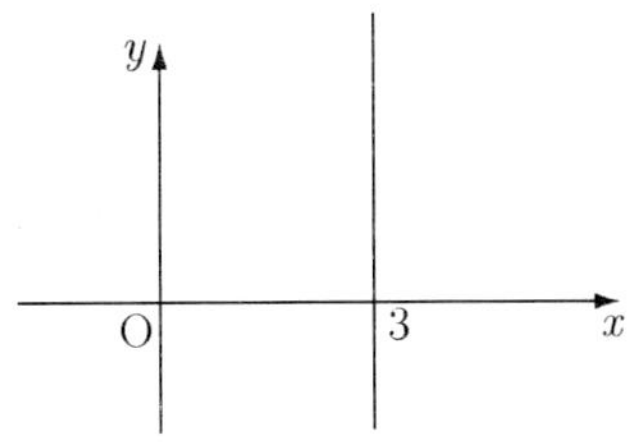

일반적으로 $x = h$ (h는 상수)의 그래프는 점 $(h, 0)$를 지나고 y축에 평행한 직선이 되고, $y = k$ (k는 상수)의 그래프는 점 $(0, k)$를 지나고 x축에 평행한 직선이 된다.

② 일차연립방정식과 일차함수의 그래프

일차함수와 일차방정식의 관계를 이용하면 연립방정식의 해를 새로운 방법으로 구할 수 있다. 연립방정식$\begin{cases} a\,x + b\,y = c \cdots ① \\ a'x + b'y = c' \cdots ② \end{cases}$의 해는 방정식 $ax + by = c$의 그래프와 $a'x + b'y = c'$의 그래프의 교점의 좌표가 되기 때문이다. 이것을 **연립방정식의 그래프에 의한 해법**이라고 부른다. 예를 들어 보자. 연립방정식 $\begin{cases} x + 2y = 4 \quad \cdots\cdots\cdots ① \\ x - y = 1 \quad \cdots\cdots\cdots ② \end{cases}$의 해를 그래프를 이용하여 구해보자.

먼저, 일차방정식 ①의 해는 무수히 많고, 이것을 그래프로 나타내면 아래 좌표평면 위의 직선 ①과 같다. 다음으로, 일차방정식 ②의 해도 무수히 많기 때문에 그래프로 나타낼 수 있고 직선 ②와 같다.

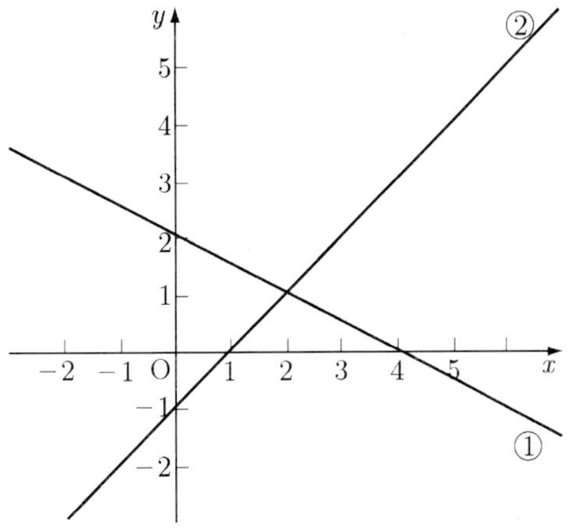

그러면 직선 ①위의 모든 점들은 방정식 ①을 만족하고, 직선 ② 위의 모든 점들도 방

정식 ②를 만족한다. 그런데 직선 ①, ②의 교점은 직선 ①과 직선 ② 위에 동시에 있으므로 이 점은 방정식 ①, ②를 동시에 만족하는 점이다. 따라서 이 교점은 주어진 연립방정식의 해가 된다. 이 교점의 좌표를 구하면, $x=2$, $y=1$ 이 되는데 이것은 연립방정식의 해이다.

그래프를 이용하면 **연립방정식의 해의 개수**를 간단하게 구할 수 있다. 연립방정식은 그 방정식을 이루는 각 일차방정식의 그래프인 두 직선의 교점에 의해 결정된다. 따라서 다음 세 가지 경우로 구분할 수 있다.

첫째, 두 그래프가 한 점에서 만나면 해는 한 쌍이 존재한다.
둘째, 두 그래프가 정확하게 일치하면 해는 무수히 많다.
셋째, 두 그래프가 서로 평행하면 해가 없다.

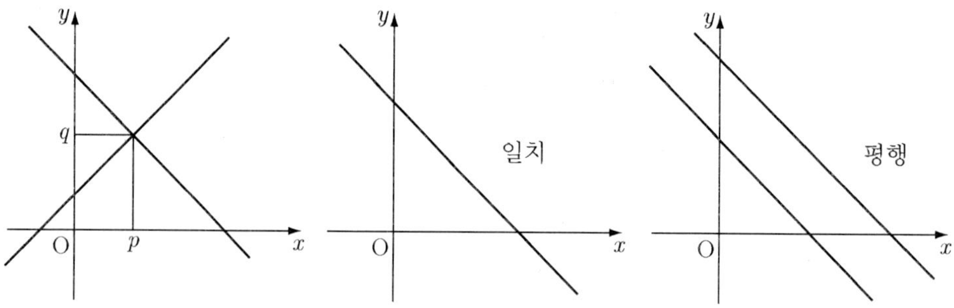

문제 1

두 직선 $y=x+1$, $y=-x+k$ 의 그래프가 아래와 같이 점 D에서 만난다. 이때, $\triangle$BCD 의 넓이가 $\triangle$AOB 의 넓이의 2 배일 때, $(k-1)^2$ 의 값을 구하시오.

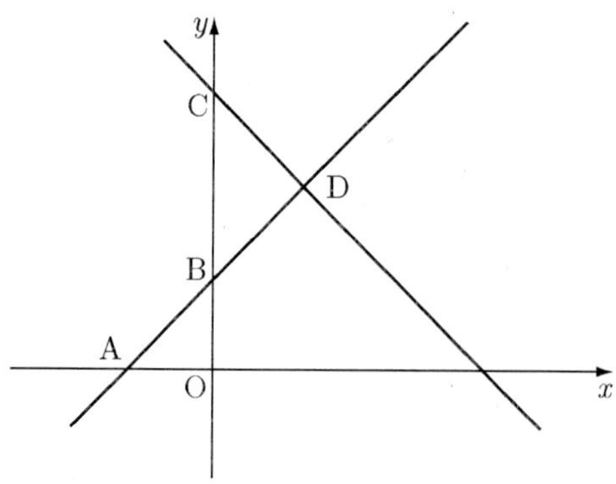

문제 2

두 일차함수 $y = ax + 1$, $y = 2ax - 1$의 그래프의 교점을 P라고 하자. 상수 a의 값이 변할 때, 두 직선의 교점 P는 어떤 직선 위를 움직이는지 그 직선의 식을 구하시오. (단, $a \neq 0$)

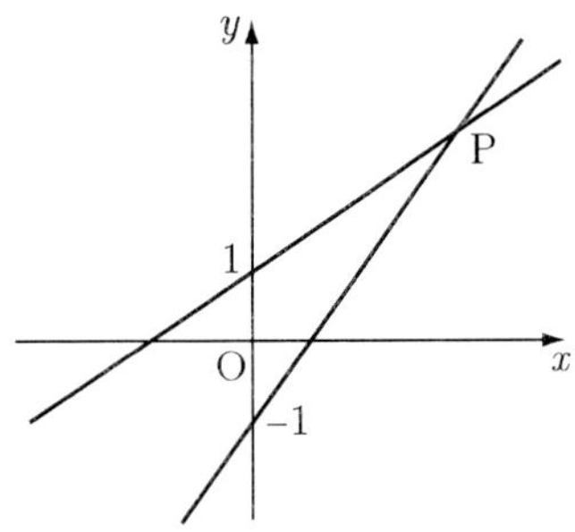

문제 3

그림과 같이 두 직선 $y = x + 2$와 직선 l이 점 $\mathrm{P}(1, 3)$에서 만나고, 사각형 OBPC의 넓이가 $\frac{17}{2}$일 때, 직선 l의 방정식을 구하시오.

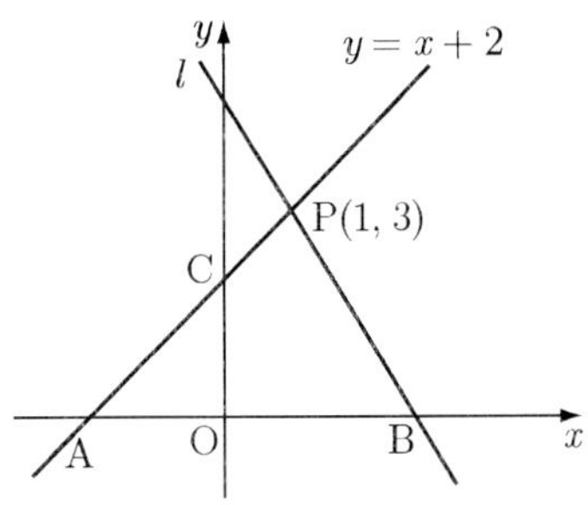

문제 4

두 직선 $y = 2x$, $y = -\frac{1}{2}x$이 원점 O에서 직교하고 있다. 직선 $y = 2x$ 위에 점 A,

직선 $y=-\frac{1}{2}x$ 위에 점 B를 잡을 때, △OAB의 외접원의 중심이 M(0, 5)이다. 이때, 직선 AM의 방정식을 구하시오.

문제 5

아래 그림과 같이 두 직선 $y=2x+4$, $y=-4x+16$의 교점을 P라 하고, 직선 $y=4$와 두 직선의 교점을 각각 Q, R라고 할 때, △PQR의 넓이를 구하시오.

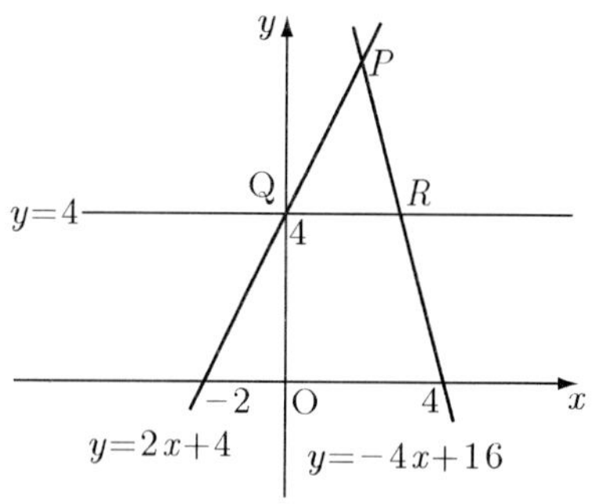

③ 일차함수의 응용

일차함수의 응용 문제를 해결하는 순서를 요약 정리하면 다음과 같다.

1. 문제의 뜻에 맞는 수량 관계를 조사하여 변수 x, y로 정한다.
2. x와 y사이의 관계식을 세운다.
3. 관계식을 이용하여 문제에서 구하고자 하는 것을 찾는다.
4. 구한 값이 문제의 뜻에 맞는지 확인한다.

예제 3.35

아래 그래프는 샤를의 법칙을 나타낸 것이다.

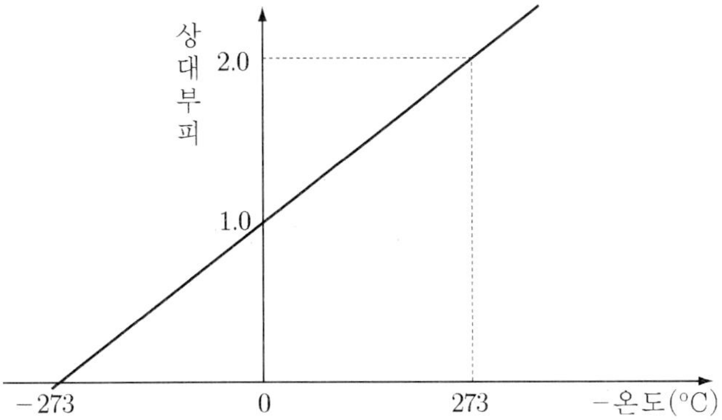

(1) x절편을 구하시오.

(2) y절편을 구하시오.

(3) 두 점 $(-273, 0)$, $(0, 1)$을 지나는 직선의 방정식을 구하시오.

풀이 (1) -273 (2) 1

(3) 온도가 x°C일 때의 부피를 y라고 하면 기울기는 $\frac{1-0}{0-(-273)} = \frac{1}{273}$이다. 따라서 일차함수의 일반형 $y = ax + b$에서 $a = \frac{1}{273}$이므로 $y = \frac{1}{273}x + b$가 되고, $(0, 1)$ 대입을 대입하면 $1 = \frac{1}{273} \times 0 + b$이다. 따라서 $b = 1$이다. 그러므로 구하는 직선의 방정식은 $y = \frac{1}{273}x + 1$이다.

3.3 이차함수

학습주제

1) 이차함수
   - ① 이차함수의 뜻 ② 이차함수 $y = ax^2$의 그래프
   - ③ 이차함수 $y = ax^2$의 그래프의 활용
   - ④ 이차함수 $y = ax^2 + bx + c$의 그래프
2) 이차함수의 활용
   - ① 이차함수의 최댓값과 최솟값 ② 이차함수의 그래프와 이차방정식

1) 이차함수

① 이차함수의 뜻

$2x^2-3x+8$ 이나 $3x^2+2$ 는 x 에 대한 이차식이다. 이와 같이 함수에서 y 는 x 에 관한 이차식으로 나타내어질 수 있다. 이때, x 와 y 사이에는 x 의 값이 변함에 따라 y 의 값이 하나씩 정해지는 대응 관계가 성립하므로 y 는 x 의 함수가 된다. 함수 $y=f(x)$ 에서 두 변수 x, y 사이의 관계식이 y 가 x 에 관한 이차식일 때, 즉, $y=ax^2+bx+c$ $(a\neq 0,\ a,\ b,\ c$ 는 상수$)$ 의 꼴로 나타내어질 때, 이 함수 f 를 **이차함수**라고 한다. 이때 $y=ax^2+bx+c$ 를 **이차함수의 일반형**이라고 한다. 예를 들면, $y=x^2$, $y=x^2+7x+12$ 는 이차함수이다.

② 이차함수 $y=ax^2$ 의 그래프

이차함수 $y=ax^2$ 의 그래프와 같은 모양의 곡선을 **포물선**이라고 한다. 이 때, 포물선의 대칭축을 **포물선의 축**이라고 하고, 포물선과 대칭축과의 교점을 이 포물선의 **꼭짓점**이라고 한다. 이차함수 $y=ax^2$ 에서 a 의 여러 가지 값에 대한 그래프를 같은 좌표평면 위에 나타내면 아래 그림과 같이 된다. 이차함수 $y=ax^2$ 의 그래프는 $a>0$ 일 때, **아래로 볼록**하고, $a<0$ 일 때, **위로 볼록**한 포물선이다. 또 이차함수 $y=ax^2$ 의 그래프는 a 의 절댓값이 클수록 그래프의 폭이 좁아진다.

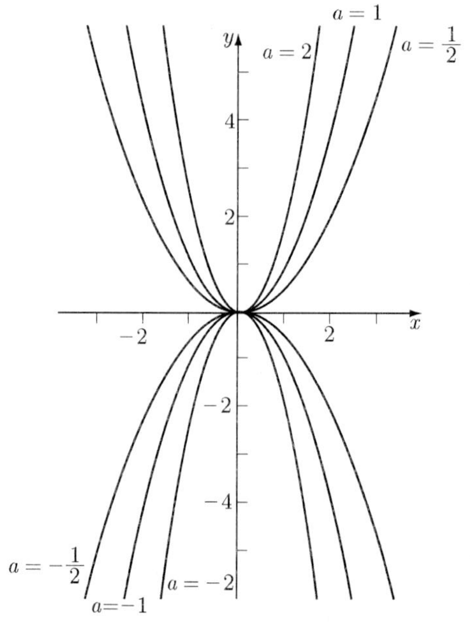

③ 이차함수 $y=ax^2$의 그래프의 활용

이차함수 $y=ax^2+q$ 의 그래프는 $y=ax^2$ 의 그래프를 y축의 양의 방향으로 q만큼 평행이동 한 것이다. 따라서 y축을 축으로 하고, 점 $(0,q)$를 꼭짓점으로 하는 포물선이다.

이차함수 $y=a(x-p)^2$ 의 그래프는 $y=ax^2$ 의 그래프를 x축의 방향으로 p만큼 평행이동한 것이다. 따라서 직선 $x=p$를 축으로 하고, 점 $(p,0)$을 꼭짓점으로 하는 포물선이다.

이차함수 $y=a(x-p)^2+q$ 의 그래프는 $y=ax^2$ 의 그래프를 x축의 방향으로 p만큼, y축의 방향으로 q만큼 평행이동한 것이다. 따라서 직선 $x=p$를 축으로 하고, 점 (p, q)를 꼭짓점으로 하는 포물선이다

문제 1

포물선 $y=2(x+1)^2+3$ 에서 x의 값이 증가할 때, y의 값도 증가하는 x의 범위를 구하시오.

문제 2

이차함수 $y=2(x-b)^2-1$ 의 그래프는 점 $(1,7)$을 지난다. 축의 방정식을 구하시오.

문제 3

이차함수 $y=-\frac{1}{2}x^2+1$ 의 그래프가 x 축의 방향으로 a 만큼, y 축의 방향으로 b 만큼 평행이동하면, $y=-\frac{1}{2}x^2-4x+1$ 의 그래프와 포개어진다. $a+b$의 값을 구하시오.

④ 이차함수 $y=ax^2+bx+c$의 그래프

이차함수 $y=ax^2+bx+c$ 의 그래프를 정확하게 그리기 위해서는 꼭짓점, 축의 방정식

을 알아야 한다. 따라서 이차함수 $y=ax^2+bx+c$ 를 $y=a(x-p)^2+q$ 의 형태로 고치는 것이 중요하다. 완전제곱식을 이용하여 $y=a(x-p)^2+q$ 의 꼴로 바꾸는 절차는 다음과 같다.

$$\begin{aligned} y &= ax^2+bx+c \\ &= a(x^2+\frac{b}{a}x)+c \\ &= a\left\{x^2+\frac{b}{a}x+(\frac{b}{2a})^2-(\frac{b}{2a})^2\right\}+c \\ &= a\left\{(x+\frac{b}{2a})^2-\frac{b^2}{4a^2}\right\}+c \\ &= a(x+\frac{b}{2a})^2-\frac{b^2}{4a}+c \\ &= a(x+\frac{b}{2a})^2-\frac{b^2-4ac}{4a} \end{aligned}$$

위의 식에서 이차함수 $y=ax^2+bx+c$ 의 그래프의 축의 방정식은 $x=-\frac{b}{2a}$ 이고 꼭짓점의 좌표는 $(-\frac{b}{2a},-\frac{b^2-4ac}{4a})$ 임을 알 수 있다.

문제 1

이차함수 $y=2x^2+4x+a$ 와 $y=x^2-bx+3$ 의 꼭짓점이 일치할 때, $a+b$ 의 값을 구하시오.

문제 2

포물선 $y=x^2-2kx+k^2+2k+3$ 에 대하여 꼭짓점이 제1사분면에 있을 k값의 범위를 구하시오. 그리고 꼭짓점이 직선 $y=x+1$ 위에 있을 때, k값을 구하시오.

2) 이차함수의 활용

① 이차함수의 최댓값과 최솟값

이차함수 $y=a(x-p)^2+q$ 의 최댓값, 최솟값을 다음과 같이 구할 수 있다.

첫째, $a>0$ 이면, $x=p$ 에서 최솟값 q 를 가지며, 최댓값은 없다.

둘째, $a<0$ 이면, $x=p$ 에서 최댓값 q 를 가지며, 최솟값은 없다.

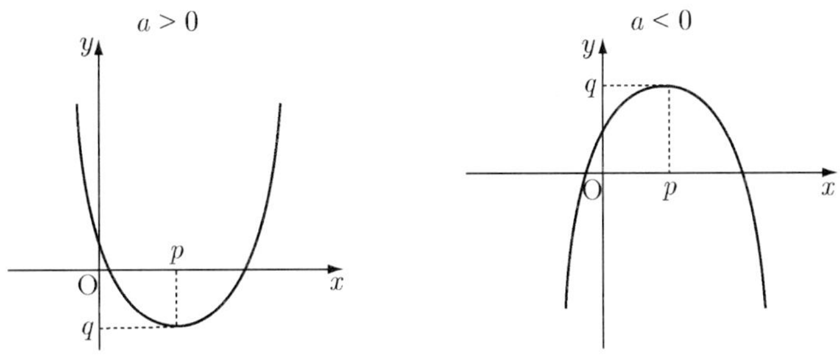

문제 1

직선 $x=2$ 를 축으로 하고, x 축과 두 점 P, Q에서 만나는 포물선 $y=-x^2+ax+b$ 에서 x 축과의 사이에 직사각형 ABCD가 내접할 때, 사각형의 둘레의 길이의 최댓값을 구하시오(단, $\overline{PQ}=6$).

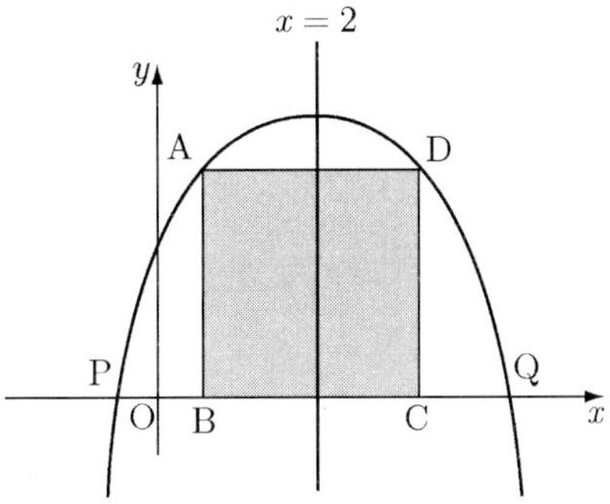

문제 2

아래 그림과 같이 포물선 $y=\frac{1}{2}x^2+2x-\frac{5}{2}$ 와 직선 $y=x+b$ 가 한 점 C에서 접할 때, △ABC의 넓이를 구하시오.

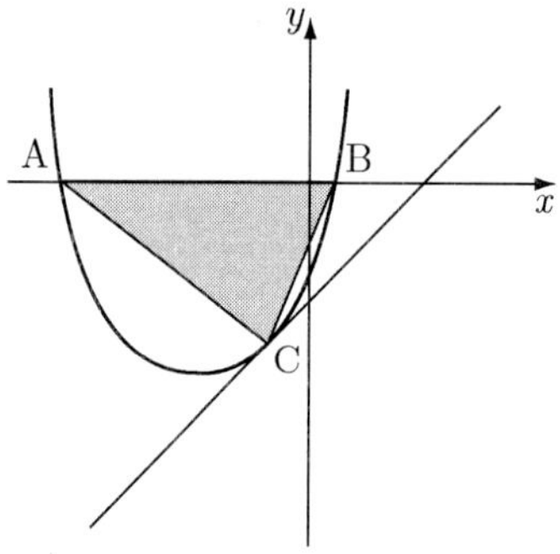

② 이차함수의 그래프와 이차방정식

이차함수 $y=ax^2+bx+c$ 의 그래프가 x 축과 만나는 점의 개수를 다음 세 가지 경우로 나누어 생각할 수 있다.

첫째, 이차함수 $y=ax^2+bx+c$ 가 x축과 두 점에서 만나는 경우이다. 이 경우 교점 y 의 좌표는 0이므로, x 축과 만나는 점의 x좌표를 구하려면 $y=0$ 을 대입하여 이차방정식 $ax^2+bx+c=0$을 풀면 되므로 $ax^2+bx+c=0$ 을 만족하는 x의 개수가 두 개다.

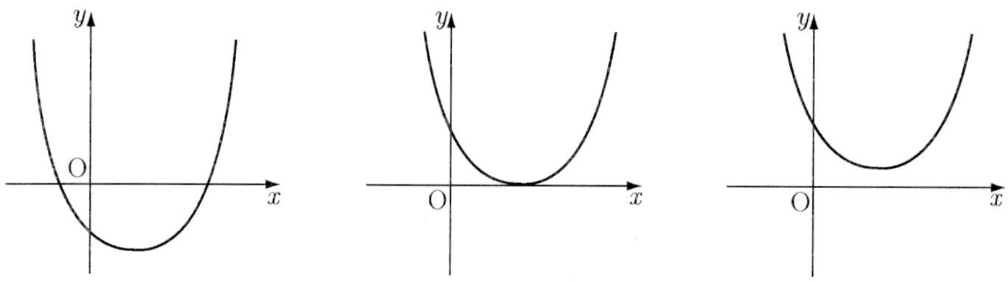

둘째, 이차함수 $y=ax^2+bx+c$ 가 x축과 한 점에서 만나는 경우이다.
이 경우 $ax^2+bx+c=0$ 을 만족하는 x의 개수가 한 개다.

셋째, 이차함수 $y=ax^2+bx+c$ 가 x축과 만나지 않는 경우이다.
이 경우 $ax^2+bx+c=0$ 을 만족하는 x의 개수가 존재하지 않는다.

문제 1

$y=x^2+4x-k+1$ 의 그래프를 y 축의 방향으로 2만큼 평행이동하면 x 축과 한 점에서 만난다. 이 때, k 의 값을 구하시오.

문제 2

아래 그림과 같이 $y=x^2-4x-3$, $y=x-3$ 의 그래프가 두 점 A, B에서 만날 때, △ABC의 넓이를 구하시오.

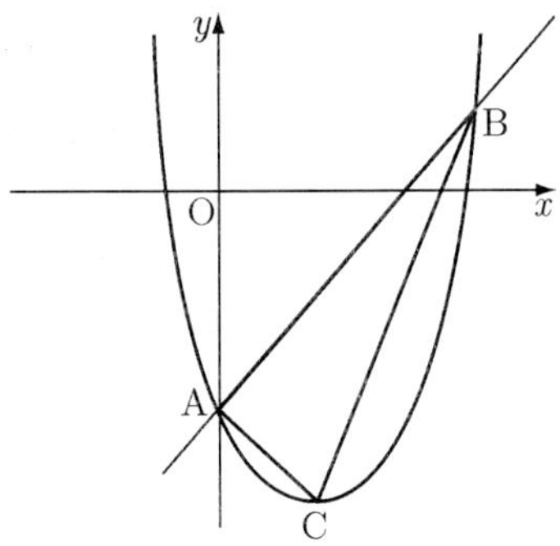

3.4 교직수학 탐구활동

탐구활동 9 사다리타기와 함수

- 관련학습주제 : 3.1 함수 3) 함수의 활용
- 탐구주제 : 사다리타기와 함수와의 관련성
- 탐구방법 : 개연 추론 전략

사다리타기를 참 많이 해 보았다. 심심할 때, 또는 재미로 삼삼오오 모여서 간단하게 게임을 즐긴다. 사다리타기를 처음 할 때, 혹시나 두 사람이 같은 길로 내려가면 어떻게 하나 하고 한 번쯤은 걱정을 해 보았을 것이다. 하지만 사다리타기는 일대일 대응이기 때문에 절대로 그러한 일이 일어날 수 없다. 사다리타기 속에 숨겨진 함수의 의미를 경험과 관찰, 추측을 통해 살펴보자.

1) 일대일대응

일대일대응은 함수에서 한 개의 x값이 단 하나의 y값에 대응하고, 어느 누구도 x를 제외하면 y를 함숫값으로 가지지 않는 함수이다. 물론, 대응하지 않는 y의 값도 단 하나도 없어야 한다.

2) 사다리타기

A, B, C, D 네 명의 학생이 사다리타기를 하여 수학문제를 풀 영역을 정하려고 한다. 이미 A는 수와 연산 영역, B는 문자와 식 영역, D는 기하 영역이 결정되었다고 한다면, 마지막 남은 C는 무조건 함수 영역이라고 말할 수 있는지 생각해 보자. 혹시 다른 영역과 중복되지 않는지 살펴볼 필요가 있다. 물론 일대일대응이라는 것이 확실하다면 굳이 확인할 필요는 없지만 현재는 그것을 확신할 수 없다.

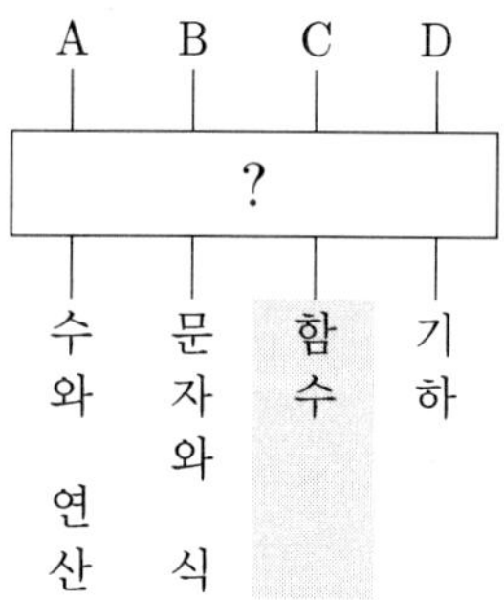

3) 몇 가지 사례에 대한 관찰과 경험

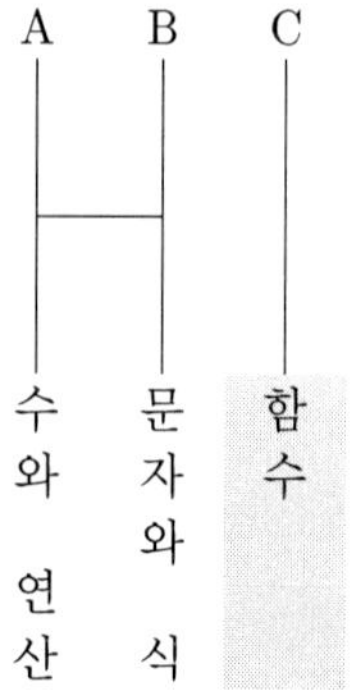

(1번)

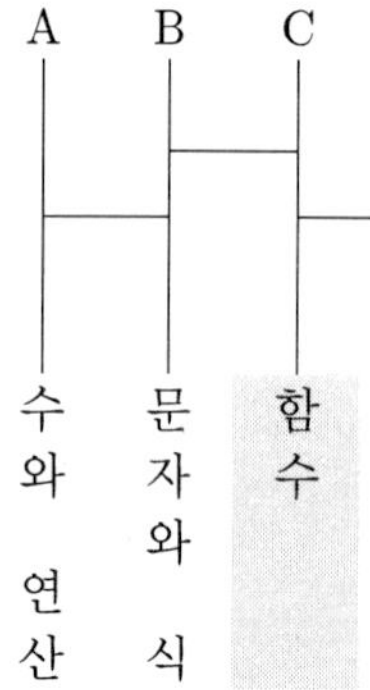

(2번)

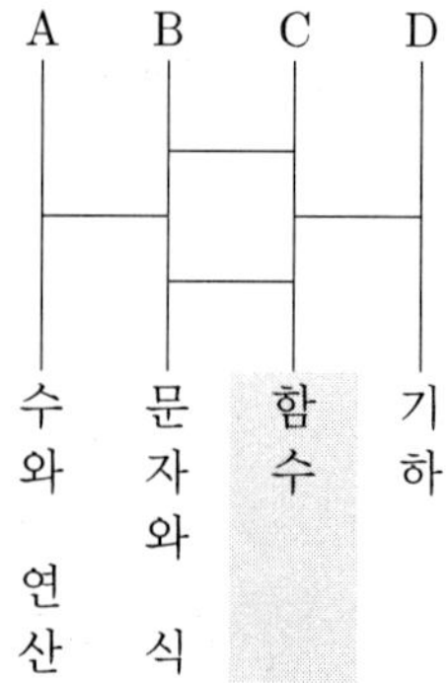

(3번)

위의 (1)번 사다리타기에서 가장 중요한 것은 A가 문자와 식으로, B가 수와 연산으로 옮겨지게 된다. 즉, A와 B 사이에 상호 교환이 일어난 것이다. (2)번 사다리타기를 보자. 조금 복잡해졌지만, 세 개의 가로줄에 의해서 상호간에 세 번의 교환이 일어났음을 알 수 있다. (3)번 사다리타기에서는 총 네 번의 교환이 일어났다.

위의 세 개의 경험과 관찰을 통해 추측할 수 있는 한 가지 사실은 가로줄에 의해서 위치교환이 일어나서 선택하게 되는 '수학의 영역'은 변화지만, 궁극적으로 한 명의 학생이 한 개의 영역을 가지게 된다는 속성은 절대로 바뀔 수 없다. 이것은 임의의 n의 가로줄을 긋더라도 이 속성은 유지된다. 따라서 사다리타기는 일대일대응을 이루는 함수임이 분명하다.

예제 3.36

함수 $f:\{1, 2, 3, 4, 5\}\to\{1, 2, 3, 4, 5\}$를 생각해 보자. 이 함수를 바탕으로 해서 아래와 같은 사다리타기를 만들었다고 한다. 이때 $f(1)$, $f(2)$, $f(3)$, $f(4)$, $f(5)$의 값을 구하시오.

풀이 $f(1)=4$, $f(2)=3$, $f(3)=2$, $f(4)=5$, $f(5)=1$로 일대일대응이 되는 함수가 된다. ■

문제 1

동네에서 흔히 보는 숫자 맞추기 퍼즐이 있다. 아래 두 퍼즐 중에서 절대로 1, 2, 3, ⋯, 15 순서로 퍼즐을 맞출 수 없는 배치가 있다. 어느 것인지 찾고, 그 이유를 설명하시오.

1	2	3	4
5	6	7	8
9	10	11	12
13	15	14	

1	2	3	4
5	6	7	8
9	11	10	14
13	12	15	

■

4. 확률과 통계

4.1 확률

학습주제

1) 확률과 그 기본 성질

① 경우의 수　　② 확률의 의미와 그 기본 성질

③ 확률의 계산　　④ 기댓값

1) 확률과 그 기본 성질

① 경우의 수

주사위 한 개를 던질 때, 나올 수 있는 눈의 경우는 1,2,3,4,5,6의 6가지이다. 주사위를 던질 때 나오는 결과를 **사건**이라 하고, 사건의 전체 가지의 수를 **경우의 수**라고 한다.

여러 가지 경우의 수를 구하는 방법을 정리 요약하면 다음과 같다.

첫째, **사건 A 또는 사건 B가 일어나는 경우의 수**는 다음과 같이 구할 수 있다. 일반적으로 사건 A가 m가지 방법으로 일어나고 사건 B가 n가지 방법으로 일어나며, A와 B가 동시에 일어나지 않을 때, 사건 A 또는 사건 B가 일어나는 경우의 수는 $m+n$ (가지)이다. 만약 두 사건 A, B가 일어날 경우의 수가 각각 m, n가지이고 두 사건이 동시에 일어날 경우의 수가 l가지 일 때, 사건 A 또는 B가 일어나는 경우의 수는 $(m+n-l)$가지이다.

둘째, **두 사건 A, B 가 동시에 일어나는 경우의 수**는 다음과 같이 구할 수 있다. 일반적으로, 사건 A가 일어나는 경우의 수가 m이고 그 각각의 경우에 대하여 다른 사건 B가 일어날 경우의 수가 n이면, 두 사건 A, B가 동시에 일어나는 경우의 수는 $m\times n$ (가지)이다.

셋째, n명의 사람을 **일렬로 세우는 경우의 수**는 다음과 같이 구할 수 있다. n명이 차례로 한 줄로 세우는 경우의 수는 $n(n-1)(n-2)\times\cdots\times 2\times 1$이다.

넷째, **두 명의 대표를 뽑는 경우의 수**는 다음과 같이 구할 수 있다. 먼저 순서가 있으면서 두 명의 대표를 뽑는 경우의 수는 $n(n-1)$가지이고, 순서가 없이 두 명을 뽑는 경우의 수는 $\frac{n(n-1)}{2}$가지이다.

문제 1

4명의 학생이 모자를 의자에 놓고 탁구를 했다. 운동이 끝난 후 무심코 모자를 들었을 때, 자기 모자를 든 학생이 한 명도 없는 경우의 수를 구하시오.

문제 2

남학생 3명, 여학생 3명을 일렬로 세울 때, 남학생들끼리 서로 이웃하여 서는 경우의 수를 구하시오.

문제 3

A,B,C,D,E 다섯 개의 문자를 사전식으로 ABCDE에서 EDCBA까지 배열할 때, 60번째 오는 것을 구하시오.

② 확률의 의미와 그 기본 성질

확률은 우연한 현상을 수치적 값으로 나타내고자 하는 수학자들의 노력에 의해 형성된 개념이다. 확률의 개념은 17세기 파스칼(Pascal)과 페르마(Fermat) 사이의 서신 왕래를 기초로 하여 구체적인 논의가 이루어졌다. 그 후 라플라스(Laplace)의 노력으로 확률론은 이론으로 체계화되었다. 확률이론은 경우의 수를 구하기 위한 체계화된 방법인 조합론을 바탕으로 급속도로 발전하였다. 따라서 확률은 경우의 수와 밀접한 관계가 있고 이를 바탕으로 하고 있다. 실제로 어떤 사건이 일어날 수 있는 가능성을 수로 나타낸 것을 확률이라 하며, **확률**은 다음과 같이 구한다.

$$(\text{확률}) = \frac{(\text{어떤 사건이 일어날 경우의 수})}{(\text{일어날 수 있는 모든 경우의수})}$$

확률의 성질을 요약 정리하면 다음과 같다.

1. 어떤 사건이 일어날 확률을 p라 하면 $0 \le p \le 1$이다.
2. 반드시 일어나는 사건의 확률은 1이다.
3. 절대로 일어날 수 없는 사건의 확률은 0이다.
4. 사건 A가 일어날 확률을 p라 하면, (사건 A가 일어나지 않을 확률)$=1-p$이다.

③ 확률의 계산

사건 A 또는 사건 B가 일어날 확률은 다음과 같이 구할 수 있다. 사건 A가 일어날 확률을 p, 사건 B가 일어날 확률을 q라 하면, 사건 A 또는 사건 B가 일어날 확률은 $p+q$이다.

예제 3.37

두 개의 주사위를 동시에 던질 때, 나오는 눈의 수의 합이 3또는 6이 될 확률을 구하시오.

풀이 일어날 수 있는 모든 경우의 수는 $6 \times 6 = 36$(가지)이고, 눈의 합이 3이 될 경우는 (1,2), (2,1)의 2가지이므로, 합이 3이 될 확률은 $\frac{2}{36}$이다. 또, 눈의 합이 6이 될 경우는 (1,5),(2,4),(3,3),(4,2),(5,1) 5가지이므로 합이 6이 될 확률은 $\frac{5}{36}$이다. 따라서 구하는 확률은 $\frac{2}{36}+\frac{5}{36}=\frac{7}{36}$ 이다.

■

사건 A와 사건 B가 동시에 일어날 확률은 다음과 같이 구할 수 있다. 사건 A, B가 서로 영향을 끼치지 않을 때, 사건 A가 일어날 확률을 p, 사건 B가 일어날 확률을 q라 하면, 사건 A,B가 동시에 일어날 확률은 $p\times q$이다.

예제 3.38

두 개의 주사위 A, B를 동시에 던질 때, A주사위는 2의 배수의 눈, B주사위는 6의 약수의 눈이 나올 확률을 구하시오.

풀이 2의 배수는 2, 4, 6이므로 A 주사위가 2의 배수의 눈이 나올 확률은 $\frac{3}{6}=\frac{1}{2}$ 이고, 6의 약수는 1, 2, 3, 6이므로 주사위가 6의 약수의 눈이 나올 확률은 $\frac{4}{6}=\frac{2}{3}$이다. 따라서 구하는 확률은 $\frac{1}{2}\times\frac{2}{3}=\frac{1}{3}$이다.

■

같은 시행을 n번 반복하여 사건 A가 r번 일어날 때, n을 충분히 크게 하면 $\frac{r}{n}$은 일정한 값 p에 가까워진다. 이때 p를 **통계적 확률**이라고 한다.

예제 3.39

어느 운동회에서 청군, 백군이 바구니에 공을 넣을 때 청군은 1000개의 공 중에서 756개를, 백군은 900개의 공 중에서 683개를 각각 바구니에 넣을 수 있다고 한다. 시합을 한다면 어느 팀이 이길 가능성이 더 큰지 구하시오.

풀이 청군이 한 개의 공을 바구니에 넣을 확률은 $\frac{756}{1000}=0.756$, 백군이 한 개의 공을 바구니에 넣을 확률은 $\frac{683}{900} \fallingdotseq 0.759$ 이다. 따라서 확률이 더 큰 백군이 이길 가능성이 크다.

■

반면, (사건 A 가 일어날 확률) $= \frac{(\text{사건 } A \text{가 일어날 수 있는 영역의 크기})}{(\text{사건이 일어날 수 있는 전 영역의 크기})}$ 로 구하는 것을 **기하학적 확률**이라고 부른다.

예제 3.40

아래 그림과 같은 과녁이 있다. 중심이 같은 세 원의 반지름이 각각 5cm, 15cm, 25cm일 때, 화살 한 개를 쏘아 A부분을 맞출 확률을 구하시오.

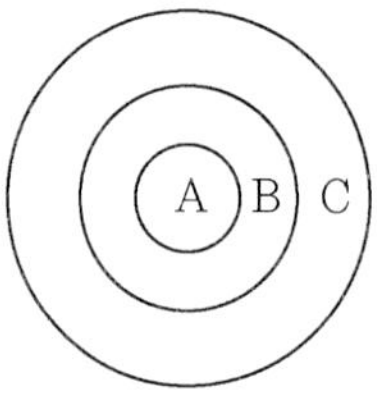

풀이 (과녁 전체의 넓이)$= \pi \times 25^2 = 625\pi(\text{cm}^2)$ 이고,

(A 부분의 넓이)$= \pi \times 5^2 = 25\pi(\text{cm}^2)$ 이다.

따라서 구하는 확률은 $\frac{25\pi}{625\pi} = \frac{1}{25}$ 이다.

■

문제 1

오른쪽 그림과 같이 넓이가 1cm^2 인 작은 정사각형들로 이루어진 사각형 모양의 과녁이 있다. 화살을 한 번 쏘아 색칠한 부분을 맞출 확률을 구하시오.

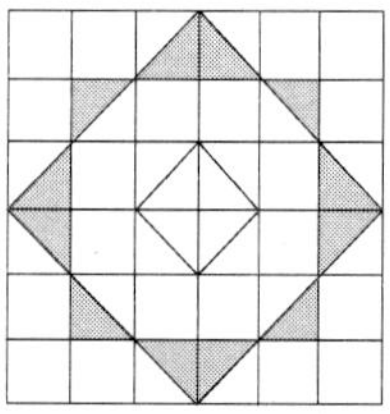

■

문제 2

A, B 두 주사위를 던져 나온 눈을 각각 a, b라 할 때, 직선 $y=-\frac{a}{b}x+b$와 x축, y축으로 둘러싸인 부분의 넓이가 2가 될 확률을 구하시오.

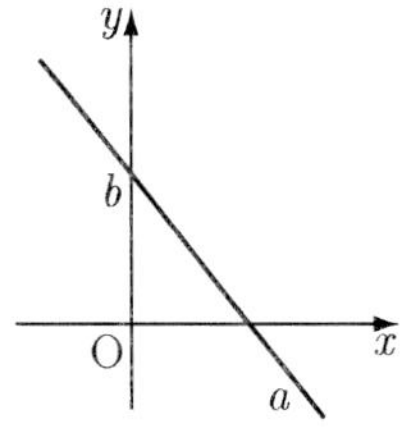

④ 기댓값[10)]

일반적으로 기댓값이라고 하면 상금에 대한 기댓값을 이야기한다. 예를 들어, 한 개의 주사위를 던져서 짝수의 눈이 나오면 1000원을 받기로 하였다고 하자. 한 개의 주사위를 던질 때, 항상 1000원을 받을 수 있다고 기대할 수는 없다. 그 이유는 홀수의 눈이 나올 수도 있기 때문이다. 따라서 짝수의 눈이 나올 확률이 $\frac{1}{2}$이므로, 한 개의 주사위를 던질 때, $1000\times\frac{1}{2}=500$(원)의 상금을 받을 수 있다고 기대하는 것이 바람직할 것이다. 일반적으로 어떤 시행에서 사건 A가 일어날 확률을 p, 이 때 받을 수 있는 상금을 a원이라 하고, 사건 A가 일어나지 않으면 상금이 없다고 할 때, 이 시행에서 상금에 대한 기댓값은 $a\times p$(원)이다. 이처럼 어떤 시행에서 예상되어지는 상금액을 상금의 **기댓값**이라고 한다.

예제 3.41

동전 1개와 주사위 1개를 동시에 던졌을 때, 동전 앞면과 주사위의 짝수의 눈이 나오면 상금으로 10000원을 받기로 하였다. 한 번 던졌을 때의 상금의 기댓값을 구하시오.

풀이 동전 한 개를 던졌을 때, 앞면이 나올 확률은 $\frac{1}{2}$, 또 주사위 한 개를 던졌을 때 짝수의 눈이 나올 확률은 $\frac{1}{2}$이다. 그리고 동전의 앞면과 주사위의 짝수의 눈이 나올 확률은 $\frac{1}{2}\times\frac{1}{2}=\frac{1}{4}$이다.

10) 2009개정 수학과 교육과정에서는 삭제되었다.

따라서 상금에 대한 기댓값은 $10000 \times \frac{1}{4} = 2500$이다.

문제 1

어떤 사건이 일어날 확률과 상금이 각각 15%씩 증가하였다고 하자. 그러면, 상금에 대한 기댓값은 얼마나 바뀌는지 구하시오.

문제 2

실력이 같은 A,B 두 사람이 있다. 두 사람이 게임을 하는데 3회 먼저 이기는 사람이 상금 10만원을 받기로 약속을 하고 게임을 시작하였다. 그런데 A가 한 번 먼저 이긴 상태에서 게임을 중지하게 되었다. 비기는 경우가 없다고 한다면, 이 상황에서 A가 받을 상금의 기댓값을 구하시오.

4.2 통계

학습주제

1) 도수분포와 그래프
   ① 줄기와 잎 그림, 도수분포표, 히스토그램, 도수분포다각형
   ② 도수분포표로 주어진 자료의 평균
   ③ 상대도수와 그 그래프　　④ 누적도수와 그 그래프
2) 대푯값과 산포도
   ① 대푯값, 중앙값, 최빈값과 평균　　② 산포도, 분산과 표준편차
3) 상관도와 상관표
   ① 상관도와 상관관계　　② 상관표와 상관관계
4) 표본 조사
   ① 표본, 모집단의 뜻　　② 표본 추출의 방법

1) 도수분포와 그래프

① 줄기와 잎 그림, 도수분포표, 히스토그램, 도수분포다각형

줄기와 잎 그림(Stem-and-leaf plot)이란 통계학에서 통계적 자료를 표 형태와 그래프 형태의 혼합된 방법으로 나타내는 것을 말한다. 예를 들어 아래 표와 같은 자료가 주어져 있다고 하자.

123	123	121	126	127	128	128	134	136	136	137
137	139	140	141	141	145	148	149	150	159	159

이 자료를 줄기와 잎 그림 방법을 통해 다음과 같이 나타낼 수 있다.

줄기	잎	도수
12	1 3 3 6 7 8 8	7
13	4 6 6 7 7 9	6
14	0 1 1 5 8 9	6
15	0 9 9	3

이 때 표에서의 줄기는 자료들의 공통되는 부분을 모아놓게 되며, 잎은 줄기 부분의 나머지 부분을 모아둔다. 도수는 한 줄기에 속하는 자료의 개수를 의미한다.

22, 30, 25, 21, ⋯ 과 같이 자료를 수량으로 나타낸 것을 **변량**, 변량을 일정한 간격으로 구분하고, 각 구간에 해당되는 학생 수를 조사하여 각 구간에 기록하여 변량을 나눈 값을 **계급**, 구간의 나비를 **계급의 크기**, 각 계급에 속하는 자료의 개수를 **도수**, 계급을 대표하는 값으로서 그 계급의 중앙의 값을 **계급값**이라고 한다. 전체의 자료를 몇 개의 계급으로 나누고, 각 계급에 속하는 도수를 조사하여 만든 표를 **도수분포표**라고 한다. 예를 들어 아래와 같은 자료가 있다고 하자.

22	34	15	23	39	26
30	25	33	18	27	24
25	11	20	26	28	19
21	29	34	14	29	20

위의 자료에서 계급의 크기를 5, 계급의 개수를 6개로 하여 도수분포표로 나타내면 아래와 같다.

횟수(번)	학생수(명)
10이상 ~ 15미만	2
15 ~ 20	3
20 ~ 25	6
25 ~ 30	8
30 ~ 35	4
35 ~ 40	1
합 계	24

위의 도수분포표를 아래 그림과 같이 가로축에는 계급의 끝 값을 기입하고, 세로축에는 도수를 기입하고, 각 계급의 크기를 가로로 하고 도수를 세로로 하는 직사각형을 그린 것을 **히스토그램**이라고 한다.

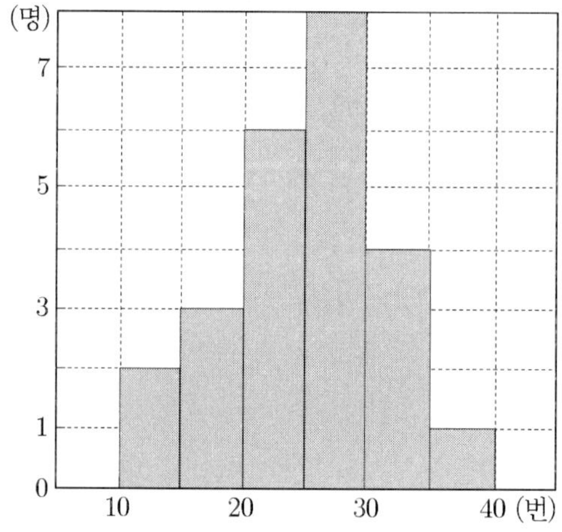

또한 아래 그림과 같이 히스토그램에서 직사각형의 윗변의 중점을 차례대로 선분으로 연결하고, 여기에서 양 끝은 도수가 0인 계급이 있다고 생각하여 그 중점과 연결한 다각형 모양의 그래프를 **도수분포다각형**이라고 한다.

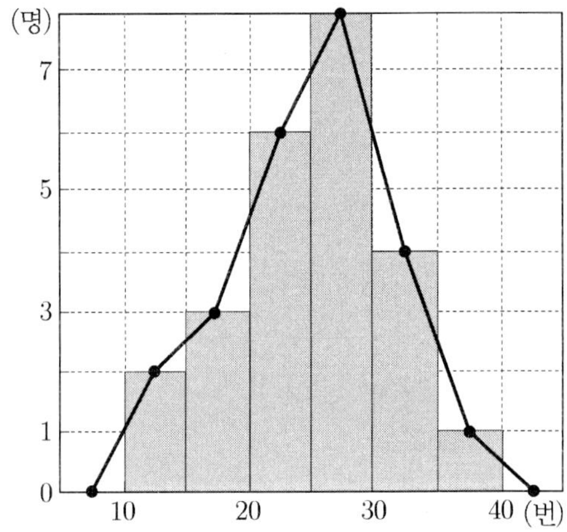

문제 1

막대그래프와 히스토그램의 차이점을 말하시오.

② 도수분포표로 주어진 자료의 평균

도수분포표에서 평균을 구하는 방법은 다음과 같다.

$$(\text{평균}) = \frac{\{(\text{계급값})\times(\text{도수})\}\text{의 총합}}{(\text{도수})\text{의 총합}}$$

또한, 도수분포표에서 가평균을 이용하여 평균을 구할 수 있다. **가평균**은 평균을 구할 때 평균에 가깝다고 생각되는 대략의 값을 미리 가정한 평균이다. 가평균을 이용하여 평균을 구하는 방법은 다음과 같다.

$$(\text{평균}) = (\text{가평균}) + \frac{[\{(\text{계급값}) - (\text{가평균})\}\times(\text{도수})]\text{의총합}}{(\text{도수})\text{의총합}}$$

③ 상대도수와 그 그래프

두 중학교의 몸무게에 대한 도수분포표가 아래와 같이 주어져 있다고 하자.

횟수(번)	도수(명)	
	M 중학교	N 중학교
25이상 ~ 30미만	1	2
30 ~ 35	3	5
35 ~ 40	5	8
40 ~ 45	7	12
45 ~ 50	6	17
50 ~ 55	2	5
55 ~ 60	1	1
합계	25	50

그런데 두 학교의 전체 도수가 다르기 때문에 단순히 도수만으로 두 자료의 분포 상태를 비교하는 것은 아무 의미가 없다. 이와 같은 경우 도수 대신 전체 도수에 대한 각 계급의 도수의 비인 **상대도수**를 구하여 비교하기도 한다. 아래 표와 같이 상대도수를 나타낸 표를 **상대도수의 분포표**라고 한다.

몸무게(kg)	도수	상대도수
25이상 ~ 30미만	2	0.04
30 ~ 35	5	0.10
35 ~ 40	8	0.16
40 ~ 45	12	0.24
45 ~ 50	17	0.34
50 ~ 55	5	0.10
55 ~ 60	1	0.02
합계	50	1

상대도수의 분포표를 바탕으로 가로축에는 계급의 양 끝 값을 써 넣고, 세로축에는 상대도수를 써 넣은 다음, 각 계급의 계급값과 그 계급에 대한 상대도수를 순서쌍으로 하는 점을 찍어 차례로 선분으로 연결한 것을 상대도수의 분포다각형이라고 한다. 도수분포다각형에서 세로축을 도수 대신 상대도수로 바꾸면 **상대도수의 분포다각형**이 된다.

④ 누적도수와 그 그래프

도수분포표에서 계급의 처음 계급에서부터 차례로 어떤 계급까지의 도수를 더한 합을 그 계급의 **누적도수**라고 한다. 아래 표는 누적도수의 분포표를 나타낸 것이다

점수(점)	도수(명)	누적도수
0이상 ~ 2미만	5	5
2 ~ 4	8	13
4 ~ 6	14	27
6 ~ 8	16	43
8 ~ 10	7	50
합계	50	

누적도수의 분포표를 바탕으로 가로축에는 계급의 양 끝 값을 써 넣고, 세로축에는 누적도수를 써 넣은 다음, 각 계급의 오른쪽의 끝 값에 그 계급의 누적도수를 순서쌍으로 하는 점을 찍어 차례로 선분을 연결한 것을 **누적도수의 분포다각형**이라고 한다.

2) 대푯값과 산포도

① 대푯값, 중앙값, 최빈값과 평균

어떤 자료 전체의 특징을 하나의 수로 나타낸 값을 **대푯값**이라고 한다. 대푯값에는 여러 가지가 있으나 **평균**(mean), **최빈값**(mode), **중앙값**(median)이 가장 많이 쓰인다. 여기서 자료의 값의 총합을 도수 전체의 합으로 나눈 것을 **평균**, 발생하는 빈도수가 가장 많은 것을 **최빈값**, 자료를 순서대로 일렬로 나열했을 때 가운데에 위치하는 것을 **중앙값**이라고 한다.

② 산포도, 분산과 표준편차

다음 표는 보억이와 수연이가 8회에 걸쳐 다트 게임을 하면서 얻은 점수를 나타낸 표이다.

보억	7	3	6	4	7	8	9	4
수연	5	6	7	6	5	7	6	6

위의 표에서 두 사람이 얻은 점수의 평균은 6점으로 같고, 각각 4회씩 승리를 거두었

지만 그들이 얻은 점수는 일치하지 않는다. 평균만으로는 자료의 특징을 충분히 나타낼 수 없다. 보억이의 점수는 평균인 6점을 중심으로 좌우로 넓게 흩어져 있으나, 수연이의 점수는 평균인 6점의 부근에 집중되어 있다. 이와 같이 변량들이 흩어져 있는 정도, 즉 산포의 정도를 하나의 수로 나타낼 수 있는데, 이 값을 **산포도**라고 한다. 산포도에는 여러 가지가 있으나, 가장 대표적인 것이 **분산**과 **표준편차**이다.

여기서 분산은 **편차**[11]**의 제곱**의 총합을 **변량의 개수**로 나눈 것을 의미하고, 표준편차는 **분산의 제곱근**이다. 즉, 다음 식을 얻을 수 있다.

1. $(\text{분산}) = \dfrac{(\text{편차})^2\text{의 총합}}{(\text{변량의 총 개수})}$ 2. $(\text{표준편차}) = \sqrt{(\text{분산})}$

문제 1

현선이는 4번 시험을 본 결과 평균이 76점이었다. 한 번 더 시험을 봐서 평균이 80점 이상 되고 싶다면 이 시험에서 최소한 몇 점을 받아야 하는지 구하시오.

문제 2

A, B, C, D, E 5명의 평균은 m이고, 표준편차는 2.5이다. 점수를 모두 2배로 올렸다면 표준편차는 얼마인지 구하시오.

문제 3

다음은 학생 10명의 수학성적과 영어성적을 10점 만점으로 하여 표로 나타낸 것이다. 수학 성적과 영어 성적의 평균, 분산을 구하고 어느 과목의 성적이 더 균등하게 분포하는지 구하시오.

수학	3	5	10	8	6	5	8	5	4	6
영어	8	6	5	7	6	4	6	7	5	6

11) (편차)=(변량)−(평균)

3) 상관도와 상관표[12)]

① 상관도와 상관관계

아래 그림과 같이 어느 학교 학생들의 나이와 키에 대한 순서쌍 (나이, 키)를 좌표로 하는 점들을 좌표평면 위에 나타내었다고 하자. 이와 같은 그림을 나이와 키에 대한 **상관도**라고 한다.

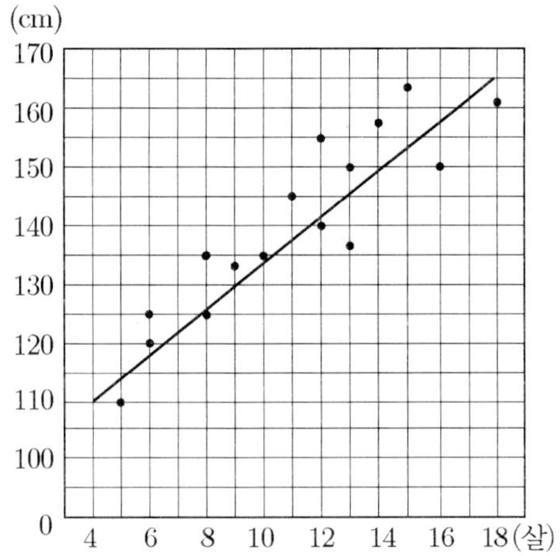

위의 상관도를 보면 점들이 대체로 하나의 직선에 몰려 있다고 볼 수 있다. 즉, 나이가 많으면 대체로 키도 커짐을 알 수 있다. 따라서 사람의 나이와 키 사이에는 어떠한 관계가 있음을 알 수 있는데 이러한 관계를 **상관관계**라고 한다.

만약 두 변량 x, y가 있는데 변량 x의 값이 커짐에 따라 변량 y의 값도 대체로 커지는 관계가 있을 때, 이들 두 변량 x와 y사이에는 **양의 상관관계**가 있다고 한다. 반대로 변량 x의 값이 커짐에 따라 변량 y의 값이 대체로 작아지는 관계가 있을 때, 두 변량 x와 y사이에는 **음의 상관관계**가 있다고 한다.

결국 상관도를 보면 두 변량 사이의 상관관계에 대해 대략적으로 파악할 수 있다.

② 상관표와 상관관계

다음은 수학과 영어 성적을 나타낸 표이다.

12) 2009개정 수학과교육과정에서는 다루지 않는다.

수학	영어	수학	영어	수학	영어	수학	영어	수학	영어
74	77	69	65	60	66	85	73	76	85
88	84	55	72	83	86	66	73	68	79
62	65	62	78	76	70	50	63	95	93
42	50	84	82	58	77	96	88	75	82
70	62	75	74	64	75	46	74	62	58
86	84	72	66	92	67	70	74	85	84
55	68	83	74	52	65	65	60	78	73
88	78	48	55	76	68	82	86	49	65

위의 표를 바탕으로 아래 그림과 같이 두 변량에 대한 도수분포표를 함께 나타낸 것을 **상관표**라고 한다.

영어 \ 수학	이상 미만 40~50	50~60	60~70	70~80	80~90	90~100	합계
이상 미만 90~100						1	1
80~90				2	6	1	9
70~80	1	2	4	5	3		15
60~70	1	3	4	3		1	12
50~60	2		1				3
합 계	4	5	9	10	9	3	40

위의 상관표에서 수학 성적이 낮고 과학 성적이 낮은 학생, 수학 성적이 높고 과학 성적이 높은 학생들의 도수가 높음을 알 수 있다. 즉, 표에서 좌하 방향에서 우상 방향으로 도수가 밀집되어 있음을 알 수 있다. 이는 수학 성적과 과학 성적 사이에 양의 상관관계가 있음을 보여준다.

결국 상관표 역시 상관도와 마찬가지로 두 변량 사이의 상관관계에 대해 대략적으로 파악할 수 있다.

문제 1

아래 표는 태도, 자신감에 대한 수학수행평가 성적을 나타낸 표이다. 이 표를 바탕으로 상관도를 그리고, 태도와 자신감 사이에는 어떤 상관관계가 있는지 구하시오.

번호	1	2	3	4	5	6	7	8	9	10	11	12
태도	5.6	5.6	5.7	5.9	5.5	5.5	5.4	5.9	6.0	5.8	5.7	5.8
자신감	5.4	5.5	5.5	5.6	5.3	5.5	5.3	5.8	5.9	5.8	5.7	5.9

문제 2

다음은 수학교육과 12학번 학생 24명의 키와 몸무게에 대한 조사결과를 나타낸 표이다. 계급의 크기를 적절히 선택하여 상관표를 만들고 키와 몸무게 사이의 상관관계를 구하시오.

키(cm)	몸무게(kg)	키(cm)	몸무게(kg)	키(cm)	몸무게(kg)
160	63	166	53	160	66
157	52	159	48	182	70
174	74	150	39	165	51
167	61	153	45	152	45
164	55	158	52	166	50
157	45	177	59	161	52
161	51	167	56	157	50
169	58	166	54	152	41

4) 표본 조사[13)]

① 표본, 모집단의 뜻

어떤 집단의 특성을 알기 위한 통계 조사는 조사의 대상을 집단 전체로 하는 **전수조사**

13) 이 내용은 제3차 교육과정에서만 다루어졌던 내용으로 그 이후로는 고등학교에서만 다루고 있다. 간단한 개념 수준에서 다루고자 한다.

와 전체 대상이 아닌 일부 대상만을 조사하여 집단 전체를 추측하는 **표본조사**가 있다.

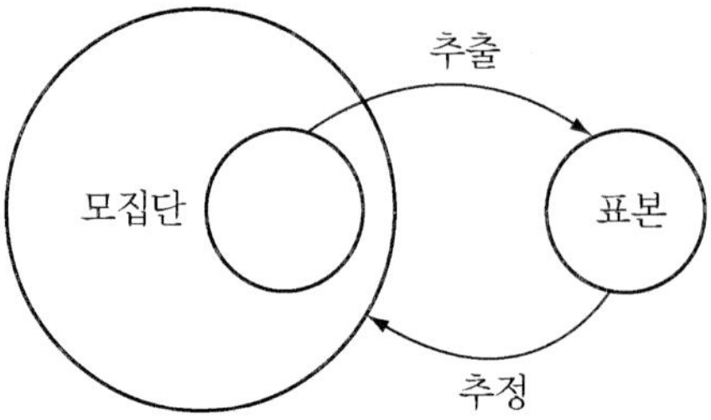

표본조사에서 조사의 대상이 되는 자료 전체를 **모집단**이라 하고, 조사하기 위하여 모집단에서 뽑은 자료의 일부를 **표본**이라 한다. 이때 표본에 포함되는 자료의 수를 **표본의 크기**라 하고, 모집단에서 뽑는 것을 **표본을 추출한**다고 한다.

② 표본 추출의 방법

전수조사는 많은 비용과 시간이 소요될 뿐 아니라, 대상에 따라서 전수조사를 할 수 없는 경우도 있다. 따라서 전체 자료를 조사하는 대신에 그 일부분을 조사하여 전체 자료에 대한 특징을 추정하는 방법인 표본조사를 많이 사용한다. 표본조사는 모집단에서 추출한 표본의 성질을 조사하여 모집단의 성질을 추측하는 것이 목적이므로, 모집단의 성질이 잘 반영되도록 표본추출이 이루어져야 한다. 즉, 표본은 모집단에서 골고루 추출되어야 한다. 이와 같이 표본을 추출할 때, 조사자의 주관을 배제하고 모집단에서 모든 자료가 같은 확률로 뽑히도록 추출하는 방법을 **임의추출**이라 하고, 임의 추출된 표본을 **임의표본**이라고 한다.

임의추출(random sampling)의 방법으로는 제비뽑기, 난수표, 주사위, 등간격 추출 등을 이용하여 어느 자료도 표본으로 뽑히는 확률이 같도록 표본을 뽑는 방법을 말한다.

한편, 표본추출의 방법은 복원추출과 비복원추출로 구분할 수 있다. 어떤 모집단에서 크기 n 인 표본을 추출하는 경우, 1개의 자료를 추출할 때마다 추출한 것을 도로 넣으면서 n 회 반복하여 추출하는 방법을 **복원추출**이라고 하고, 추출한 것을 도로 넣지 않고 n 회 계속해서 추출하는 방법을 **비복원추출**이라고 한다.

4.3 교직수학 탐구활동

탐구활동 10 최선의 전략과 확률

- 관련학습주제 : 4.1 확률 1) 확률과 그 기본 성질
- 탐구주제 : 확률을 사용한 최선의 선택
- 탐구방법 : 문제 구성하기 전략, 수학사 탐구 전략

1) 게임이론

어떤 선택 상황에 놓여 있을 때, 어떤 선택을 하는 것이 나에게 유리한지를 결정하는 것은 쉽지 않다. 특히 상대방을 이겨야 하는 상황에는 다양한 요소들을 고려하여 최선의 선택을 하게 되는데, 이러한 선택을 위한 논리적 과정을 매우 정교한 수학적 계산이 필요하다. 이처럼 상대방을 이기거나 최선의 선택을 위한 문제에 대해 연구하는 수학의 분야가 게임이론이다.

2) 게임이론의 이해

게임이론을 이해하기 위해 가장 유명한 예가 폭격기 출격 게임이다. A와 B는 적대적 관계에 있는 국가이다. A의 폭격기와 요격기는 B를 공격하고, B는 전투기로 이를 막는다. A는 폭격기와 요격기 중 한 곳에만 폭탄을 설치할 수 있고, B는 폭격기와 요격기 중 한 곳만 선택하여 공격할 수 있다. A의 폭격기와 요격기 중 한 곳에 폭탄을 탑재하고, B의 전투기가 이들 중 한 대상을 공격할 때, 각각의 경우에 대한 폭격에 성공할 확률은 아래 표와 같다. 예를 들어 B의 공격대상이 폭격기였는데 A의 폭탄이 폭격기에 탑재되어 있을 때 성공확률은 80%이다. 반면, B의 전투기가 요격기를 공격하고 폭탄이 폭격기에 탑재되어 있다면 성공확률은 100%이다.

		B의 전투기 공격 대상	
		폭격기	요격기
A의 폭탄 탑재 대상	폭격기	80%	100%
	요격기	90%	50%

① 고찰 1

A가 폭격기나 요격기에 폭탄을 탑재할 가능성을 동일하게 $\frac{1}{2}$로 결정하고, B가 공격할

대상에 대한 가능성을 동일하게 $\frac{1}{2}$로 결정할 때, 폭격의 성공확률은 다음과 같다.

$$0.5 \times 0.5 \times (80 + 100 + 90 + 50) = 0.80$$

② 고찰 2

A가 폭격의 성공을 높이기 위해 약간의 편법을 동원하였다. A가 폭격기에 폭탄을 탑재할 빈도를 늘려서 $\frac{3}{4}$으로 하고 요격기에 폭탄 탑재 가능성을 $\frac{1}{4}$로 하였다. 반면 이를 모르는 B는 공격 대상에 대한 가능성을 $\frac{1}{2}$로 유지하였다고 하면 폭격의 성공률은 다음과 같이 계산된다.

			공격 대상에 대한 가능성	
			0.5	0.5
			폭격기	지원기
탑재 대상에 대한 가능성	0.75	폭격기	80%	100%
	0.25	지원기	90%	50%

$$0.375 \times 80 + 0.375 \times 100 + 0.125 \times 90 + 0.125 \times 50 = 0.85$$

결국 A의 전략은 성공을 거두었다.

③ 고찰 3

이상하다는 눈치를 챈 B는 폭격기에 대한 공격 가능성을 $\frac{4}{5}$, 요격기에 대한 공격 가능성을 $\frac{1}{5}$로 조절하였다. 그 결과 폭격의 성공가능성은 다음과 같이 계산된다.

$$0.60 \times 80 + 0.15 \times 100 + 0.20 \times 90 + 0.05 \times 50 = 83.2$$

결론적으로 상대편의 전략에 따라 나의 전략을 변경함으로 최선의 결과를 얻을 수 있다. 이러한 결정을 위해서는 확률의 계산이 필수적이다.

문제 1

위의 A의 전략에 대해 B가 새로운 전략을 결정하였다고 하자. 그 전략은 요격기를 포기하고, 100% 폭격기만 공격하는 전략으로 변경하였다고 하면, 폭격의 성공확률이 얼마인지 계산하시오.

3) 성공확률

위의 상황을 일반화한 표를 아래와 같이 만들어 보자.

			공격 대상에 대한 가능성	
			p	$1-p$
			폭격기	지원기
탑재 대상에 대한 가능성	q	폭격기	$x\%$	$y\%$
	$1-q$	지원기	$z\%$	$w\%$

위와 같은 상황이라면 성공의 가능성은 다음과 같은 결론을 내릴 수 있다.

$$pqx+(1-p)qy+p(1-q)z+(1-p)(1-q)w$$

4) 최선의 선택

이제 상대방의 전략을 알고만 있다면 나의 최선의 선택을 수학적인 확률계산으로 쉽게 결정할 수 있다. 예를 들어, B가 A의 폭탄 탑재 비율을 (폭격기):(요격기)$=\frac{3}{4}:\frac{1}{4}$라는 사실을 경험적으로 찾았다고 하자. 그러면 위의 공식에 의해서 q와 $1-q$의 값이 결정이 되었기 때문에 B는 최선의 선택을 위한 p의 값을 결정할 수 있다. 예상되는 성공확률은 다음과 같다.

$$0.75\times p\times 80+0.75\times(1-p)\times 100+0.25\times p\times 90+0.25\times(1-p)\times 50$$
$$=0.75(100-20p)+0.25(50+40p)=75-15p+12.5+10p$$
$$=87.5-5p(\%)$$

따라서 B의 선택은 $p=1$이 되도록 하는 것이다. 다시 말해 B는 폭격기만을 공격함으로서 폭격의 성공확률은 82.5%로 낮출 수 있다.

5. 기하

5.1 명제와 증명

학습주제

1) 명제
   ① 명제의 뜻 ② 명제의 역
2) 연역적 추론의 뜻과 그 방법
   ① 정의의 뜻 ② 증명의 뜻

5.1.1 학습주제별 내용 정리

1) 명제[14)]

① 명제의 뜻

주어진 문장이 참인지 거짓인지를 분명히 판별할 수 있는 문장을 **명제**라고 한다. 다시 말해 참, 거짓을 분명히 판별할 수 없는 문장은 명제가 아니다. 명제의 구성요소를 보면 가정과 결론으로 구분할 수 있다. 일반적으로 명제는 'p 이면 q 이다' 로 구분할 수 있는데 이것을 기호로 '$p \to q$'와 같이 나타내며, 이 때 p 를 **가정**, q 를 **결론**이라고 한다.

② 명제의 역

명제 $p \to q$ 에서 가정 p 와 결론 q 를 바꾸어 놓은 명제를 **명제의 역**이라고 한다. 즉, 명제 $p \to q$ 에서 명제의 역은 $q \to p$ 이다. 일반적으로 원래의 명제가 참이라고 해서, 그 명제의 역이 참이라는 보장은 없다.

2) 연역적 추론의 뜻과 그 방법

① 정의의 뜻

용어의 뜻을 명확하게 정한 문장을 그 용어의 **정의**라고 한다.

14) 명제와 증명 부분은 2009개정 수학과 교육과정에서는 다루지 않는다.

② 증명의 뜻

이미 잘 알려진 사실이나 성질 등을 이용하여 어떤 명제의 가정에서 결론을 이끌어내는 과정에 대해 설명하는 것을 **증명**이라고 하고, 증명된 명제 중에서 중요한 명제를 **정리**라고 한다.

일반적으로 명제의 증명 순서를 정리하면 다음과 같다.

1. 주어진 명제를 가정과 결론으로 나눈다.
2. 문제의 뜻에 알맞은 그림을 그리고 기호를 붙인다.
3. 증명에 필요한 기초적인 정의, 성질, 정리 등을 찾아낸다.
4. 증명 계획을 세운다.
5. 세운 계획에 따라 증명한다.

문제 1

그림은 선분 BE 위에 점 C를 잡고, 선분 BC, CE 위에 두 정삼각형 ABC와 DCE를 그린 것이다. 이때 두 선분 $\overline{AE}$, $\overline{BD}$의 교점을 P라 할 때, $\angle BPE$의 크기가 $120°$임을 증명하시오.

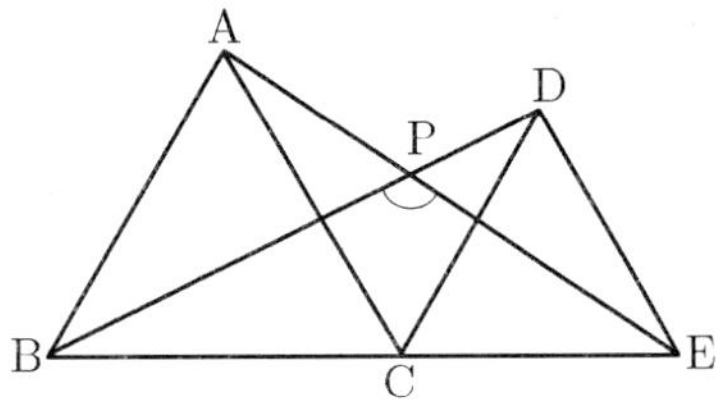

5.1.2 교직수학 탐구활동

탐구활동 11 분석법과 종합법

- **관련학습주제** : 5.1 명제와 증명 1) 명제
- **탐구주제** : 명제를 다루는 두 가지 시각에 대한 교육적 탐색
- **탐구방법** : 수학사 탐구 전략

1) 분석법과 종합법

① 분석법과 종합법의 의미

고대 그리스의 마지막 수학자 중의 한 사람인 파푸스(Pappus)에 의해 체계적으로 정리되었다. **분석법**은 찾고 있는 것을 마치 인정된 것처럼 여기고(결론이 이루어진 것처럼 받아들이고) 이로부터 거꾸로 가정으로 나아가는 사고방법이다. 즉, 분석에서 우리는 찾고 있는 것을 마치 이미 이루어진 것처럼 가정하고, 이것의 선행되는 원인이 무엇인지를 지속적으로 추적하여 우리의 발자취를 되밟아 이미 알려져 있는 것으로 나아가는 방법이다. 그래서 **거꾸로 풀기**라고 부르기도 한다. 반대로 **종합법**은 분석법에서의 과정을 뒤집어 가는 것이다. 분석법에서 발견하였던 과정을 역으로 배치하고 자연스러운 순서로 배열하여 가는 것이다(우정호, 2000).

2) 분석법과 종합법의 비교

첫째, 분석법은 거꾸로 풀기라고 한다면 종합법은 **똑바로 풀기**이다.

둘째, 분석법은 구하거나 증명하고자 하는 것을 이미 구하거나 증명된 것처럼 가정하고 그로부터 유도될 수 있는 명제를 도출하고, 그로부터 유도될 수 있는 명제를 도출하기를 계속하여, 이미 알고 있는 명제에 도달하는 과정으로 풀이 계획을 발견하는 과정이다. 반면, 종합법은 분석법의 과정을 거꾸로 하여 분석에서 마지막에 도달한 지점, 곧 이미 알려져 있거나 참인 것으로 가정한 명제로부터 출발하여 분석 과정을 거꾸로 되밟아감으로써 마지막에 요구하는 명제에 도달하는 과정이므로 연역적인 과정이다.

셋째, 분석법은 풀이나 증명과정에 대한 발견과 밀접한 관련이 있고, 종합법은 풀이에 대한 실행 및 증명에 대한 순차적 서술과 관련이 있다.

3) 분석법과 종합법의 예

문제 1

원 O 밖의 한 점 P에서 원에 접선을 작도하시오.

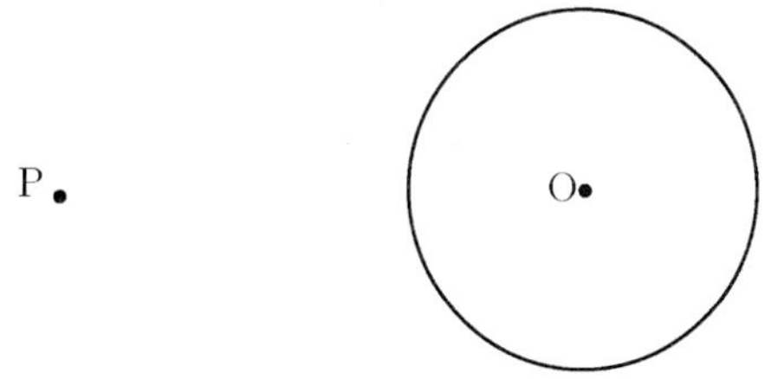

(분석법)

1단계. 점 P에서 원 O에 접선이 그어졌다고 가정하자.

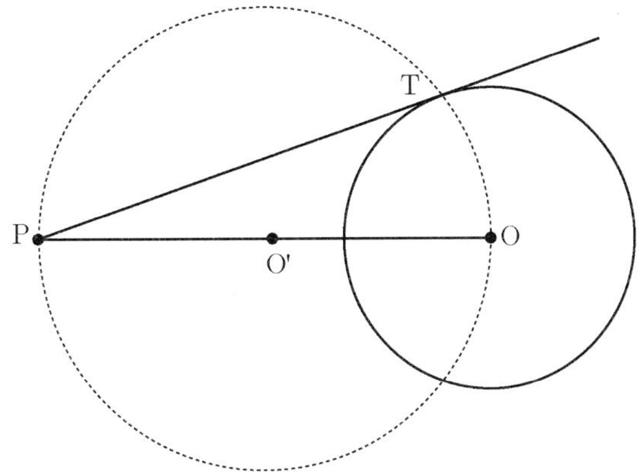

2단계. 접선을 긋기 위해서는 점 T가 주어졌다는 것이다. 그럼 점 T가 주어지기 위해서는 ∠PTO가 직각인 관계가 성립한다.

3단계. ∠PTO가 직각이기 위해서는 PO가 지름인 원 위의 한 점이어야 한다.

4단계. 지름이 PO인 원을 그리기 위해서는 원의 중심 O′이 있어야 한다. 즉 선분 PO가 필요하다.

(종합법)

1단계. 점 P에서 원의 중심 O를 연결하여 선분 PO를 긋는다.

2단계. 선분 PO의 중점 O′을 잡는다.

3단계. 점 O′을 중심으로 하고 반지름이 OO′인 원을 그리고, 원 O와의 교점을 T라고 한다.

4단계. 점 P에서 점 T를 지나는 직선을 긋는다. 그러면 직선 PT는 원 O에 그은 접선이 된다.

(분석법)과 (종합법)으로 구분하여 살펴보았다. (종합법)은 각각의 절차를 진행할 수 있도록 해 준다. 즉, 실행이 가능하도록 한다. 하지만, 각각의 실행에 대한 논리적인 근거를 찾을 수 있도록 하거나 그 이유를 논리적으로 설명할 수는 없다. 반면 (분석법)은 실제로 실행이 가능한 절차는 아니지만, 실행이 가능하도록 하는 방법을 발견할 수 있도록 안내해 준다. 그리고 각각의 절차에 대한 수학적이고 논리적인 타당성의 근거를 제공해 주고 있다.

결론적으로 (분석법)을 통해 방법을 찾고, 이에 대한 이해를 바탕으로 (종합법)으로 실제적으로 실행하고 서술하는 것이다. 따라서 기하 문제를 해결하고, 명제를 증명할 때, (분석법)과 (종합법)에 대한 결합이 매우 중요하다.

문제 2

아래와 같이 두 원이 주어져 있다. 두 원의 공통내접선과 공통외접선을 작도하시오. 앞에서 서술한 분석법을 이용하시오.

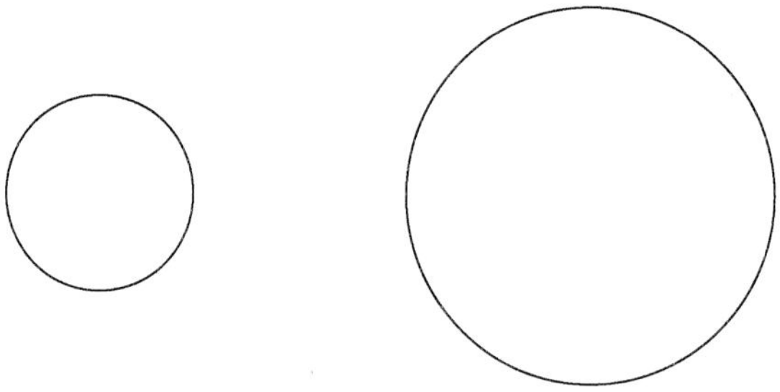

5.2 기본도형

학습주제

1) 기본 도형의 위치 관계 및 기본 성질
   ① 점, 선, 면 ② 각, 직선 및 평면의 위치 관계
   ③ 직선과 원의 위치관계 ④ 평행선의 성질
2) 평면도형의 성질
   ① 간단한 작도 ② 삼각형의 작도와 삼각형의 결정 조건
   ③ 삼각형의 합동 조건 ④ 삼각형의 내각과 외각
   ⑤ 다각형의 내각과 외각, 대각선의 개수
3) 입체도형의 성질
   ① 다면체 ② 회전체
4) 도형의 측정
   ① 평면도형의 넓이 ② 입체도형의 겉넓이와 부피
5) 삼각형과 사각형
   ① 삼각형의 성질 ② 사각형의 성질

6) 도형의 닮음의 뜻과 삼각형의 닮음 조건, 도형의 닮음의 성질
① 도형의 닮음 ② 삼각형의 닮음조건
③ 평행선 사이의 선분의 길이의 비
④ 닮음비, 넓이의 비, 부피의 비
7) 도형의 변환
① 합동변환 ② 닮음변환
8) 피타고라스 정리
① 피타고라스 정리의 증명 ② 피타고라스 정리의 활용

5.2.1 학습주제별 내용 정리

1) 기본 도형의 위치 관계 및 기본 성질

① 점, 선, 면

점, 선, 면은 도형의 가장 기본이 되는 구성요소이다. 유클리드(Euclid)는 점이란 부분이 없는 것, 선은 폭이 없는 것, 면은 두께가 없는 것이라고 정의하고 있지만, 힐베르트(Hilbert)는 무정의용어로 선언하였다. 우리의 보편적 관점에서 선은 무수히 많은 점으로 구성되어 있고, 면은 무수히 많은 선으로 이루어져 있다. 따라서 점이 움직인 자리는 선이 되고, 선이 움직인 자리는 면이 된다.

또한 삼각형, 사각형처럼 한 평면 위에 둘 수 있는 도형은 평면도형이고, 정육면체, 원기둥과 같이 공간 위에 둘 수 있는 도형은 입체도형이다. 평면도형이든 입체도형이든 점, 선, 면으로 구성되어져 있기 때문에 점, 선, 면은 도형의 기본 요소이다.

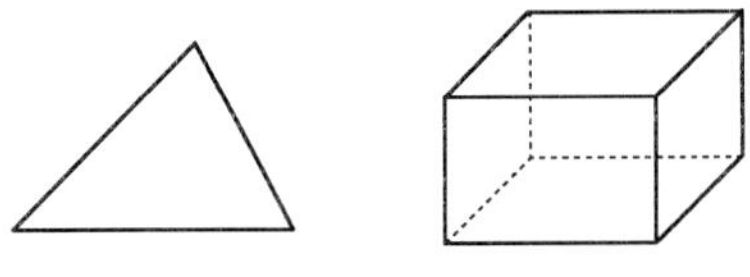

② 각, 직선 및 평면의 위치 관계

한 점 A를 지나는 직선은 무수히 많이 그을 수 있지만, 두 점 A, B를 지나는 직선은 오직 하나뿐이다. 서로 다른 두 점 A, B를 지나는 직선을 직선 AB라 하고, 이것을 기호로 $\overleftrightarrow{AB}$로 나타낸다.

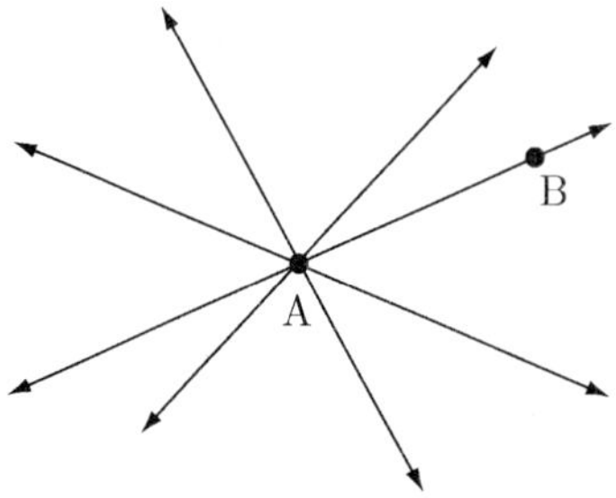

직선 AB 위에 한 점 O 를 잡으면 직선은 두 부분으로 나누어진다. 이 각각의 부분을 **반직선**이라고 한다. 점 O 에서 시작하여 점 A 쪽으로 뻗어나가는 반직선은 반직선 OA 이고, 이것을 기호로 $\overrightarrow{OA}$ 로 나타낸다. 직선 AB 의 점 A 에서 점 B 까지의 부분을 **선분** AB 라 하고 이것을 기호로 $\overline{AB}$ 와 같이 나타낸다.

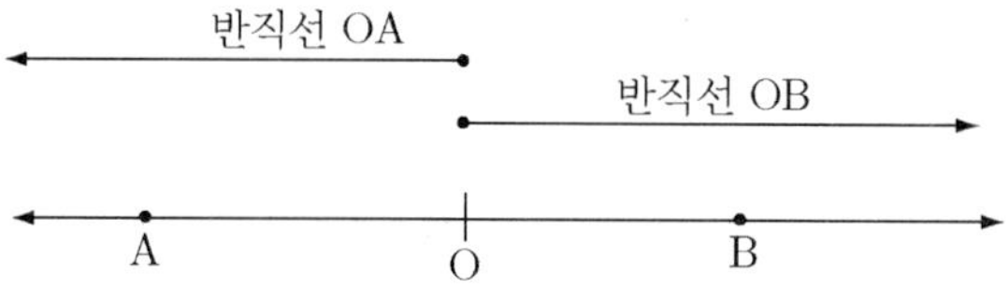

두 점 A, B를 지나는 선은 무수히 많이 그을 수 있다. 그 중 가장 짧은 것은 선분 AB 이다. 선분 AB 의 길이를 **두 점 A, B 사이의 거리**라고 한다. 선분 AB 의 한 가운데 점을 선분 AB 의 **중점**이라고 한다.

아래 그림과 같이 한 점 O 에서 그은 두 개의 반직선 OA, OB 로 이루어지는 도형을 **각**이라 하고 점 O 를 **각의 꼭짓점**이라 하며 두 반직선 OA, OB 를 각각 **각의 변**이라고 한다. 그리고 각을 기호로 $\angle AOB$, $\angle BOA$, $\angle O$, $\angle a$ 등으로 나타낸다.

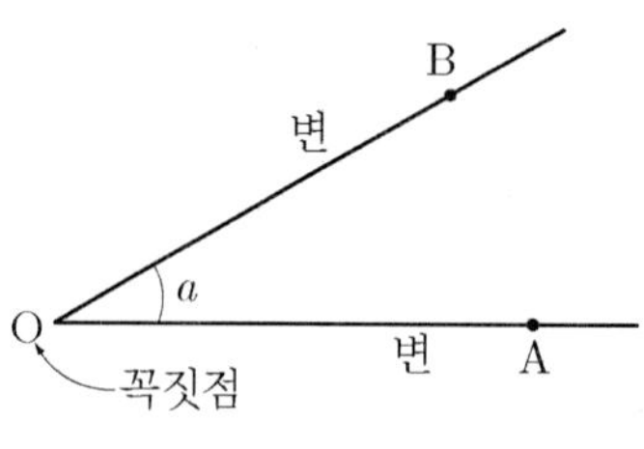

각의 크기를 나타내는 단위로 가장 일반적으로 사용하는 것이 **도**(°)이다. 이 각의 단위는 4직각을 360등분한 것을 1°로 정하였다. 또한 1°를 60등분하여 1′(1분)을 결정하고, 1분을 60등분하여 1″(1초)를 결정하였다. 즉, $1^\circ = 60'$, $1' = 60''$ 이다. 사실 각의 단위인 도(°)는 60진법으로 구성되었다고 볼 수도 있다.

각의 크기에 따라 각도 여러 가지 이름을 가지고 있다. ∠AOB의 두 변 OA, OB가 한 직선을 이룰 때, 이 각을 **평각**(180°)이라고 하고, 평각의 크기의 반을 **직각**(90°)이라 한다. 또한 각의 크기가 0° 보다 크고 90° 보다 작은 각을 **예각**, 90° 보다 크고 180° 보다 작은 각을 **둔각**이라고 한다.

각의 이름에 대한 또 다른 용어도 있다. 30°와 60°, 5°와 85°와 같이 합하여 90°가 되는 두 각 중 하나를 다른 것의 **여각**이라고 한다. 한편 45°와 135°, 85°20′과 94°40′과 같이 합하여 180°가 되는 두 각 중 하나를 다른 것의 **보각**이라고 한다. 아래 그림의 왼쪽에서 $\angle a+\angle b=90°$ 이므로 $\angle a$는 $\angle b$의 여각이고, 동시에 $\angle b$는 $\angle a$의 여각이다. 아래 오른쪽 그림에서 $\angle c+\angle d=180°$ 이므로 $\angle c$는 $\angle d$ 의 보각이고, 동시에 $\angle d$는 $\angle c$의 보각이다.

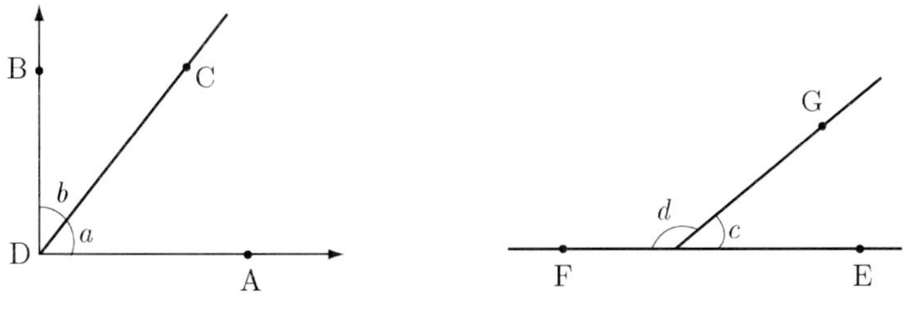

아래 그림과 같이 두 직선이 만나면 네 개의 각이 생긴다. 이 네 개의 각 $\angle a$, $\angle b$, $\angle c$, $\angle d$ 를 두 직선의 **교각**이라고 한다. 또한 이 네 개 중에서 서로 마주보는 두 쌍의 각 즉, $\angle a$와 $\angle c$, $\angle b$와 $\angle d$ 를 **맞꼭지각**이라고 한다.

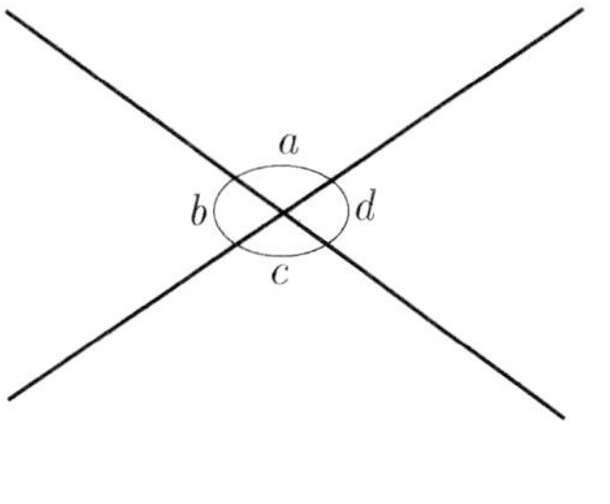

다음 왼쪽 그림과 같이 두 직선이 만나서 생기는 교각의 크기가 90°인 경우, 즉 직각인 경우 두 직선은 서로 **직교**한다고 하며, 기호로 $\overleftrightarrow{AB} \perp \overleftrightarrow{CD}$ 로 나타낸다. 이때 두 직선은 서로 수직이라고 하며, 한 직선은 다른 직선의 **수선**이라고 한다. 또, 다음 오른쪽 그림과 같이 직선 AB 밖의 점에서 직선 AB 에 수선을 그었을 때, 그 교점 H 를 점 C 에서 직선 AB 에 내린 **수선의 발**이라고 한다.

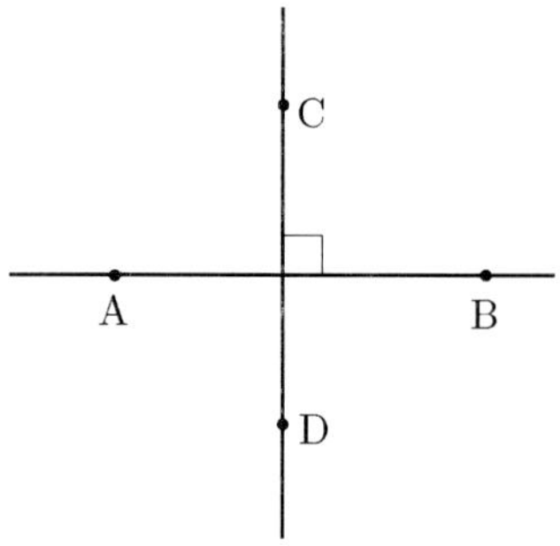

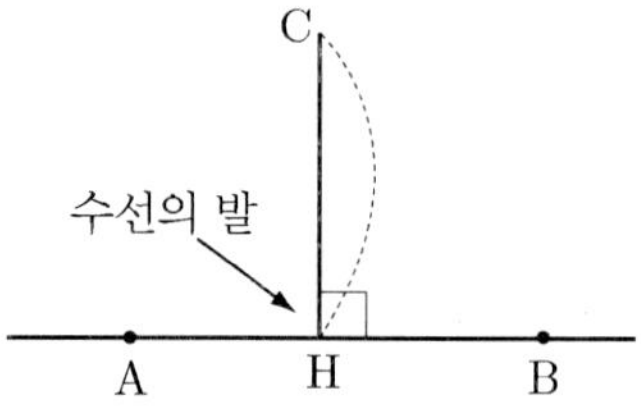

예제 3.42

3 시와 4 시 사이에서 두 바늘이 이루는 각이 60° 일 때의 시각을 구하시오.

풀이 시침과 분침이 이루는 각에 대해 생각해 보자. 먼저 a 시 b 분 일 때, 시침과 분침이 이루는 각을 구하는 방법은 $30^\circ \times a \sim 5.5^\circ \times b$ 이다. 왜냐하면 1 분에 시침은 0.5°, 분침은 6° 씩 회전하므로 분침과 시침은 1 분에 5.5° 의 차가 생긴다. 따라서, (분침 회전각) − (시침 회전각)은 다음과 같다.

$$(6^\circ \times b\text{ 분}) - (30^\circ \times a\text{ 시} + 0.5^\circ \times b\text{ 분})$$

각도$(x) = 30^\circ \times (a) - 5.5^\circ \times (b)$ 이다.

따라서,

첫째, (분침의 위치) − (시침의 위치)$= 60^\circ$ 이고,

둘째, (시침의 위치) − (분침의 위치)$= 60^\circ$ 이므로,

$$(30 \times 3 + 0.5x) - 6x = 60^\circ \Rightarrow x = 3\text{ 시 } 5\frac{5}{11}\text{ 분}$$

$$6x - (30 \times 3 + 0.5x) = 60^\circ \Rightarrow x = 3\text{ 시 } 27\frac{3}{11}\text{ 분 이다.}$$

■

평면 위에서 두 직선이 주어져 있을 때 **평면에서 두 직선의 위치관계**는 다음과 같다.

첫째, 두 직선이 서로 평행한 경우가 있다.

둘째, 두 직선이 서로 포개어지는 경우가 있다.

셋째, 두 직선이 한 점에서 만나는 경우가 있다. 이 경우 두 직선이 만나는 점을 **교점**이라고 부른다.

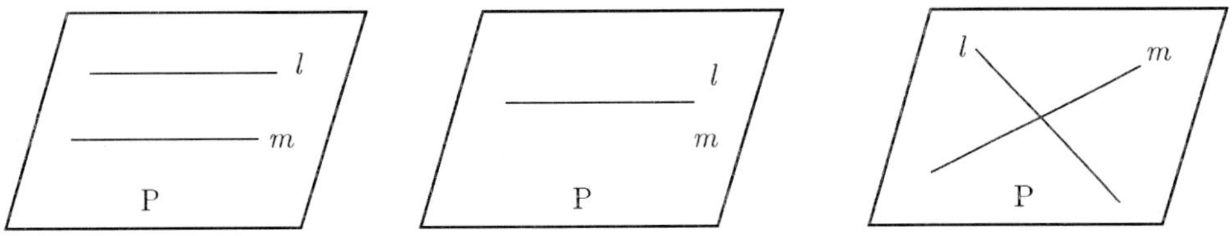

공간 위에서 두 직선이 주어져 있을 때 **공간에서 두 직선의 위치관계**는 다음과 같다.

첫째, 두 직선이 서로 평행한 경우가 있다(포개어지는 경우 포함).

둘째, 두 직선이 한 점에서 만나는 경우가 있다.

셋째, 두 직선이 서로 꼬인 위치에 있는 경우가 있다.

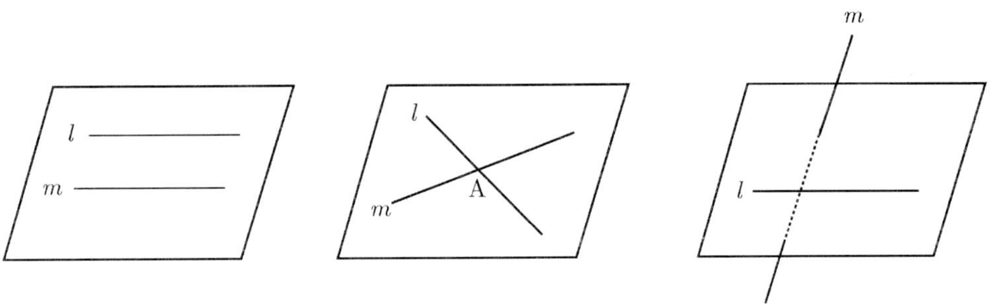

공간 위에서 한 직선과 한 평면이 주어져 있을 때 **직선과 평면의 위치관계**는 다음과 같다.

첫째, 직선이 평면에 포함되는 경우가 있다.

둘째, 직선과 평면이 만나지 않는 경우, 즉, 평행한 경우가 있다.

셋째, 직선과 평면이 한 점에서 만나는 경우가 있다. 이 경우 직선과 평면이 만나는 점을 교점이라고 한다.

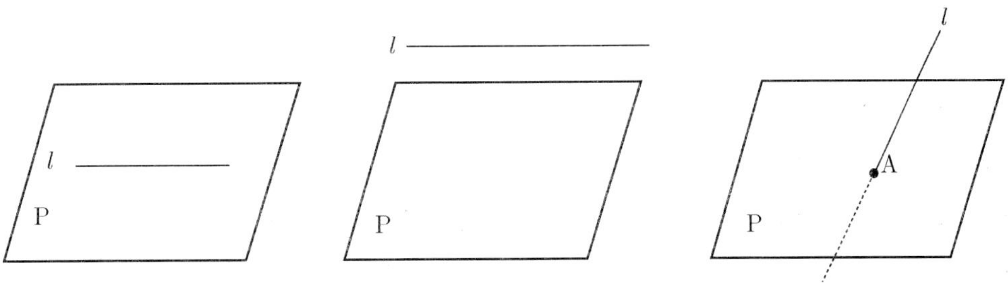

공간 위에서 두 평면이 있을 때 **두 평면의 위치관계**는 다음과 같다.

첫째, 두 평면이 평행한 경우가 있다.

둘째, 두 평면이 만나는 경우이다. 이 경우 두 평면이 만나는 부분은 직선이 되고, 이 직선을 **교선**이라고 한다.

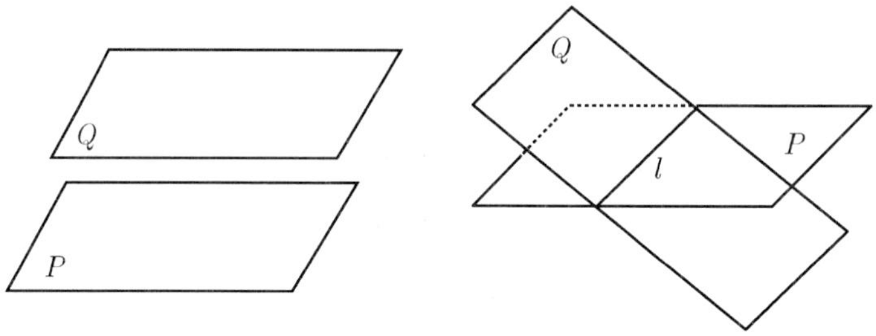

③ 직선과 원의 위치 관계

아래 그림은 직선 l 이 원 O 위의 반지름 r 과 수직으로 움직일 때 직선과 원과의 만나는 점의 개수가 어떻게 변하는지를 보여주고 있다.

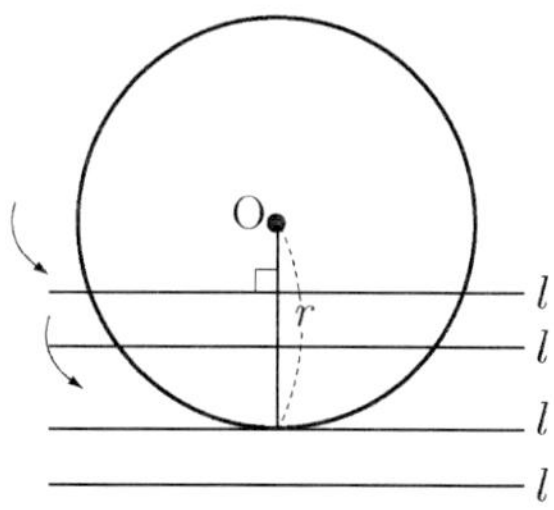

위의 그림을 통해 볼 때, 직선과 원의 위치관계는 다음과 같다.

첫째, 직선 l 이 원 O와 두 점에서 만나는 경우이다. 이 직선을 원 O의 **할선**이라고 한다.

둘째, 직선 l 이 원 O와 한 점에서 만나는 경우이다. 이때 직선 l 은 원 O와 접한다고 하며, 직선 l 을 원 O의 **접선**이라고 하고, 만나는 점은 **접점**이라고 한다.

셋째, 직선 l 과 원 O가 만나지 않는 경우이다.

④ 평행선의 성질

다음 그림과 같이 평면 위에서 두 직선 l, m 이 다른 한 직선 n 과 만나면 8 개의 교각이 만들어진다. 이 때, $\angle a$ 와 $\angle e$, $\angle b$ 와 $\angle f$, $\angle c$ 와 $\angle g$, $\angle d$ 와 $\angle h$ 의 두 각을 각각 **동위각**이라고 하며 $\angle c$ 와 $\angle e$, $\angle d$ 와 $\angle f$ 의 두 각을 각각 서로 **엇각**이라고 한다.

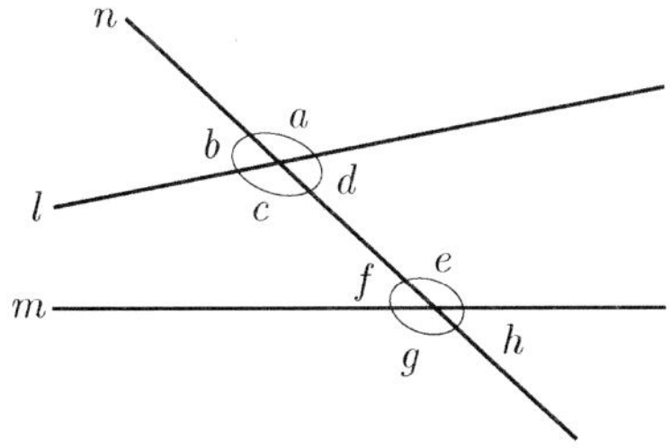

한 평면 위의 두 직선 l, m 이 서로 만나지 않을 때, 이 두 직선은 **평행**이라 하고 이것을 기호로 $l // m$ 과 같이 나타낸다. 서로 평행인 두 직선을 **평행선**이라고 한다. 이때 다음을 **평행선의 성질**이라고 한다.

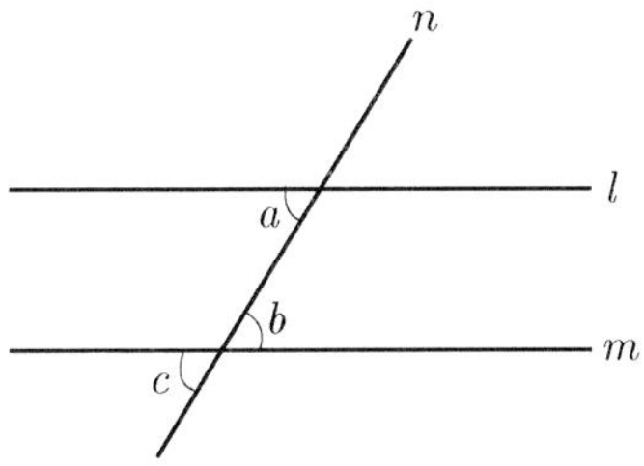

1. 평행선과 다른 한 직선이 만날 때, 동위각의 크기는 서로 같다.
2. 두 직선이 다른 한 직선과 만날 때, 동위각의 크기가 서로 같으면 그 두 직선은 서로 평행하다.
3. 평행선과 다른 한 직선이 만날 때, 엇각의 크기는 서로 같다.
4. 두 직선이 다른 한 직선과 만날 때, 엇각의 크기가 서로 같으면 그 두 직선은 서로 평행하다.

예제 3.43

아래 $l // m$일 때, $\angle a_1 + \angle a_2 + \angle a_3 + \angle a_4 + \angle a_5$ 을 구하시오.

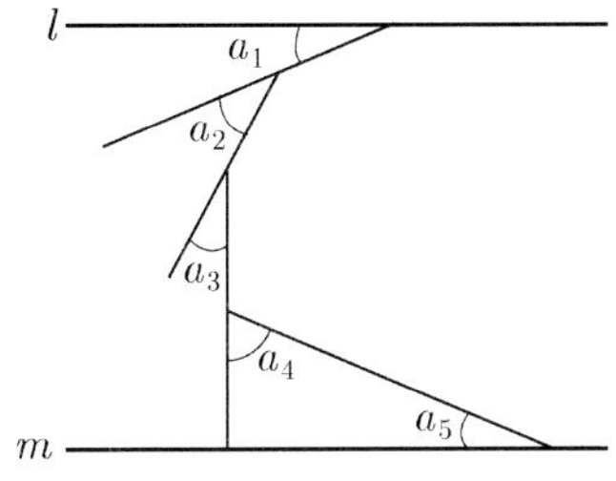

풀이 아래와 같이 연장선을 그어 각각의 각의 크기를 구해보자.

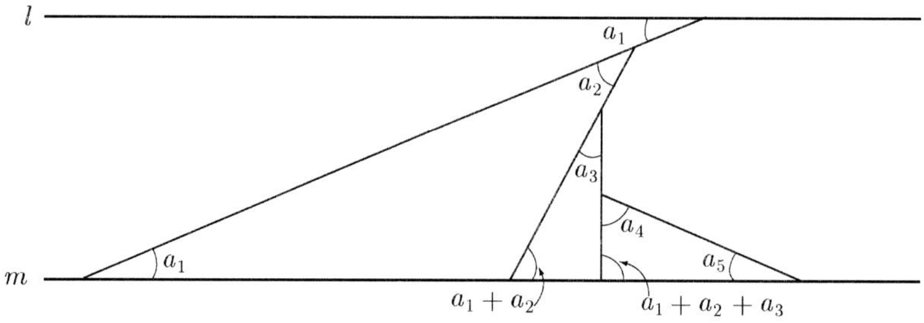

$\therefore \angle a_1 + \angle a_2 + \angle a_3 + \angle a_4 + \angle a_5 = 180^\circ$ 이다.

문제 1

아래 그림에서 $l // m$일 때, $\angle a + \angle b + \angle c + \angle d + \angle e$ 을 구하시오.

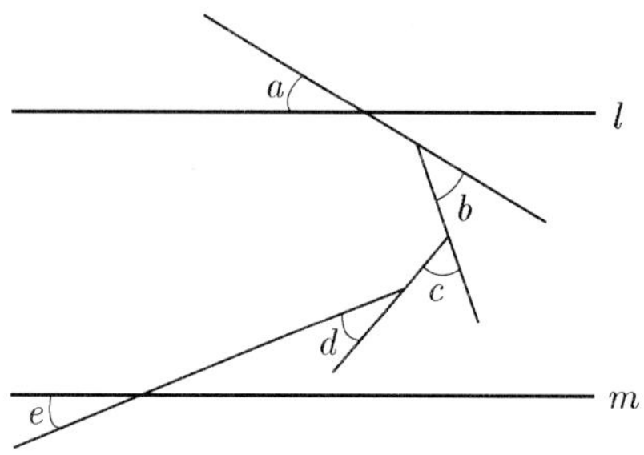

문제 2

아래 그림에서 $l // m$이고, $\angle$PQS 의 크기가 $\angle$SQR 의 크기의 2 배일 때, $\angle$SQR 의 크기를 구하시오.

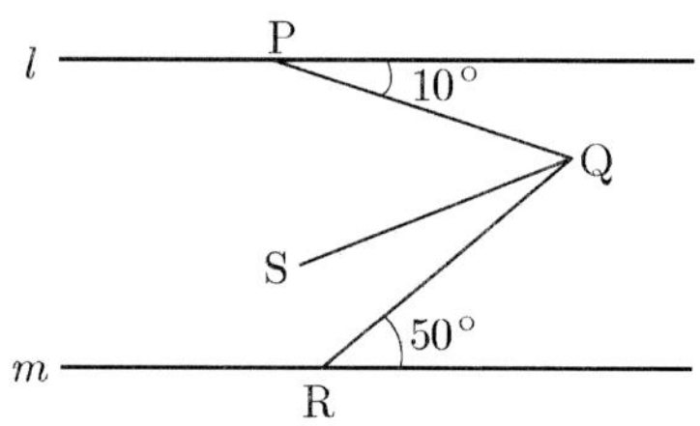

문제 3

오른쪽 그림에서 $l // m$이고, l과 n, m과 n의 교점을 각각 A, B라 한다.
$\angle DAC : \angle BAC = 1 : 2$, $\angle CBE : \angle ABE = 1 : 3$일 때, $\angle x$의 크기를 구하시오.

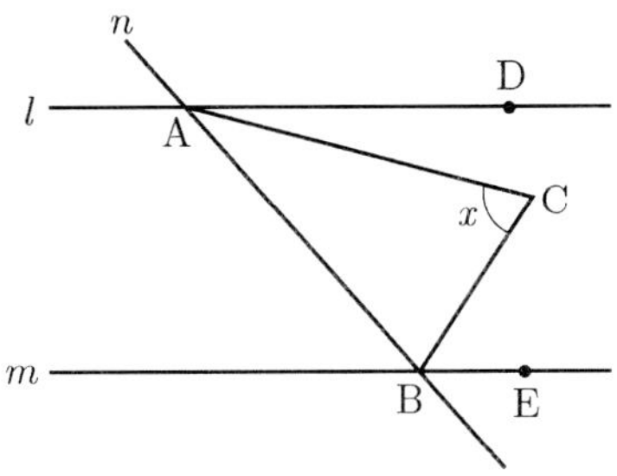

2) 평면도형의 성질

① 간단한 작도

눈금이 없는 자와 컴퍼스만을 사용하여 도형을 그리는 것을 **작도**라고 한다. 이 때 자는 두 점을 연결하여 선분을 그리거나 주어진 선분을 연장하는 데 사용하고(공선적 성질), 컴퍼스는 원을 그리거나 주어진 선분을 다른 직선 위로 옮기는 데 사용한다(등거리성).

작도를 통해 주어진 각을 옮기는 것, 주어진 **선분의 수직이등분선**을 긋는 것, **각의 이등분선**을 긋는 것, **평행사변형** 그리는 것, **정삼각형**, **정사각형** 등을 그리는 것을 할 수 있다.

문제 1

아래 그림과 같이 직선 l과 두 점 A, B가 있다. 그 두 점에서 같은 거리에 있는 l 위의 점을 작도하여라.

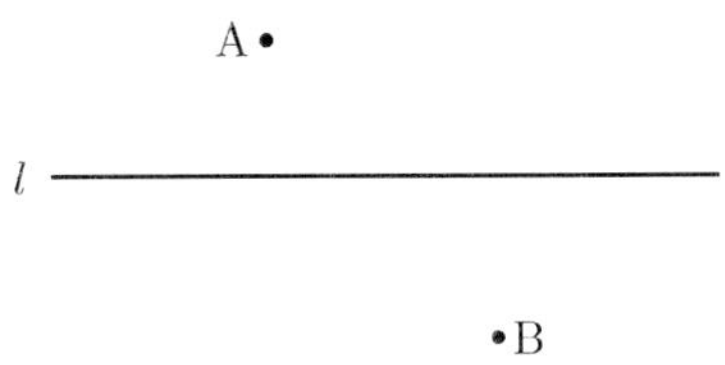

문제 2

아래 그림에서 원에 내접하는 정오각형을 작도하시오.

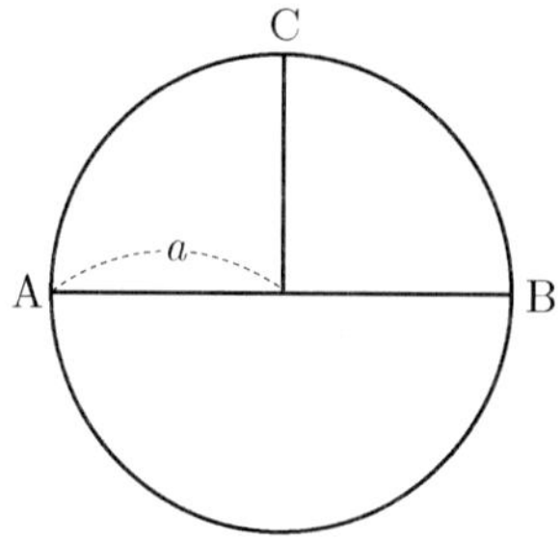

② 삼각형의 작도와 삼각형의 결정 조건

삼각형의 구성요소는 세 변, 세 각, 세 높이, 내접원의 반지름 등 많은 요소들로 이루어져 있다. 이러한 많은 요소들 중에서 특정한 몇 개의 요소만 주어지면 삼각형이 유일하게 결정되는 경우가 있다. 이것을 **삼각형의 결정 조건**이라고 한다. 삼각형의 결정 조건은 많이 있지만 그 중에서 특별한 세 가지를 제시하면 다음과 같다.

삼각형의 모양이나 크기는 다음의 각 경우에 각각 하나로 결정된다.

1. 세 변의 길이가 주어져 있으면 삼각형은 하나로 결정된다.
2. 두 변의 길이와 그 끼인각의 크기가 주어져 있으면 삼각형은 하나로 결정된다.
3. 한 변의 길이와 그 양 끝각의 크기가 주어져 있으면 삼각형은 하나로 결정된다.

③ 삼각형의 합동 조건

우리 주변에는 모양이나 크기가 꼭 같은 물건들이 많이 있다. 예를 들어 아래 그림과 같이 두 장의 색종이를 서로 맞대고 가위로 잘라보자. 그러면 생기는 두 도형의 모양은 완전히 일치한다.

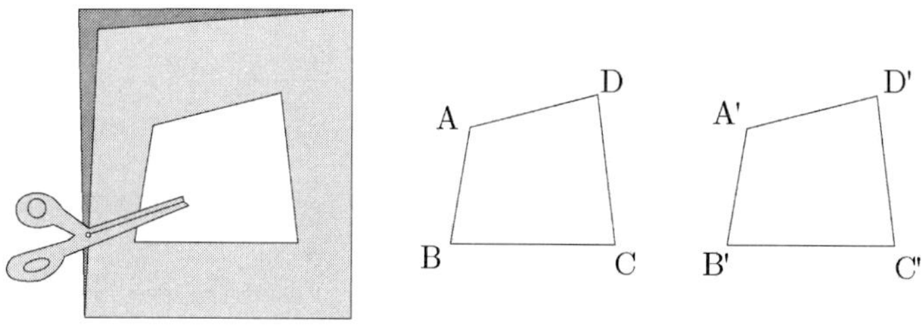

이와 같이 모양이나 크기가 꼭 같은 것을 **합동**이라고 한다. 합동인 두 개의 도형을 겹쳐 보았을 때 겹쳐지는 점을 '**대응점**' 이라 하고, 겹쳐지는 변을 '**대응변**', 겹쳐지는 각을 '**대응각**'이라고 한다. 합동인 도형은 꼭 맞게 겹쳐지므로 다각형에서는 대응하는 변의 길이와 각의 크기가 같을 때 합동이 된다. 따라서 합동인 도형은 첫째, 대응하는 변의 길이는 서로 같고, 둘째, 대응하는 각의 크기는 서로 같다.

두 도형이 합동이면 모든 대응각, 대응변의 길이가 같다. 삼각형이 합동임을 확인하기 위해서는 세 대응각, 세 대응변의 길이가 서로 같은지 모두 확인해 보아야 한다. 하지만, 삼각형은 특별한 몇 가지만 확인하면 합동인지 아닌지를 확인할 수 있다. 이것을 **삼각형의 합동조건**이라고 한다. 삼각형의 합동조건은 구성요소에 따라서 여러 가지가 있지만 여기서는 학교에서 다루는 세 가지 합동조건에 대해서만 살펴보자. 학교에서 다루는 특별한 삼각형의 합동조건을 정리하면 다음과 같다.

삼각형의 합동조건 1. 대응하는 세 변의 길이가 각각 같으면 두 삼각형은 서로 합동이다. 이 조건을 간단히 SSS합동조건이라고 부른다.

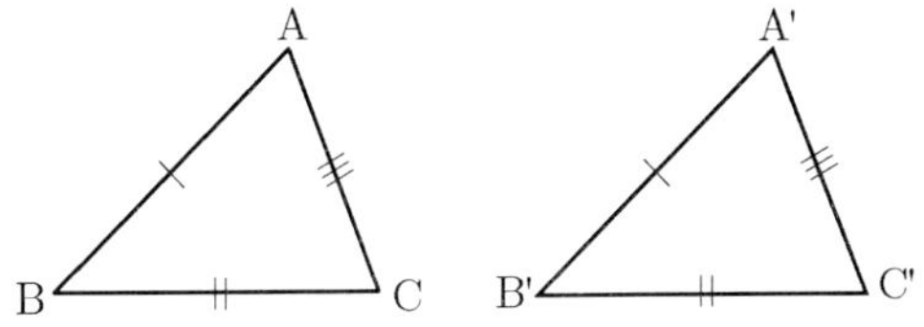

삼각형의 합동조건 2. 대응하는 두 변의 길이가 각각 같고, 그 끼인각의 크기가 같으면 두 삼각형은 서로 합동이다. 이 조건을 간단히 SAS합동조건이라고 한다.

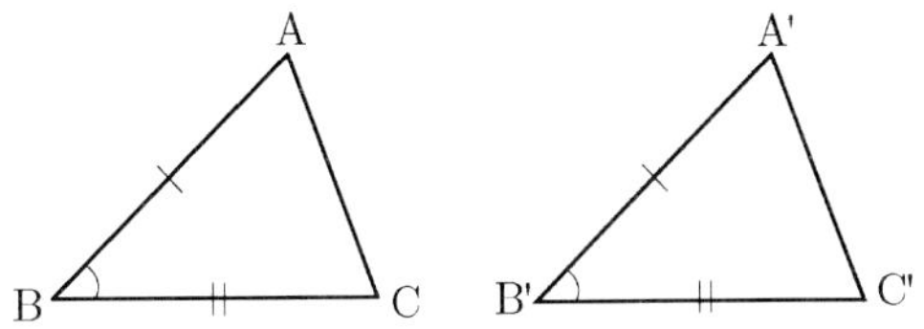

삼각형의 합동조건 3. 대응하는 한 변의 길이가 같고, 그 양 끝각의 크기가 같으면 두 삼각형은 서로 합동이다. 이 조건을 간단히 ASA합동조건이라고 한다.

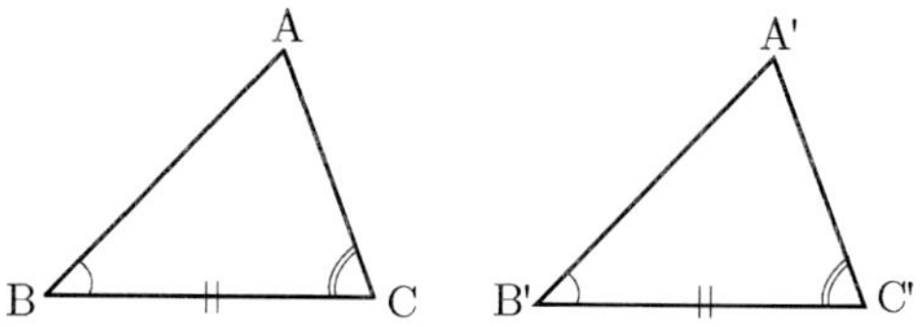

문제 1

앞에서 제시한 세 합동조건이 참인지 그 타당성을 설명하고, 증명하시오.

④ 삼각형의 내각과 외각

삼각형의 세 내각의 크기의 합은 180°이다. 이 사실을 확인하는 두 가지 방법에 대해 살펴보자.

첫째, 삼각형의 종이를 잘라 세 내각을 꼭짓점 C에 모을 수 있다. 따라서 세 내각의 크기의 합은 평각 즉, 180°가 된다. 이 때 $\angle A, \angle B, \angle C$ 를 $\triangle ABC$의 내각이라고 하면, 삼각형의 한 변과 다른 변의 연장선 사이의 각을 외각이라 한다.

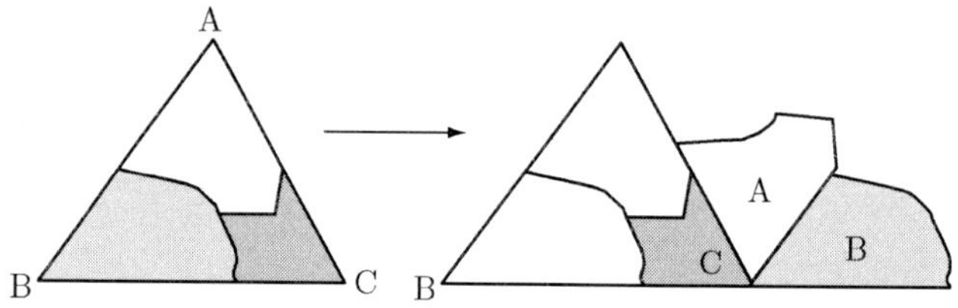

둘째, 평행선을 긋는 방법이 있다. 아래 그림과 같이 $\overline{AB} // \overline{CE}$ 인 직선 CE를 긋는다. 그러면 평행선의 성질에 의해서 $\angle BAC = \angle ACE$, $\angle ABC = \angle ECD$ 이다. 따라서, $\angle BAC + \angle ABC = \angle ACE + \angle ECD = \angle ACD$ 이다. 그러므로 삼각형의 한 외각의 크기는 이웃하지 않는 다른 두 내각의 합과 같게 되고, 삼각형의 세 내각의 합은 180°가 된다.

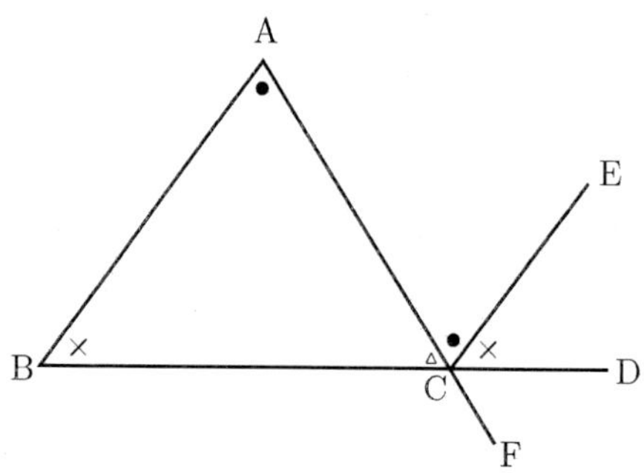

문제 1

아래 삼각형의 각각의 그림을 보고, 삼각형의 내각의 크기의 합이 180°라는 사실을 증명하시오.

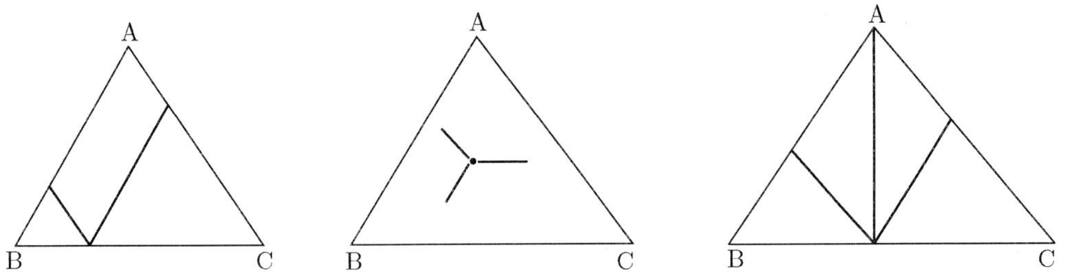

⑤ 다각형의 내각과 외각, 대각선의 개수

여러 개의 선분으로 둘러싸인 도형을 **다각형**이라고 한다. 이때 선분의 개수가 3, 4, 5, … 인 다각형을 삼각형, 사각형, 오각형…이라고 하며, 선분의 개수가 n개인 다각형을 n각형이라고 한다. 이 때, 다각형을 이루고 있는 선분이 다각형의 변, 선분의 끝점이 다각형의 꼭짓점, 내부에 만들어진 각을 **내각**이라 하고, 한 변의 연장선과 다른 변이 만드는 각을 **외각**이라고 한다. 따라서 다각형에서 외각의 개수는 내각의 개수와 동일하다.

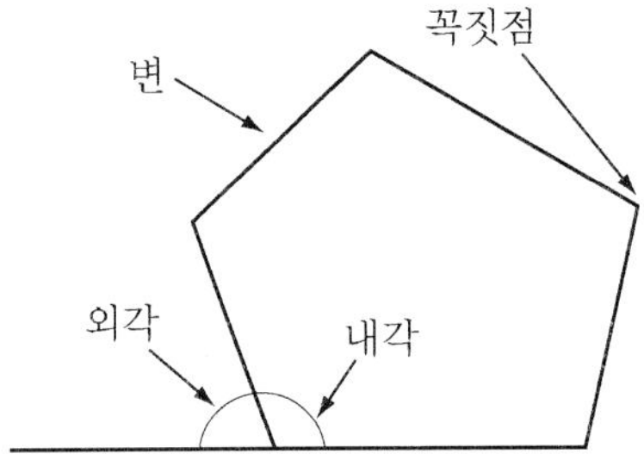

n각형에는 n개의 내각이 있는데 이들의 크기의 총합이 얼마가 되는지 살펴보자.

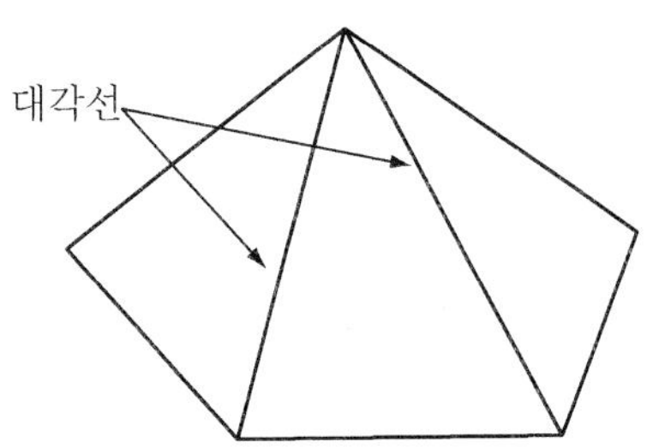

다각형에서 이웃하지 않은 두 꼭짓점을 이은 선분을 대각선이라고 한다. 앞의 그림과 같이 다각형의 한 꼭짓점에서 대각선을 모두 그으면, 총 $(n-3)$개의 대각선을 그을 수 있다. 이 대각선에 의해서 다각형은 $(n-2)$개의 삼각형으로 분할된다. 그런데 한 삼각형의 내각의 합이 $180°$이므로 n각형의 내각의 크기의 합은 $180° \times (n-2)$이 된다.

그런데 다각형의 한 꼭짓점의 내부의 각과 외부의 각의 합은 항상 $180°$이다. 따라서 다각형의 외각의 합은 '(전체 외각과 내각의 합)'에서 '(내각의 합)'을 빼면 되기 때문에, $180n-180(n-2)$가 된다. 즉, **외각의 크기의 합**은 $360°$가 된다.

앞에서 다각형의 한 꼭짓점에서 대각선을 그었다. 그렇다면 n각형에서 그을 수 있는 대각선의 총 개수는 몇 개가 되는지 살펴보자. 먼저 한 꼭짓점에서 그을 수 있는 대각선의 총 개수는 $(n-3)$개이고, n각형의 꼭짓점의 개수는 n개이므로 대각선의 수는 $n(n-3)$이 될 것 같다. 하지만, 대각선은 두 꼭짓점에 걸쳐 있으므로 한 대각선이 두 개로 중복되어 계산되어졌다. 따라서 n각형에서 그을 수 있는 **대각선의 전체 개수**는 $\frac{n(n-3)}{2}$개이다.

문제 1

내각과 외각의 크기의 비가 5 : 1인 정다각형을 구하시오.

문제 2

정오각형과 정n각형의 한 외각의 크기를 구하시오.

3) 입체도형의 성질

① 다면체

평면만으로 둘러싸여 있는 입체도형을 **다면체**라고 한다. 다면체를 둘러싸고 있는 다각형을 **면**, 다각형의 변을 **모서리**, 다각형의 꼭짓점을 다면체의 **꼭짓점**이라고 한다. 다면체의 이름은 면의 개수에 따라 사면체, 오면체, 육면체 등으로 부른다.

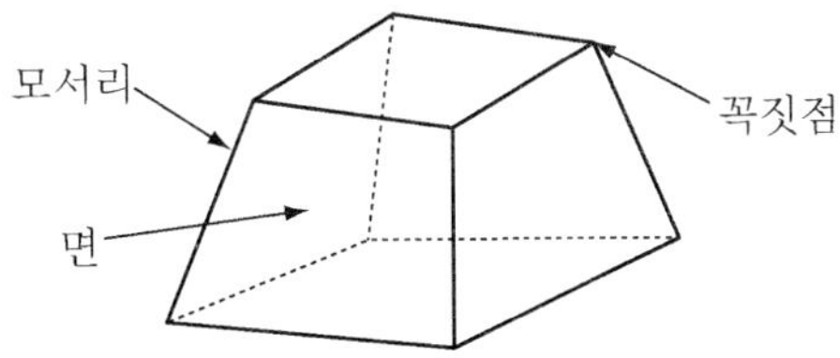

다음 왼쪽 그림과 같이 먼저 두 밑면이 평행하고 합동인 다각형이며, 옆면이 모두 직사각형인 다면체를 각기둥이라고 한다.

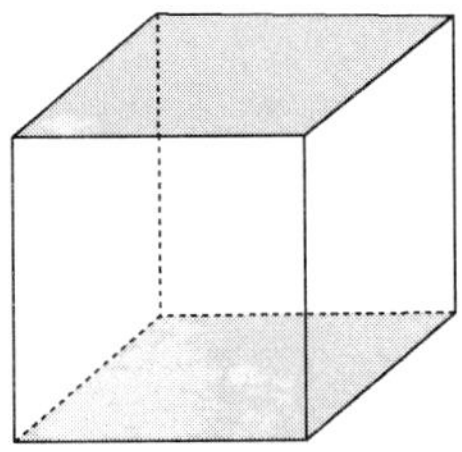

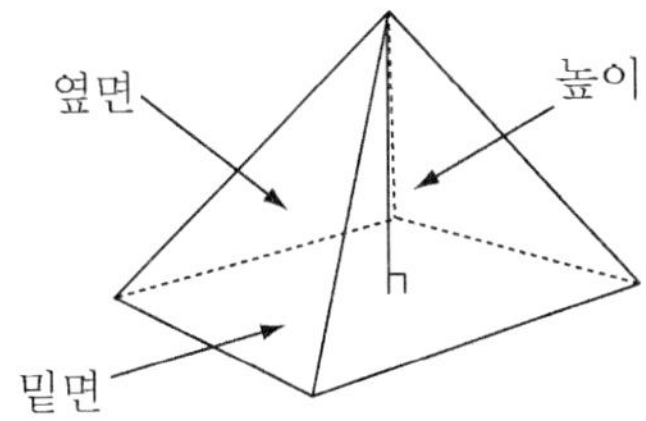

또한, 위의 오른쪽 그림과 같이 밑면이 다각형이고, 옆면이 모두 삼각형인 다면체를 **각뿔**이라고 한다. 각뿔은 밑면인 다각형의 변의 개수에 따라서 삼각뿔, 사각뿔, 오각뿔 등으로 구분한다.

아래 그림과 같이 각뿔을 밑면에 평행인 평면으로 자르면 두 개의 다면체로 나누어지는데 두 다면체 중에서 각뿔이 아닌 쪽의 다면체를 **각뿔대**라고 한다.

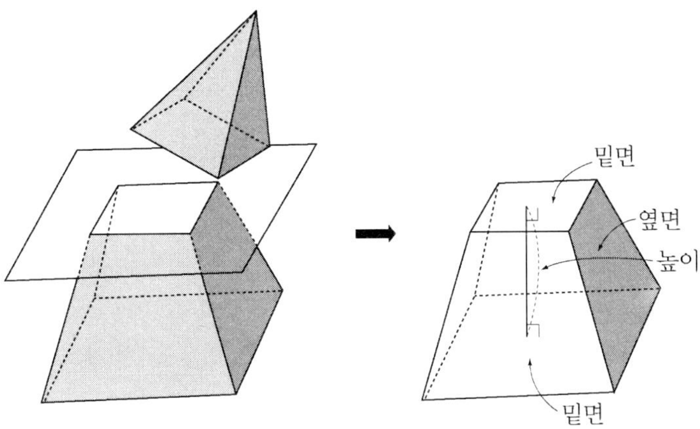

입체도형 중에서 각 꼭짓점에 모이는 면의 개수가 같고, 각 면이 모두 합동인 정다각형으로 싸여진 입체도형을 **정다면체**라고 한다.

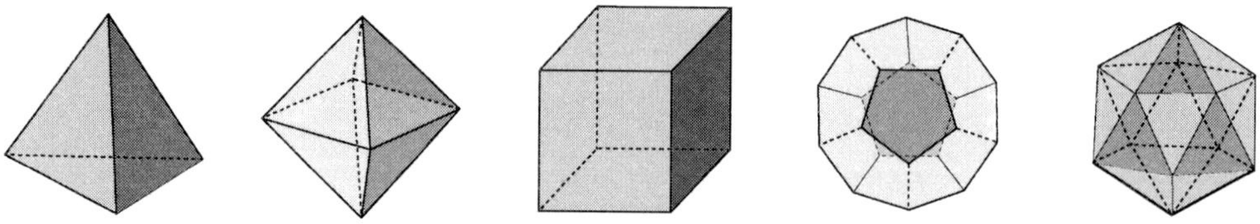

정다면체는 매우 독특한 도형이다. 정다면체가 되기 위해서는 다음 세 조건을 만족해야만 한다.

1. 모든 면이 합동인 정다각형으로 이루어져 있다.
2. 한 꼭짓점에 모이는 정다각형의 면의 개수가 같다.
3. 오목이 아니라 볼록한 모양의 다면체이다.

예제 3.44

정다면체는 오직 다섯 개만 존재함을 설명하시오.

풀이 한 꼭짓점에 모이는 면의 개수는 최소한 3개 이상이어야 하고, 한 꼭짓점에 모이는 면들의 꼭지각의 합이 360°보다는 작아야 한다. 그런데, 정다각형의 한 꼭지각의 크기는 $180-\dfrac{360}{n}$ 이다. 이것의 3개 이상의 합이 360°보다 작아야 하므로 $n<6$ 이어야 한다. 따라서 $n=3,\ 4,\ 5$ 인 각각의 경우를 생각하면, 정다면체는 오로지 5개만 존재한다.

■

② **회전체**

아래 그림과 같이 임의의 한 평면도형을 한 직선을 축으로 하여 한 바퀴 회전시켰을 때, 생기는 입체도형을 **회전체**라고 한다. 이때 회전해서 옆면을 만드는 선분을 **모선**이라고 부른다.

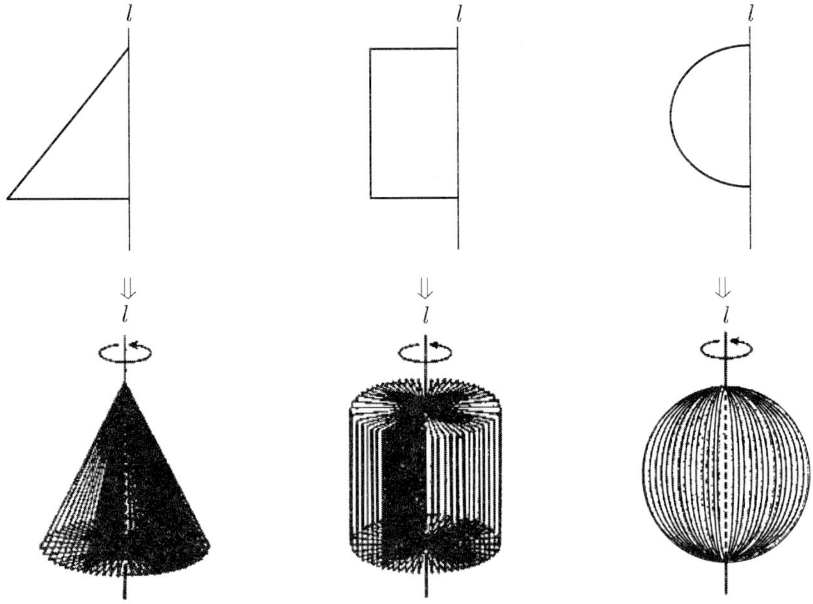

평면도형이 축을 중심으로 회전하여 얻은 회전체는 다음과 같은 성질을 가진다.

첫째, 회전체를 그 회전축에 수직인 평면으로 자르면 그 단면은 항상 원이다.

둘째, 회전체를 그 회전축을 포함한 평면으로 자르면 그 단면은 모두 합동이며, 회전축에 대하여 선대칭도형이다.

4) 도형의 측정

① 평면도형의 넓이

평면 위에서 한 정점 O로부터 같은 거리에 있는 모든 점의 집합을 **원**이라고 하고, 이것을 원 O로 나타낸다. 이때 점 O를 **원의 중심**, 점 O에서 원 위 임의의 한 점까지를 이은 선분을 **반지름**이라고 한다. 또 원 위에 두 점 A, B를 잡으면 원은 두 부분으로 나누어지는데 두 점 A, B를 포함한 두 부분을 각각 **호**라고 하며 기호로 $\overset{\frown}{AB}$로 나타낸다. 원 위의 두 점 A, B를 연결한 선분을 **현**이라 하고, 원의 중심을 지나는 현을 **지름**이라고 한다. 그리고 호와 호에 대한 현으로 쌓인 도형을 **활꼴**이라 하며, 호와 반지름으로 이루진 도형을 **부채꼴**이라고 한다. 두 반지름 OA와 OB가 이루는 $\angle AOB$를 호 AB에 대한 **중심각**이라고 한다.

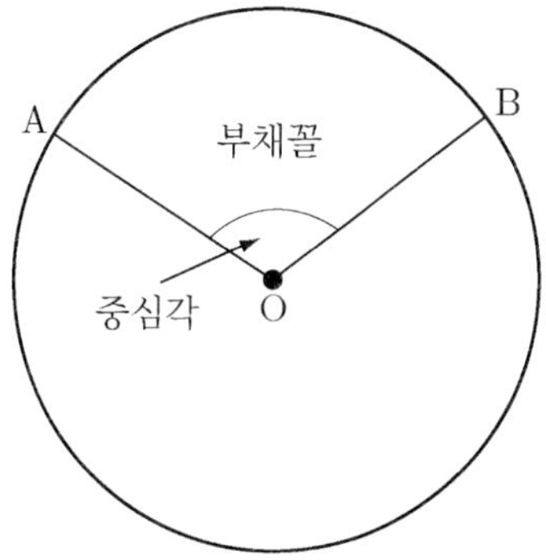

원의 중심각과 호 및 현에 대한 성질은 다음과 같이 정리할 수 있다.

1. 부채꼴의 호의 길이는 중심각의 크기에 비례한다.
2. 부채꼴의 넓이는 중심각의 크기에 비례한다.
3. 같은 크기의 중심각에 대한 현의 길이는 같다.
4. 현의 길이는 그에 대한 중심각의 크기에 비례하지 않는다.

원과 관련된 다양한 넓이, 길이를 구하는 방법을 정리하면 다음과 같다. 단, 원의 반지름의 길이가 r, 부채꼴의 넓이는 S, 부채꼴의 중심각의 크기가 $a°$, 부채꼴에서 호의 길이 l이라고 하자.

첫째, 원의 넓이는 πr^2이다.

둘째, 부채꼴의 호의 길이 $l = 2\pi r \times \frac{a}{360}$이다.

셋째, 부채꼴의 넓이 $S = \pi r^2 \times \frac{a}{360}$이다. 또한 $l = 2\pi r \times \frac{a}{360}$로부터 $\frac{a}{360} = \frac{l}{2\pi r}$이므로, $S = \pi r^2 \times \frac{a}{360} = \pi r^2 \times \frac{l}{2\pi r} = \frac{1}{2} \times l \times r$이다.

② 입체도형의 겉넓이와 부피

입체도형의 표면 전체의 넓이를 **겉넓이**라고 한다. 따라서 **각기둥의 겉넓이**는 밑넓이와 옆넓이의 합으로 구할 수 있다. 즉, (각기둥의 겉넓이)=(밑넓이)+(옆넓이)이다.

각뿔의 겉넓이는 그 전개도를 이용하여 옆넓이와 밑넓이를 구하여 합하면 된다. 즉, (각뿔의 겉넓이)=(밑넓이)+(옆넓이)이다. **원뿔의 겉넓이**는 밑넓이에 부채꼴 모양의 옆넓이를 더하면 된다.

구의 겉넓이는 그렇게 간단하지 않다. 아래 그림과 같이 구의 표면의 사각형 ABCD를 밑면으로 하고, 꼭짓점이 구의 중심 O인 사각뿔을 잘라 냈다고 생각하자. 그러면 (사각뿔의 부피) $=\frac{1}{3}\times$(사각형의 넓이)$\times$(구의 반지름)이 된다.

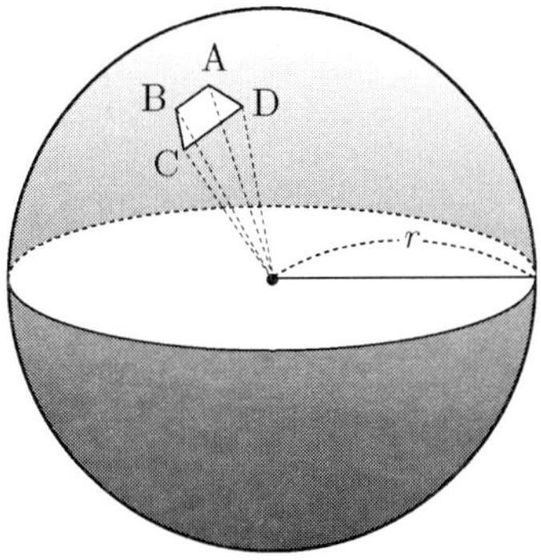

그런데 이러한 사각뿔로 구 전체를 나눈다고 생각하면 (구의 부피) =(사각뿔 전체의 부피의 합)이 된다. 이로부터, 반지름이 r인 구의 겉넓이를 S라 하면 $\frac{1}{3}Sr=\frac{4}{3}\pi r^3$에서 $S=4\pi r^2$이므로, 구의 겉넓이는 $4\pi r^2$이 된다. 결과적으로 반지름이 r인 구의 겉넓이는 $S=4\pi r^2$이다.

각기둥의 부피 V는 밑넓이(S)와 높이(h)의 곱으로 구할 수 있다. 즉, 각기둥의 부피 $V=Sh$이다. 원기둥의 부피는 밑넓이가 πr^2이므로 $V=\pi r^2 h$가 된다.

각뿔의 부피를 구하기 위해 아래 그림과 같은 실험을 실시해 보자. 원뿔 모양의 용기에 물을 가득 부어서 원기둥 모양의 용기에 물을 부어 보면 세 번을 부어야만 원기둥 모양의 용기에 물을 가득 채울 수 있다.

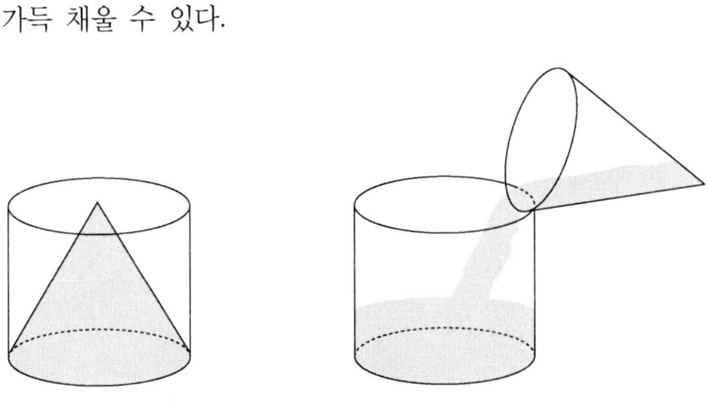

즉, 각뿔과 원뿔의 부피는 밑넓이와 높이가 같은 각기둥과 원기둥의 부피의 $\frac{1}{3}$과 같다. 따라서 각뿔의 부피는 $V=\frac{1}{3}Sh$ 이고, **원뿔의 부피** V는 $\frac{1}{3}\pi r^2 h$가 된다.

구의 부피를 최초로 구한 사람은 고대 그리스의 수학자 아르키메데스(Archimedes)이다. 그는 지레의 원리를 이용하여 구의 부피를 정확하게 계산한 것으로 알려져 있다. 구의 부피 역시 위의 실험과 유사한 방법으로 관찰하면 다음 공식을 얻을 수 있다. 반지름의 길이가 r 인 구의 부피 V는 $\frac{4}{3}\pi r^3$이다.

문제 1

다음 왼쪽 그림과 같은 원뿔대가 주어져 있다. 이 원뿔대의 전개도를 그리고, 겉넓이를 구하시오.

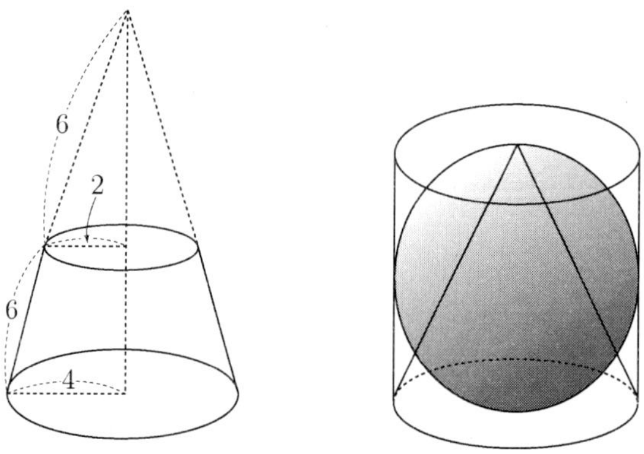

문제 2

위의 오른쪽 그림과 같이 반지름이 r 인 구가 있고, 그 구가 꼭 들어가는 원기둥이 있으며, 이 원기둥에 꼭 들어가는 원뿔이 있다고 하자. 이때 구와 원기둥의 부피에 대한 원뿔의 부피의 비를 각각 구하시오.

5) 삼각형과 사각형

① 삼각형의 성질

두 변의 길이가 서로 같은 삼각형을 **이등변삼각형**이라고 한다. 이등변삼각형에서 길이가 같은 두 변에 끼인각이 꼭지각, 꼭지각의 대변이 밑변, 밑변의 양 끝각이 **밑각**이다. 이등변삼각형에 대한 성질을 정리하면 다음과 같다.

1. 이등변삼각형의 두 밑각의 크기는 서로 같다
2. 두 내각의 크기가 같은 삼각형은 이등변삼각형이다.
3. 이등변삼각형의 꼭지각의 이등분선은 밑변을 수직이등분한다.

한 내각의 크기가 직각인 삼각형을 **직각삼각형**이라고 한다. 직각삼각형에서 직각의 대변을 **빗변**이라고 한다. 그런데 두 직각삼각형이 합동이 되기 위해서는 특별한 조건 두 가지가 존재한다. 일반 삼각형의 합동조건과 구별된 **직각삼각형의 합동조건**을 정리하면 다음과 같다.

첫째, 두 직각삼각형에서 빗변의 길이가 같고 다른 한 변의 길이가 같으면 두 직각삼각형은 서로 합동이다. 이 합동조건을 RHS합동조건이라고 부른다.

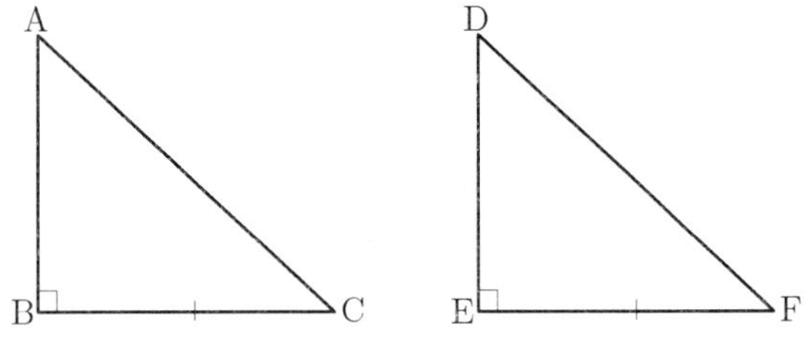

둘째, 두 직각삼각형에서 빗변의 길이가 같고 직각이 아닌 한 내각의 크기가 같으면 두 직각삼각형은 서로 합동이다. 이 합동조건을 RHA합동조건이라고 부른다.

아래 그림과 같이 한 다각형의 모든 꼭짓점이 주어진 한 원 위에 있을 때, 이 다각형은 그 원에 **내접**한다고 하고, 그 원은 이 다각형에 **외접**한다고 한다. 이때 그 원은 이 다각형의 **외접원**이라고 하고 이 다각형은 그 원의 **내접**다각형이라고 한다.

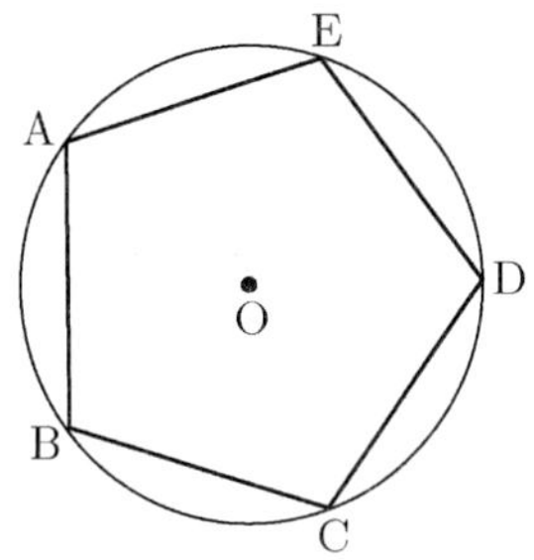

아래 왼쪽 그림처럼 △ABC를 생각해 보자. 삼각형의 세 변의 수직이등분선은 한 점에서 만나고, 이 점은 삼각형의 세 꼭짓점에 이르는 거리가 같다. 따라서 이 점을 중심으로 △ABC의 세 꼭짓점을 지나는 원을 그릴 수 있다. 이때 세 변의 수직이등분선의 교점을 **삼각형의 외심**이라고 하고, 세 꼭짓점을 지나는 원을 **삼각형의 외접원**이라 한다.

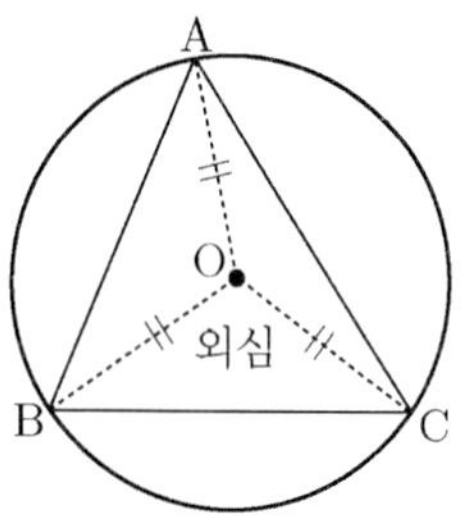

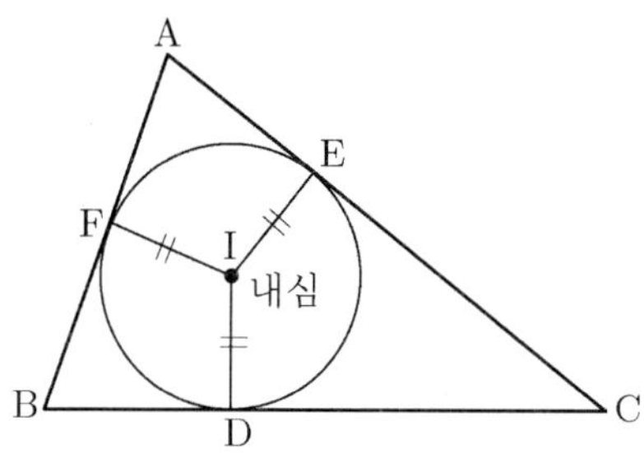

위의 오른쪽 그림처럼 △ABC를 생각해 보자. 삼각형의 세 꼭지각의 이등분선은 한 점에서 만나고, 이 점은 삼각형의 세 변에 이르는 거리가 같다. 따라서 이 점을 중심으로 △ABC의 세 변에 접하는 원을 그릴 수 있다. 이때 세 각의 이등분선의 교점을 **삼각형의 내심**이라고 하고, 세 변에 접하는 원을 **삼각형의 내접원**이라 한다.

예제 3.45

'모든 삼각형은 이등변삼각형이다'라는 아래 증명의 문제가 무엇인지 논의해 보시오.

증명 ∠A의 이등분선과 변 BC의 수직이등분선과의 교점을 E라고 하자. 그리고 점 E에서 변 AB, AC에 내린 수선의 발을 각각 F, G라고 하자. 그러면, △AEF와 △AEG에서

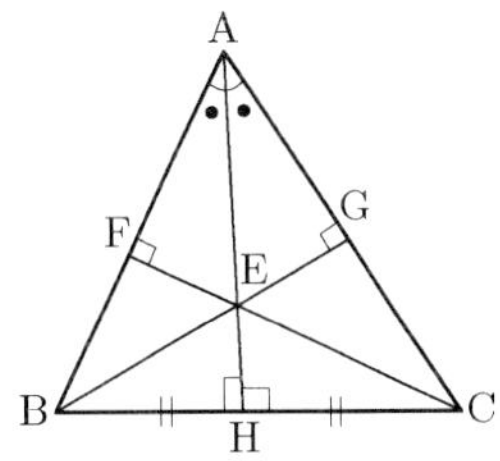

$\overline{AE}$는 공통, $\angle AFE = \angle EGA = \angle R$,
$\angle FAE = \angle EAG$이므로,
$\triangle AEF \equiv \triangle AEG$이다.
따라서 $\overline{AF} = \overline{AG}$ ……… ①
$\triangle BEF$와 $\triangle CEG$에서
$\angle BFE = \angle EGC = \angle R$, $\overline{EF} = \overline{GE}$, $\overline{BE} = \overline{CE}$이다.
그러므로 $\triangle BEF \equiv \triangle CEG$이다.
따라서, $\overline{FB} = \overline{CG}$ ……… ②
①+②에서 $\overline{AF} + \overline{FB} = \overline{AG} + \overline{CG}$이다.
그러므로 $\overline{AB} = \overline{AC}$이다. 즉, 모든 삼각형은 이등변삼각형이다. ■

풀이 이 증명은 역사상 엉터리 증명으로 유명한 문제이다. 이 문제를 증명하는 과정에서 그림을 정확하게 그리지 않았기 때문이다.

② 사각형의 성질

사각형을 분류하면 **사다리꼴**부터 시작하는 것이 일반적이다. 사다리꼴에서 두 쌍이 모두 평행인 사각형은 **평행사변형**이 된다. 평행사변형에서 등변인 조건을 충족하면 마름모, 등각인 조건을 충족하면 **직사각형**이 된다. 마지막으로 마름모이면서 직사각형이면 **정사각형**이 된다. 이러한 관계를 그림으로 나타내면 다음과 같다.

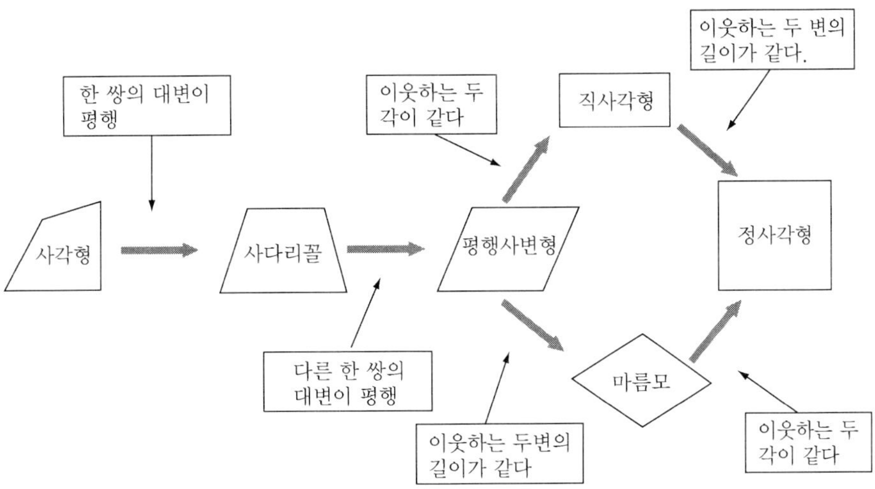

먼저 평행사변형의 성질을 요약하여 정리하면 다음과 같다.

1. 두 쌍의 대변의 길이가 각각 같다.
2. 두 쌍의 대각의 크기가 각각 같다.
3. 두 대각선은 서로 다른 것을 이등분한다.

평행사변형이 될 조건을 요약하여 정리하면 다음과 같다. 사각형은 다음 각 경우에 평행사변형이 된다.

1. 두 쌍의 대변이 각각 평행이면 평행사변형이 된다.
2. 두 쌍의 대변의 길이가 각각 같으면 평행사변형이 된다.
3. 두 쌍의 대각의 크기가 각각 같으면 평행사변형이 된다.
4. 한 쌍의 대변이 평행이고, 그 길이가 같으면 평행사변형이 된다.
5. 두 대각선이 서로 다른 것을 이등분하면 평행사변형이 된다.

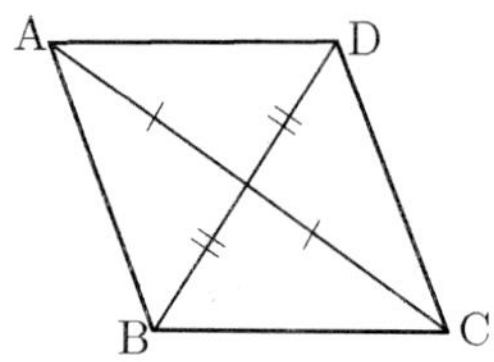

직사각형의 성질을 요약하여 정리하면 다음과 같다.

1. 직사각형의 두 대각선은 길이가 같고, 서로 다른 것을 이등분한다.

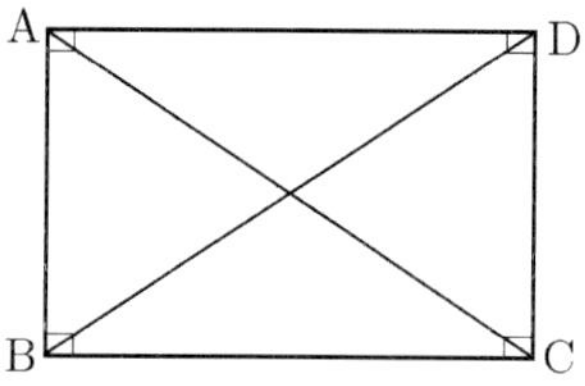

마름모의 성질을 요약하여 정리하면 다음과 같다.

1. 마름모의 두 대각선은 서로 다른 것을 수직이등분한다.

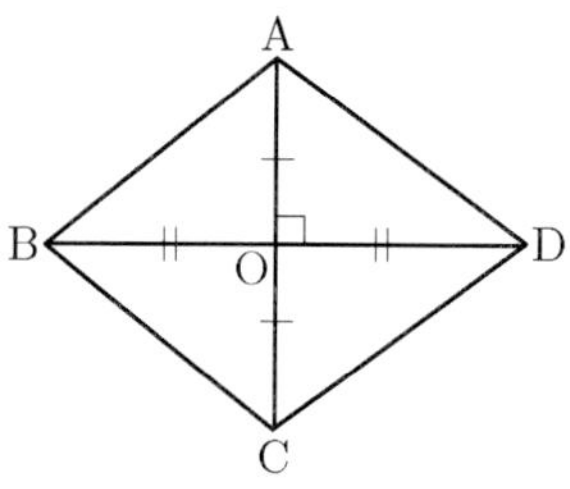

정사각형의 성질을 요약하여 정리하면 다음과 같다.

1. 정사각형의 두 대각선은 길이가 같고, 서로 다른 것을 수직이등분한다.

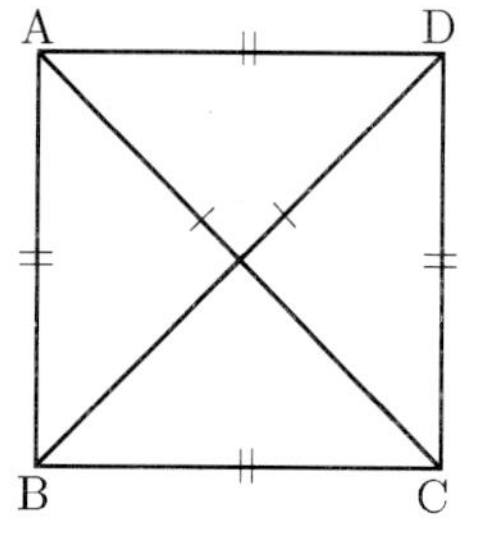

평행선과 삼각형의 넓이에는 다음을 만족한다.

1. $\overline{AD} // \overline{BC}$ 이면, $\triangle ABC = \triangle DBC$이다.
2. $\triangle ABC = \triangle DBC$이면, $\overline{AD} // \overline{BC}$이다.

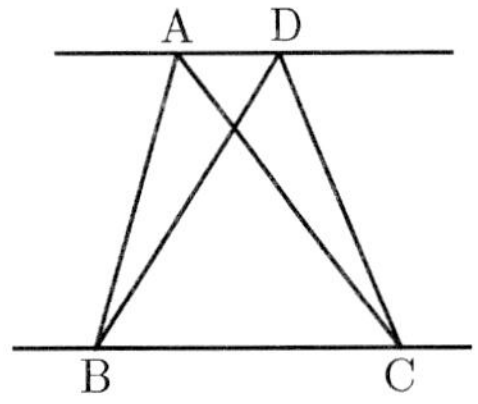

문제 1

다음 왼쪽 그림에서 사각형은 넓이가 같은 삼각형의 꼴로 변형될 수 있음을 설명하시오.

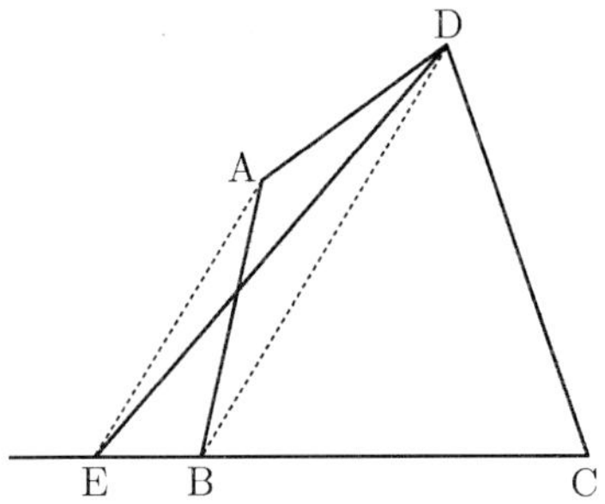

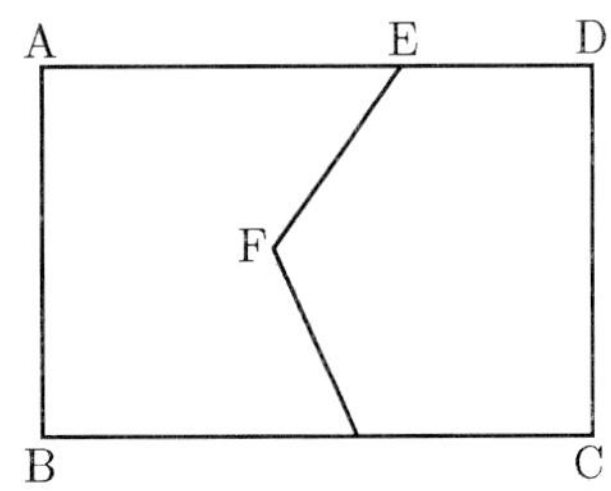

문제 2

위의 오른쪽 그림과 같이 꺾어진 경계선에 의해 두 영역으로 분할된 직사각형이 있다. 이 두 영역의 넓이를 변하지 않게 하고 E 지점을 지나는 직선을 그어 직사각형을 두 영역으로 분할하시오.

문제 3

다음 왼쪽 그림의 삼각형 ABC는 $\angle C = 90°$ 인 직각삼각형이고, $\overline{AD}$는 $\angle A$의 이등분선이다. $\overline{AB} = 15\,\text{cm}$, $\overline{CD} = 6\,\text{cm}$일 때, $\triangle ABD$의 넓이를 구하시오.

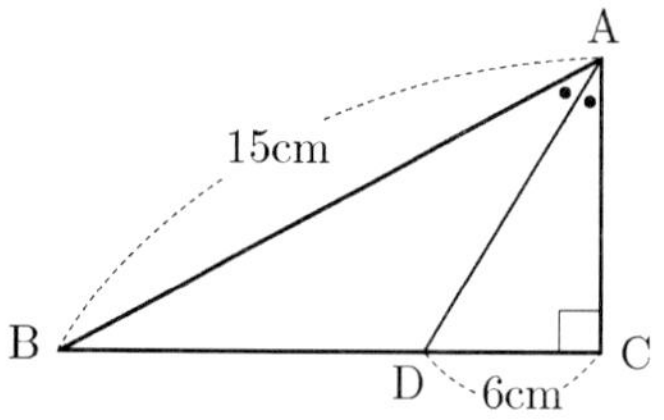

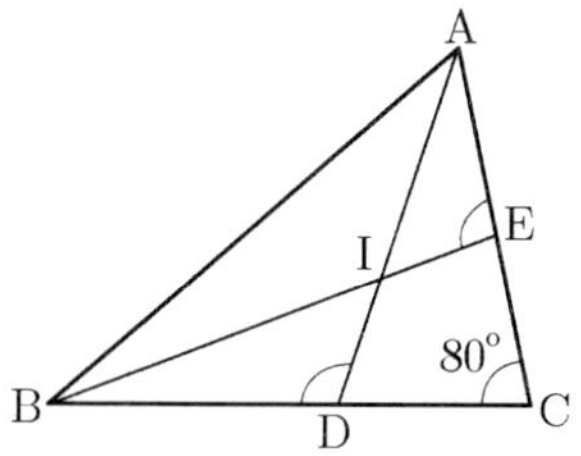

문제 4

위 오른쪽 그림에서 점 I는 $\triangle ABC$의 내심이고, $\angle C = 80°$ 이다. $\overline{AI}$, $\overline{BI}$의 연장선과 $\overline{BC}$, $\overline{AC}$와의 교점을 각각 D, E라고 할 때, $\angle ADB + \angle AEB$의 크기를 구하시오.

6) 도형의 닮음의 뜻과 삼각형의 닮음 조건, 도형의 닮음의 성질

① 도형의 닮음

두 평면 도형에서 한쪽이 다른 쪽을 일정한 비율로 확대 또는 축소한 것과 합동일 때, 이들 두 도형은 서로 닮았다 또는 **닮음**인 관계가 있다고 한다. 그리고 닮은 두 도형을 **닮은 도형** 또는 닮은꼴이라고 한다. 일반적으로, 닮은 도형에는 다음과 같은 성질이 있다.

1. 대응하는 변의 길이의 비는 일정하다.
2. 대응하는 각의 크기는 서로 같다.

평면도형에서와 마찬가지로 입체도형에서도 닮음을 생각할 수 있다. 두 입체도형에서도 한쪽이 다른 쪽을 일정한 비율로 확대 또는 축소한 것과 합동일 때, 이들 두 입체도형은 서로 닮았다 또는 닮음인 관계가 있다고 한다. 입체도형의 닮음에 대하여도 다음 성질이 성립한다.

1. 대응하는 선분의 길이의 비는 일정하다.
2. 대응하는 면은 닮은 도형이다.

두 닮은 도형이 있을 때, 첫째, 대응점을 연결한 직선이 모두 한 점 O에서 만나고 둘째,

그 한 점에서 대응점까지의 거리의 비가 일정하다면, 이들 두 도형은 **닮음의 위치**에 있다고 하고, 점 O를 **닮음의 중심**이라고 한다.

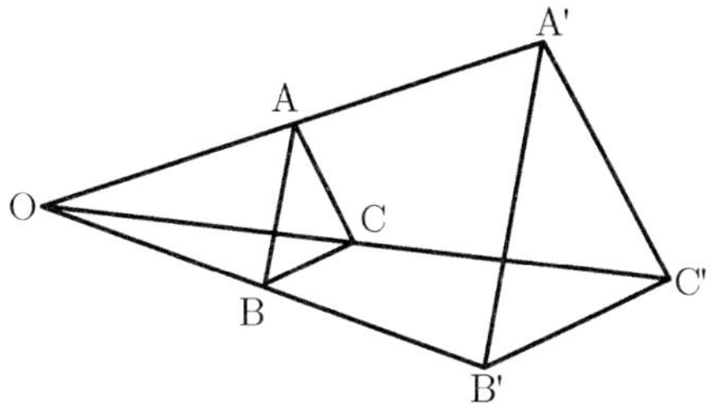

② 삼각형의 닮음조건

두 도형이 닮음이면 대응각은 같고 대응변의 길이의 비는 일정하다. 삼각형이 닮음임을 확인하기 위해서는 세 대응각, 세 대응변의 길이의 비가 일정한지 모두 확인해 보아야 한다. 하지만, 삼각형은 특별한 몇 가지만 확인하면 닮음인지 아닌지를 확인할 수 있다. 이것을 **삼각형의 닮음조건**이라고 한다. 학교에서 다루는 특별한 삼각형의 닮음조건을 정리하면 다음과 같다.

삼각형의 닮음조건 1. 대응하는 세 쌍의 길이의 비가 같으면 두 삼각형은 서로 닮음이다. 이 조건을 간단히 SSS닮음조건이라고 부른다.

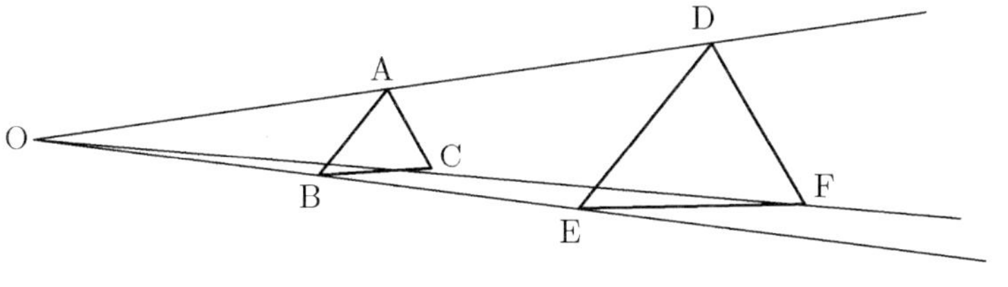

삼각형의 닮음조건 2. 대응하는 두 쌍의 길이의 비가 같고, 그 끼인각의 크기가 같으면 두 삼각형은 서로 닮음이다. 이 조건을 간단히 SAS닮음조건이라고 한다.

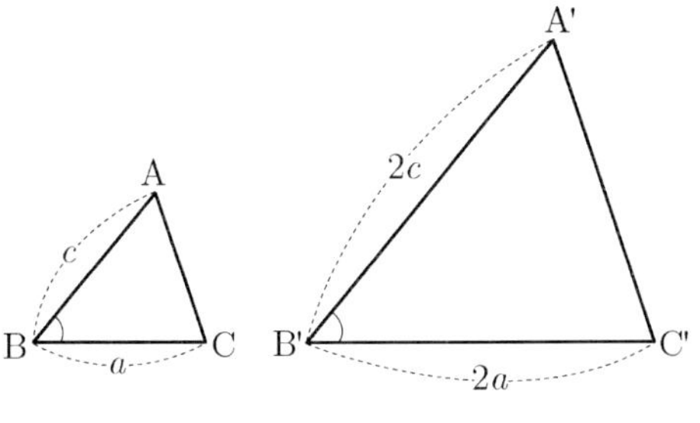

삼각형의 닮음조건 3. 두 쌍의 대응각의 크기가 각각 같을 때 두 삼각형은 서로 닮음이다. 이 조건을 간단히 AA닮음조건이라고 한다.

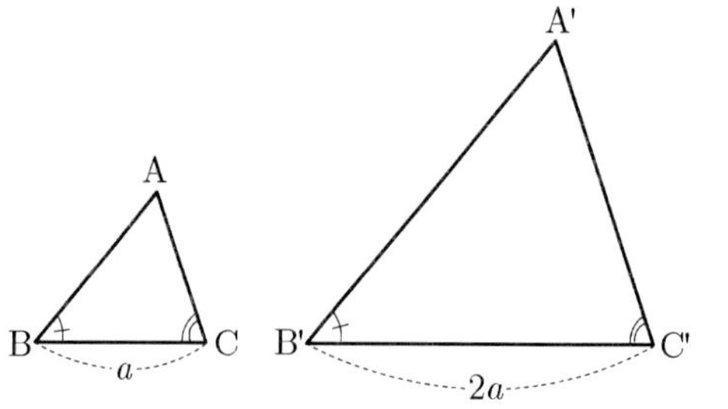

예제 3.46

그림과 같은 $\triangle ABC$에서 $\angle BAC = \angle AHB = 90°$ 일 때, 다음을 증명하시오.

(1) $\triangle ABC \sim \triangle HBA$ (2) $\overline{AB}^2 = \overline{BH} \cdot \overline{BC}$

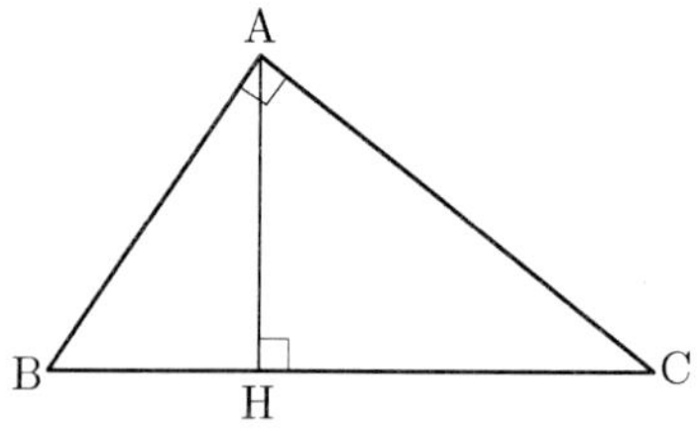

풀이 (1) $\triangle ABC$와 $\triangle HBA$에서 $\angle B$는 공통인 각, $\angle BAC = \angle BHA = 90°$ 이므로, 두 쌍의 대응하는 각의 크기가 같으므로 $\triangle ABC \backsim \triangle HBA$이다.

(2) (1)에서 $\triangle ABC \backsim \triangle HBA$이므로 $\overline{AB} : \overline{BH} = \overline{BC} : \overline{AB}$이다.

따라서, $\overline{AB}^2 = \overline{BH} \cdot \overline{BC}$이다.

■

문제 1

다음 그림에서 x의 값을 구하시오.

(1)

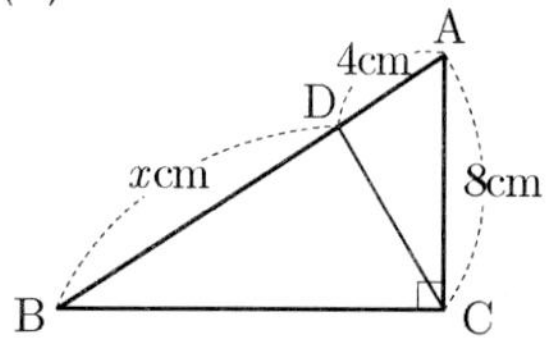

(2)

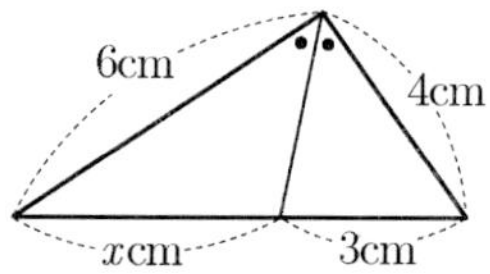

■

문제 2

다음 그림에서 $\overline{BD} : \overline{DC} = 3 : 2$이다. $\overline{AE}$의 길이를 구하시오.

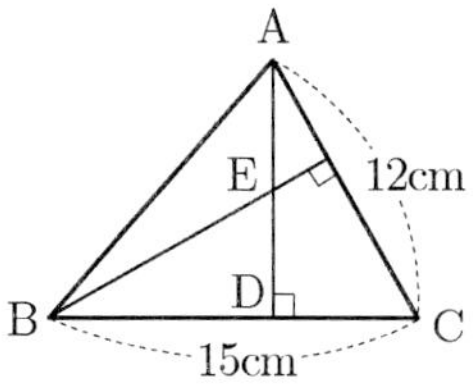

③ 평행선 사이의 선분의 길이의 비

평행선 사이의 선분의 길이의 비에 대한 성질을 요약 정리하면 다음과 같다.

성질1. 삼각형 ABC에서 $\overline{BC}$에 평행인 직선이 $\overline{AB}$, $\overline{AC}$ 또는 그 연장선과 만나는 점을 각각 D, E라고 하면 $\dfrac{\overline{AD}}{\overline{AB}} = \dfrac{\overline{AE}}{\overline{AC}} = \dfrac{\overline{DE}}{\overline{BC}}$이다.

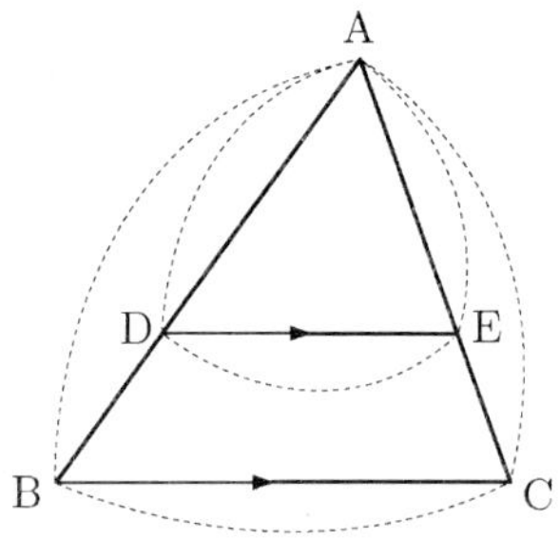

성질2. 삼각형 ABC의 $\overline{AB}$, $\overline{AC}$ 또는 그 연장선 위에 점 D, E가 있을 때, $\dfrac{\overline{AD}}{\overline{DB}} = \dfrac{\overline{AE}}{\overline{EC}}$이면 $\overline{BC} \mathbin{/\!/} \overline{DE}$이다.

성질3. 세 개의 평행선이 다른 두 직선과 만날 때, 그 두 직선이 평행선에 의하여 잘리는 선분의 길이의 비는 같다. 즉, $\dfrac{\overline{AB}}{\overline{A'B'}} = \dfrac{\overline{BC}}{\overline{B'C'}}$이다(아래 왼쪽 그림 참조).

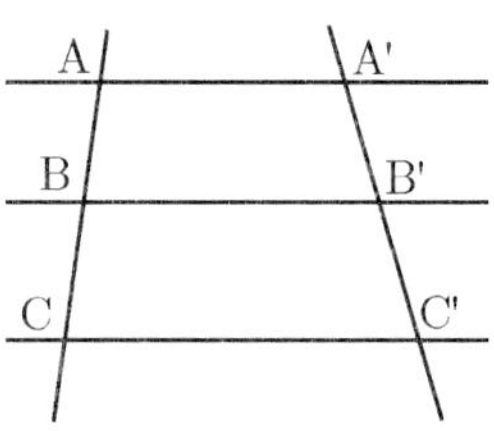

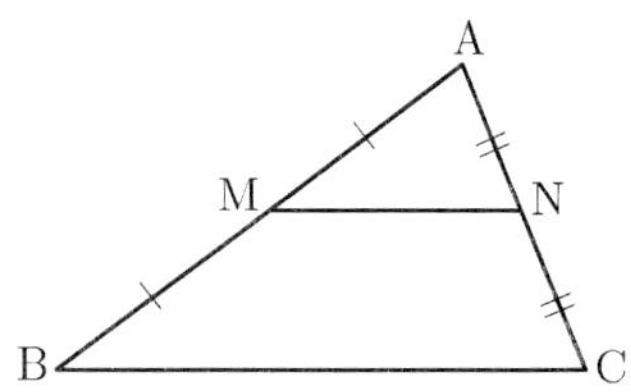

성질4(삼각형의 중점연결정리). 삼각형의 두 변의 중점을 연결한 선분은 나머지 변과 평행하고, 그 길이는 나머지 한 변의 길이의 $\frac{1}{2}$이다. 즉, $\overline{MN} // \overline{BC}$이고, $\overline{MN} = \frac{1}{2}\overline{BC}$이다. 또한 삼각형의 한 변의 중점을 지나 다른 한 변에 평행인 직선은 나머지 한 변의 중점을 지난다(앞 오른쪽 그림 참조).

예제 3.47

아래 그림의 □ABCD에서 $\overline{AB}$, $\overline{BC}$, $\overline{CD}$, $\overline{DA}$의 중점을 각각 E, F, G, H라고 할 때, □EFGH는 평행사변형이 됨을 설명하시오.

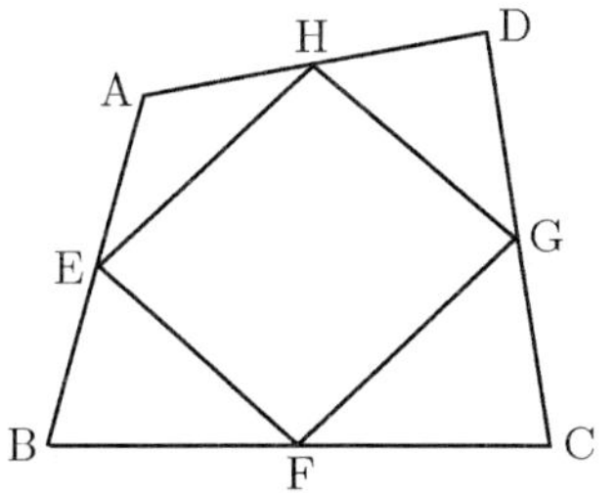

풀이 □ABCD의 대각선 AC를 긋다. 삼각형 ABC에서 점 E, F는 각각 변 AB, BC의 중점이므로, $\overline{EF} // \overline{AC}$, $\overline{EF} = \frac{1}{2}\overline{AC}$이다. 또한, △ACD에서 점 G, H는 변 CD, DA의 중점이므로, $\overline{HG} // \overline{AC}$, $\overline{HG} = \frac{1}{2}\overline{AC}$이다. 따라서, $\overline{EF} // \overline{HG}$, $\overline{EF} = \overline{HG}$이다.
그러므로, □EFGH는 평행사변형이다.

삼각형에서 꼭짓점과 대변의 중점을 이은 선분을 **중선**이라고 한다. △ABC의 중선은 3개가 있다. 삼각형에서 세 중선은 한 점에서 만나고, 이 점을 삼각형의 **무게중심**이라고 한다. 삼각형의 세 중선이 만나는 점은 중선을 2 : 1로 나눈다.

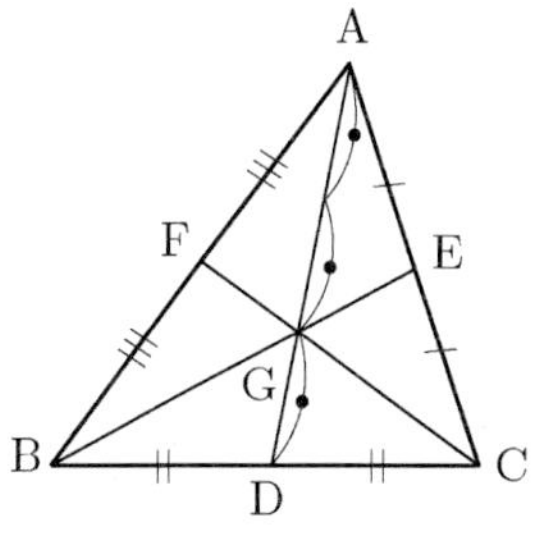

예제 3.48

아래 그림의 평행사변형 ABCD의 두 선분 BC, CD의 중점을 각각 M, N이라 하고, 대각선 BD와 선분 AM, AN과의 교점을 각각 P, Q라고 하면, $\overline{BP}=\overline{PQ}=\overline{QD}$ 임을 설명하시오.

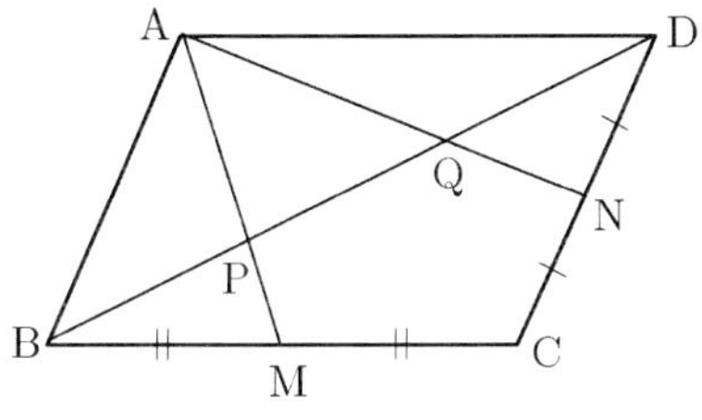

풀이 평행사변형 ABCD의 두 대각선 AC, BD의 교점을 O라고 하자. 이 때, 평행사변형의 성질에 의하면 $\overline{BO}=\overline{DO}$ 이다.

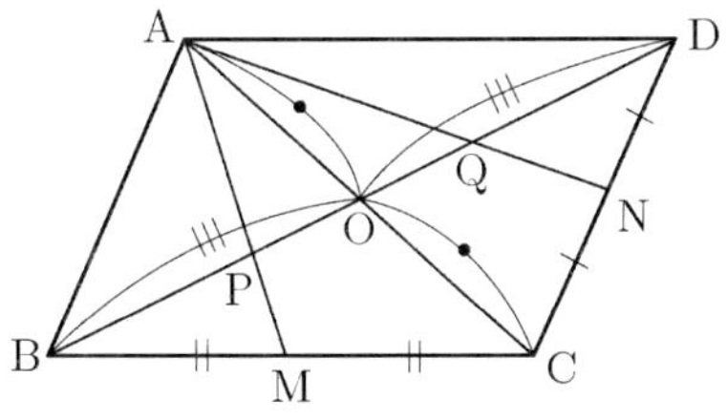

$\triangle ABC$에서 $\overline{AM}$, $\overline{BO}$는 중선이므로 점 P는 $\triangle ABC$의 무게중심이다. 따라서 $\overline{BP}=\frac{2}{3}\overline{BO}=\frac{1}{3}\overline{BD}$ 이고, 같은 방법으로 $\triangle CDA$에서 $\overline{QD}=\frac{2}{3}\overline{OD}=\frac{1}{3}\overline{BD}$ 이다. 따라서 $\overline{BP}=\overline{PQ}=\overline{QD}$ 이다.

문제 1

아래 그림과 같이 $\overline{AD}\,//\,\overline{EF}\,//\,\overline{BC}$ 인 □ABCD가 주어져 있다. 이때 $\overline{AE}:\overline{EB}=3:1$ 일 때, $\overline{PQ}$의 길이 x를 구하시오.

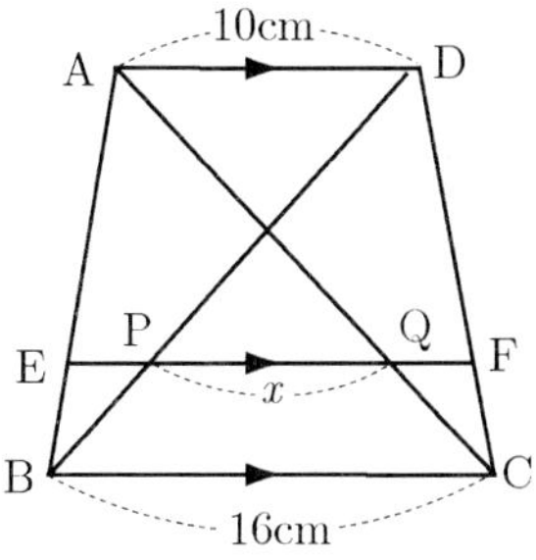

문제 2

선분 AB 위에 $\overline{AC} : \overline{CB} = 1 : 3$이 되도록 하는 점 C를 작도하시오.

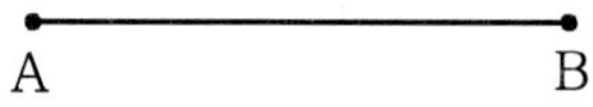

⑤ 닮음비, 넓이의 비, 부피의 비

닮음비에 대한 성질을 요약 정리하면 다음과 같다.

성질1. 닮음인 두 **평면도형의 닮음비**가 $m : n$이면, 그 넓이의 비는 $m^2 : n^2$이다.

성질2. 닮음인 두 **입체도형의 닮음비**가 $m : n$이면, 그 부피의 비는 $m^3 : n^3$이다.

7) 도형의 변환

① 합동변환

하나의 도형을 모양이나 크기를 변화시키지 않고 다른 위치로 옮기는 것을 **도형의 이동**(합동변환)이라고 한다. 도형의 이동은 **평행이동**, **회전이동**, **대칭이동** 세 가지가 있다.

첫째, 평행이동이다. 도형 전체를 어느 방향으로 일정한 거리만큼 옮겨 놓는 것을 도형의 **평행이동**이라고 한다.

둘째, 회전이동이다. 도형 전체를 한 점을 중심으로 해서 일정한 각도만큼 돌려서 이동시키는 것을 도형의 **회전이동**이라고 한다.

셋째, 대칭이동이다. 도형 전체를 어느 선분에 대해서 대칭의 위치에 옮기는 것을 선대칭이동 또는 **대칭이동**이라고 한다.

② 닮음변환

도형의 모양과 크기를 변화시키지 않는 변환은 도형을 그와 합동인 도형으로 옮기는 것이다. 이러한 모든 변환은 거리를 불변으로 하는 것이고 이러한 변환을 합동변환이라고 불렀다. 하지만 모든 변환이 크기와 모양을 유지시키는 것은 아니다. 도형을 그와 닮음인 도형으로 옮기는 변환이 있다. 즉, 하나의 도형을 모양은 변화시키지 않고 크기만 확대, 혹은 축소하여 다른 위치로 옮기는 것을 닮음변환이라고 한다. **닮음변환**은 각을 불변으로 보존하지만 거리는 보존되지 않는다. 모든 거리가 일정한 비율로 증가 또는 축소하면 이 비율을 확대비율 혹은 축소비율이라 한다. 즉 선분 AB가 선분 A′B′으로 옮겨지고 $\overline{A'B'} = k\,\overline{AB}$ 라 하자. 여기서 k가 확대비율 혹은 축소비율이 된다. 만약 1보다 크면 확대가 되고, 1보다 작으면 축소가 된다. 특히 $k=1$이면 합동변환이 된다.

8) 피타고라스 정리

① 피타고라스 정리의 증명

피타고라스(Pythagoras)는 사모스 섬에서 태어나 이오니아 학파의 철학을 배웠다. 그는 이집트에 유학한 후 제자들과 함께 시칠리아 섬 및 다른 지역을 유람한 후 남부 이탈리아의 크로톤에 안주하여 학교를 창립하고 다수의 무리들이 그들 따랐는데 그 학교의 사람들을 피타고라스 학파라고 한다. 피타고라스 학파 사람들은 수학, 정수론, 천문학, 음악 등을 학습하였다. 그러나 이 학파는 점차적으로 하나의 세력 집단으로 커져 갔고, 정치적 반대 의견을 가진 사람들에 의해서 학교는 파괴되고, 무리들은 해체되었다. 하지만, 피타고라스 학파의 전통과 그를 추종하는 세력은 기원후 2세기까지 존속되었다.

피타고라스 정리는 다음과 같다.

$\angle C = 90^\circ$ 인 직각삼각형 ABC에서는 세 변을 $\overline{BC}=a$, $\overline{CA}=b$, $\overline{AB}=c$ 라고 하면, $a^2+b^2=c^2$이 성립한다.

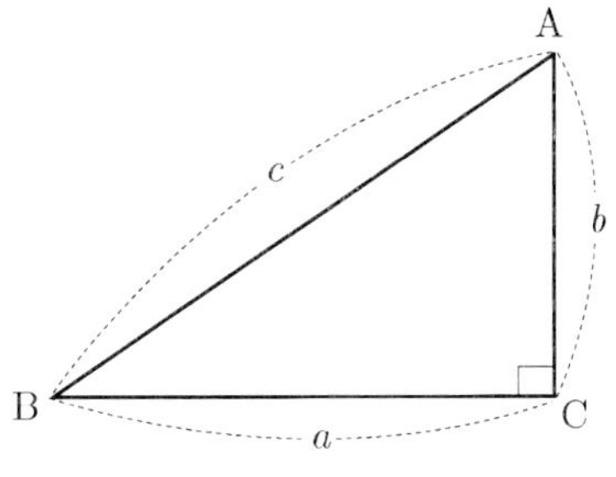

증명 1 피타고라스 정리를 증명하면 다음과 같다.

아래 그림과 같이 한 변의 길이가 $a+b$ 인 정사각형 EFCD를 그리고, 이 정사각형의 네 꼭짓점에서 직각을 낀 두 변의 길이가 각각 a, b 인 직각삼각형을 그리면, 이들 네 개의 직각삼각형은 모두 합동이다.

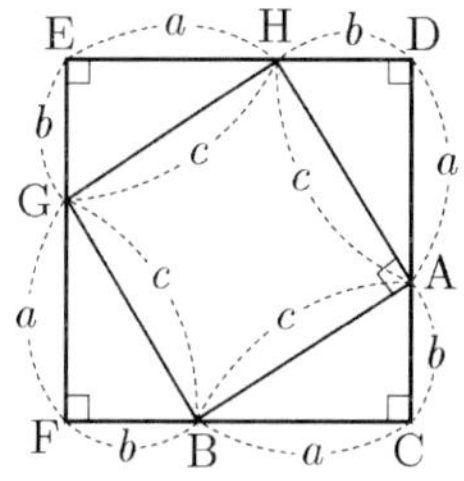

이때, $\angle \mathrm{BAH} = 180^\circ - (\angle \mathrm{BAC} + \angle \mathrm{HAD}) = 180^\circ - 90^\circ = 90^\circ$이므로, 사각형 HGBA는 한 변의 길이가 c인 정사각형이다. 한편, 정사각형 EFCD의 넓이는 정사각형 HGBA와 네 개의 직각삼각형의 넓이의 합과 같으므로,

$$(a+b)^2 = c^2 + 4 \times \frac{1}{2}ab$$

$$a^2 + 2ab + b^2 = c^2 + 2ab$$

이다. 따라서 $a^2 + b^2 = c^2$이다. 그러므로 직각삼각형의 빗변의 길이의 제곱은 직각을 낀 두 변의 길이의 제곱의 합과 같다. ■

증명 2 피타고라스 정리 증명에 대한 원론에 소개된 방법은 다음과 같다.

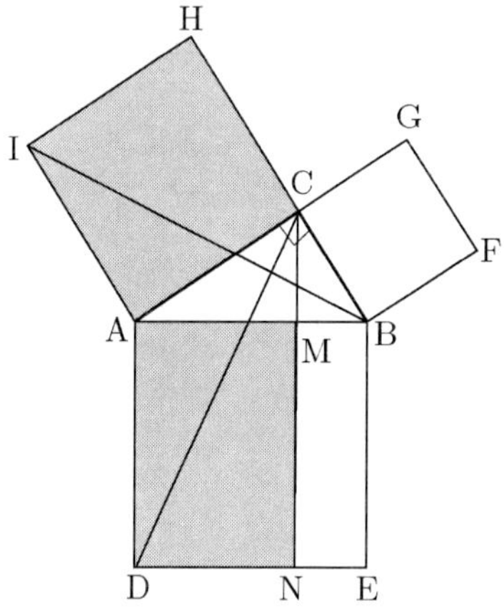

위 그림과 같은 직각삼각형 ABC에서 각 변을 한 변으로 하는 정사각형을 각각 □ADEB, □ACHI, □BFGC라 할 때, 선분 IB와 CD를 그으면, $\triangle \mathrm{ABI} \equiv \triangle \mathrm{ADC}$이다. 그런데 $\triangle \mathrm{ABI} = \frac{1}{2}$□ACHI 이다. 또한, $\triangle \mathrm{ADC} = \frac{1}{2}$□ADNM 이다. 따라서 □ACHI = □ADNM이다.

또한, 같은 방법으로 □BFGC = □MNEB 임을 알 수 있다. 위의 두 사실로부터 □ADEB = □ACHI + □BFGC 이다. 그러므로 $\overline{AB}^2 = \overline{AC}^2 + \overline{BC}^2$ 이다. ■

피타고라스 정리의 역(역정리)은 다음과 같다.

세 변의 길이가 a, b, c 인 삼각형에서 $a^2 + b^2 = c^2$ 이면, 이 삼각형은 빗변의 길이가 c 인 직각삼각형이다.

증명 피타고라스 정리의 역에 대한 증명은 다음과 같다.

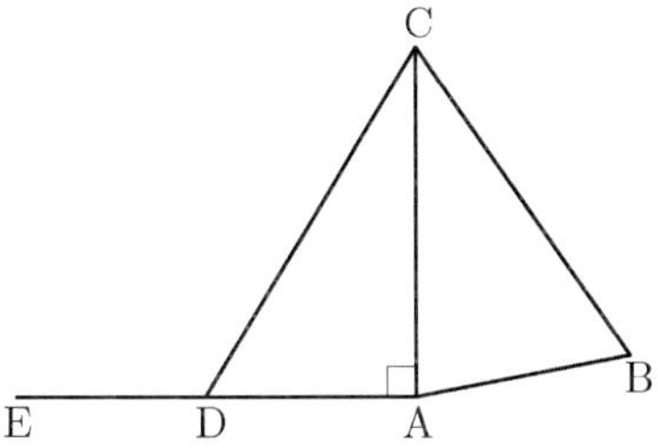

위 그림에서 삼각형 ABC가 조건 $BC^2 = AB^2 + AC^2$ 을 만족하는 삼각형이라고 하자. 점 A에서 직선 AC에 수직이 되는 직선 AE를 긋고, 또한 AE 위에 AD = AB가 되는 점 D를 잡자. 그 다음 C와 D를 이어 주면, △ADC는 직각삼각형이 되어 피타고라스 정리에 의하여 $CD^2 = AD^2 + AC^2$ 이 성립하므로, 다음이 성립한다.

$$CD^2 = AD^2 + AC^2 = AB^2 + AC^2 = BC^2$$

따라서 CD = BC 이므로 △ADC와 △ABC는 합동이다. 그러므로, ∠BAC와 ∠CAD는 직각이다. 즉, △ABC는 직각삼각형이다. ■

원래의 명제가 참이라고 해서, 그 명제의 역이 참이 되지는 않는다. 하지만 피타고라스 정리는 역 명제도 참인 명제다. 따라서 삼각형의 각의 크기에 대한 변의 길이의 관계를 다음과 같이 요약 정리할 수 있다.

△ABC 에서 $\overline{BC} = a$, $\overline{CA} = b$, $\overline{AB} = c$ 일 때, 다음이 성립한다.

1. ∠C < 90° 이면, $a^2 + b^2 > c^2$ 이다.

2. $\angle C = 90°$이면, $a^2+b^2=c^2$이다.

3. $\angle C > 90°$이면, $a^2+b^2 < c^2$이다.

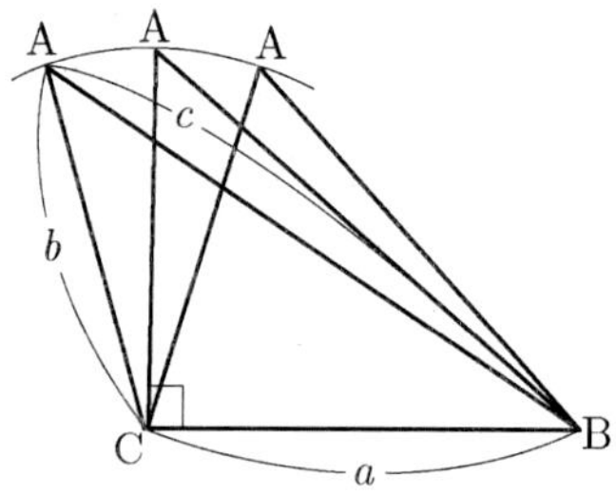

반대로, $\triangle ABC$에서

1. $a^2+b^2 > c^2$이면, $\angle C < 90°$이다.
2. $a^2+b^2 = c^2$이면, $\angle C = 90°$이다.
3. $a^2+b^2 < c^2$이면, $\angle C > 90°$이다.

문제 1

$a^2+b^2=c^2$을 만족하는 자연수 a, b, c의 묶음 $(a,\ b,\ c)$를 피타고라스 수라고 한다. 자연수 $m,\ n$에 대하여 $m>n$일 때, $((m^2-n^2), 2mn, (m^2+n^2))$이 피타고라스 수임을 증명하시오.

② 피타고라스 정리의 활용

피타고라스 정리를 활용할 수 있는 몇 가지 사례를 구체적으로 살펴보자.

1. 두 점 사이의 거리

   좌표평면 위에서 두 점 $A(x_1, y_1)$와 $B(x_2, y_2)$ 사이의 거리 $\overline{AB}$는

   $\overline{AB} = \sqrt{(x_2-x_1)^2+(y_2-y_1)^2}$ 이다.

2. 한 변의 길이가 a인 정사각형의 대각선의 길이는 $\sqrt{2}a$이다.

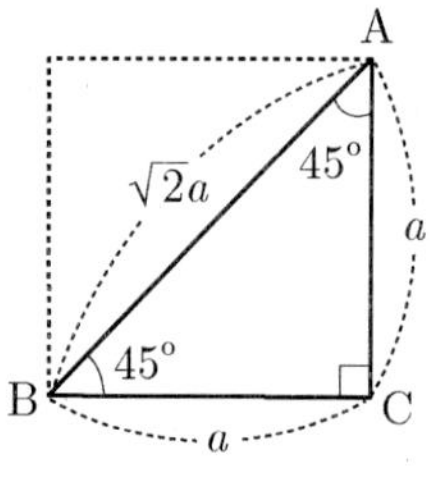

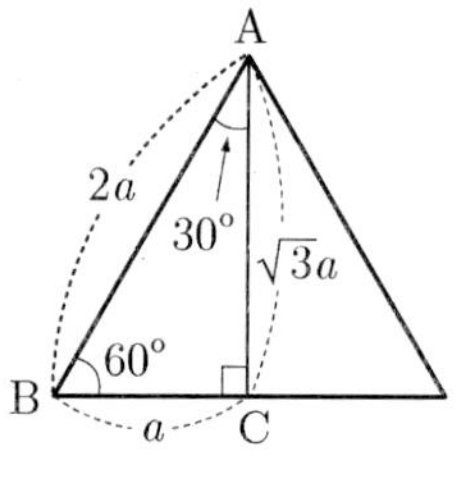

3. 한 변의 길이가 a인 정삼각형에서 높이는 $\frac{\sqrt{3}}{2}a$이고, 넓이는 $\frac{\sqrt{3}}{4}a^2$이다.

4. 세 변의 길이가 각각 a, b, c인 직육면체의 대각선의 길이는 $\sqrt{a^2+b^2+c^2}$ 이다.

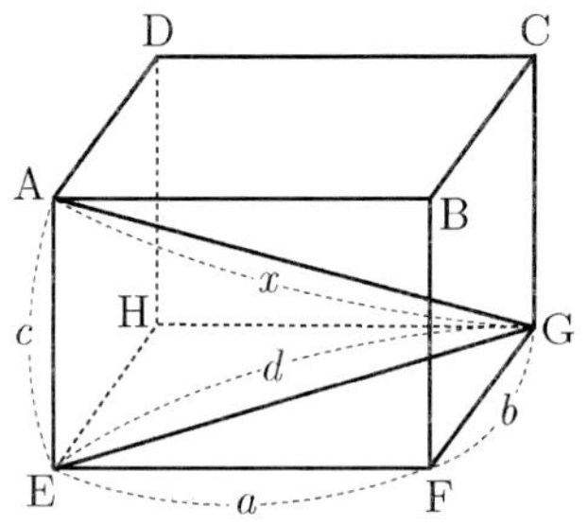

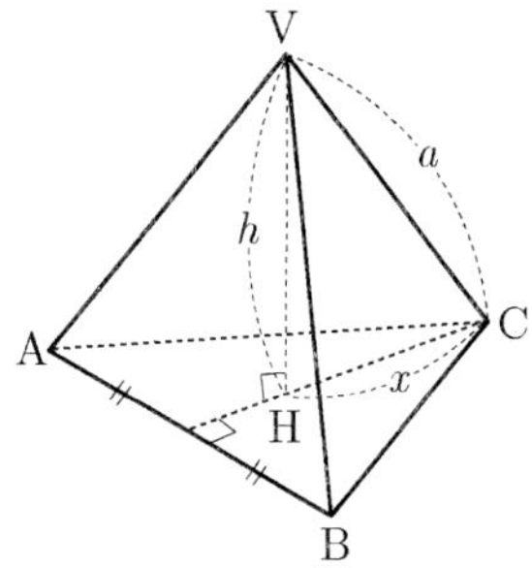

5. 한 변의 길이가 a인 정사면체에서 높이는 $\frac{\sqrt{6}}{3}a$이고, 부피는 $\frac{\sqrt{2}}{12}a^3$이다.

문제 1

아래 왼쪽 그림과 같이 모선의 길이가 12cm , 밑면의 반지름의 길이가 3cm 인 원뿔이 있다. 모선 AB의 중점을 M이라고 하고, 점 B로부터 원뿔의 옆면을 따라 한 바퀴 돌아 M으로 갈 때 최단 거리를 구하시오.

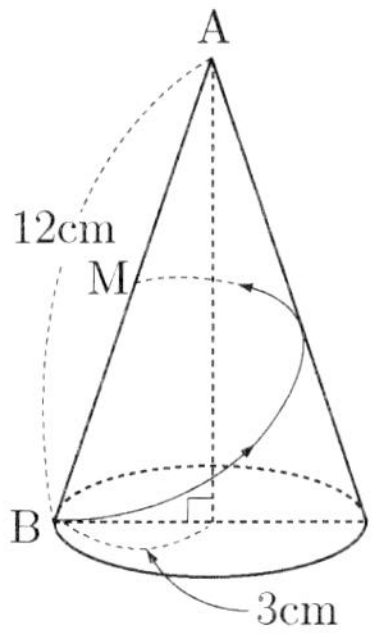

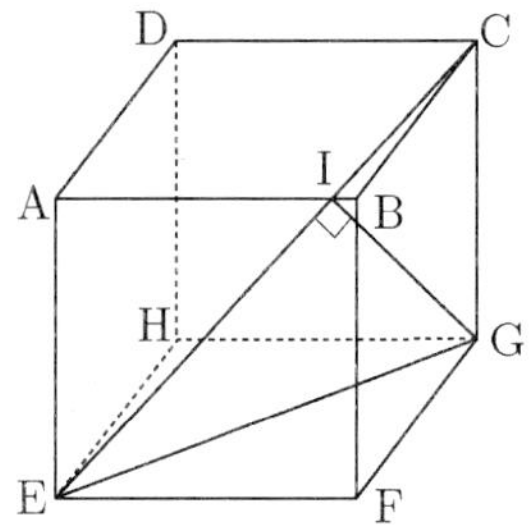

문제 2

앞 오른쪽 그림과 같이 한 변의 길이가 6인 정육면체에서 점 G로부터 $\overline{CE}$ 에 내린 수선의 발을 I라 할 때, $\overline{GI}$ 의 길이를 구하시오.

문제 3

다음 왼쪽 그림은 $\overline{VA}=\overline{VB}=\overline{VC}=5\sqrt{2}$ cm, $\overline{AB}=\overline{BC}=\overline{CA}$, $\angle VBA=75^\circ$ 인 삼각뿔이다. 점 A를 출발하여 이 삼각뿔의 표면을 따라 변 VB, VC를 통과하여 다시 점 A로 돌아올 때의 최단거리를 구하시오.

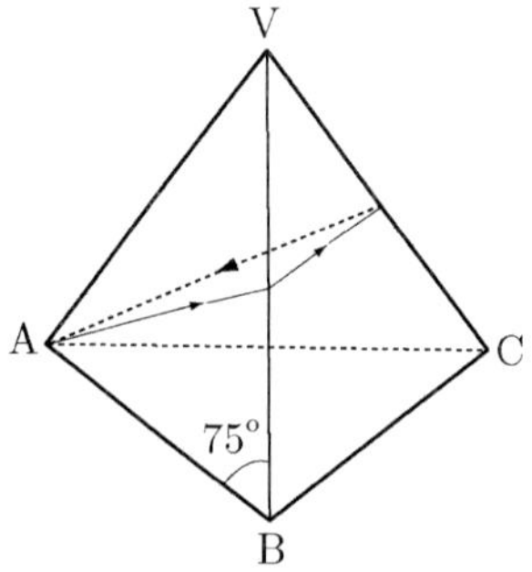

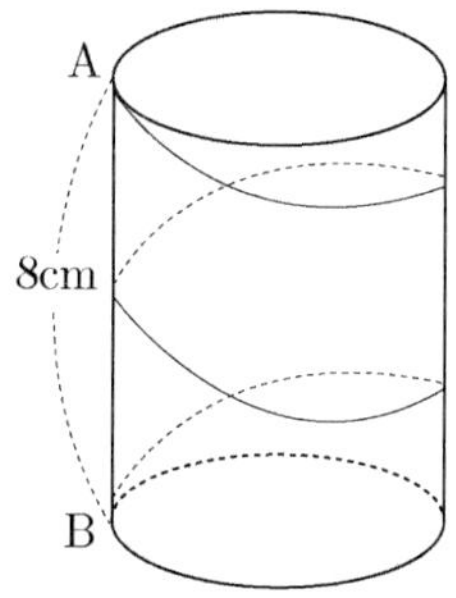

문제 4

위의 오른쪽 그림은 높이가 8cm인 원기둥에서 점 A에서 점 B까지 최단거리로 실을 두 바퀴 감았다. 이때 실의 길이가 12cm이었다면, 원기둥의 밑면의 둘레를 구하시오.

5.2.2 교직수학 탐구활동

탐구활동 12 오목다각형의 외각

- **관련학습주제** : 5.2 기본도형 2) 평면도형의 성질
- **탐구주제** : 오목다각형에서 외각의 크기의 총합
- **탐구방법** : 문제 구성하기 전략

중학교에서는 볼록한 다각형에 대한 내각과 외각의 합을 다루고 있다. 그런데 볼록이 아닌 오목이면 어떻게 될까? 이에 대한 문제 구성하기 활동으로부터 새로운 수학탐구활동을 전개해 보자.

1) 볼록한 다각형의 내각과 외각의 합

n각형의 내각의 크기의 합은 $180° \times (n-2)$으로 앞에서 다루었다.

동일하게 n각형의 외각의 크기의 합은 항상 $360°$이다.

예제 3.49

변의 수가 각각 m, n인 두 정다각형의 내각의 크기의 비가 그 변의 수의 비와 같을 때, 각 정다각형의 변의 수를 구하여라.

풀이 m각형의 내각의 합이 $180(m-2)$이므로 정m각형의 한 내각의 크기는 $\dfrac{180(m-2)}{m}$이다. 따라서 문제의 조건에 의해서 다음 식이 만족한다.

$$\frac{n(m-2)}{m} = \frac{m(n-2)}{n}$$

따라서 $m^2(m-2) = n^2(n-2)$이므로 이 방정식을 풀면, 다음과 같다.

$(m,\ n) = (6, 3),\ (4,\ 4),\ (3,\ 6)$이다.

■

2) 오목다각형에서의 외각과 내각의 합

① 오목다각형의 정의와 범주

오목다각형이란 아래 그림과 같이 둔각인 내각이 한 개 이상 있는 다각형이다.

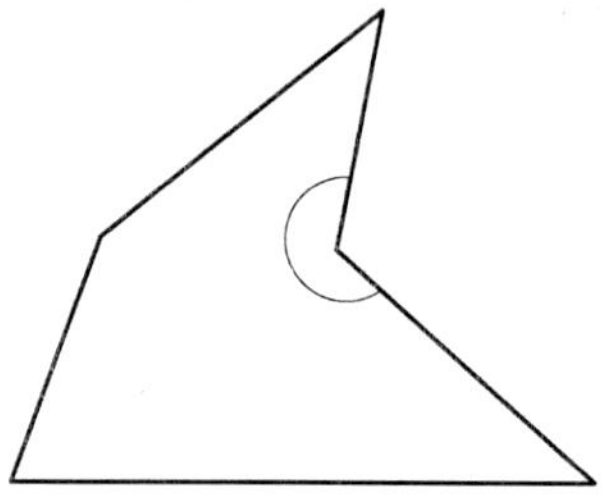

단, 여기서 다루는 오목다각형은 다각형의 변이 서로 다른 것과 교차하지 않는 오목다각형만을 다루도록 한다.

② 오목인 각에서의 한 외각과 내각

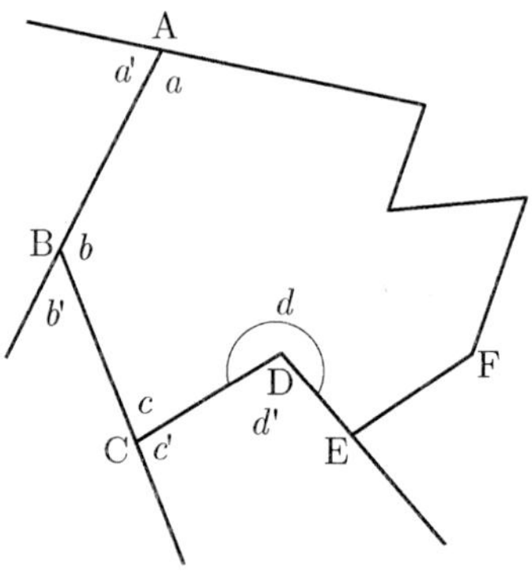

위의 그림에서 꼭짓점 A, B, C는 볼록한 꼭짓점이지만 꼭짓점 D는 오목한 꼭짓점이다. 볼록한 꼭짓점에서의 내각과 외각의 합의 성질과 오목한 꼭짓점에서의 내각과 외각의 합의 성질을 비교해 보자.

첫째, 볼록한 꼭짓점에서 (내각)+(외각)=180°이다.

둘째, 오목한 꼭짓점에서 (내각)+(외각)=360°이다.

③ 오목 n각형에서의 외각의 크기의 합

오목 n각형에서 오목한 꼭짓점의 개수를 p라고 하자. 그러면 오목 n각형에서의 내각과 외각의 총합은 아래와 같다.

$$180(n-p)+360p$$

이로부터 외각의 총합을 구해보자. n각형에서 내각의 총합은 $180(n-2)$이므로 외각의 총합은 $180(n-p)+360p$에서 $180(n-2)$의 값을 빼면 된다. 즉,

$$180p+360$$

을 얻는다.

문제 1

볼록n다각형의 내각의 총합과 오목n다각형의 내각의 총합을 구하고, 그 크기를 비교하시오.

탐구활동 13 작도와 삼대작도문제

- **관련학습주제** : 5.2 기본도형 2) 평면도형의 성질
- **탐구주제** : 작도의 유의점과 삼대작도문제 소개하기
- **탐구방법** : 수학사 탐구 전략

작도는 매우 오래된 수학 활동이다. 이 활동에 대한 특별한 제약과 주의할 점을 살펴보고, 역사적으로 가장 유명한 삼대작도문제를 소개하고자 한다. 본 내용은 김진호와 김용대, 서보억(2011)의 내용을 재진술하였다.

1) 유클리드 도구

기하작도의 역사는 그리스 시대까지 거슬러 올라간다. 기하 작도는 흔히 **유클리드 작도**라고 부르기도 한다. 작도에서 사용되는 도구는 컴퍼스나 직선자만 허용된다. 이때 컴퍼

스는 등거리를 만들어 주는 도구이고, 직선자는 공선적인 것을 만들어 주는 도구이다. 모든 기하 작도는 이 두 가지 개념에 바탕을 두고 있다.

2) 작도의 유의점과 피해야할 점

① 컴퍼스는 단순하게 곡선을 그리는 것은 아니다. 컴퍼스는 원형 모양의 접시나 캔깡통과 같은 원형 모양의 물체로 대체될 수 있는 것은 아니다.

② 눈금자는 종종 직선자로 불러짐에도 불구하고, 눈금자에 있는 눈금을 사용하는 것은 허용되지 않는다.

③ 눈금자와 각도기는 기하학에서 그들만의 가치는 가지고 있지만 기하 작도의 도구는 아니다.

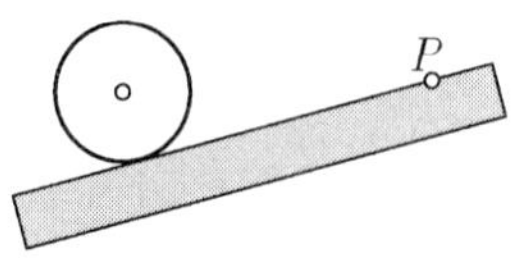

④ 직선, 반직선, 선분의 작도는 직선자를 고정된 두 점에 나란히 올려 놓아야 한다. 이 규칙은 반드시 지켜져야 한다.

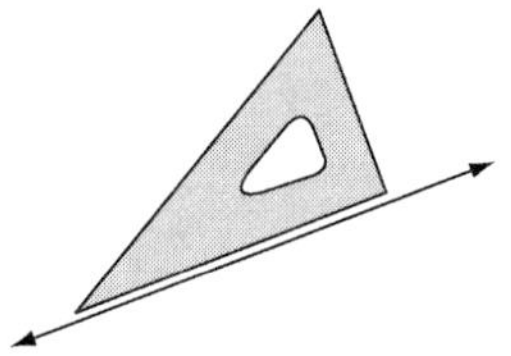

⑤ 제도용 삼각자를 종종 직선자로 사용하는 경우가 많다. 이러한 경우도 작도는 충분히 가능하다. 그러나 이 경우에도 모든 것을 허용할 수는 없다. 직각을 긋는 도구로 사용할 수는 없다. 자의 직각은 작도가 아니다.

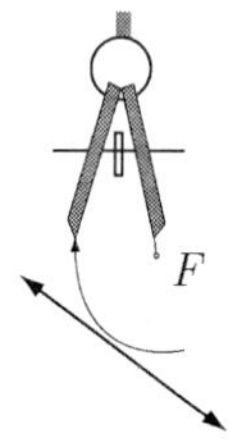

⑥ 한 정점에서 직선에 접하는 원을 그리려고 한다. 반지름을 적절하게 조절하여 주어진 직선에 접하도록 원을 하나 그렸다. 하지만 이것은 근사적인 조작이므로 작도가 될 수 없다. 왜냐하면, 반지름을 결정하지 않은 상태에서 원을 그렸기 때문이다.

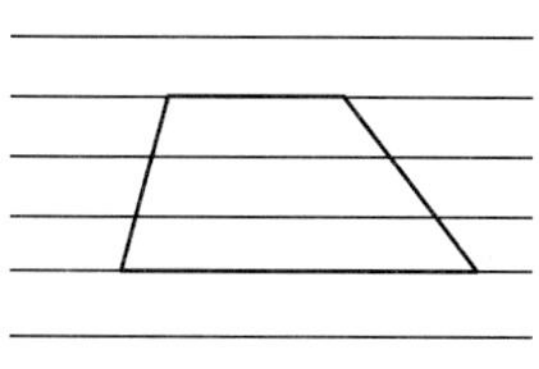

⑦ 사다리꼴을 작도하도록 요구하였는데 그림과 같이 공책의 줄을 이용하는 것은 작도가 아니다.

3) 삼대작도문제

삼대작도문제는 고대 그리스 시대부터 내려오는 작도가 불가능한 3문제를 일컬어지는 말이다. 삼대작도불능문제라고 부르기도 한다.

첫째, 배적문제이다. 주어진 정육면체의 부피를 두 배로 하는 한 변의 길이를 작도하는 문제이다.

둘째, 각의 삼등분문제이다. 일반각의 3등분은 작도가 불가능하다. 물론 특별한 각 예를 들면, 90°는 삼등분가능하다.

셋째, 원적문제이다. 원적문제는 원의 넓이와 같은 넓이를 가지는 정사각형의 한 변의 길이를 작도하는 문제이다.

문제 1

원적문제, 배적문제, 각의 삼등분문제를 해결할 수 있는 도구와 기구를 찾아보시오. 또한 삼대작도문제를 해결하기 위해 만들어진 다양한 곡선을 찾고, 문제를 해결한 핵심 개념을 찾으시오.

탐구활동 14 오목한 정다면체

- **관련학습주제** : 5.2 기본도형 3) 입체도형의 성질
- **탐구주제** : 오목한 정다면체의 존재
- **탐구방법** : 문제 구성하기 전략, 수학사 탐구 전략

정다면체는 모두 다섯 개가 존재한다. 정사면체, 정육면체, 정팔면체, 정십이면체, 정이십면체가 그것이다. 이것을 플라톤(Platon)의 입체라고 부르기도 한다. 그렇다면 오목한 정다각형이 존재하듯이 오목한 정다면체는 없는 것일까? 이 의문에 대한 답을 찾은 수학자가 케플러(Kepler)와 푸앵소(Poinsot)이다. 그래서 그들이 발견한 네 개의 오목정다면체를 케플러-푸앵소(Kepler-Poinsot) 정다면체라고 부른다.

1) 오목정다면체의 발견

첫 번째의 발견은 1619년 케플러가 열 두 개의 별오각형을 결합하여 만든 **작은 별모양 정십이면체**(Small Stellated Dodecahedron)와 **큰 별모양 정십이면체**(Great Stellated

Dodecahedron)이다(아래 사진[15])).

그리고 약 200여년 후 1809년 푸앵소는 나머지 두 개를 발견하였다. 하나는 열 두 개의 오각형이 서로 교차하면서 형성하는 **큰 정십이면체**(Great Dodecahedron)이고, 다른 하나는 스무 개의 삼각형이 서로 교차하면서 만들어지는 **큰 정이십면체**(Great Icosahedron)이다(아래 사진).

2) 오목정다면체의 성질

① 작은 별모양 정십이면체

작은 별모양 정십이면체는 면의 모양이 오목정오각형(정$\frac{5}{2}$각형)이다. 오목정오각형 열 두 개가 서로 결합된 형식으로 겉에 보이는 뿔의 모양이 볼록 정오각형이다. 꼭짓점의 수는 열 두 개이고, 모서리의 수는 서른 개다.

② 큰 별모양 정십이면체

큰 별모양 정십이면체는 면의 모양이 오목정오각형(정$\frac{5}{2}$각형)이다. 오목 정오각형 열 두 개가 서로 결합된 형식으로 겉에 보이는 뿔의 모양이 볼록 정삼각형이다. 꼭짓점의 수

15) 이 사진은 대구가톨릭대학교 수학교육과 학생들이 실제로 제작한 모형을 찍은 것이다.

는 스무 개이고, 모서리의 수는 서른 개다.

③ 큰 정십이면체

큰 정십이면체는 면의 모양이 볼록 정오각형이다. 정오각형 열 두 개가 서로 결합된 형식이다. 꼭짓점의 수는 열 두 개이고, 모서리의 수는 서른 개다.

④ 큰 정이십면체

큰 정이십면체는 면의 모양이 볼록 정삼각형이다. 정삼각형 스무 개가 서로 결합된 형식이다. 꼭짓점의 수는 열 두 개이고, 모서리의 수는 서른 개다.

이름 앞에 별 모양(Stellated)이 붙은 다면체는 원래 다면체의 변을 길게 늘여서 만든 경우이고, 이름 앞에 큰(Great)이 붙은 것은 원래 다면체의 면을 크게 키워서 만든 경우이며, 앞에 작은(Small)이 붙은 것은 큰(Great)과 구별하기 위해서 붙인 것이다. 오목 정다면체에 대해 정리하면 아래 표와 같다.

이름	꼭짓점 개수	모서리 개수	면 개수
작은 별모양 정십이면체	12	30	12
큰 별모양 정십이면체	20	30	12
큰 정십이면체	12	30	12
큰 정이십면체	12	30	20

탐구활동 15 아르키메데스와 구의 부피

- **관련학습주제** : 5.2 기본도형 4) 도형의 측정
- **탐구주제** : 구의 부피 공식 구하기
- **탐구방법** : 수학사 탐구 전략

반지름의 길이가 r인 원의 넓이는 πr^2이고, 반지름의 길이가 r인 구의 부피는 $\frac{4}{3}\pi r^3$이 된다. 이러한 공식이 어떻게 얻어졌을까? 누구나 궁금해 하지만 쉽게 그 답을 찾을 수 있

는 것은 아니다. 여기서는 구의 부피에 대한 아르키메데스(Archimedes)의 방법에 대해 고찰해 보자.

아르키메데스가 쓴 '구와 원기둥에 관하여(On the Sphere and Cylinder)'란 책에서 구의 부피와 원기둥의 관계를 설명하는 부분이 있다. 그리고 또 다른 저작인 '방법(Method)'에는 구의 부피에 대한 위대한 공식이 제시되어져 있다. 이 책은 에라토스테네스(Eratosthenes)에게 쓴 편지 형식으로 되어져 있는데 아르키메데스의 가장 역동적인 진면목을 볼 수 있는 위대한 책이다. 명제 15개로 구성되어져 있는데 그 중 하나가 구의 부피에 대한 명제이다.

1) 기본적인 지식

① 직각삼각형의 성질

직각삼각형 ABC에서 직각을 가지는 꼭짓점에서 빗변에 내린 수선을 AH라고 하자. 그러면 닮음에 의해 다음이 성립한다.

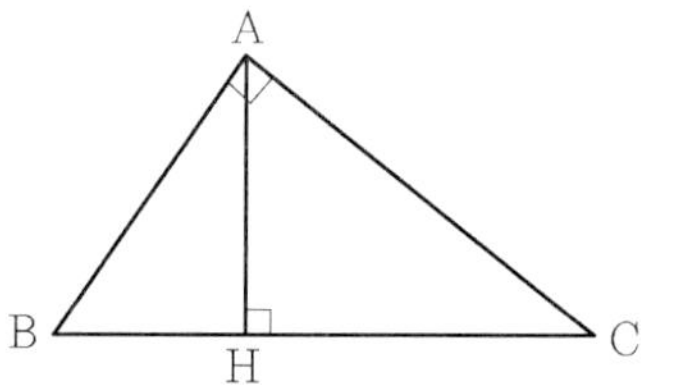

$$\overline{AB}^2 = \overline{BH} \times \overline{BC}$$

$$\overline{AC}^2 = \overline{CH} \times \overline{BC}$$

$$\overline{AH}^2 = \overline{BH} \times \overline{CH}$$

② 지레의 원리

아래 그림에서 받침점을 O, 지레의 양 끝에 있는 두 물체의 무게를 각각 A, B, 받침점 O에서 양 끝점까지의 거리를 x, y라 하면, 다음 등식이 성립하는데 이것이 **지레의 원리**이다.

$$A \times x = B \times y$$

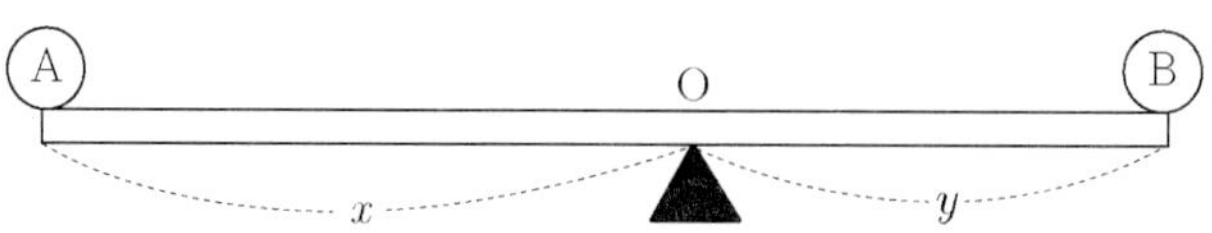

③ 직관

직관적인 측면에서 점이 모여서 선이 되고, 선이 모여서 면이 되며, 면이 모여서 입체도형을 이룬다.

2) 구의 부피

반지름의 길이가 r인 구의 부피는 $\frac{4}{3}\pi r^3$이다.

증명 아래의 세부 단계별로 아르키메데스는 증명하고 있다.

1단계. 아래 그림과 같이 직선 AB 위에 한 점 O를 잡고 반지름이 r인 원을 그린다. 그리고 중심을 O로 가지는 가로의 길이가 $2r$, 세로의 길이가 $4r$인 직사각형을 그리고, 꼭짓점이 A이고 밑변의 길이가 $4r$인 직각이등변삼각형을 그린다.

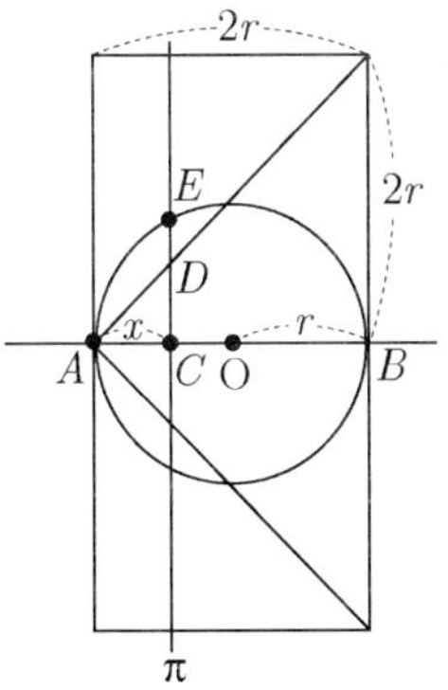

2단계. 앞 단계에서 작도한 세 도형 즉, 직사각형, 원, 이등변삼각형을 직선 AB를 회전축으로 하여 회전시키면, 반지름이 $2r$이고 높이가 $2r$인 원기둥, 반지름이 r인 구, 반지름이 $2r$이고 높이가 $2r$인 원뿔을 얻을 수 있다.

3단계. 직선 AB 위에 점 A로부터 x만큼 떨어진 점 C를 잡고, 점 C를 지나면서 회전축 AB에 직교하는 평면 π로 회전체를 절단하자. 그러면, 원기둥의 절단면은 반지름이 $2r$인 원, 구의 절단면은 반지름이 선분 CE인 원, 원뿔의 절단면은 반지름이 선분 CD(=AC= x)인 원이 된다. 이때 세 원의 넓이는 각각 $\pi(2r)^2 = \pi\overline{AB}^2$, $\pi\overline{CE}^2$, $\pi\overline{CD}^2$이 된다.

4단계. 절단면인 세 원의 넓이에 대한 관계를 찾아보자.

삼각형 ACE에서 ∠C가 직각이므로, 피타고라스 정리에 의해서 다음이 성립한다. $AE^2 = AC^2 + CE^2 = CD^2 + CE^2$이고, 또한, 삼각형 ABE에서 ∠E가 직각이므로 $AE^2 = AC \times AB$이다. 이 두 사실로부터 $AB \times AC = CD^2 + CE^2$

을 얻을 수 있다. 그런데 이 공식으로부터 절단면 세 원의 넓이와 관계 맺기 위해서는 양변에 $\pi \mathrm{AB}$를 곱하면 다음 식을 얻을 수 있다.

$$\pi \mathrm{AB}^2 \times \mathrm{AC} = \pi \mathrm{CD}^2 \times \mathrm{AB} + \pi \mathrm{CE}^2 \times \mathrm{AB}$$

$$(\pi \mathrm{AB}^2) \times x = (\pi \mathrm{CD}^2 + \pi \mathrm{CE}^2) \times 2r$$

즉, 이것을 다시 정리하면,

$$(\text{원기둥의 단면}) \times x = (\text{원뿔 단면} + \text{구의 단면}) \times 2r$$

이다. 이것을 지레의 원리에 적용하면 아래 그림과 같다.

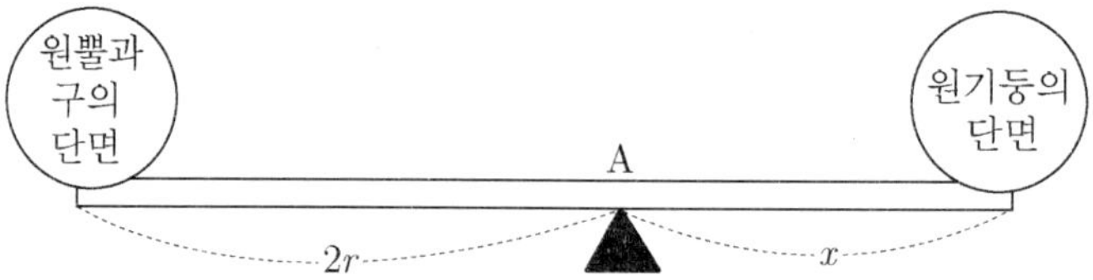

5단계. 이제 위에서 찾은 관계를 처음 도형에 접목하여 그림을 그리면 아래와 같다.

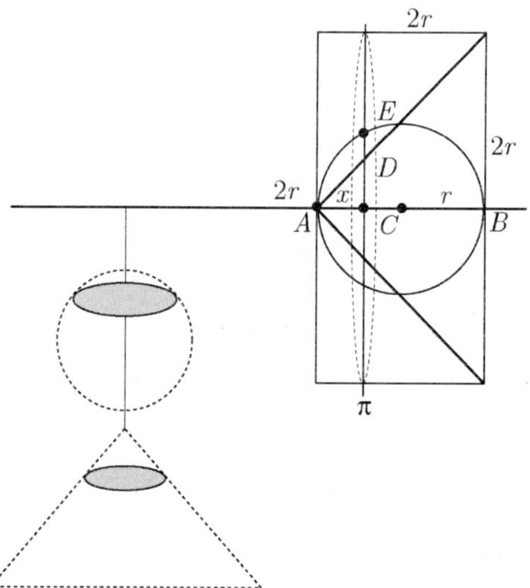

6단계. 입체도형은 무수히 많은 평면들의 합으로 이루어져 있다. 따라서 회전축에 수직인 절단면인 π를 점 A로부터 점 B까지 연속적으로 이동해 보자. 그리고 4단계와 5단계과정을 무한히 반복한다. 그러면, 위의 그림처럼 지렛대의 왼쪽에는 구와 원뿔이 모이고, 지렛대의 오른쪽에는 원기둥이 모여서 서로 평행을 이루게 될 것이다. 이것을 식으로 나타내면 다음과 같다.

$$(\text{원기둥의 부피})\times x=(\text{구의 부피}+\text{원뿔의 부피})\times 2r$$

이제 여기서 x의 값을 결정해야 한다. x는 지렛대에서 오른쪽 물체까지의 거리인데, 이 물체가 원기둥이므로 무게중심인 O까지의 거리이다. 즉, 원기둥의 단면들을 다 모으면 거리의 평균값인 AO 즉, r가 된다. 따라서 위의 식은 최종적으로 아래의 식으로 변형된다.

$$(\text{원기둥의 부피})\times r=(\text{구의 부피}+\text{원뿔의 부피})\times 2r$$

7단계. 위의 식을 간단히 하면 구의 부피 공식을 얻을 수 있다. 표현을 간단히 하기 위해 기호로 $V_{\text{원기둥}}\times r=(V_{\text{원뿔}}+V_{\text{구}})\times 2r$이다. 즉, $V_{\text{원기둥}}=2(V_{\text{원뿔}}+V_{\text{구}})$이다. 이 식을 간단히 하면 $V_{\text{구}}=\frac{1}{2}V_{\text{원기둥}}-V_{\text{원뿔}}$이 되는데, $V_{\text{원뿔}}=\frac{1}{3}V_{\text{원기둥}}$이므로, 이 값을 대입하면 $V_{\text{구}}=\frac{1}{6}V_{\text{원기둥}}=\frac{4}{3}\pi r^3$을 얻을 수 있다. ■

탐구활동 16 무게중심과 사면체

- **관련학습주제** : 5.2 기본도형 6) 도형의 닮음의 뜻과 삼각형의 닮음조건
- **탐구주제** : 삼각형의 무게중심으로부터 사면체의 무게중심
- **탐구방법** : 개연 추론 전략

1) 평면에서 삼각형의 무게중심

삼각형 ABC에서 각 꼭짓점에서 그 대변의 중점에 그은 선분을 **중선**이라고 한다. 예를 들어 아래 그림에서 AD, BE, CF는 중선이다.

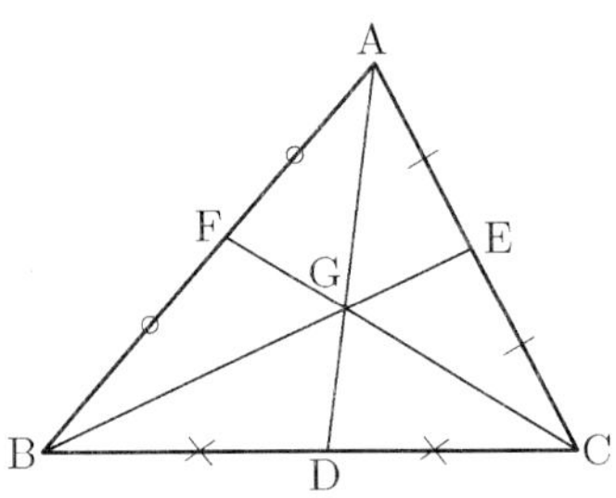

중선은 대변의 중점과 연결한 선분이기 때문에 중선에 의해 삼각형의 넓이를 이등분하게 된다. 또한 세 중선은 한 점에서 만나는데 이 교점을 **무게중심**이라고 하고, 무게중심은 중선을 2 : 1의 비로 분할한다.

2) 사면체에서의 무게중심

공간에서의 사면체는 평면에서의 삼각형과 가장 유사한 성질을 가진 도형이다. 왜냐하면 평면도형이 되기 위해 최소한의 조건이 세 선분으로 둘러싸여야 하고, 공간에서 입체도형이 되기 위해서는 최소한 네 개의 면으로 둘러싸여야 하는데, 이 조건을 만족하는 도형이 평면에서는 삼각형, 공간에서는 사면체이기 때문이다. 앞에서 언급한 평면에서의 무게중심의 성질 중에서 개연 추론의 수단으로 활용할 수 있는 것을 찾으라고 한다면, 바로 중선, 무게중심에 의한 중선의 분할비이다. 이 두 가지 성질을 중심으로 사면체에서의 무게중심에 대해 고찰해 보자. 이러한 고찰을 체계적으로 진행한 한인기(2001)의 이론을 중심으로 재해석해 보겠다.

① 사면체에서의 중선

삼각형에서의 중선은 꼭짓점에서 마주보는 요소 즉, 변의 중점을 연결하였다. 그렇다면 사면체에서 이 원리를 그대로 적용해 보자. 꼭짓점은 삼각형과 동일하게 존재하기 때문에 문제가 없다. 꼭짓점에 마주보는 요소는 무엇으로 결정할까? 사면체에서는 변이 아니라, 면이다. 사면체에서 각 꼭짓점에 대해 마주보는 대면을 결정할 수 있다.

그렇다면, 이제 면의 어떤 점과 연결해야할까? 삼각형에서 변의 중점이었다면, 사면체에서 면의 중점이면 될 것 같다. 면의 중점은 곧 면의 무게중심으로 유추하는 것이 가장 타당할 것이다. 따라서 사면체에서의 중선을 다음과 같은 결론으로 추론할 수 있다.

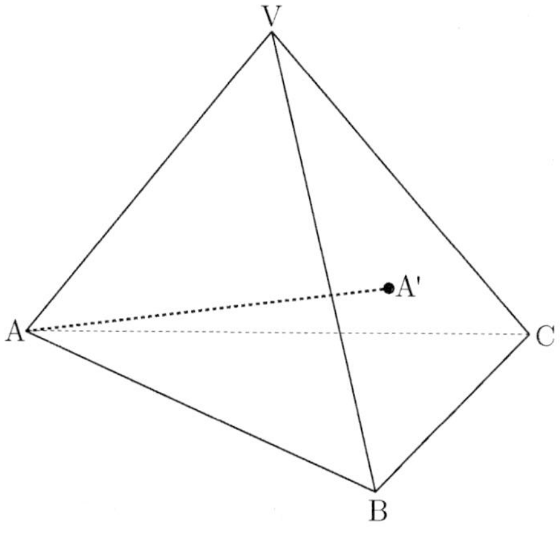

사면체 VABC에서 각 꼭짓점에서 그 마주보는 면(삼각형)의 무게중심과 연결한 선분을 사면체의 중선이라고 한다.

예를 들어 아래 그림에서 꼭짓점 A의 마주보는 면의 무게중심을 A′이라고 하면, 선분 AA′이 중선이 된다.

② 사면체의 무게중심

이제 꼭짓점 B의 마주보는 면의 무게중심을 B′이라고 하면, 선분 BB′도 중선이 되고, 모두 네 개의 중선을 그을 수 있다. 그럼, 네 중선이 한 점 G에서 만나게 되고, 무게중심 G는 중선을 3:1의 분할비로 나눈다.

증명 사면체의 중선은 꼭짓점과 마주보는 면의 무게중심을 연결한 선분이라고 하였다. 따라서 사면체에서는 네 개의 중선이 존재한다. 다음 절차에 의해 증명이 된다.

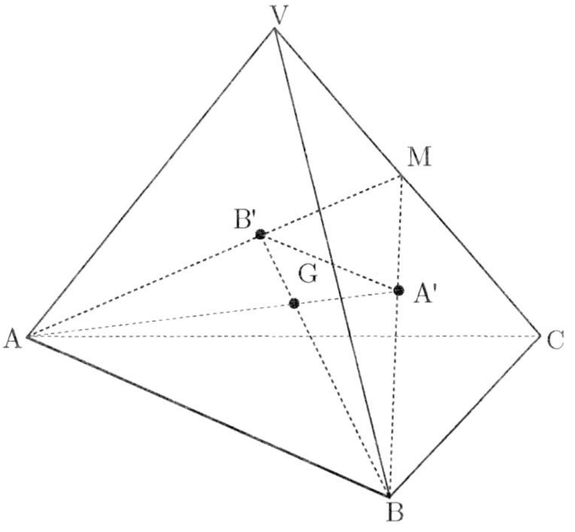

첫째, 꼭짓점 B와 마주보는 면의 무게중심을 B′이라고 하면 두 중선 $\overline{AA'}$과 $\overline{BB'}$은 한 점 G에서 만난다. 선분 VC의 중점을 M이라고 하고, 세 점 A,B,M을 연결하여 삼각형 ABM을 만든다. 그러면 두 선분 BB′과 AA′은 동일한 평면에 있고, 반드시 한 점 G에서 만난다.

둘째, AG:GA′은 3:1이다. 삼각형의 중점연결정리에 의해서 AB//A′B′이고 AB:A′B′=3:1이다. 이로 인해 △ABG ∼ △A′B′G이고 닮음비는 3:1이다. 결과적으로 AG:GA′=3:1이 성립한다.

이제 나머지 두 꼭짓점에서도 중선 CC′, VV′을 긋고, 임의의 두 중선을 선택한 다음 위와 같은 절차를 거쳐도 여전히 동일한 결과를 얻을 수 있다.

따라서 우리는 다음과 같은 두 가지 사실을 증명할 수 있다.

1. 사면체에서 네 중선은 한 점에서 만난다. 그 점이 무게중심이다.
2. 네 중선의 교점은 각 중선들을 꼭짓점으로부터 3:1로 분할한다. ■

문제 1

아래 그림과 같은 사각형 ABCD가 주어져 있다. 사면체에서의 무게중심에 대한 정의와 성질을 이용하여, 사각형에서의 중선 및 무게중심에 대해 탐구하시오. 그리고 무게중심이 중선을 어떤 비로 분할하는지 구하시오.

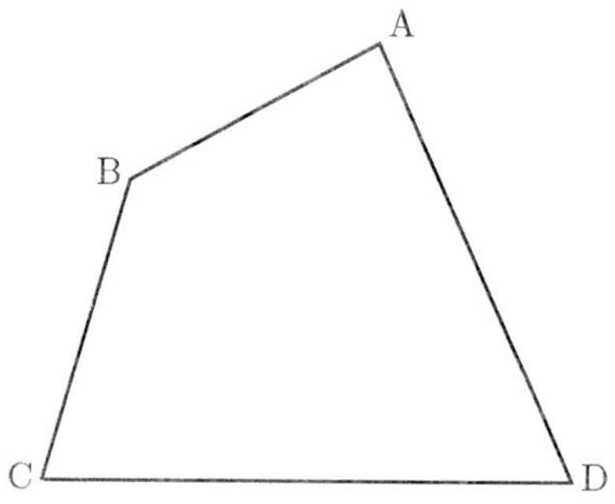

탐구활동 17 피타고라스 정리의 증명

- 관련학습주제 : 5.2 기본도형 8) 피타고라스 정리
- 탐구주제 : 피타고라스 정리 증명에 대한 탐색
- 탐구방법 : 수학사 탐구 전략

피타고라스 정리의 증명은 500가지가 넘는다고 한다. 그 많은 증명을 모두 소개하는 것은 현실적으로 불가능하다. 여기서는 중학교 3학년 수준에서 이해할 수 있는 몇 가지 사례에 대해 고찰하고자 한다. 여기에 제시된 내용의 일부는 루미스(Loomis)가 정리한 내용의 몇 가지만 재정리한 것이다.

1) 도형의 분할을 이용한 증명

$\angle C = 90^\circ$ 인 직각삼각형 ABC의 각 변에 정사각형을 그린다. 두 꼭짓점 C, F에서 $\overline{FG}$와 $\overline{BC}$에 두 수선 $\overline{CM}$과 $\overline{FN}$을 긋고 그 교점을 P라 하자. 그러면 $\triangle ABC \equiv \triangle FGP$ (SAS합동)이고, $\overline{CP} = \overline{AF} = \overline{AB}$, $\angle PCN = \angle BAC$이므로 $\triangle ABC \equiv \triangle CPN$ (RHA합동)이다. 따라서 $\triangle ABC \equiv \triangle FGP \equiv \triangle CPN$ 이다.

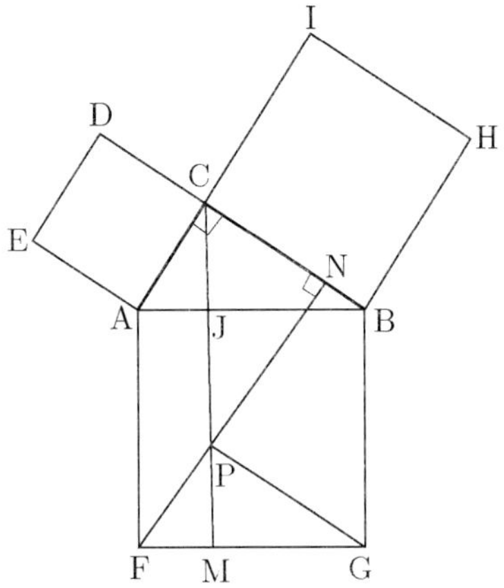

그런데 두 평행사변형 CAFP와 AFMJ는 밑변과 높이가 같으므로

$$\square CAFP = \square AFMJ = \overline{AC} \cdot \overline{CN} = \overline{AC}^2$$

이다. 동일한 방법으로 같은 방법으로, $\square CPGB = \square JMGB = \overline{BC} \cdot \overline{PN} = \overline{BC}^2$ 이다.

그런데 $\square AFGB = \square AFMJ + \square JMGB$이므로 $\overline{AB}^2 = \overline{AC}^2 + \overline{BC}^2$ 이다. ■

2) 원의 성질을 이용하여 증명하기

원 O가 주어져 있고, 원 밖의 한 점 A에서 원에 접선을 긋고 그 접점을 B라고 하자. 원의 중심 O와 접점 B를 연결하면 직각삼각형 ABO를 얻을 수 있다.

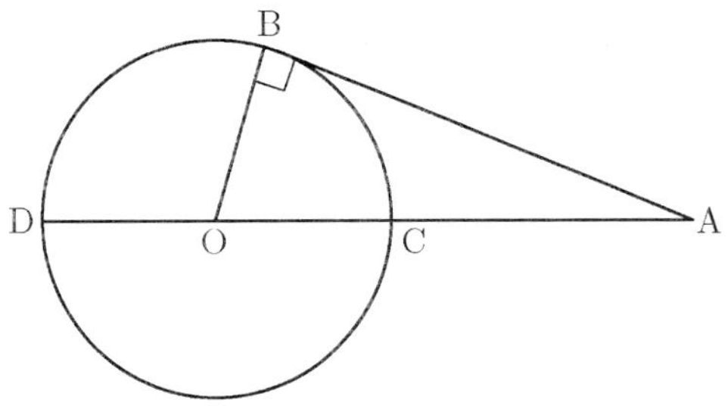

$\angle B = 90°$ 이므로 원 밖의 한 점에서 그은 접선과 할선에 관한 성질에 의해 다음이 성립한다.

$$\overline{AB}^2 = \overline{AC} \cdot \overline{AD}$$

따라서, $\overline{AC} \cdot \overline{AD} = (\overline{OA} - \overline{OC})(\overline{OA} + \overline{OC}) = \overline{OA}^2 - \overline{OC}^2$이다. 이로부터 피타고라스 정리 $\overline{OA}^2 = \overline{AB}^2 + \overline{OB}^2$이 성립한다. ■

3) 레오나르도 다빈치의 증명

직각삼각형 ABH에서 각각의 변에 정사각형을 작도한다. 그리고 아래 그림과 같이 $\triangle ABH \equiv \triangle KCL$이 되는 직각삼각형을 변 CK위에 그린다. 그리고 선분 EF를 연결한다.

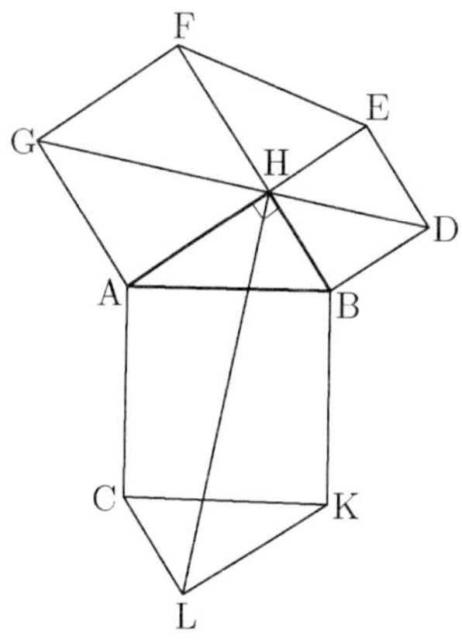

삼각형 AGH와 삼각형 FGH의 넓이가 같고, 삼각형 BHD와 삼각형 EHD의 넓이가 같으며 $\triangle ABH \equiv \triangle EFH$이므로 $\square ABDG = \square DEFG$이다. 또한 유사한 이유로 $\square ABDG = \square KBHL$이고, $\square EFGD = \square CAHL$이다. 따라서 다음 등식이 성립한다.

$$\square ACKB + 2 \times \triangle ABH = \text{육각형 } ACLKBH$$

그런데, 육각형 $ACLKBH = 2 \times \square ACLH$가 된다. 그런데 앞의 사실로부터 다음을 얻을 수 있다.

$$2 \times \square ACLH = 2 \times \square FEDG$$
$$= \text{육각형 } ABDEFG$$
$$= \square HBDE + \square AHFG + 2 \times \triangle ABH$$

결론적으로 $\square ACKB + 2 \times \triangle ABH = \square HBDE + \square AHFG + 2 \times \triangle ABH$이므로, $\square ACKB = \square HBDE + \square AHFG$이므로 $AB^2 = BH^2 + AH^2$이 된다. ■

4) 설명교구에 의한 증명

박한식(1991)은 직접 조각을 오려서 옮겨 봄으로써 피타고라스 정리가 성립함을 입증할 수 있는 설명교구를 제시하고 있다. 아래 그림은 그 중 일부를 제시하였다. 이러한 설명교구는 경험중심, 흥미중심 수학교육의 강력한 대두와 함께 활동을 위한 중요한 소재로 활용될 수 있다.

첫 번째 그림은 변 EB의 연장선을 BM, 점 C를 지나면서 변 AB에 평행한 선분을 CL이라고 하자. 그러면 변 BC위의 정사각형은 ①, ②, ③, ④조각으로 나누어진다. 이 네 조각과 함께 AC위의 정사각형을 함께 오려 내면, AB 위의 정사각형에 정확하게 포개어진다. 따라서 피타고라스 정리가 성립함을 경험적으로 알 수 있다.

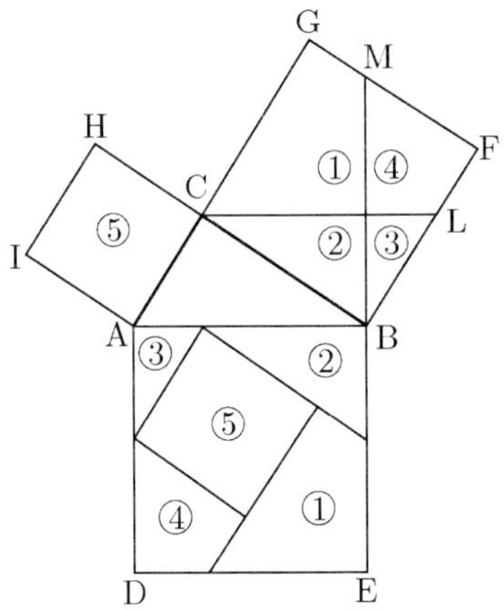

두 번째 그림은 점 G를 지나면서 선분 AD에 평행한 직선을 긋고, 점 F를 지나면서 AB에 평행한 직선을 긋는다. 그러면 BC위의 정사각형은 ①, ②, ③, ④조각으로 나누어진다. 이 네 조각과 함께 AC위의 정사각형을 함께 오려 내면, AB 위의 정사각형에 정확하게 포개어진다. 따라서 피타고라스 정리가 성립함을 경험적으로 알 수 있다.

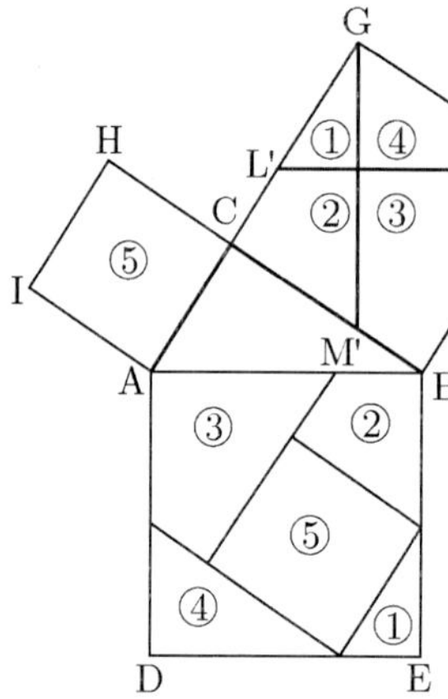

세 번째 그림은 변 BC위의 정사각형 BFGC의 두 대각선의 교점 O를 잡는다. 그 다음 점 O를 지나면서 변 AB에 평행한 직선 KL을 긋고, 변 AD에 평행한 직선 MN을 긋는다. 그러면 BC위의 정사각형은 ①, ②, ③, ④조각으로 나누어진다. 이 네 조각과 함께 AC위의 정사각형을 함께 오려 내면, AB 위의 정사각형에 정확하게 포개어진다. 따라서 피타고라스 정리가 성립함을 경험적으로 알 수 있다.

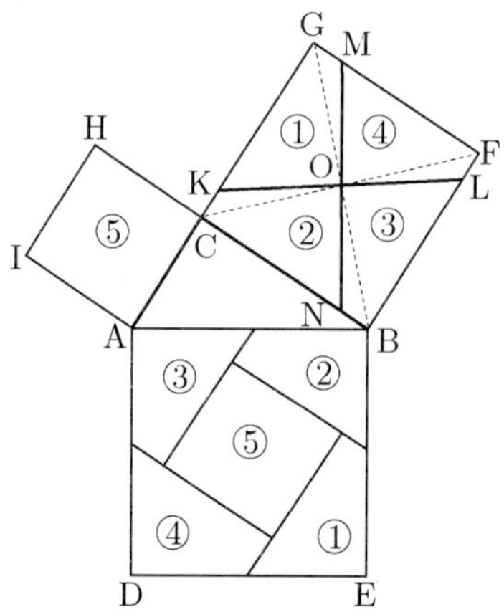

5) 종이학을 접고 펼친 흔적에 의한 증명

권영인과 서보억(2006)은 종이학을 접고 펼친 흔적에 대한 적절한 변형을 통해 피타고라스 정리에 대한 정당성을 확보하려고 하였다. 여기서는 그 내용을 재정리하여 제시하고자 한다. 다음 그림의 왼쪽과 같이 종이학을 접은 다음 펼쳐서 중앙의 세로선과 가로선을 중심으로 대칭이 되도록 흔적을 표시하면 다음의 오른쪽 그림과 같다. 이때 일부 흔적은 삭제하였다.

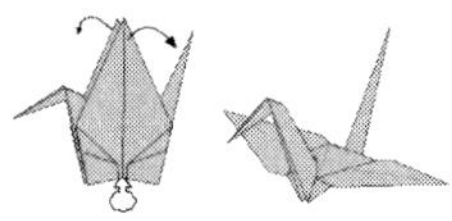
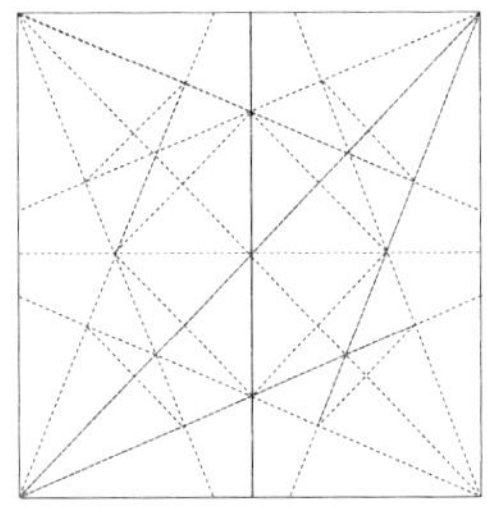

위의 흔적을 따라 아래 그림과 같이 나타내 보자. 그러면 정사각형 AEIM은 세 개의 합동인 직각삼각형과 한 개의 정사각형으로 나눌 수 있다. 삼각형 AEA′에서 $\overline{AA'}=a$, $\overline{A'E}=b$, $\overline{AE}=c$라 하면, 다음과 같이 피타고라스 정리를 증명할 수 있다.

$$\square AEIM = 4\times\triangle AA'E + \square A'C'F'H'$$

$$c^2 = 4\times\frac{1}{2}\times ab + (b-a)^2$$

$$c^2 = a^2 + b^2$$

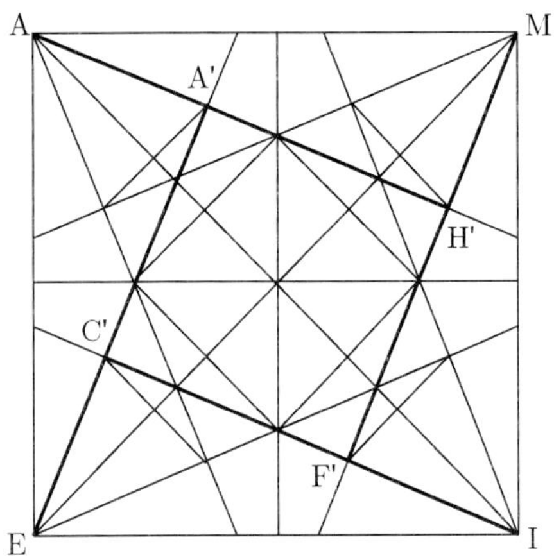

이제 흔적의 그림을 다음 그림과 같이 표현해 보자. 정사각형 A′C′F′H′은 세 개의 합동인 직각삼각형과 한 개의 정사각형으로 나눌 수 있다. 위의 증명과 유사하게 $\overline{A'R}=a$, $\overline{A'Q}=b$, $\overline{RQ}=c$라 하면, 다음과 같이 피타고라스 정리를 증명할 수 있다.

$$\square A'C'F'H' = 4\times\triangle A'QR + \square QRST$$

$$(a+b)^2 = 4\times\frac{1}{2}\times ab + c^2$$

$$a^2 + b^2 = c^2$$

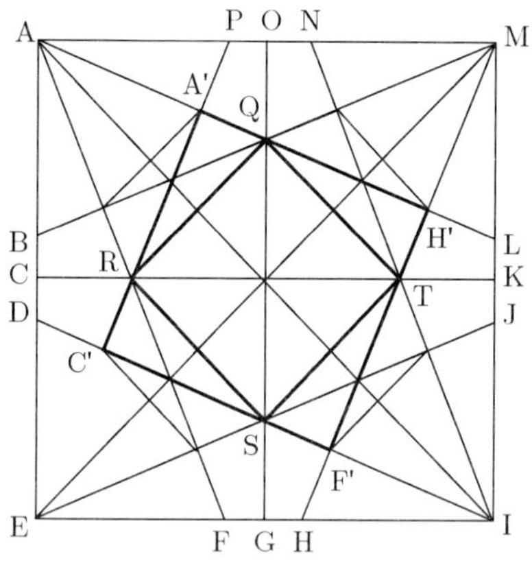

마지막으로 아래 그림을 이용하여 다음 4단계로 종이학 접기 흔적을 잘라내면 피타고라스 정리를 증명할 수 있다. 이때, 직각삼각형 AEA′에서 $\overline{AE}=c$, $\overline{EA'}=b$, $\overline{AA'}=a$ 라고 하자.

1단계: 정사각형 AEIM은 c^2 이다.

2단계: 직각삼각형 AMH′을 직각삼각형 EIE″로 평행이동한다.

3단계: 직각삼각형 MLH′을 직각삼각형 ABB′으로 평행이동한다.

4단계: 직각삼각형 BER을 직각삼각형 LIL″으로 평행이동한다.

결론적으로 정사각형 AB′RA′은 a^2이고, 정사각형 EE″L″A′ 은 b^2이다. 즉, c^2이 a^2과 b^2의 합으로 분리되었으므로 피타고라스 정리가 증명된다.

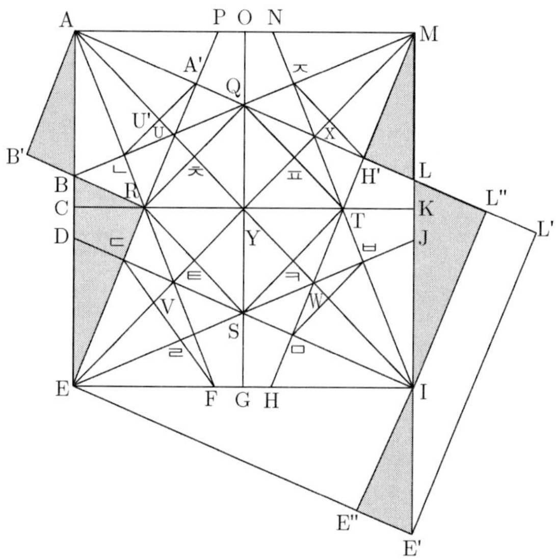

문제 1

설명교구에 대한 증명을 읽고 직접 종이를 오려서 성립하는지 확인해 보시오.

탐구활동 18 피타고라스 수

- **관련학습주제** : 5.2 기본 도형 8) 피타고라스 정리
- **탐구주제** : 피타고라스 정리를 만족하는 양의 정수의 쌍
- **탐구방법** : 개연 추론 전략

피타고라스 정리를 만족하는 양의 정수의 쌍을 찾는 것은 수천년의 역사를 지니고 있다. 고대 바빌로니아 점토판에도 그 흔적이 남아 있을 만큼 오랜 역사를 지닌 문제이다. 이 문제를 해결하기 위해 유클리드, 플라톤, 피타고라스 등 많은 수학자가 매달렸지만 만족할 만한 결과를 얻지는 못했다. 하지만 간단한 곱셈공식으로 모든 피타고라스 수를 찾을 수 있다는 사실은 놀라운 일이 아닐 수 없다. 그것에 대해 살펴보자.

1) 피타고라스 수의 정의

피타고라스 정리와 밀접하게 결부된 문제로서 직각삼각형의 세 변의 길이가 될 수 있는 세 양의 정수의 쌍을 생각할 수 있다. 우리는 이 양의 정수의 쌍을 **피타고라스 수** 혹은 **피타고라스 3쌍**이라고 한다.

2) 피타고라스 수 찾기

① 가장 일반적인 방법

피타고라스 수를 모두 찾게 해 주는 원리는 $(x+y)^2=(x-y)^2+4xy$라는 곱셈공식의 간단한 응용이다.

$(x+y)^2=(x-y)^2+4xy$에서 피타고라스 정리를 적용하면 $(x+y)$, $(x-y)$, $\sqrt{4xy}$가 피타고라스 정리를 만족하는 수이다. 그런데 이들이 모두 양의 정수가 되기 위해서는 먼저 x, y가 양의 정수이고, $\sqrt{4xy}$가 양의 정수가 되어야 한다. 여기 $\sqrt{4xy}$가 양의 정수가 되기 위해서는 $4xy$가 완전제곱이 되어야 하므로, x와 y를 다음과 같이 설정할 수

있다.

$$x = mp^2,\ y = mq^2 \ (\text{단, } p,\ q\text{는 } p > q\text{인 양의 정수})$$

위와 같은 형식으로 나타나면 $4xy = 4m^2p^2q^2 = (2mpq)^2$이므로 $(x+y)$, $(x-y)$, $\sqrt{4xy}$는 피타고라스 수가 된다. 이제 이 값을 $(x+y)^2 = (x-y)^2 + 4xy$에 대입하면 다음 결과를 얻을 수 있다.

$$(x+y)^2 = (x-y)^2 + 4xy$$

$$(mp^2 + mq^2)^2 = (mp^2 - mq^2)^2 + (2mpq)^2$$

$$(p^2 + q^2)^2 = (p^2 - q^2)^2 + (2pq)^2$$

따라서 모든 자연수 값 p,q에 대해서(단, $p \neq q, p > q$) p^2+q^2, p^2-q^2, $2pq$은 항상 피타고라스 수가 된다.

② 피타고라스 수의 무한성

양의 정수 p, q에서 $p \neq q, p > q$이면 p^2+q^2, p^2-q^2, $2pq$은 항상 피타고라스 수가 된다. 따라서 이 조건을 만족하는 p,q의 쌍은 무수히 많으므로, 피타고라스 수도 무수히 많다.

③ 최초의 피타고라스 수

위의 조건을 만족하는 p,q중에서 가장 작은 값은 $p=2$, $q=1$이므로 만족하는 피타고라스 수는 3, 4, 5이다. 사실 우리가 알고 있는 것과 정확하게 일치한다.

문제 1

피타고라스, 플라톤, 유클리드는 아래와 같은 방법으로 모든 피타고라스 수를 찾으려고 노력하였다. 아래 각각의 방법이 피타고라스를 찾는 옳은 방법임을 증명하시오.

(1) 피타고라스는 n이 홀수일 때, n, $\dfrac{n^2-1}{2}$, $\dfrac{n^2+1}{2}$는 피타고라스 수라고 생각하였다.

(2) 플라톤은 m이 4의 배수라고 하면, m, $\dfrac{m^2}{4}-1$, $\dfrac{m^2}{4}+1$는 피타고라스 수라고 생각하였다.

(3) 유클리드는 x, y가 임의의 두 짝수 또는 홀수로서 2보다도 큰 공통인수를 갖지 않고, xy가 제곱수이면, $\sqrt{xy}$, $\frac{x-y}{2}$, $\frac{x+y}{2}$는 피타고라스 수라고 생각하였다.

■

탐구활동 19 피타고라스 정리와 등분할

- **관련학습주제** : 5.2 기본 도형 8) 피타고라스 정리
- **탐구주제** : 피타고라스 정리와 넓이의 등분할
- **탐구방법** : 개연 추론 전략

피타고라스 정리는 직각삼각형의 세 변의 길이에 대한 정리가 아니다. 최초의 피타고라스 정리는 정사각형의 넓이에 대한 정리였다. 이러한 관점에서 몇 가지 탐구활동을 진행해 보자.

1) 피타고라스 정리와 넓이의 등분할

아래 그림은 피타고라스 정리에 대한 그림이다. 여기서 우리의 관점을 조금만 바꾸면 두 정사각형의 넓이의 합과 같은 큰 정사각형이 아니라, 아래 그림 ①처럼, 하나의 정사각형을 동일한 넓이를 가지는 작은 두 정사각형으로 분할하는 방법으로 이해할 수도 있다. 따라서 ②와 ③은 정사각형을 임의의 비를 가지는 두 정사각형으로 분할하고 있는 것이다. 따라서 피타고라스 정리는 넓이가 동일한 두 정사각형으로의 분할을 가능하게 하고, 역으로 두 정사각형의 넓이의 합과 같은 새로운 정사각형을 만들 수 있게 한다.

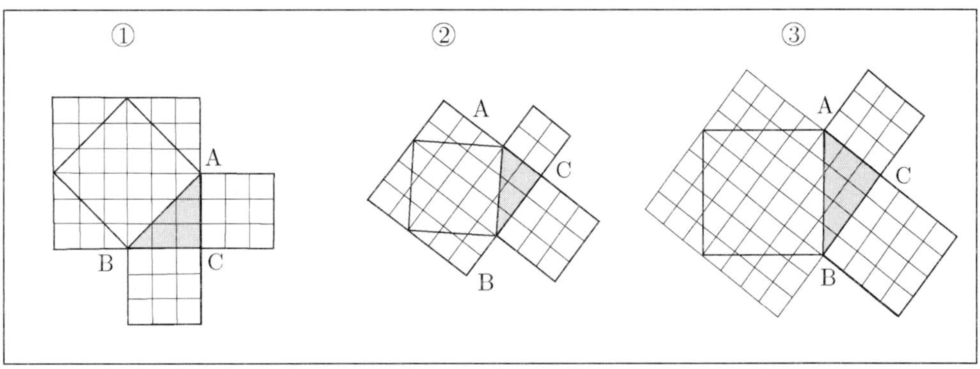

2) 사각형의 등분할로 확장

넓이의 등분할의 관점에서 피타고라스 정리를 확장시킬 수 있다. 여기에서는 두 가지 관점에서 피타고라스 정리를 새롭게 확장해 보자.

첫째, 정사각형 보다 더 일반적인 형태인 직사각형에서 처음과 닮음이면서 넓이가 반이 되는 두 직사각형으로의 등분할이 가능하다. 주어져 있는 직사각형 ABCD의 넓이를 이등분할하면서 닮음인 두 직사각형을 작도해 보자.

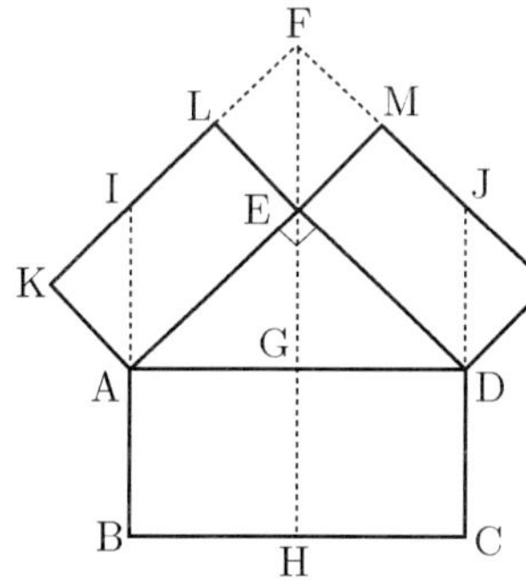

(작도) 먼저 선분 AD를 빗변으로 하는 직각이등변삼각형 AED를 그린다. 점 E를 지나면서 변 AB에 평행인 직선 위에 AB = EF인 점 F를 잡는다. 두 선분 AE, EF와 두 선분 DE, EF를 두 변으로 하는 평행사변형 IAEF, EDJF를 작도하면, 이 두 평행사변형의 넓이는 서로 같고 주어져 있는 처음 직사각형의 넓이의 반이다. 이제 각각의 평행사변형과 넓이가 같은 직사각형 KAEL과 EDNM을 작도하면, 이 두 직사각형이 처음 직사각형과 닮음이고 넓이를 이등분하게 된다.■

둘째, 직사각형 보다 더 일반적인 형태인 평행사변형에서 처음과 닮음이면서 넓이가 반이 되는 두 평행사변형으로의 등분할이 가능하다. 주어져 있는 평행사변형 ABCD의 넓이를 이등분하면서 닮음인 두 평행사변형을 작도해 보자.

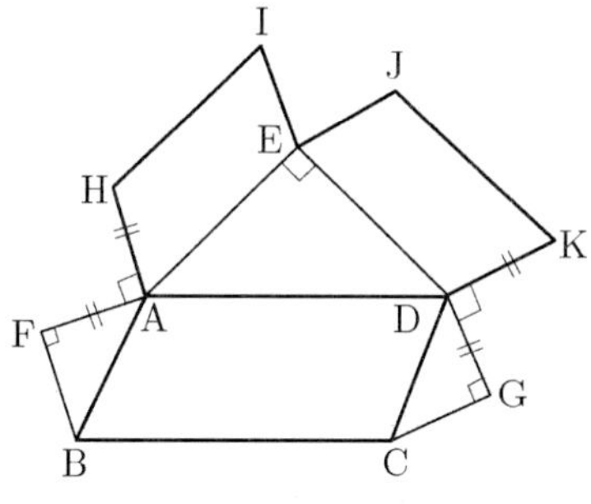

(작도) 먼저 선분 AD를 빗변으로 하는 직각이등변삼각형 AED를 그린다. 그 다음 선분 AB와 선분 CD를 빗변으로 하는 직각이등변삼각형 FBA와 DCG를 그린다. 점 A를 지나 선분 FA에 수직인 직선 위에 AF = AH인 점 H를 잡는다. 동일하게 점 K도 잡는다. 두 선분 AE, AH와 두 선분 DK, ED를 두 변으로 하는 평행사변형 HAEI, EDKJ를 작도하면, 이 두 평행사변형의 넓이는 서로 같고 주어져 있는 처음 평행사변형의 넓이를 이등분한 것이 된다. ■

5.3 원의 성질과 삼각비

학습주제

1) 원의 성질
   ① 원과 직선, 호와 현, 원의 접선
   ② 두 원 사이의 위치관계, 공통접선
   ③ 중심각, 원주각
   ④ 원에 내접하는 사각형
   ⑤ 접선과 현이 이루는 각
   ⑥ 원과 비례에 관한 성질
2) 삼각비
   ① 삼각비의 뜻
   ② 삼각비 상호 간의 관계
   ③ 삼각비의 표
   ④ 삼각비의 활용

5.3.1 학습주제별 내용 정리

1) 원의 성질

① 원과 직선, 호와 현, 원의 접선

원과 직선, 호와 현, 원의 접선과 관련된 성질을 정리하면 다음과 같다.

성질1. 한 원 또는 합동인 두 원에서 크기가 같은 두 중심각에 대한 호의 길이는 같고, 그 역도 성립한다. 즉, $\angle AOB = \angle COD \Leftrightarrow \widehat{AB} = \widehat{CD}$이다.

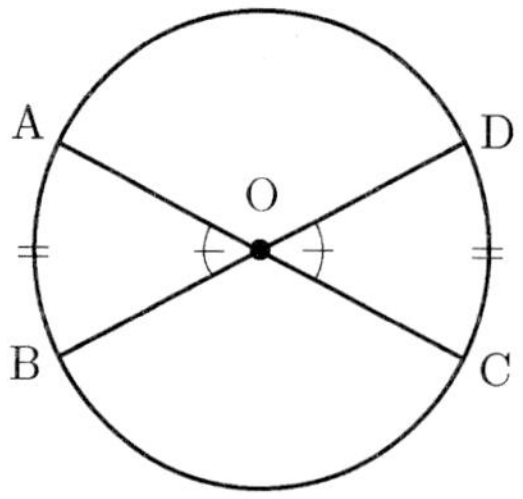

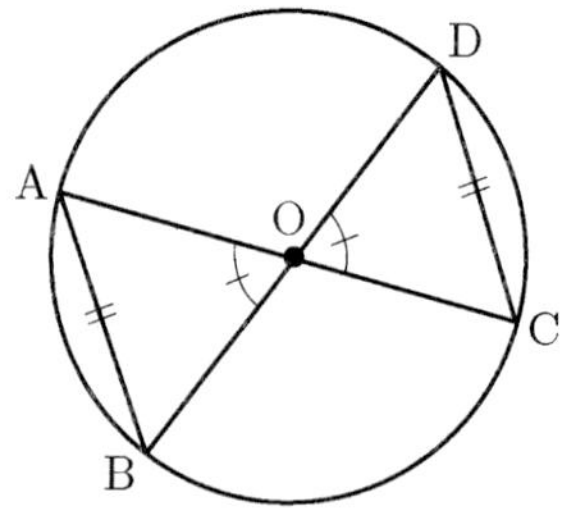

성질2. 한 원 또는 합동인 두 원에서 크기가 같은 두 중심각에 대한 현의 길이는 같고, 그 역도 성립한다. 즉, $\angle AOB = \angle COD \Leftrightarrow \overline{AB} = \overline{CD}$ 이다.

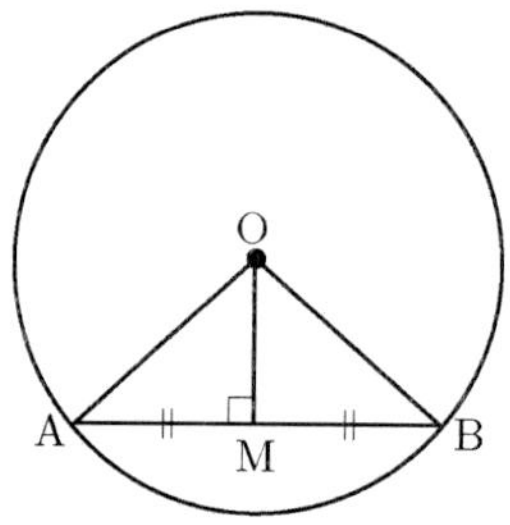

성질3. 원의 중심에서 현에 내린 수선은 이 현을 수직이등분한다. 역으로, 현의 수직이등분선은 이 원의 중심을 지난다. 즉, $\overline{OM} \perp \overline{AB} \Leftrightarrow \overline{AM} = \overline{BM}$ 이다.

성질4. 한 원 또는 합동인 두 원에서 원의 중심으로부터 같은 거리에 있는 두 현의 길이는 서로 같다. 역으로, 길이가 같은 두 현은 원의 중심에서 같은 거리에 있다. 즉, $\overline{OM} = \overline{ON} \Leftrightarrow \overline{AB} = \overline{CD}$ 이다.

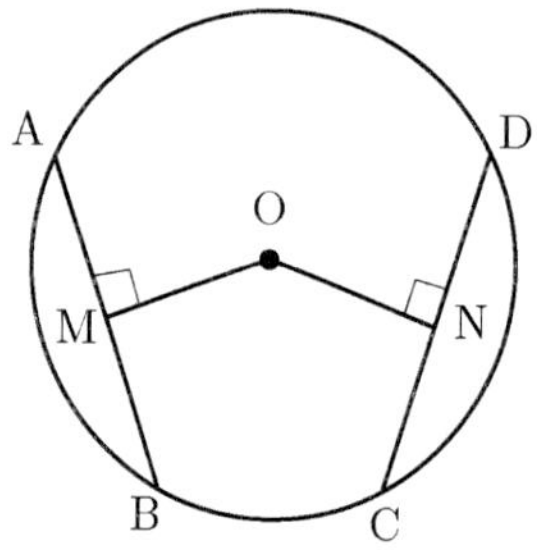

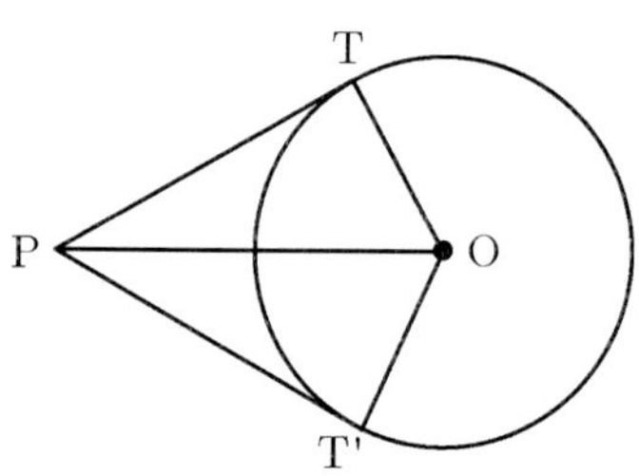

성질5. 원 O의 외부에 있는 한 점 P에서 이 원에 그을 수 있는 접선은 두 개 있다. 이 접점을 각각 T, T'라 할 때, 선분 PT, PT'의 길이를 점 P에서 원 O에 그은 **접선의 길이**라고 한다. 이때, 원의 두 접선의 길이는 같다. 즉, $\overline{PT} = \overline{PT'}$ 이다.

성질6. 삼각형의 한 내각의 이등분선과 다른 두 외각의 이등분선의 교점을 그 삼각형의 **방심**(방접원의 중심)이라고 한다. 한 삼각형에 방심은 3개 있다.

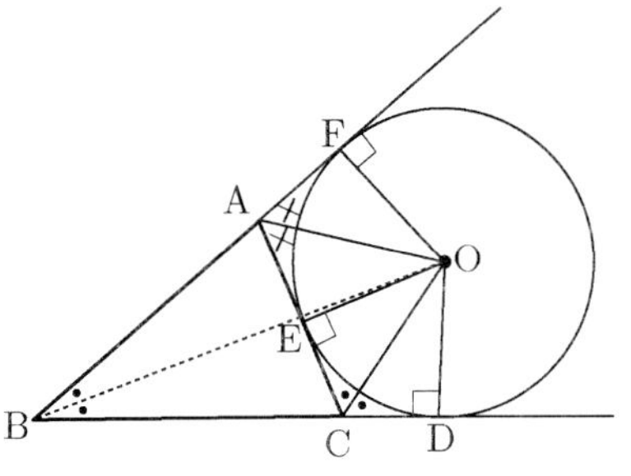

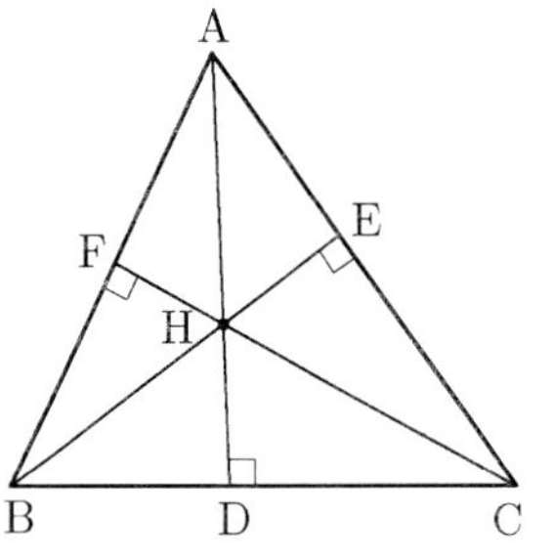

성질7. 삼각형의 각 꼭짓점에서 그 대변에 내린 세 수선의 교점을 그 삼각형의 **수심**이라고 한다.[16]

문제 1

위의 성질을 모두 증명하시오.

문제 2

아래 그림에서 점 H는 삼각형 ABC의 수심이다. $\overline{AH}=5\text{cm}$, $\overline{HD}=3\text{cm}$, $\overline{AE}=4\text{cm}$ 일 때, x 의 값을 구하시오.

16) 삼각형에는 무게중심, 내심, 외심, 수심, 방심이라고 불리는 오심이 있다.
1. 무게중심 : 세 중선의 교점
2. 내심 : 세 내각의 이등분선의 교점
3. 방심 : 한 내각의 이등분선과 두 외각의 이등분선의 교점
4. 수심 : 세 꼭짓점에서 대변에 그은 수선의 교점
5. 외심 : 세 변의 수직이등분선의 교점

특히, 정삼각형은 무게중심, 내심, 외심, 수심이 모두 한 점에서 일치한다.

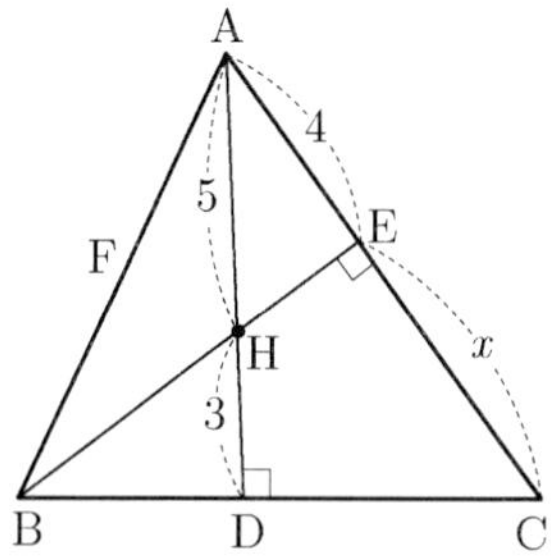

② 두 원 사이의 위치관계, 공통접선

두 원의 중심 O, O′ 을 지나는 직선을 **중심선**이라 하고 선분 OO′ 의 길이를 **중심거리**라고 한다.

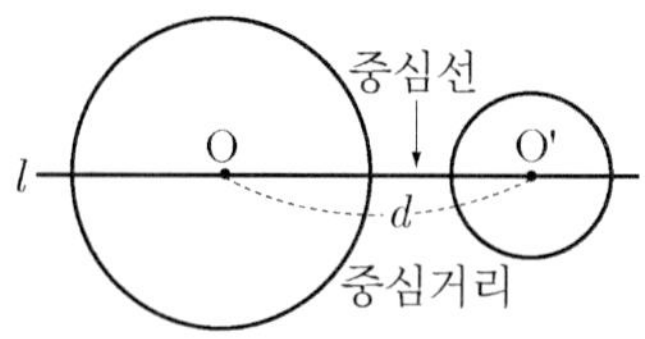

두 원 O,O′ 의 반지름의 길이를 각각 r, r' ($r < r'$), 중심거리를 d 라고 하면, **두 원의 위치 관계**는 다음과 같다.

첫째, 한 원이 다른 원의 외부에 있는 경우, 즉 $r' + r < d$ 인 경우이다.

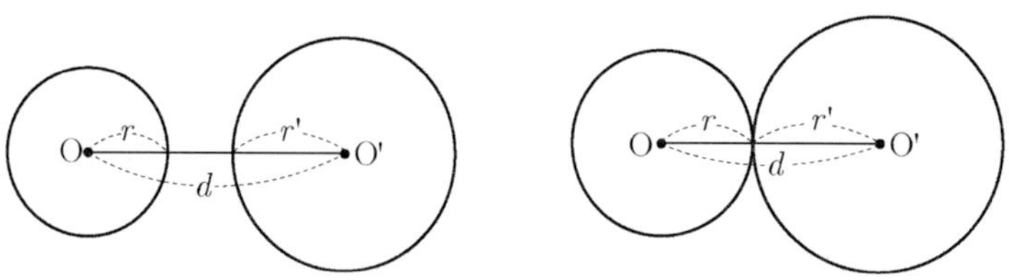

둘째, 두 원이 외접하는 경우, 즉, $r' + r = d$ 인 경우이다.

셋째, 두 원이 두 점에서 만나는 경우, 즉, $r' - r < d < r' + r$ 인 경우이다.

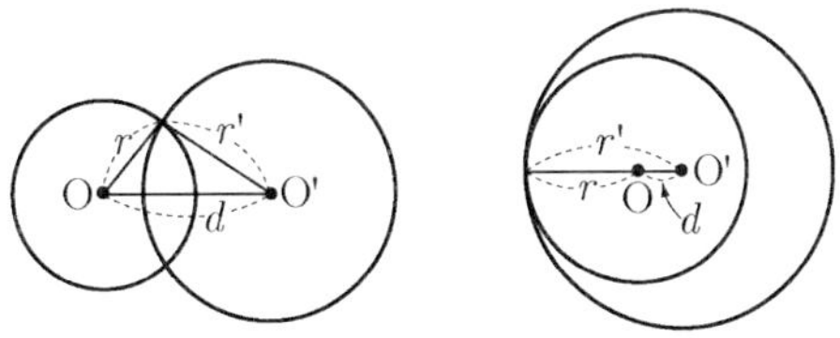

넷째, 원이 내접하는 경우, 즉, $r'-r=d$ 인 경우이다.

다섯째, 한 원이 다른 원의 내부에 있는 경우, 즉, $r'-r>d$ 인 경우이다.

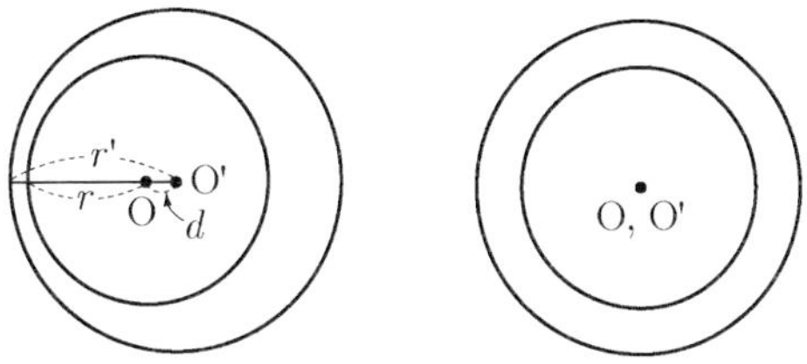

여섯째, 두 원이 동심원인 경우, 즉, $d=0$ 인 경우이다.

두 원의 **중심선과 공통현**은 다음과 같은 성질을 가진다.

성질1. 두 원이 접할 때 접점은 중심선 위에 있다.

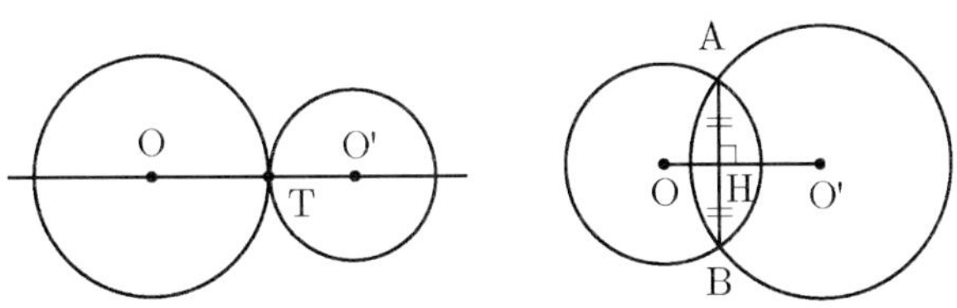

성질2. 두 원이 만날 때 중심선은 공통현을 수직이등분한다.

즉, $\overline{\mathrm{AB}} \perp \overline{\mathrm{OO'}}$, $\overline{\mathrm{AH}}=\overline{\mathrm{BH}}$ 이다.

두 원의 **공통외접선**과 **공통내접선**은 다음과 같은 성질을 가진다.

두 원 O, O′ 에 동시에 접하는 접선은 다음 그림과 같이 4개가 있다. 이 때 두 원 O, O′ 에 동시에 접하는 직선을 그 두 원의 **공통접선**이라고 한다. 두 원이 공통접선에 대하여 같은 쪽에 있으면 그 접선을 두 원의 공통외접선이라 하고, 서로 반대쪽에 있으면 그 접선을 두 원의 공통내접선이라고 한다. 다음 그림에서 m, n 은 공통외접선, p, q 는 공통내접선이다

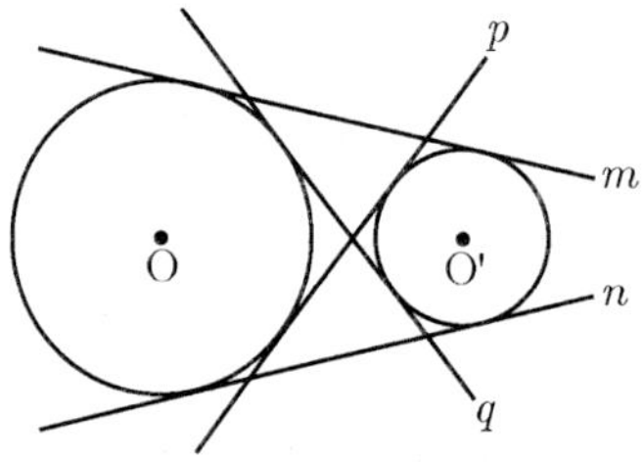

성질1. 공통접선의 개수를 구하면 아래와 같다.

1) 한 원이 다른 원의 외부에 있을 때는 공통외접선 2개, 공통내접선 2개를 그을 수 있다.

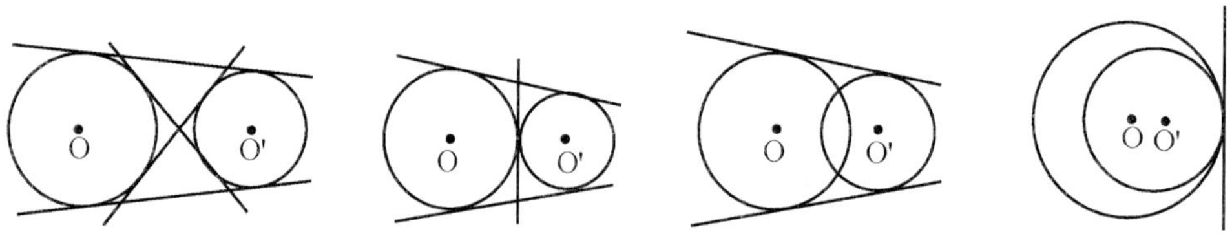

2) 두 원이 외접할 때는 공통외접선 2개, 공통내접선 1개를 그을 수 있다.

3) 두 원이 두 점에서 만날 때는 공통외접선 2개를 그을 수 있다.

4) 두 원이 내접할 때는 공통외접선 1개를 그을 수 있다.

성질2. 공통접선의 길이는 다음과 같이 구할 수 있다.

두 원 O,O$'$ 의 반지름의 길이를 각각 r , r' $(r>r')$, 중심거리를 d, 공통접선의 길이를 l 이라고 하면 다음과 같은 공식을 얻을 수 있다.

1) 공통외접선의 길이는 $l=\sqrt{d^2-(r-r')^2}$ 이다.

2) 공통내접선의 길이는 $l=\sqrt{d^2-(r+r')^2}$ 이다.

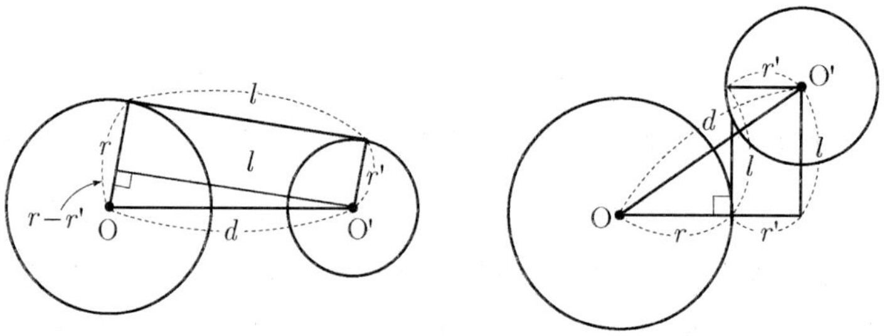

문제 1

위의 성질을 모두 증명하시오.

문제 2

아래 그림과 같이 두 원 O, O′에 동시에 접하는 공통접선 $\overline{AB}$, $\overline{CD}$가 있다.
$\overline{AB}=3$㎝일 때, $\overline{CD}$의 길이를 구하시오.

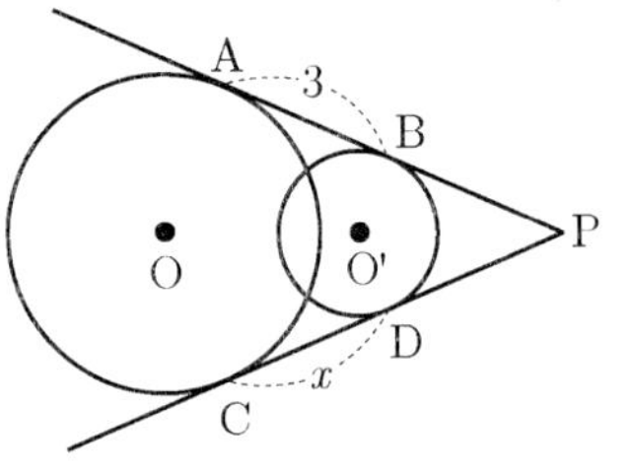

③ 중심각, 원주각

중심각, 원주각과 관련된 성질을 정리하면 다음과 같다.

성질1. 한 원에서 한 호에 대한 원주각의 크기는 그 호에 대한 중심각의 크기의 $\frac{1}{2}$이다.

즉, $\angle APB=\frac{1}{2}\angle AOB$이다. 따라서 반원에 대한 원주각의 크기는 $90°$이다.

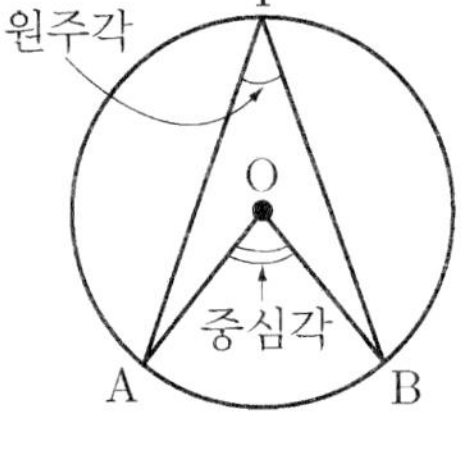

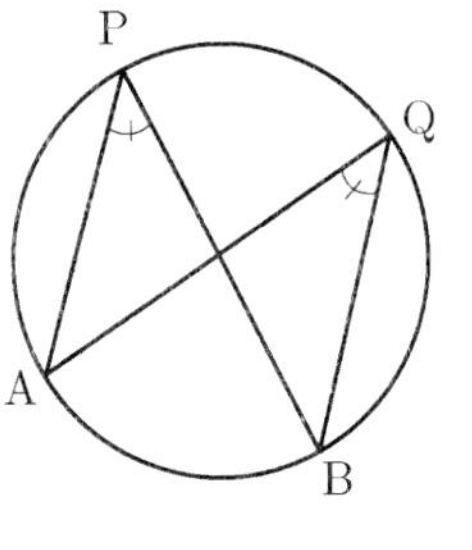

성질2. 한 원에서 같은 길이의 호에 대한 원주각의 크기는 모두 같고, 그 역도 성립한다. 즉, $\angle APB = \angle AQB$ 이다.

문제 1

위의 성질을 모두 증명하시오.

④ 원에 내접하는 사각형

원에 내접하는 사각형과 관련된 성질을 정리하면 다음과 같다.

성질1. $\overline{AB}$ 에 대하여 같은 쪽에 있는 두 점을 P ,Q 라 할 때, $\angle APB = \angle AQB$ 이면, 네 점 A,B,P,Q는 한 원 위에 있다.

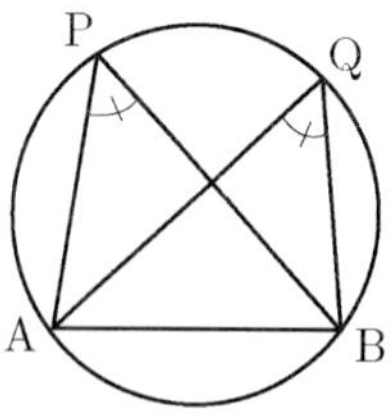

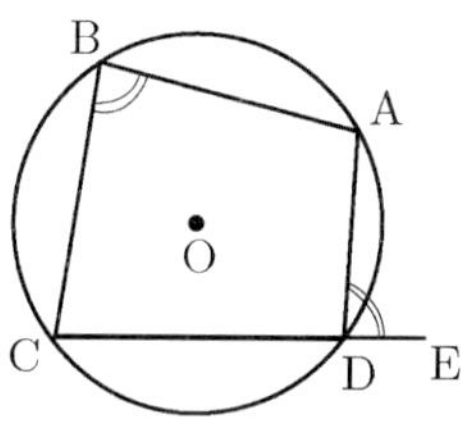

성질2. 사각형에서 한 외각에 이웃한 내각에 대한 대각을 그 외각의 내대각이라고 한다. 이를테면 위의 오른쪽 그림에서 $\angle ABC$는 외각 $\angle ADE$ 의 내대각이다. 이상을 정리하면 다음 성질이 성립한다(위의 오른쪽 그림).

1) 한 쌍의 대각의 크기의 합은 $180°$ 이다. 즉, $\angle A + \angle C = \angle B + \angle D = 180°$ 이다.

2) 한 외각의 크기는 내대각의 크기와 같다. 즉, $\angle ADE = \angle B$ 이다.

성질3. 사각형이 원에 내접할 조건은 다음과 같다(다음 그림).

1) $\overline{AB}$ 에 대하여 같은 쪽에 있는 두 점을 P ,Q 라 할 때, $\angle APB = \angle AQB$ 이면, 네 점 A,B,P,Q는 한 원 위에 있다. 즉, □PABQ 는 원에 내접한다.

2) 한 쌍의 대각의 크기의 합이 $180°$ 이면, 즉 $\angle A + \angle C = 180°$ 이면, 이 사각형은 원에 내접한다.

3) 한 외각의 크기와 그 내대각의 크기가 같으면, 즉 $\angle A = \angle DCE$ 이면, 이 사각형은 원에 내접한다.

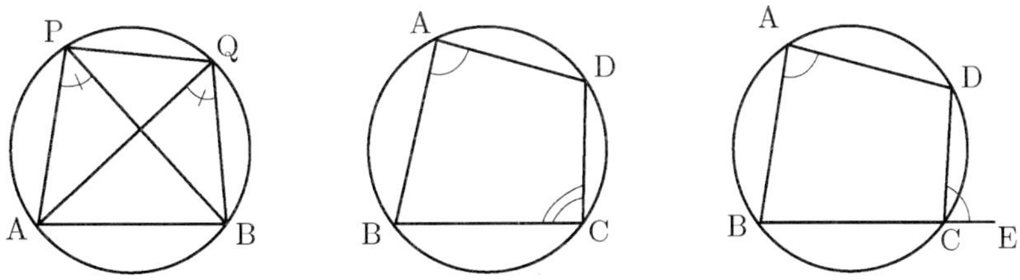

문제 1

위의 성질을 모두 증명하시오.

⑤ 접선과 현이 이루는 각

접선과 현이 이루는 각과 관련된 다음 성질이 만족한다.

성질. 원의 현과 그 한 끝 점에서의 접선이 이루는 각의 크기는 그 각의 내부에 있는 호에 대한 원주각의 크기와 같다. 즉, $\angle BAT = \angle BCA$ 이다.

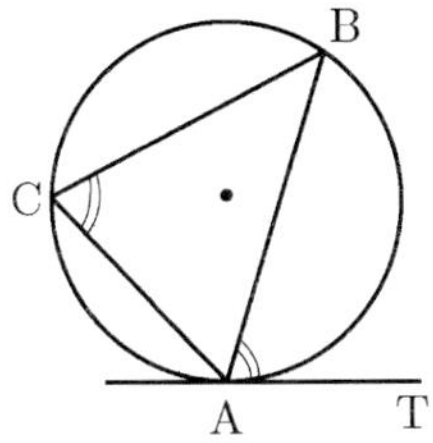

문제 1

위의 성질을 예각, 둔각, 직각으로 나누어 모두 증명하시오.

문제 2

다음 그림과 같이 반지름의 길이가 같은 두 원 O,O′이 두 점 P,Q에서 만난다. $\angle A = 50°$ 일 때, $\angle PCQ$ 의 크기를 구하시오.

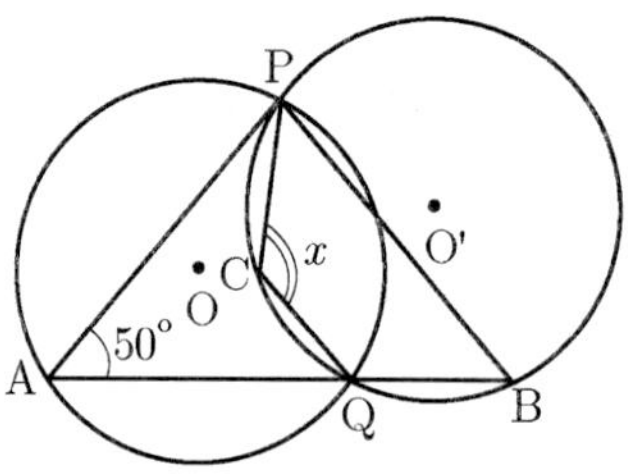

⑥ 원과 비례에 관한 성질

원과 비례와 관련된 다음 성질이 만족한다.

성질1. 원의 두 현 AB, CD 또는 이들의 연장선이 만나는 점을 P라고 하면 $\overline{PA}\cdot\overline{PB}=\overline{PC}\cdot\overline{PD}$가 성립한다.

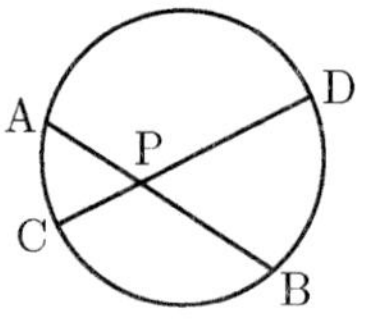

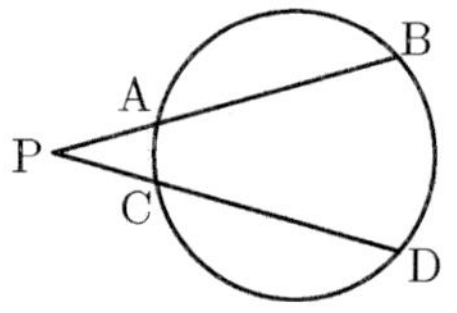

성질2. 원의 외부에 있는 한 점 P에서 그 원에 그은 접선의 접점을 T, 할선이 원과 만나는 점을 각각 A, B라 하면, $\overline{PT}^2=\overline{PA}\cdot\overline{PB}$가 성립한다.

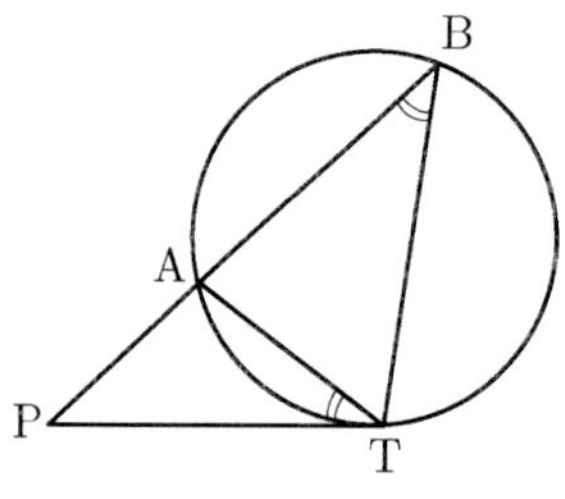

성질3. 점 P를 한 끝점으로 하는 반직선 위에 두 점 A, B가 있고, 이 반직선 밖의 점 T에 대해 $\overline{PT}^2=\overline{PA}\cdot\overline{PB}$이면, $\overline{PT}$는 원의 접선이다.

문제 1

위의 성질을 모두 증명하시오.

문제 2

아래 왼쪽 그림과 같이 내접삼각형 ABC에서 $\overline{AQ}$가 $\angle A$의 이등분선일 때, $\overline{PQ}$의 길이를 구하시오.

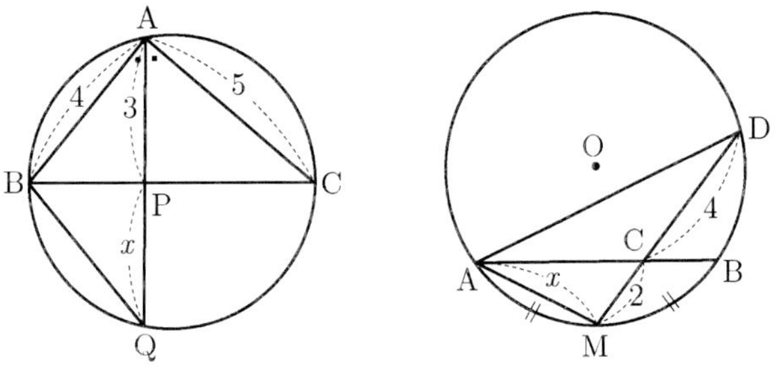

문제 3

위의 오른쪽 그림과 같이 원 O에서 점 M은 호 $\widehat{AB}$의 중점이다. 점 C에 대해 선분 MC의 연장선이 원과의 교점을 D, $\overline{MC} = 2$㎝, $\overline{CD} = 4$㎝ 일 때, $\overline{AM}$의 길이를 구하시오.

2) 삼각비

① 삼각비의 뜻

$\triangle ABC$는 $\angle C$가 직각인 직각삼각형일 때, $\angle A$의 크기가 정해지면, 직각삼각형의 크기에는 관계없이 $\dfrac{\overline{BC}}{\overline{AB}} = \dfrac{a}{c}$, $\dfrac{\overline{AC}}{\overline{AB}} = \dfrac{b}{c}$, $\dfrac{\overline{BC}}{\overline{AC}} = \dfrac{a}{b}$의 값은 항상 일정하다. 이 세 개의 일정한 길이의 비의 값을 $\angle A$의 **삼각비**라고 한다.

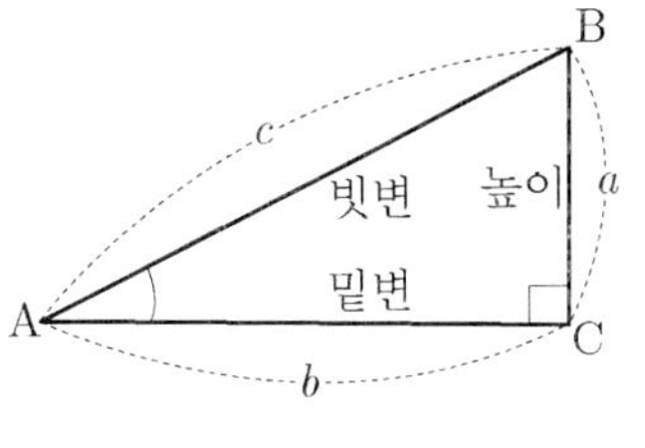

이때, $\dfrac{\overline{BC}}{\overline{AB}} = \dfrac{a}{c}$를 $\angle A$의 사인이라 하고, 이것을 기호로 $\sin A$로 나타내고,

$\dfrac{\overline{\mathrm{AC}}}{\overline{\mathrm{AB}}}=\dfrac{b}{c}$ 를 $\angle \mathrm{A}$ 의 코사인이라 하고, 이것을 기호로 $\cos \boldsymbol{A}$ 로 나타내고, $\dfrac{\overline{\mathrm{BC}}}{\overline{\mathrm{AC}}}=\dfrac{a}{b}$ 를 $\angle \mathrm{A}$ 의 탄젠트라 하고, 이것을 기호로 $\tan \boldsymbol{A}$ 로 나타낸다.

② 삼각비 상호 간의 관계

일반적으로 삼각비의 값은 정확하게 구할 수 없다. 하지만 각 A의 크기가 특별한 경우 삼각비의 값을 간단하게 구할 수 있다. 아래 표는 0°, 30°, 45°, 60°, 90°에 대한 삼각비의 값을 나타낸 표이다.

삼각비 \ A	0°	30°	45°	60°	90°
sinA	0	$\frac{1}{2}$	$\frac{1}{\sqrt{2}}$	$\frac{\sqrt{3}}{2}$	1
cosA	1	$\frac{\sqrt{3}}{2}$	$\frac{1}{\sqrt{2}}$	$\frac{1}{2}$	0
tanA	0	$\frac{1}{\sqrt{3}}$	1	$\sqrt{3}$	∞

삼각비 사이에 성립하는 관계를 정리하여 요약하면 다음과 같다.

성질1. $\sin \mathrm{A}=\cos(90°-A)$

성질2. $\cos \mathrm{A}=\sin(90°-A)$

성질3. $\tan \mathrm{A}=\dfrac{1}{\tan(90°-A)}$

성질4. $\dfrac{\sin A}{\cos A}=\tan A$

성질5. $\sin^2 A+\cos^2 A=1$

문제 1

위의 성질을 모두 증명하시오.

문제 2

0°와 90°의 삼각비의 값이 어떻게 구해지는지 설명하시오.

문제 3

$\tan 1^\circ \times \tan 2^\circ \times \cdot \cdot \cdot \times \tan 89^\circ$ 의 값을 구하시오.

③ 삼각비의 표

0°에서 90°사이의 각을 1° 간격으로 나누어서 이들의 삼각비의 값을 근삿값으로 나타낸 표를 **삼각비의 표**라고 한다. 삼각비의 표의 값은 소수점 아래 다섯째 자리에서 반올림하여 소수 넷째자리까지 표시하고 있다. 삼각비의 표에서 가로줄과 세로줄이 만나는 곳의 수가 삼각비의 근삿값이 된다.

예를 들어 보자. 아래 표에서 sin17°의 근삿값을 읽는 방법은 다음과 같다. 17°를 읽고, sin을 읽으면 서로 교차한 지점에 있는 값 즉, 0.2924가 sin17°의 근삿값이 된다.

각도	사인(sin)	코사인(cos)	탄젠트(tan)
⋮	⋮	⋮	⋮
16°	0.2756	0.9613	0.2867
17°	0.2924	0.9563	0.3057
18°	0.3090	0.9511	0.3249
⋮	⋮	⋮	⋮

④ 삼각비의 활용

삼각비를 활용한 사례를 요약하면 다음과 같다.

활용1. 거리구하기

아래 그림은 $\angle C = 90^\circ$ 인 직각삼각형이다. $\angle A$ 와 $\overline{AB}$ 의 길이를 알 때 $\overline{AC}$, $\overline{BC}$ 의 길이를 구할 수 있다. $\sin A = \dfrac{a}{c}$, $\cos A = \dfrac{b}{c}$ 이므로, $b = c\cos A$ 또는 $a = c\sin A$ 이다. 또한, $\tan A = \dfrac{a}{b}$ 이므로, $a = b\tan A$ 로 나타낼 수 있다.

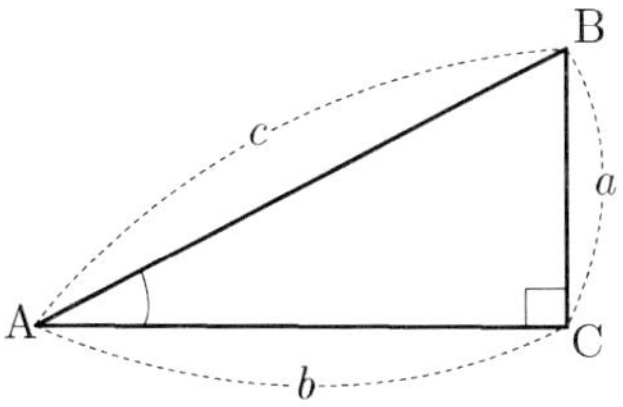

활용2. 삼각형의 넓이 구하기

$\triangle ABC$ 에서 두 변의 길이 b, c 와 그 끼인각 A 의 크기를 알 때, 이 삼각형의 넓이는 다음과 같다.

1) $\angle A$ 가 예각인 경우, $\triangle ABC = \frac{1}{2}bc\sin A$ 이다.

2) $\angle A$ 가 직각인 경우, $\triangle ABC = \frac{1}{2}bc\sin A = \frac{1}{2}bc$ 이다.

3) $\angle A$ 가 둔각인 경우, $\triangle ABC = \frac{1}{2}bc\sin(180° - A)$ 이다.

활용3. 평행사변형의 넓이 구하기

평행사변형의 두 변의 길이가 a, b 이고 끼인각이 B 일 때, 평행사변형의 넓이 $S = ab\sin B$ 이다.

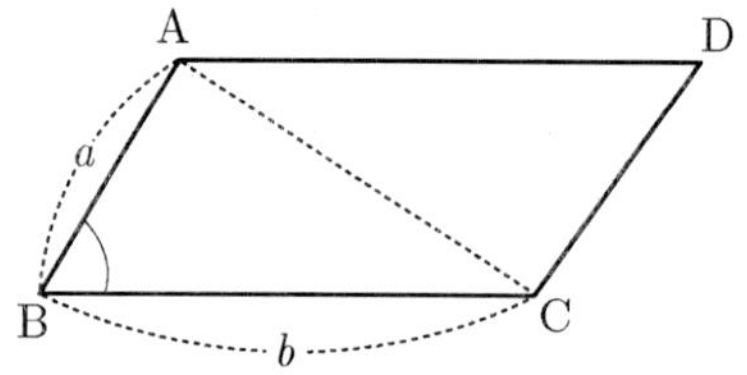

문제 1

아래 왼쪽 그림에서 $\angle ABC = 30°$, $\angle ACH = 45°$ 이고, $\overline{AH} = 100\text{m}$ 일 때, $\overline{BC}$ 의 길이를 구하시오.

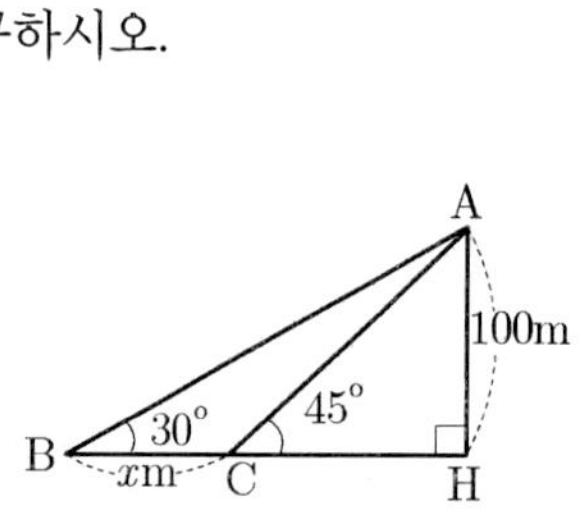

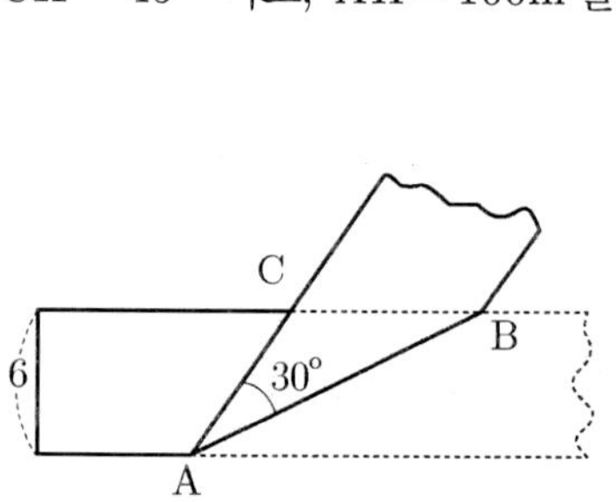

문제 2

위 오른쪽 그림은 폭이 6인 직사각형의 종이를 $\overline{AB}$ 를 따라 접었다. 그랬더니 $\angle BAC = 30°$ 가 되었다. $\triangle ABC$ 의 넓이를 구하시오.

5.3.2 교직수학 탐구활동

탐구활동 20 원과 사각형의 변

- 관련학습주제 : 5.3 원의 성질과 삼각비 1) 원의 성질
- 탐구주제 : 원에 내접하는 사각형의 변의 길이
- 탐구방법 : 문제 구성하기 전략, 수학사 탐구 전략

삼각형의 세 변을 a,b,c라 하고 세 각을 A,B,C라고 하면 삼각형의 넓이를 순수한 삼각형의 구성요소(각, 변)만을 사용하여 $\frac{1}{2}ab\sin A$와 같이 나타낼 수도 있다. 고대 그리스의 헤론(Heron)은 삼각형의 넓이를 순수하게 삼각형의 변의 길이만으로 $\sqrt{s(s-a)(s-b)(s-c)}$ (단, $s=\frac{a+b+c}{2}$)와 같이 표현하기도 하였다. 이와 같이 원에 내접하는 사각형에서 유사한 성질이 없는지 살펴보자.

1) 톨레미의 정리

고대 그리스의 수학자 톨레미(Ptolemy)는 원에 내접하는 사각형에서 변의 길이와 대각선 사이의 관계를 다음과 같이 설명하고 있다.

(톨레미 정리)

원에 내접하는 사각형 ABCD에서 두 대각선의 길이의 곱은 두 쌍의 대변끼리의 길이의 곱의 합과 같다. 즉, $\mathrm{AC}\times\mathrm{BD}=\mathrm{AB}\times\mathrm{DC}+\mathrm{AD}\times\mathrm{CB}$이다.

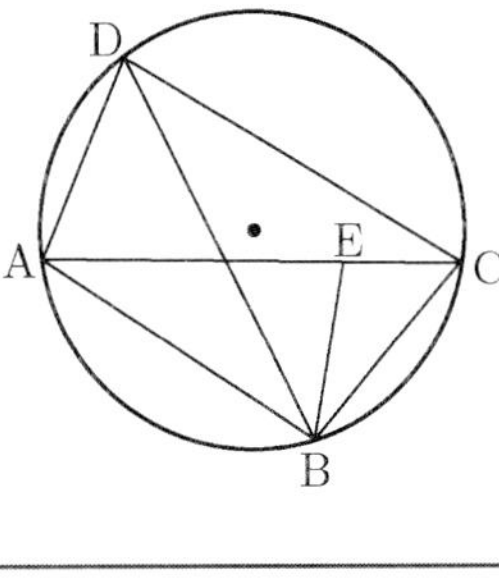

증명 원에 내접하는 사각형 ABCD에 대하여 대각선 AC와 BD를 긋는다. 이때 대각선 AC 위에 ∠ABE = ∠DBC를 만족하는 점 E를 잡는다.

그러면 두 쌍의 삼각형이 서로 닮음이므로, 다음이 성립한다. 첫째, $\triangle ABE \backsim \triangle DBC$이다. 따라서 $AB : AE = DB : DC$이므로, $AB \times DC = DB \times AE$이다. 둘째, $\triangle CBE \backsim \triangle ABD$이다. 따라서, $CB : CE = DB : AD$이므로 $AD \times CB = DB \times EC$이다. 이 두 사실 즉, $AB \times DC = DB \times AE$와 $AD \times CB = DB \times EC$로부터 변끼리 서로 더하면 다음이 성립한다.

$$AB \times DC + AD \times CB = DB\,(AE + EC) = AC \times DB$$

따라서 두 대각선의 길이의 곱은 두 쌍의 대변끼리의 곱의 합과 같다. ■

2) 톨레미 정리의 역

톨레미 정리의 역을 이용하면 원에 내접할 사각형의 조건을 추가로 얻을 수 있다.

(톨레미 정리의 역)

사각형에서 두 쌍의 대변끼리의 곱의 합이 두 대각선의 길이의 곱과 같으면, 이 사각형은 원에 내접한다. 즉, $AC \times BD = AB \times DC + AD \times CB$이면 사각형은 원에 내접한다.

증명 사각형 ABCD에서 $AC \times BD = AB \times DC + AD \times CB$가 성립한다. 그리고, $\angle BCF = \angle ACD$인 직선 CF를 긋고, $\angle GBC = \angle DAC$인 직선 BG를 긋는다. 두 직선 CF와 BG의 교점을 H라 하자.

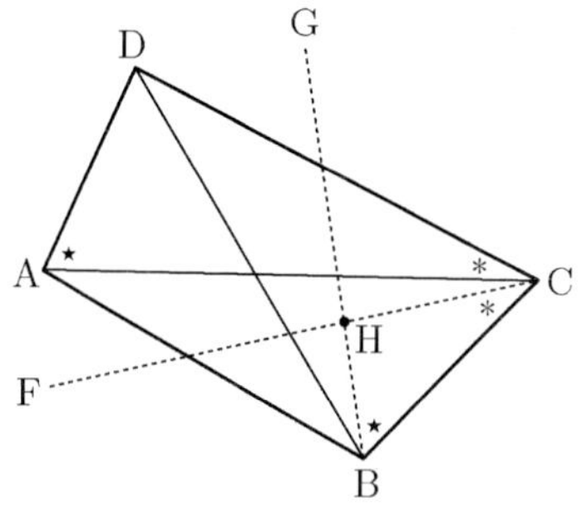

첫째, $\triangle BCH \backsim \triangle ACD$(AA닮음) 이므로 $\overline{AD} : \overline{AC} = \overline{BH} : \overline{BC}$이다. 따라서 다음 식을 얻을 수 있다.

$$\overline{AD} \times \overline{BC} = \overline{AC} \times \overline{BH}$$

둘째, $\triangle DCH \backsim \triangle ABC$(SAS닮음)이다. 왜냐하면 $\triangle BCH \backsim \triangle ACD$에 의해 닮음비로 $\overline{HC}:\overline{BC}=\overline{DC}:\overline{AC}$이므로, $\overline{HC}:\overline{DC}=\overline{BC}:\overline{AC}$이고, $\angle HCD=\angle ACB$이기 때문이다. 따라서 닮음비로 $\overline{AB}:\overline{AC}=\overline{DH}:\overline{DC}$이므로 $\overline{AB}\times\overline{DC}=\overline{AC}\times\overline{DH}$이다.

이제 $\overline{AD}\times\overline{BC}=\overline{AC}\times\overline{BH}$와 $\overline{AB}\times\overline{DC}=\overline{AC}\times\overline{DH}$에 의해서 변끼리 더하면 다음을 얻을 수 있다.

$$\overline{AB}\times\overline{DC}+\overline{AD}\times\overline{BC}=\overline{AC}\times(\overline{BH}+\overline{DH})$$

그런데 가정에 의해서 $AB\times DC+AD\times CB=AC\times BD$이므로 $\overline{BH}+\overline{DH}=\overline{BD}$가 되어야 한다. 그런데 $BH+DH$가 BD가 되기 위해서는 반드시 점 H는 선분 BD 위에 있어야 한다. 따라서 $\angle CDH=\angle CDB$이다. 그런데 $\angle CDH=\angle CAB$이므로 결국 $\angle CDB=\angle CAB$이다. 네 점 A, B, C, D가 한 원 위에 있을 조건에 의해서 사각형 ABCD는 원에 내접한다. ■

예제 3.50

한 변의 길이가 1인 정오각형의 대각선의 길이를 구하시오.

풀이 그림과 같이 한 변의 길이가 1인 정오각형이 주어져 있다.

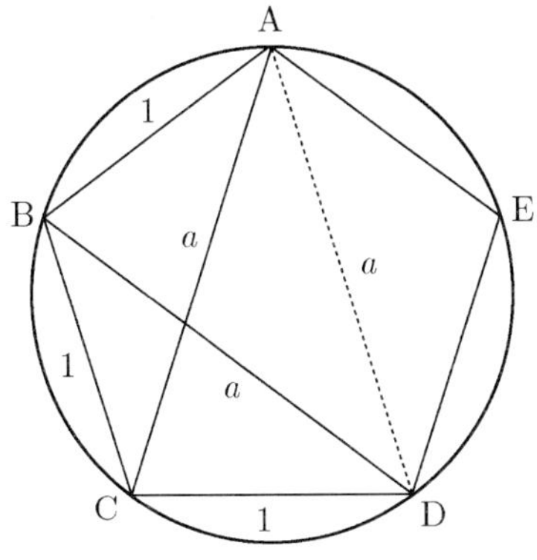

대각선 AC, BD, AD를 긋고, 원에 내접하는 사각형 ABCD를 생각해 보자. 이때 대각선의 길이를 a라고 하면 톨레미 정리를 적용할 수 있다. 즉,

$$\overline{AB}\times\overline{CD}+\overline{BC}\times\overline{DA}=\overline{AC}\times\overline{BD}$$

이다. 따라서 $1 \cdot 1 + 1 \cdot a = a \cdot a$이므로 $a^2 - a - 1 = 0$이다. 이차방정식을 풀면, 조건에 부합된 해로 $a = \dfrac{1+\sqrt{5}}{2}$를 얻는다.

탐구활동 21 오심에 대한 새로운 증명

- **관련학습주제** : 5.3 원의 성질과 삼각비 1) 원의 성질
- **탐구주제** : 삼각형의 오심과 체바의 정리
- **탐구방법** : 수학사 탐구 전략

삼각형의 **오심**은 **내심, 외심, 무게중심, 수심, 방심**이다. 이들의 공통점은 세 직선이 한 점을 공유한다는 점이다. 이러한 성질을 세 직선의 **공점성**이라고 부르기도 한다. 그런데 일반적으로 세 직선이 한 점에서 만나는 것은 매우 특별한 경우이므로 수학적으로 매우 흥미로운 탐구과제였다. 여기서는 세 직선이 한 점에서 만나는지를 입증하는 새로운 한 방법에 대해 살펴본다. 이 새로운 방법은 17세기 **체바(Ceva)의 정리**이며, 이 정리는 고대 그리스 시대의 **메넬라우스(Menelaus) 정리**와 깊은 관련이 있다.

1) **체바의 정리**

삼각형 ABC의 세 꼭짓점과 그 대변 또는 대변의 연장선 위의 한 점을 연결하여 얻은 세 직선 AD, BE, CF 가 한 점 P에서 만나면 $\dfrac{AF}{FB} \cdot \dfrac{BD}{DC} \cdot \dfrac{CE}{EA} = 1$ 이다.

역으로, 삼각형 ABC에서 $\dfrac{AF}{FB} \cdot \dfrac{BD}{DC} \cdot \dfrac{CE}{EA} = 1$ 이 성립하면, 세 꼭짓점과 그 대변 또는 대변의 연장선 위의 한 점을 연결하여 얻은 세 개의 직선 AD, BE, CF 는 한 점에서 만난다.

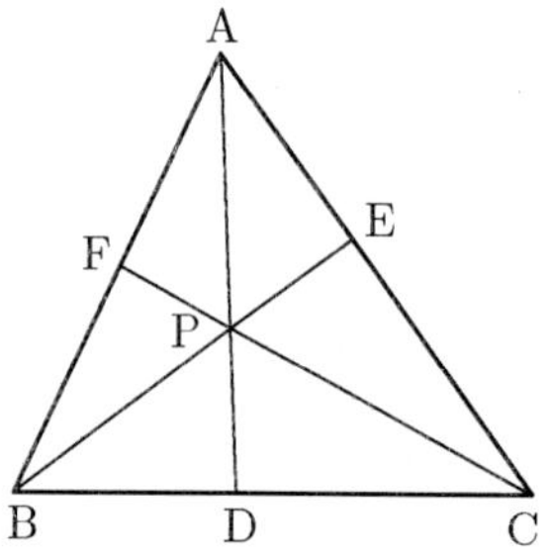

증명 (1) 먼저, '△ABC의 세 꼭짓점 A, B, C와 삼각형 내부의 한 점 P를 지나는 직선과 대변 또는 대변의 연장선과의 교점을 D, E, F라 하면, $\frac{\text{AF}}{\text{FB}}\cdot\frac{\text{BD}}{\text{DC}}\cdot\frac{\text{CE}}{\text{EA}}=1$이다' 임을 증명해 보자.

△ABD와 △ACD, △PBD와 △PDC의 넓이의 비는 BD : CD이다. 따라서 다음이 성립한다.

$$\frac{\overline{\text{BD}}}{\overline{\text{DC}}}=\frac{\triangle\text{ABD}}{\triangle\text{ADC}}=\frac{\triangle\text{PBD}}{\triangle\text{PDC}}=\frac{\triangle\text{ABD}-\triangle\text{PBD}}{\triangle\text{ADC}-\triangle\text{PDC}}=\frac{\triangle\text{ABP}}{\triangle\text{ACP}}$$

같은 방법에 의해서, 다음 두 식을 얻을 수 있다.

$$\frac{\overline{\text{CE}}}{\overline{\text{EA}}}=\frac{\triangle\text{BCP}}{\triangle\text{BAP}},\ \frac{\overline{\text{AF}}}{\overline{\text{FB}}}=\frac{\triangle\text{CAP}}{\triangle\text{CBP}}$$

따라서, $\frac{\text{AF}}{\text{FB}}\cdot\frac{\text{BD}}{\text{DC}}\cdot\frac{\text{CE}}{\text{EA}}=\frac{\triangle\text{ABP}}{\triangle\text{ACP}}\cdot\frac{\triangle\text{BCP}}{\triangle\text{BAP}}\cdot\frac{\triangle\text{CAP}}{\triangle\text{CBP}}=1$이다.

(2) 다음은 '$\frac{\text{AF}}{\text{FB}}\cdot\frac{\text{BD}}{\text{DC}}\cdot\frac{\text{CE}}{\text{EA}}=1$이 성립하는 세 점 D, E, F가 있으면, 세 직선 AD, BE, CF는 한 점에서 만난다'를 증명해 보자.

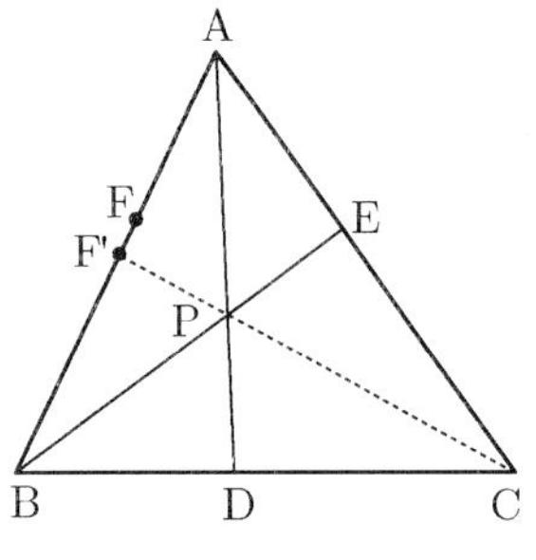

두 직선 BE와 AD의 교점을 P라고 하자. 점 C에서 점 P를 지나는 직선을 긋고 선분 AB와의 교점을 F'이라고 하자. 그러면 여기서 보여야 할 것은 $\frac{\text{AF}}{\text{FB}}\cdot\frac{\text{BD}}{\text{DC}}\cdot\frac{\text{CE}}{\text{EA}}=1$을 만족하는 점 F와 직선 CP와 선분 AB의 교점 F'이 서로 같다는 것이다.

먼저 (1)의 증명에 의해서 $\frac{\text{AF}'}{\text{F}'\text{B}}\cdot\frac{\text{BD}}{\text{DC}}\cdot\frac{\text{CE}}{\text{EA}}=1$이다.

가정에서 $\frac{\text{AF}}{\text{FB}}\cdot\frac{\text{BD}}{\text{DC}}\cdot\frac{\text{CE}}{\text{EA}}=1$이었으므로, 앞의 두 식을 서로 나누면

$$\frac{\frac{AF'}{F'B}\cdot\frac{BD}{DC}\cdot\frac{CE}{EA}}{\frac{AF}{FB}\cdot\frac{BD}{DC}\cdot\frac{CE}{EA}}=\frac{1}{1}$$ 이다. 따라서 이 식을 정리하면, $\frac{AF'}{F'B}=\frac{AF}{FB}$ 이다.

양변에 1을 더하면 다음 식을 얻는다.

$$\frac{AF'}{F'B}+1=\frac{AF}{FB}+1$$

$$\frac{AF'}{F'B}+\frac{F'B}{F'B}=\frac{AF}{FB}+\frac{FB}{FB}$$

$$\frac{AF'+F'B}{F'B}=\frac{AF+FB}{FB}$$

$$\frac{AB}{F'B}=\frac{AB}{FB}$$

마지막 식 $\frac{AB}{F'B}=\frac{AB}{FB}$ 에서 양변의 분자가 서로 같으므로 분모도 동일해야 한다. 즉, F와 F′은 동일한 점이다. 따라서 $\frac{AF}{FB}\cdot\frac{BD}{DC}\cdot\frac{CE}{EA}=1$을 만족하는 세 점이 결정되면 세 선분 AD, BE, CF는 한 점에서 만난다. ■

2) 체바의 정리와 오심

이제 삼각형의 오심을 체바의 정리를 이용하여 간단하게 증명해 보자.

① 내심

증명 삼각형 ABC에서 세 변의 길이를 $AB=c$, $BC=a$, $AC=b$라고 하자.

AD, BE, CF 가 $\triangle ABC$ 의 내각의 이등분선이라고 하자. 다음이 성립한다.

$$\frac{AF}{FB}=\frac{b}{a},\ \frac{BD}{DC}=\frac{c}{b},\ \frac{CE}{EA}=\frac{a}{c}$$

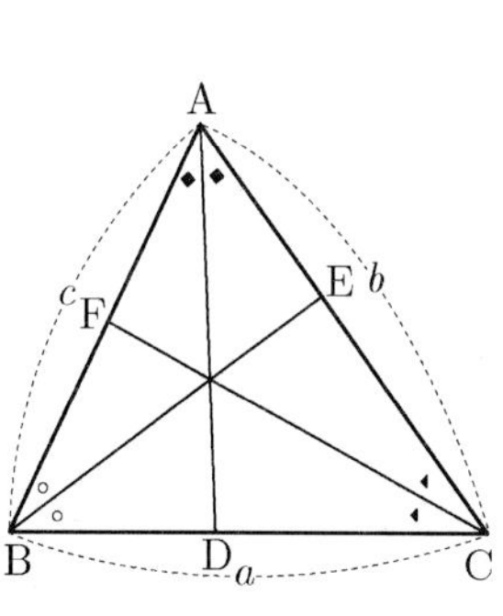

따라서 $\dfrac{AF}{FB}\cdot\dfrac{BD}{DC}\cdot\dfrac{CE}{EA}=\dfrac{b}{a}\cdot\dfrac{c}{b}\cdot\dfrac{a}{c}=1$이다. 체바의 정리에 의해서 세 각의 이등분선 AD, BE, CF는 한 점에서 만난다. ■

② 수심

증명 1 삼각형 ABC의 세 꼭짓점 A, B, C에서 내린 수선을 AD, BE, CF라고 하자. 이 세 수선이 한 점에서 만남을 보이자.

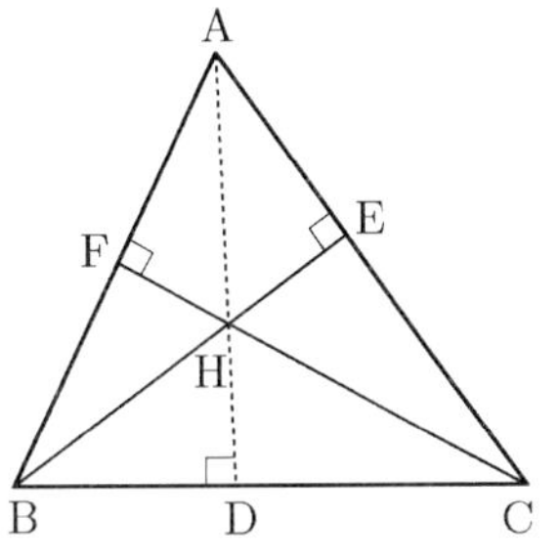

△BAE∽△CAF 이므로 $AB : EA = CA : AF$이다. 따라서 $\dfrac{AF}{EA}=\dfrac{CA}{AB}$이다.

△CBF∽△ABD 이므로 $BC : FB = AB : BD$이다. 따라서 $\dfrac{BD}{FB}=\dfrac{AB}{BC}$이다.

△BCE∽△ACD 이므로 $BC : CE = CA : DC$이다. 따라서 $\dfrac{CE}{DC}=\dfrac{BC}{CA}$이다.

세 등식 $\dfrac{AF}{EA}=\dfrac{CA}{AB}$, $\dfrac{BD}{FB}=\dfrac{AB}{BC}$, $\dfrac{CE}{DC}=\dfrac{BC}{CA}$ 각각의 변끼리 곱하면 다음을 얻을 수 있다.

$$\frac{AF}{EA}\cdot\frac{BD}{FB}\cdot\frac{CE}{DC}=\frac{AF}{FB}\cdot\frac{BD}{DC}\cdot\frac{CE}{EA}=\frac{CA}{AB}\cdot\frac{AB}{BC}\cdot\frac{BC}{CA}=1$$

따라서 세 수선은 한 점에서 만난다. ■

증명 2 삼각형 ABC의 세 수선을 AD, BE, CF라고 하자.

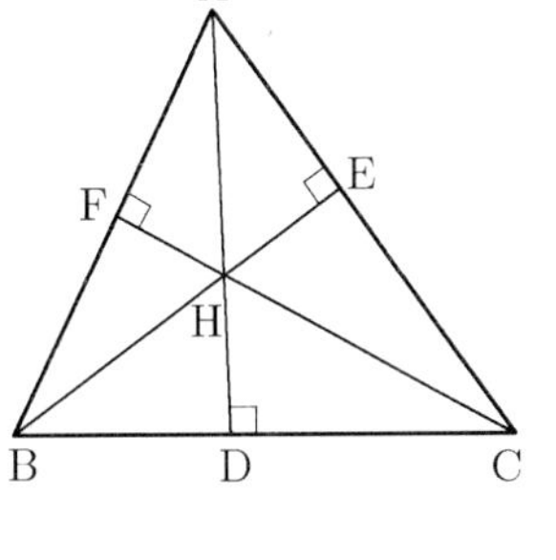

삼각비의 정의에 의해서 $\dfrac{\mathrm{AF}}{\mathrm{FB}} = \dfrac{\cot \mathrm{A}}{\cot B}$, $\dfrac{\mathrm{BD}}{\mathrm{DC}} = \dfrac{\cot B}{\cot C}$, $\dfrac{\mathrm{CE}}{\mathrm{EA}} = \dfrac{\cot C}{\cot A}$ 이다.

따라서 $\dfrac{\mathrm{AF}}{\mathrm{FB}} \cdot \dfrac{\mathrm{BD}}{\mathrm{DC}} \cdot \dfrac{\mathrm{CE}}{\mathrm{EA}} = 1$ 이다. 즉 세 수선은 한 점에서 만난다. ■

③ 외심

증명 삼각형 ABC의 세 변의 수직이등분선의 교점이 한 점에서 만남을 보이자.

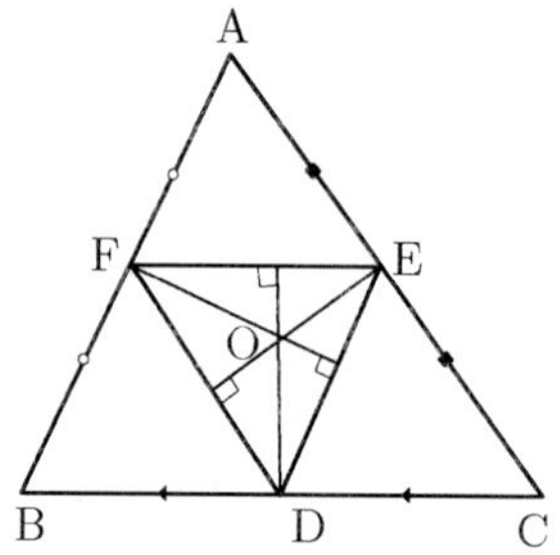

세 변의 중점을 각각 D, E, F라고 하면 △DEF가 생긴다. 이때 선분 DE, EF, FD를 그으면, 삼각형의 중점연결정리에 의해서 다음이 성립한다.

$$\mathrm{AB} /\!/ \mathrm{DE},\ \mathrm{BC} /\!/ \mathrm{EF},\ \mathrm{CA} /\!/ \mathrm{FD}$$

따라서 AB, BC, CA의 수직이등분선은 세 선분 DE, EF, FD와 각각 수직이다. 따라서 삼각형 ABC의 세 수직이등분선은 삼각형 DEF의 세 수선이 된다. 즉, △ABC의 세 변의 수직이등분선이 한 점에서 만난다는 것을 보이는 것은 곧 삼각형 DEF의 세 수선이 한 점에서 만난다는 것을 보이는 것과 동일하다. 그런데 2) 수심에서 이 사실을 증명하였으므로 결국, 세변의 수직이등분선은 한 점에서 만난다.

④ 무게중심

증명 삼각형 ABC에서 AD, BE, CF가 △ABC의 중선이라고 하자. 중선의 성질에 의해서 $\mathrm{AF} : \mathrm{FB} = 1 : 1$, $\mathrm{BD} : \mathrm{DC} = 1 : 1$, $\mathrm{CE} : \mathrm{EA} = 1 : 1$이다.

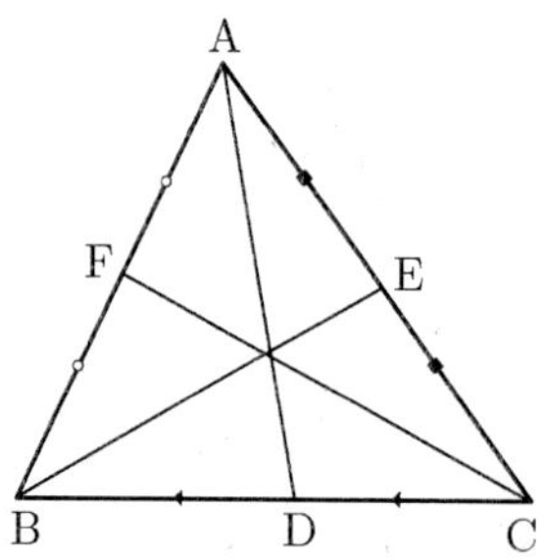

따라서 $\frac{\mathrm{AF}}{\mathrm{FB}} \cdot \frac{\mathrm{BD}}{\mathrm{DC}} \cdot \frac{\mathrm{CE}}{\mathrm{EA}} = \frac{1}{1} \cdot \frac{1}{1} \cdot \frac{1}{1} = 1$ 이다. 따라서 세 중선 AD, BE, CF는 한 점에서 만난다. ■

⑤ 방심

증명 삼각형 ABC에서 세 변의 길이를 $\mathrm{AB} = c$, $\mathrm{BC} = a$, $\mathrm{AC} = b$라고 하자. 한 내각의 이등분선과 이 내각과 이웃하는 두 외각의 이등분선이 한 점에서 만남을 보이자.

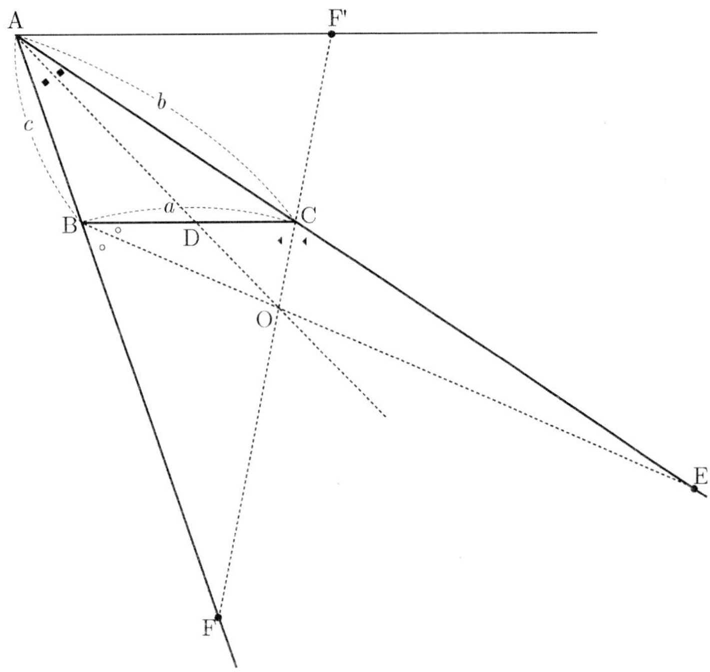

삼각형 ABC에서 각 A의 이등분선이 대변과 만나는 점을 D라 하고, 각 B와 각 C의 외각의 이등분선이 대변의 연장선과의 교점을 각각 E와 F라고 하자.

꼭짓점 점 A에서 대변 BC에 평행인 직선을 긋고, 이 직선과 직선 FC의 교점을 F′이라고 하자. 그러면 $\angle \mathrm{AF'C}$와 $\angle \mathrm{ACF'}$은 평행선의 성질에 의해서 서로 같다. 따라서 삼각형 ACF′은 이등변삼각형이므로 $\mathrm{AF'} = \mathrm{AC}$이다.

그런데 삼각형 FBC와 삼각형 FAF′은 서로 닮음이므로 $\frac{\mathrm{AF}}{\mathrm{FB}} = \frac{\mathrm{AF'}}{\mathrm{BC}} = \frac{b}{a}$ 이다.

또한 각 A의 이등분선에 의해서 $\mathrm{BD} : \mathrm{DC} = c : b$이므로 $\frac{\mathrm{BD}}{\mathrm{DC}} = \frac{c}{b}$이다.

마지막으로 선분 BE는 각 B의 외각의 이등분선이므로 닮음의 성질에 의해

$\mathrm{CE}:\mathrm{EA}=a:c$ 이므로 $\dfrac{\mathrm{CE}}{\mathrm{EA}}=\dfrac{a}{c}$ 이다. 따라서,

$$\frac{\mathrm{AF}}{\mathrm{FB}}=\frac{b}{a},\ \frac{\mathrm{BD}}{\mathrm{DC}}=\frac{c}{b},\ \frac{\mathrm{CE}}{\mathrm{EA}}=\frac{a}{c}$$

이므로 $\dfrac{\mathrm{AF}}{\mathrm{FB}}\cdot\dfrac{\mathrm{BD}}{\mathrm{DC}}\cdot\dfrac{\mathrm{CE}}{\mathrm{EA}}=\dfrac{b}{a}\cdot\dfrac{c}{b}\cdot\dfrac{a}{c}=1$ 이다. 그러므로 한 내각의 이등분선과 두 외각의 이등분선은 한 점에서 만난다. ■

문제 1

메넬라우스 정리를 찾아서 적고, 메넬라우스 정리를 이용하여 삼각형의 오심이 존재함을 증명하시오.

5.4 도형의 위상적 성질

학습주제

1) 점, 선, 면의 연결 관계에 대한 관찰, 도형의 위상적 성질
   ① 단일폐곡선의 성질 ② 한붓그리기
   ③ 뫼비우스의 띠 ④ 오일러의 공식

5.4.1 학습주제별 내용 정리

1) 점, 선, 면의 연결 관계에 대한 관찰, 도형의 위상적 성질

① 단일폐곡선의 성질

한 도형을 그 도형 위에 있는 서로 다른 점과 중복되지 않게 늘이거나 줄이거나 구부려도 좋지만, 잘라 내거나 이어 붙이지 않도록 변형하여 얻어지는 도형을 그 처음의 도형과 **연결 상태가 같은 도형**이라고 한다. 이처럼 평면에서 연결 상태가 같은 도형은 다음과 같은 성질을 지닌다.

1. 도형의 선 위에 있는 점들의 개수와 순서는 변하지 않는다.
2. 점에 연결된 선의 길이나 모양은 달라도 선의 개수는 같다.
3. 점은 점으로 옮겨지고 점끼리 서로 일대일 대응이 된다.
4. 이어진 선은 이어진 선으로 옮겨진다.
5. 끊어진 선은 끊어진 선으로 옮겨진다.

연결 상태는 평면 도형 뿐 아니라 입체도형에서도 그대로 적용될 수 있다. 예를 들어, 정육면체를 부풀게 하면 구를 만들 수 있다. 이것은 찰흙으로 만든 정육면체를 주물러 구로 만들 수 있는 것과 같다. 이와 같이 입체도형에서도 자르거나 이어 붙이지 않고 부풀리거나 줄여서 처음 입체도형과 같은 모양으로 변형시킬 수 있는 입체도형을 서로 **연결 상태가 같은 입체도형**이라고 한다. 입체에서 구와 연결 상태가 같은 입체도형의 성질은 다음과 같다.

1. 공간을 그 도형의 안쪽과 바깥쪽으로 나눈다.
2. 도형의 안쪽에 있는 두 점이나 바깥쪽에 있는 두 점은 그 입체도형과 만나지 않고 선으로 연결할 수 있다.
3. 도형의 안쪽에 있는 점과 바깥쪽에 있는 점을 선으로 연결하면 반드시 그 입체도형과 만난다.
4. 도형의 표면 위에 어떤 단일폐곡선을 따라 자르면 두 부분으로 나누어진다.

② 한붓그리기

점과 선으로 이루어진 도형을 **그래프**라고 한다. 예를 들어 아래 그림은 점 네 개와 선 다섯 개로 이루어져 있다. 우리는 각각의 점을 **꼭짓점**이라고, 선을 **변**이라고 부른다. 이때 변으로 둘러싸인 영역은 **면**이라고 한다. 즉, 그래프는 꼭짓점과 변으로 이루어진 도형이다. 이때 한 꼭짓점에 모여 있는 변의 개수가 홀수이면 그 꼭짓점은 **홀수점**이라고 하고, 변의 개수가 짝수이면 그 꼭짓점을 **짝수점**이라고 한다.

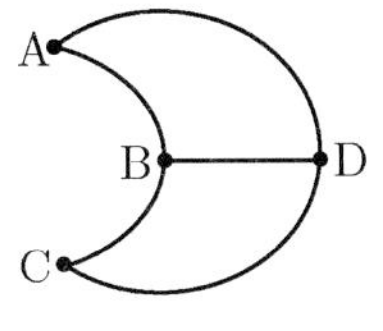

그래프를 그릴 때 연필을 한 번도 떼지 않고 모든 변을 한 번씩만 지나도록 그릴 수

있을 때, 그 그래프는 **한붓그리기**가 가능하다고 하며 일반적으로 다음과 같은 도형은 한붓그리기가 가능하다고 알려져 있다.

1. 홀수점이 없는 그래프는 어떤 꼭짓점에서 출발해도 그 출발점에서 끝나는 한붓그리기가 가능하다.
2. 홀수점이 2개인 도형은 한 홀수점에서 출발하여 다른 홀수점에서 끝나는 한붓그리기가 가능하다.

③ 뫼비우스의 띠

아래 그림과 같이 직사각형 모양의 띠를 한 번 꼬아서 붙인 경우와 꼬지 않고 그대로 붙인 경우를 생각해 보자.

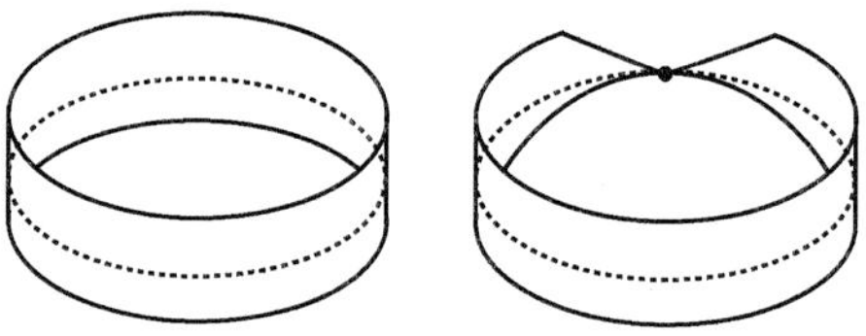

직사각형 모양의 띠를 꼬지 않고 그대로 붙였을 때는 원통모양이면서 안과 밖의 구별이 뚜렷이 나타나는 곡면이 만들어진다. 하지만 한 번 꼬아서 붙였을 때는 안과 밖의 구별이 없는 곡면이 만들어진다. 이와 같이 직사각형 모양의 띠를 한 번만 꼬아서 붙여 만든 띠를 **뫼비우스의 띠**라고 한다. 뫼비우스의 띠는 한 면에서 시작하여 면을 따라 선을 그어가면 모든 면을 다 지나고 시작점으로 되돌아오고, 안쪽과 바깥쪽 면의 구별이 없는 것이 특징이다.

④ 오일러의 공식

꼭짓점과 변(면이 없는 경우)으로 이루어진 도형에서 꼭짓점과 변의 개수 사이에는 다음 관계가 있다. 꼭짓점의 개수를 v, 변의 개수를 e라 하면

$$v-e=1$$

이다.

평면도형의 꼭짓점, 변, 면의 개수 사이에는 다음과 같은 관계가 성립한다. 꼭짓점의 개수를 v, 변의 개수를 e, 면의 개수를 f하면

$$v-e+f=1$$

이다.

구와 연결 상태가 같은 다면체에서 꼭짓점, 모서리, 면의 개수 사이에는 다음 관계가 있다. 꼭짓점의 개수를 v, 모서리의 개수를 e, 면의 개수를 f라 하면

$$v-e+f=2$$

이다. 특별히 이 공식을 **오일러의 공식**이라고 부른다.

문제 1

뫼비우스의 띠를 가운데 선을 따라 가위로 잘라내면 어떤 결과가 나오는지 실험해 보시오. 이제 직사각형을 두 번 꼬아서 붙인 다음 가운데 선을 따라 잘라내면 어떻게 되는지 실험해 보시오. 일반적으로 n번을 꼬아서 가운데 선을 따라 잘라내면 어떤 결과가 나올지 설명하시오.

문제 2

오일러의 공식을 증명하시오. 이 증명에 대한 라카토스(Lakatos)의 설명을 읽고 토론해 보시오.

5.4.2 교직수학 탐구활동

탐구활동 22 그래프를 이용한 미로 찾기

- **관련학습주제** : 5.4 도형의 위상적 성질 1) 점, 선, 면의 연결관계
- **탐구주제** : 그래프를 이용하여 복잡한 미로 문제 해결하기
- **탐구방법** : 개연 추론 전략, 문제 구성하기 전략

1) 그래프

수학에서 몇 개의 점들과 그 점들을 잇는 선으로 이루어진 도형이 **그래프**이다. 이때 점은 **꼭짓점**이라고 하고, 선은 **변**이라고 한다. 꼭짓점은 주로 대문자 A, B, C, ⋯ 로 나타내

고, 변은 양끝의 꼭짓점을 이용하여 AB, CD, EF, ⋯ 로 나타낸다.

예를 들어, 아래 그래프는 꼭짓점을 A , B , C , D , E , F 로 하고 변을 AB , AF , BC , BF , CD , DE, DF 로 하는 그래프이다.

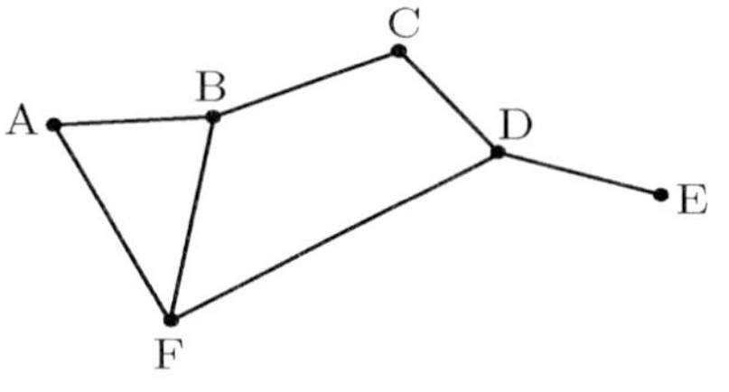

2) 미로찾기와 그래프

어릴 때는 자주 미로찾기 게임을 하였다. 복잡한 미로찾기의 경우 매우 많은 시행착오를 통해 겨우 해결할 수 있었다. 물론 모든 미로찾기는 오른쪽(혹은 왼쪽)벽을 잡고 계속 나아가면 반드시 출구를 찾을 수 있지만 이 방법은 수학적이지는 않다. 그럼 그래프를 이용하여 아래 미로문제를 해결해 보자.

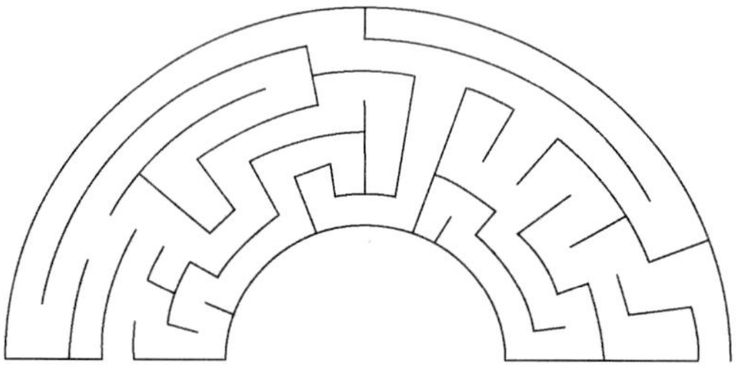

위의 미로에서 갈림길을 꼭짓점으로 생각하고, 갈림길에서 다음 갈림길까지를 변으로 하는 그래프를 그려보자. 다음 그림처럼 A부터 R까지 갈림길에 표시를 하자.

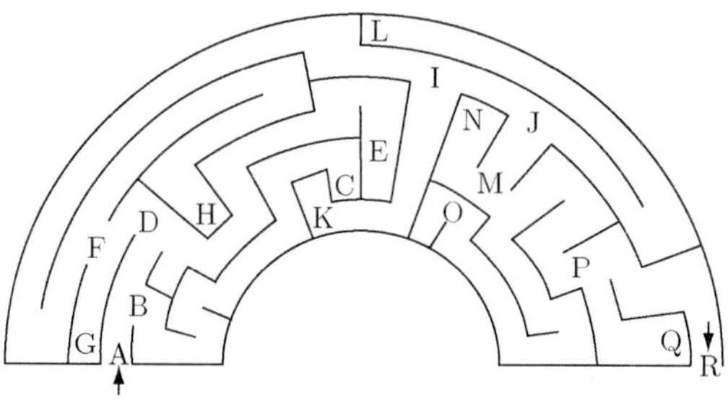

각각의 갈림길로부터 총 18개의 꼭짓점을 표시할 수 있고, 이로부터 변을 그릴 수 있다. 그러면 아래 그림과 같은 그래프가 완성된다.

		C		E		G		K		L		N		Q		
		↑		↑		↑		↑		↑		↑		↑		
A	→	B	→	D	→	F	→	I	→	J	→	M	→	P	→	R
						↓						↓				
						H						O				

따라서 꼭짓점 A로부터 출구 R까지 찾아가는 최단 경로를 그래프를 통해 한 눈에 알 수 있다.

문제 1

아래 그림과 같은 미로를 인터넷에서 찾았다. 이 미로찾기를 완수하기 위해 그래프를 이용하고자 한다. 아래 미로를 그래프로 나타내시오.

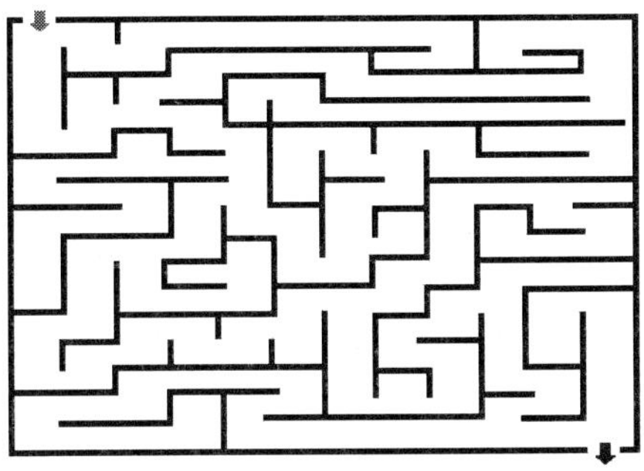

참고문헌

권영인 · 서보억(2006). 종이학을 접고 펼친 흔적을 통한 수학탐구활동, 수학교육논문집 20(3), 387-400.

교육과학기술부(2011). 2009개정 교육과정에 따른 수학과 교육과정, 서울: 교육과학기술부.

교육인적자원부(2007). 2007개정 수학과 교육과정, 서울: 교육과학기술부.

교육부(1997). 제7차 수학과 교육과정, 서울: 교육부.

교육부(1992). 제6차 수학과 교육과정, 서울: 교육부.

교육부(2000). 초.중.고등학교 수학과 교육과정 기준, 서울: 교육부

교육과학기술부 (2008). 중학교 교육과정 해설, 서울: 교육과학기술부.

김순심(2007). 초등 수학 영재아동의 수학적 기본 개념에 관한 실태조사 연구, 석사학위논문, 한국교원대학교.

박한식(1991). 교직수학, 서울: 대한교과서주식회사.

박한식(1991). 한국수학교육사, 서울: 대한교과서주식회사.

서보억 · 권영인(2004). 코사인 제2법칙의 다양한 증명방법, 수학교육논문집 18(2), 251-263.

서보억 · 권영인(2007). 코사인 법칙의 발달과정 분석과 논증을 통한 확장에 대한 연구, 한국수학사학회지 20(3), 147-166.

서보억(2005). 수학교육 소프트웨어 소개(5). 한국수학교육학회 뉴스레터 21(2), 17-21.

서보억(2009a). 역사 속의 진법과 유추를 통한 진법의 확장에 대한 연구, 한국수학사학회지, 서울 : 한국수학사학회.

서보억(2009b). 중학교 영재학생의 수학기초지식의 이해 정도에 대한 조사 연구, 한국학교수학회논문집 12(1), 131-149.

서보억(2012). 기하프로그램을 활용한 정다각형 외연의 확장에 대한 연구, 한국학교수학회논문집 15(1), 183-197.

신영미(1993). 수학사와 수학교육 : 중 · 고등학교 수학교육을 중심으로, 석사학위논문, 서울대학교.

이종우(2002). 기하학의 역사적 배경과 발달, 서울 : 경문사.

우광식(2005). 초등학교 수학영재 교육에 대한 사례 조사 연구, 박사학위논문, 한국교원대학교.

우정호(2000). 수학 학습-지도 원리와 방법, 서울대학교 출판부.

유희찬 · 류성림 · 한혜정 · 강순모 · 제수연 · 김명수 · 천태선 · 김민정(2008). 중학교 수학 1. 서울: (주)미래엔 컬처그룹.

한인기(2001). 유추를 활용한 무게중심 탐구에 관한 연구, 중등교육연구 13.

한인기(2003). 교사를 위한 수학사, 서울 : 교우사.

한인기 · 에르든에프(2005). 유추를 통한 수학탐구, 서울: 승산.

Bobbitt, F.(1918). *The curriculum*, Boston: Houghton Mifflin Co.

Boyer, C. B. & Merzbach, U. C.(1991). *A History of Mathematics*, John Wiley & Sons, Inc.

Brown, S. I. & Walter, M. I.(1990). *The art of problem posing*, Lawrence Erlbaum Associates Publishers.

Coxeter, H. S. M.(1973). *Regular polytopes*, NY: Dover Publication, Inc.

Dresden, A.(trans.Van der Waerden. B. L.) (1963). *Science Awakening*, Science Editions.

Grünbaum, B.(2003). Are your polyhedra the same as my polyhedra?. In B. Aronov , S. Basu, J. Pach, & M. Sharir (Eds), *Discrete and Computational Geometry* (pp. 461-488). NY: Springer.

Johnson, M.(1967). *Definiton and models in curriculum theory*, Educational Theory 1967 April 127-140.

Lakatos, I.(1979). *Proofs and refutations: The logic of mathematical discovery*, Cambridge.

Loomis, E. S.(1968). *The Pythagorean Proposition*, Reston VA: NCTM

The National Council of Teachers of Mathematics(1995). *Assessment Standards for School Mathematics*, Reston VA: NCTM.

Polya, G.(1973). *Mathematics and Plausible Reasoning*, Vol I, New York: Princeton University Press.

Taba, H.(1967). *Teacher's handbook for elementary social studied*, Mass: Addison-wesley Publishing Co, Inc.

Tyler, R.(1950). *Basic principles of curriculum and instruction*, Chicago: University of Chicago Press.

찾아보기

ㄱ

가감법 / 227
가능성함수 / 159
가평균 / 275
각 / 292
각기둥 / 305
각뿔 / 305
각의 변 / 292
각의 삼등분문제 / 333
개연추론 / 108
거꾸로 풀기 / 288
거듭제곱 / 166
겉넓이 / 308
경우의 수 / 266
계급 / 273
계급값 / 273
계급의 크기 / 273
계수 / 213
곱셈의 결합법칙 / 185
곱셈의 교환법칙 / 184
곱집합 / 248
공배수 / 168
공약수 / 168
공점성 / 370
공집합 / 153
공통내접선 / 357
공통외접선 / 357
공통인수 / 220
공통접선 / 357
관계식 / 245
교각 / 293
교선 / 296
교육과정 / 2
교점 / 294
교집합 / 155
그래프 / 377
근삿값 / 189
근삿값의 표현 / 190
근의 공식 / 232
기댓값 / 271
기울기 / 250
기하학적 확률 / 270

ㄴ

내각 / 302
내대각 / 360
내심 / 312, 370
내접 / 311
내접다각형 / 311
내접원 / 312
누적도수 / 277

ㄷ

다각형 / 303
다면체 / 304
다항식 / 212
단계형 수준별 교육과정 / 46
단항식 / 212
닫혀 있다 / 199
닮음 / 316
닮음의 위치 / 317
닮음의 중심 / 317

대응 / 245
대입 / 212
대입법 / 227
대칭이동 / 322
대푯값 / 277
덧셈의 결합법칙 / 185
덧셈의 교환법칙 / 184
도수 / 273
도수분포다각형 / 274
도수분포표 / 273
도형의 이동 / 322
동류항 / 213
동위각 / 296
둔각 / 293
등식 / 222
똑바로 풀기 / 288

ㅁ

맞꼭지각 / 293
명제 / 286
명제의 역 / 286
모선 / 306
뫼비우스의 띠 / 378
무게중심 / 320, 370
무리수의 조밀성 / 199
무한소수 / 186
무한집합 / 153
문자식 / 211
문제 구성하기 / 111
미지수 / 222
미지수가 두 개인 일차방정식 / 226
미지수가 두 개인 일차연립방정식 / 227
밑각 / 311

ㅂ

반비례 / 245
반지름 / 307
반직선 / 292
발견의 논리 / 108
방심 / 370
방정식 / 222
배수 / 167
배적문제 / 332
벤 다이어그램 / 154
변량 / 273
보각 / 293
복원추출 / 282
부등식 / 235
부등식의 해 / 236
부분집합 / 154
부정 / 229
부채꼴 / 307
분모의 유리화 / 198
분배법칙 / 185
분산 / 278
분석법 / 288
불능 / 229
비복원추출 / 282
빗변 / 311

ㅅ

사건 / 266
산포도 / 278
삼각비 / 363
삼각비의 표 / 365
삼각형의 닮음조건 / 317
삼각형의 합동조건 / 301
삼대작도문제 / 331

상관관계 / 279
상관도 / 279
상관표 / 280
상대도수 / 276
상수항 / 212
서로소 / 168
선분 / 292
선택 중심 교육 과정 / 46
소수 / 167
소인수분해 / 167
수선 / 293
수선의 발 / 294
수심 / 370
수준별 교육과정 / 43
수준별 수업 / 49
수직선 / 182
수학과 교육과정 / 3
순서쌍 / 248
순순환소수 / 204
순환마디 / 187
순환소수 / 187
순환하지 않는 무한소수 / 188
식의 값 / 212
식의 변형 / 217
실수 / 195
실수의 연속성 / 199
십진법 / 161

| ㅇ |

약수 / 167
양의 정수 / 181
엇각 / 296
에라토스테네스의 체 / 172
여각 / 293
여집합 / 156
역수 / 184
역원 / 200
연결 상태가 같은 도형 / 376
연역추론 / 108
예각 / 293
오목다각형 / 330
오심 / 370
오일러의 공식 / 379
오진법 / 162
오차 / 189
오차의 한계 / 189
완전제곱식 / 220
완전제곱식법 / 232
외각 / 302
외심 / 312, 370
외접 / 311
외접원 / 311, 312
원 / 307
원소 / 152
원소나열법 / 153
원적문제 / 333
유리수 / 181
유리수의 조밀성 / 199
유추 / 110
유클리드 호제법 / 177
유한소수 / 186
유한집합 / 153
유효숫자 / 190
음의 정수 / 181
의사소통 / 49
이등변삼각형 / 311
이진법 / 162
이차함수 / 258
이항 / 223
인수분해 / 220

일차방정식 / 223
일차연립부등식 / 238
일차함수 / 249
임의표본 / 282

| ㅈ |

작도 / 299
전수조사 / 281
전체집합 / 156
접선 / 296
접점 / 296
정다면체 / 306
정당화의 논리 / 108
정리 / 287
정비례 / 245
정의 / 286
제1차 교육과정기 / 25
제2차 교육과정기 / 28
제3차 교육과정기 / 31
제4차 교육과정기 / 35
제5차 교육과정기 / 38
제6차 교육과정기 / 41
제7차 교육과정기 / 43
제곱근 / 191
제곱근법 / 232
조건제시법 / 153
종합법 / 288
좌표평면 / 247
줄기와 잎 그림 / 273
중근 / 231
중선 / 320
중심각 / 307
중심거리 / 356
중심선 / 356
중앙값 / 277
중점 / 292
증명 / 287
지름 / 307
직각 / 293
직교 / 293
직선 / 291
직선의 방정식 / 251
집합 / 152
짝수점 / 377

| ㅊ |

차수 / 213
차집합 / 156
참값 / 189
최빈값 / 277
측정값 / 189

| ㅌ |

통계적 확률 / 269

| ㅍ |

퍼지집합 / 159
평각 / 293
평균 / 277
평행 / 297
평행선 / 297
평행이동 / 322
포물선의 축 / 258
표본조사 / 282
표준편차 / 278

| ㅎ |

학습자 중심 교육과정 / 43
한붓그리기 / 378
할선 / 296

함수 / 244
함수의 그래프 / 248
함숫값 / 245
합동 / 301
합성수 / 167
합집합 / 155
항 / 212
항등식 / 222
항등원 / 200
현 / 307
호 / 307
혼순환소수 / 204
홀수점 / 377
확률 / 268
활꼴 / 307
회전이동 / 322
회전체 / 306
히스토그램 / 274

| 기타 |

2007개정 교육과정기 / 47
2009개정 교육과정 / 51
What if not / 114
x절편 / 250
y절편 / 250

서 보 억

• 한국교원대학교를 졸업하고 대구에서 10년간 수학교사로 재직하였다. 한국교육과정평가원에서 전임연구원을 지냈으며, 현재 대구가톨릭대학교 수학교육과에 재직 중에 있다.

교육과정과 중학교 교직수학의 탐구

2013년 7월 25일 초판 인쇄
2013년 8월 5일 초판 발행

저 자 / 서보억
발행자 / 오판근
발행처 / 교우사

주 소 / 서울특별시 동대문구 약령시로 8 교우빌딩 2층
전 화 / 925-2861~2, 편집부 / 925-2825
팩 스 / 925-2860
E-mail / kyowoo@kyowoo.co.kr
http://www.kyowoo.co.kr

등록 / 1994. 3. 24 제6-0256호

ISBN 978-89-8172-966-0 (93410)

값 24,000원